普通高校本科计算机专业特色教材·计算机基础

U0387612

计算机科学
与计算思维导论

李云峰 李婷 丁红梅 编著

清华大学出版社
北京

内 容 简 介

本书参照国际电气与电子工程师学会计算机协会和美国计算机协会（IEEE-CS＆ACM）计算学科教程（CC2005）和中国计算机科学与技术学科教程（CCC2002）编写，并按照"新工科"（新概念、新体系、新结构、新模式、新质量）建设思想，构建体现计算机学科基础特性（基本概念、基本方法、基本技术），凸显计算机学科方法（典型方法、学科形态、计算思维），突出计算机新技术（人工智能、虚拟现实、移动互联网、物联网、云计算、大数据）应用的课程知识体系。本书共 10 章，涵盖了计算机学科知识主领域的全部内容。

本书从学科认知科学化、系统化和逻辑化出发，站在学科的高度阐述计算机科学与技术知识，注重学科知识体系的完整性、逻辑性、创新性和时代性，具有结构新颖、层次分明、由浅入深、循序渐进的特点。

本书可作为高等院校计算机类、电子信息类和电气信息类"计算机（科学）导论"课程教材，也可作为相关专业的教师和从事计算机科学与技术工作的工程技术人员的参考书。

图书在版编目（CIP）数据

计算机科学与计算思维导论 / 李云峰，李婷，丁红梅编著. —北京：清华大学出版社，2023.1
普通高校本科计算机专业特色教材·计算机基础
ISBN 978-7-302-62591-9

Ⅰ．①计…　Ⅱ．①李…　②李…　③丁…　Ⅲ．①计算机科学－高等学校－教材　Ⅳ．①TP3

中国国家版本馆 CIP 数据核字（2023）第 022857 号

责任编辑：袁勤勇　杨　枫
封面设计：傅瑞学
责任校对：郝美丽
责任印制：杨　艳

出版发行：清华大学出版社
　　　　　网　　　　　址：http://www.tup.com.cn，http://www.wqbook.com
　　　　　地　　　　　址：北京清华大学学研大厦 A 座　　　　邮　　编：100084
　　　　　社　总　机：010-83470000　　　　　　　　　　　邮　购：010-62786544
　　　　　投稿与读者服务：010-62776969，c-service@tup.tsinghua.edu.cn
　　　　　质量反馈：010-62772015，zhiliang@tup.tsinghua.edu.cn
　　　　　课件下载：http://www.tup.com.cn，010-83470236
印装者：三河市君旺印务有限公司
经　销：全国新华书店
开　本：185mm×260mm　　　印　张：20.5　　　字　数：498 千字
版　次：2023 年 3 月第 1 版　　　　　　　　　　　印　次：2023 年 3 月第 1 次印刷
定　价：59.80 元

产品编号：098762-01

前　　言

　　"计算机科学与计算思维导论"是计算机科学、计算机工程、软件工程、信息技术等分支学科的学生全面了解计算机学科基本概貌的引导性课程，也是电子信息类专业重要的基础课程。

　　在计算机教育史上，有关学科综述性引导课程的构建一直受到各国计算机学界的高度重视。IEEE-CS＆ACM计算学科教程（Computing Curricula 2001，CC2001）报告指出：整个学科综述性引导课程的构建有助于推动学科的发展，鼓励各学术团体及教师个人从事这方面的研究，以适应计算机科学技术飞速发展的需要。因此，自CC2001发布以来，世界各国高校都非常重视计算机学科"引导"课程的构建，纷纷开设了"计算机（科学）导论""计算机（科学）概论"一类的课程。为此，笔者经历了漫长而不懈的探索，编写且多次再版了《计算机科学导论》。

　　随着计算机学科教育研究探索的深入，人们提出了"计算思维"（computational thinking），它是人类求解问题的一条有效途径，是一种分析问题、解决问题的过程和思想。如何将计算思维融入计算机学科体系中，不仅受到计算机相关专业从教者的高度关注，而且得到学术团体和教育部门的高度重视。2007年，美国国家科学基金会（National Science Foundation of America，NSF）将"计算思维能力"（computational thinking ability）培养列为"大学计算机教育重生的途径计划"的核心。2012年，我国教育部要求大学计算机教育的总体建设目标应该定位在"普及计算机文化，培养专业应用能力，训练计算思维能力"上，并明确定位大学计算机课程是与数学、物理等同地位的重要基础课程。

　　面对这种新思想和新要求，如何将计算思维引入计算机学科的引导课程及其知识体系中，即如何构建基于计算思维的综述性引导课程，如何进行课程定位，应该起到什么作用，应该达到什么目的等，这些既是需要认真思考的问题，也是必须首先明确的问题。为此，笔者一直在对计算机学科引导课程的构建进行深入探索，并在探索中不断提高构建该课程的认识。

　　（1）基于计算机学科形态的"计算机科学导论"的思想方法是抽象、理论、设计，而计算思维的本质是抽象与自动化，如何将学科形态与计算思维相融合，并充分发挥学科形态与计算思维在人才培养中的引导作用，是计算机学科引导性课程的核心，也是本课程的创新和突破点。

　　（2）基于计算机学科体系的"计算机科学导论"不同于"大学计算机基础"，虽然它们都是计算机学科的入门课程，但课程性质完全不同。"大学计算机基础"是非计算机专业的公共基础课程，为专业课程服务，课程构建的实质是对计算机功能的工具性认识；而"计算机科学导论"是计算机类专业全程教学内容的引导性课程，课程构建的实质是寻求一种统一的思想来认知计算机学科，即站在学科的高度对计算机学科进行科学化和系统化的描述，并注重学科发展的动态性和知识传授的有效性。由于计算思维是运用计算机科学的基础概念求解问题、设计系统和理解人类行为的科学方法，将计算思维融入计算机学科的知识体系中，会极大地加深对计算机科学及其学科的认识。

　　（3）作为计算机学科的引导课程，应承担起一种"承前启后"的作用。所谓"承前"，就是介绍计算机的形成与发展历程，让学生了解计算机学科的内涵及其来龙去脉，并从中受到启迪；所谓"启后"，就是描述计算机学科的知识体系，让学生懂得应该掌握哪些知识、具备什么样的知识结构和能力，以便在学习过程中明确目标，把握现在，放眼未来。

（4）作为计算机学科的通识课程，应涵盖计算机学科教育的各个方面。通过本课程的学习，透视学科体系、展示学术魅力、掌握学习方法、培养计算思维、传承计算文化、弘扬科学精神、激发拼搏意识，燃起探索热情。

随着对该课程教学研究与探索的深入，围绕"教什么"和"怎样教"以及"计算思维"与"学科形态"内在关联等问题，我们不断更新课程建设理念，不断调整课程知识结构，不断寻求突破与创新，构建计算机科学与计算思维相融合的课程体系。本书就是上述思想的具体体现，并力图实现如下教学目标。

（1）**抓住实质，体现导论课程内涵**。作为导论课程，应充分体现"导"与"论"的真实内涵。

所谓"导"，就是站在学科的高度俯瞰计算机学科全貌，引导学生全面了解计算机学科的知识体系、学科形态、科学方法、根本问题、经典问题等，而不是深入探讨分支细节，避免"**只见树木，不见森林**"。许多具体问题可以"**知其然，不知其所以然**"，详细内容在后续相关课程中讨论。

所谓"论"，就是基于学科形态的方法论。本书以"**计算机学科是一门计算的学科，计算机系统是一个离散化系统，计算机方法是一种形式化方法**"作为计算机学科方法论的立足点和着力点。

计算机学科方法论是本课程的核心。事实上，教会学生某一知识或技术远不如教会学生掌握分析问题和解决问题的方法重要，正所谓"**授人以鱼，不如授人以渔**"。这既是"计算机科学与计算思维导论"与"大学计算机基础"及其他课程的本质区别所在，也是本书（本课程）的教学目标所在。

（2）**创新结构，构建计算思维体系**。本书**以计算思维为引导，以学科形态为纽带，以能力培养为目标**，创新性地构建了计算思维方法与计算学科形态相融合的知识体系。这样，既体现了计算思维与学科形态在课程教学中的引导作用，又为学生创造了更多计算思维的实践机会，着实培养学生运用计算思维分析问题、解决问题的方法和能力。构建本课程知识体系的指导思想是**体现学科基础特性、突出科学思维方法、涵盖学科知识主领域**的"进阶式-模块化"知识体系结构。

基本概念（第1~3章）：计算机科学概述，计算机学科体系，计算思维及其作用体现；

基本方法（第4~7章）：数据表示的基本思维，计算系统的基本思维，程序设计的基本思维，算法构建的基本思维；

基本技术（第8~10章）：数据库技术，计算机网络技术，计算机前沿技术。

因而，本书结构新颖、层次分明、由浅入深、循序渐进、逻辑性强、远近兼顾、便教便学。

（3）**启迪思维，揭示计算学科特性**。本书力图通过计算机的形成与发展，揭开计算机科学的神秘面纱；通过硬件子系统与操作系统管理相结合，揭示计算系统的工作机制；通过数据表示、计算系统、程序设计、算法构建，揭示计算思维的本质——抽象与自动化；通过数据库技术、网络技术及新技术应用，揭示计算学科的形态——抽象、理论、设计。从而使得**思维随着知识的贯通而形成，能力随着思维的形成而提高**，并通过深入分析与比较，使学生认识到构建计算思维本质与计算学科形态的目标是一致的，其宗旨是**寻找通用的方法，处理类似的问题**。以此启迪学生去科学思考，为日后在专业领域中能有所发现、有所突破、有所创新奠定基础。

（4）**问题引导，激发学生求知欲望。**本课程的重要意义是使学生对计算机学科的各知识领域产生浓厚的学习兴趣和强烈的求知欲，同时又有太多的疑惑和不理解，非常渴望了解其中的科学道理，这是学好本专业的源动力，正所谓**"知之者不如好之者，好之者不如乐之者"**。本书各章均以"问题引出"导入所要探讨的内容，使学生在学习过程中有的放矢，带着问题去寻找答案，怀着好奇心去探索奥秘，从而消除学习中的畏难情绪，调动学习的积极性，激发学习的创造性。

（5）**多措并举，强化全程能力培养。**计算机学科的最大特点是知识面宽、实践性强、软硬件技术更新换代快，所以既要重视理论学习能力的培养，也要重视实践能力的培养，更要重视自我提高能力的培养。为此，还编写了与本书配套的《计算机科学与计算思维导论学习辅导》，其中包含实验指导的内容，形成融理论教学、学习辅导和实验指导三位一体的教学环境，从而使学生在潜移默化中意识到能力培养的全面性、知识更新的重要性、自我提升的必要性。

总之，无论是课程建设理念，还是知识结构；无论是教学内容，还是思维方法，都力求体现创新性、规范性、先进性和示范性，并在传授知识的同时，弘扬中华文化对人类社会发展的贡献。

教材是课程建设的真实体现，先进的课程建设理念和设计思想，最终需要通过教材来组织与实施。同时，教材是课程教学的基本依据，是教学研究、探索和改革的载体，它容纳了教学目标和教学内容，明确了教学过程和教学方法，体现了教学理念和教学思想。因此，合理定位本课程的教学内容，形成科学的知识体系和稳定的知识结构，使之成为重要的引导性课程，是"计算机科学导论"课程教学改革的主要目标；根据课程的作用、地位和特点，以计算思维能力培养为切入点，是深化该课程教学改革、提高课程品质和教学效果的重要任务。本书是将教学研究、课程建设与能力培养相结合的具体体现，也是作者多年来探索课程教学改革与人才培养的结晶。

本书由李云峰、李婷和丁红梅编著，李云峰负责统稿，姚波、曹守富等老师参与了课程资源的建设工作。

在本书的编写过程中，参阅了大量近年来出版的国内外同类优秀教材，并从中吸取了大量宝贵营养，在此谨向这些著作者表示衷心感谢！

由于本书在教学思想、知识体系、内容组织等方面都是一种新的探索，因此难免存在疏漏、不妥甚至错误之处，敬请读者批评指正。

作　者

2023 年 1 月

目　　录

基本方法——机器计算的基本思维

基本技术——数据共享与前沿技术

绪论——课程导学

"计算机科学导论"（introduction to computer science）是计算机类专业重要的基础课程，是学生全面了解计算机学科内容和方法的引导性课程。通过本课程的学习，让学生了解计算机学科的基本内涵，知道该学什么和应该怎么学，并使学生对本学科产生浓厚的兴趣，为后续课程学习奠定良好的基础。由于本课程涉及计算机学科领域的各方面，具有一定的广度和深度，而大多数学生在这之前并没有该学科的任何知识背景，难免在学习过程中感到茫然。因此，对于本课程犹如一个人到了一个陌生的城市，虽然对该城市的基本概况一无所知，但如果先站在该城市的最高处俯瞰整个城市的概貌，就会立即对该城市有大致了解，二者的类比关系如下。

- 该城市的基本布局 ↔ 该学科的基本架构；
- 该城市的交通干线 ↔ 该学科的分支学科；
- 该城市的主要建筑 ↔ 该学科的课程体系；
- 该城市的外围环境 ↔ 所涉及的边缘学科。

为了充分发挥本课程对专业课程学习的引导作用，作者专门设计了本章，力图为使用本教材的教师提供有益的教学参考，更为学生对本课程和其他专业课程的学习起到启发和引导作用。

0.1 课程教学定位

1．课程性质

计算机科学导论是计算机学科的窗口，其作用是透视"导论"属性，体现"导"与"论"的真实内涵。作为计算机学科全程教学内容的导引课程，应俯瞰计算机学科全貌。课程构建的实质是寻求一种统一的思想来认知计算机学科，并对计算机学科进行系统化和科学化的描述，注重学科发展的动态性和知识传授的有效性，突出计算机科学方法论在本课程教学中的引导作用，揭示计算思维与计算学科形态的内在关系，体现计算思维在课程教学与人才培养中的作用和意义。

2．课程特点

计算机学科是一门新兴的综合性学科，且与数学、物理学、电子学等学科的发展有着密切关系。作为计算机学科的导论课程，在课程构建上，以计算机的发展趋势与前沿技术为课程视野，全面概括计算机学科知识体系及其理论基础，并体现本课程的基础特性；在教学内容上，涉及计算机科学与计算机技术的几乎所有领域，并具有相当的广度和深度；在教学方法上，凸显计算机学科方法论及其计算思维在课程教学和人才培养中的引导作用，并充分体现计算机学科的形态和特征。

3．课程目标

本课程力图将理论学习与能力培养完美结合，通过本课程的学习，力图实现如下教学目标。

（1）了解计算机科学及其学科体系的形成、发展趋势、知识结构、经典问题、学科方法论等。

（2）掌握正确的学习方法，掌握计算机科学基础理论知识，为后续课程的学习和持续发展奠定基础。

（3）激发学习兴趣和探索问题的求知欲，培养学生运用计算思维分析问题和解决问题的能力。

（4）认识本课程的基础性、科学性、逻辑性、时代性，以及本课程在计算机学科体系中的作用和地位，使学生在潜移默化中意识到能力培养的全面性、知识更新的重要性、自我提升的必要性。

（5）展示学术魅力、培养计算思维、传承计算文化、弘扬科学精神、激发探索热情，实现知识、能力、素质的全面提高，使本课程在大学期间甚至整个职业生涯的长久学习中具有重要的引导作用。

0.2　课程教学思维

本书以"计算思维"为引导，突出计算思维本质（抽象与自动化）。这里以计算机求解问题必须具备的基本条件和求解问题的步骤为例，引入计算思维的概念。

1. 概念的引入

利用机器实现从 a、b、c 三个数中找出最大数，需要具备哪些基本条件和求解步骤呢？实现问题求解的机器称为计算机，利用计算机求解该问题涉及以下步骤和必要条件。

（1）算法设计。为了求出最大数，必须设计问题求解的步骤，其算法描述如下。

① 输入 3 个数据，分别用变量 a、b、c 表示 3 个数据的大小，用变量 max 表示最大数。

② 比较 a 和 b，如果 $a>b$，则 max=a，否则 max=b。

③ 比较 max 和 c，如果 max<c，则 max=c。

④ 输出结果 max。

（2）程序设计。为了利用计算机求解问题，必须把算法设计按照程序设计的语法规则编制成便于计算机求解的程序。用 C 语言描述求 3 个数中最大数的算法程序如下：

```
#include<stdio.h>
main() {
    float a, b, c, max;
    scanf("%f, %f, %f", &a, &b, &c);
    if(a>b)
        max=a;
    else
        max=b;
    if(max<c) max=c;
    printf("max=%f\", max);
}
```

（3）数据转换。人类通常习惯使用十进制数来描述数据的大小，用文字来描述语言，用符号来描述图形。然而，计算机中的电子器件只能识别用 0 和 1 表示的二进制代码信息，所以用计算机处理各类问题时，必须把各种数值、文本、图形、图像、音频、视频等符号转换成代码信息。

（4）硬件设备。利用计算机实现问题求解，该计算机必须具备以下设备和部件。

① 具有输入设备，把程序和原始数据输入计算机中，并在输入过程中转换为二进制代码。

② 具有存储设备，把问题求解过程和原始数据存放在计算机中，以便计算机按步骤执行操作。

③ 具有运算部件，能进行数值运算、逻辑运算和数据处理。

④ 具有控制部件，能按照问题求解过程，有条不紊地控制（指挥）各部件执行各种操作。

⑤ 具有输出设备，显示或打印最终结果，并以人们习惯的数制和符号显示计算或处理结果。

（5）软件支撑。要使计算机能高效工作，必须随时听从用户的各种命令，这就要求有一套服务程序：一是实现用户与计算机的交流；二是对计算机的各功能部件进行高效管理；三是为拓展计算机的应用而提供支撑。因此，一台方便操作的计算机，至少必须具有以下支撑软件。

① 具有能够实现人-机之间的交流并能对各部件进行高效管理的软件——操作系统。

② 具有把用程序语言设计的源程序翻译成机器能识别的代码程序的软件——翻译软件。

③ 具有用户编写程序和文件，实现文字处理，拓展计算机应用领域的软件——应用软件。

看得见、摸得着的所有硬件和部件的集合称为硬件系统；支持计算机硬件系统工作的所有程序的集合称为软件系统；计算机硬件系统与计算机软件系统的集合称为计算机系统。

人们在利用计算机求解复杂问题的过程中，已经形成了一整套思维方法——抽象与自动化。其中，"抽象"是手段，"自动化"是过程。例如，计算系统是对计算机硬件和软件的抽象；计算机硬件是对物理条件的抽象；计算机软件是对运行环境的抽象；算法设计是对求解方法的抽象；数据转换和程序语言是对语义符号化的抽象；程序设计是对问题求解过程的抽象；程序设计的目的是实现问题求解过程的"自动化"。利用计算机求解问题时计算思维的逻辑关系如图 0-1 所示。

图 0-1 计算思维的逻辑关系

人类行为理解涵盖计算机科学的一系列思维活动称为"计算思维"，并可以将其理解和描述为

计算思维≈人的思维+数学建模+数据结构+算法+编程

计算思维使用的方法是一种系统科学方法，它涵盖了运用计算机进行问题求解的基本思想、理论、方法和步骤等。

2．问题的拓展

对于简单问题的求解，只要熟悉计算机的基本操作，掌握程序语言的基本要素和语法的基本规则即可。而现实世界中的问题是复杂多样的，求解这些复杂问题会涉及多种相关算法、理论、方法等。

（1）数值计算的算法选择。利用计算机解决实际问题时如何利用计算公式求出数值的精确解，问题求解的关键是如何选择适合的算法。例如，斐波那契（Fibonacci）数列 1，1，2，3，5，8，13，21，34，55，89，…，求解该问题的关键是求此数列第 n 项的值。

显然，这个问题的求解是数值解，而求解的方法既可以采用递推算法，也可以采用递归算法，这就是算法策略问题，数值数据求解的算法策略是计算机学科极为重要的理论基础。

（2）非数值计算的数据处理。非数值计算不能利用计算公式求得问题的数值解，只能根据问题的数据结构形式进行数据处理。例如，查询 2021 年下学期开设"计算机科学导论"课程的专业、班级、授课教师。显然，这类问题不能用计算公式求出数值，而只能通过建立教学信息管理的数据结构，然后进行数据查询，甚至对某门课程成绩进行排序。

（3）问题求解的近似计算。现实世界中的许多问题无法求出精确解，例如，求非线性方程的根、求曲边梯形面积、求圆周率等，只能利用数值方法求近似解；有些问题无法得到确定的数学模型，因而需要利用基于概率与数理统计的方法求得近似值；还有一类问题，可以（或者只能）借助模拟生物遗传进程或模拟生物群体智能的方法，寻找解决现实世界中的优化问题，这类问题的算法称为仿生学算法。仿生学算法能解决经典算法所不能解决的许多问题。

（4）连续性问题的求解。计算机只能处理离散型数据，对于连续性问题，必须进行离散化。求连续性问题数值解的方法有数值积分法和数值微分法，通过离散化来获得近似解。

（5）离散结构的求解。前面 4 类问题是用数学语言研究问题的求解，现实世界中还有一类体现事物状态、彼此分散、逻辑关联的问题——离散结构，它只适合用形式语言来描述离散结构的量结构及其相互关系。离散结构现已形成一门独立学科——离散数学，它是数据库原理、通信原理、数据结构、操作系统、编译理论、人工智能、逻辑电路设计等课程的重要理论基础。

本书仅重点讨论上述第（1）、（2）类问题，第（3）～（5）类问题属于数学方法问题，其基本概念在本书配套的学习辅导书 7.1.3 节和 7.1.4 节中介绍。

0.3 课程知识结构

本书以计算思维为引导，以学科形态为纽带，以能力培养为目标，力图通过计算机的形成与发展，揭开计算机科学的神秘面纱；通过数据表示、计算系统、程序设计、算法构建揭示计算思维的本质特征；通过数据库技术、网络技术、前沿技术，揭示计算机学科的形态特征，并且将计算思维与学科形态融入各个章节中，从而形成了计算思维、学科形态、知识领域三者相融合的课程体系结构，如图 0-2 所示。

图 0-2 计算思维、学科形态、知识领域三者相融合的课程体系结构

本课程的教学目标是使学生全面了解计算机学科所涉及的各个主领域，并以"基本概念→基本方法→基本技术"这一"进阶式-模块化"结构规划教学进程，课程体系如图 0-3 所示。

将计算思维与学科形态相融合并贯穿课程始终，是对本课程教学进行研究探索的结晶，它是形成科学的知识体系和稳定的知识结构的依据，并从 3 个方面体现出导论课程的基础特性。

图 0-3　计算机科学与计算思维导论课程体系

1. 基本概念

计算机科学、计算机学科、计算思维是一个形成与发展的过程。本模块从这 3 方面（前 3 章）阐述计算机科学和计算机学科的形成与发展过程，以及计算思维在计算机学科中的作用和体现。

（1）计算机科学。全面介绍了从原始计算工具到现代计算机的形成、发展过程、发展趋势和未来新一代计算机的概况，其意义如下。

第一，计算机科学技术发展史是人类文明发展史中的重要组成部分，学习和研究计算机科学技术史是学习和吸取前人智慧的一种途径。计算机科学技术史中蕴涵的科学思想、科学方法及科学精神，对于培养具有创造精神和创新能力的科技人才来说，都是非常必需的。

第二，学习和研究计算机科学技术发展史，不仅使学生进一步体会到创新在科学发明中的作用，而且使学生对计算机科学本身及其相关因素有全面、深刻的了解和认识。同时，计算机先辈在研究计算机的过程中百折不挠的精神，对学生会起到激励和鼓舞作用。

第三，学习和研究计算机科学技术发展史可以让学生了解计算机科学涉及的理论基础、基本内容、发展方向、学习方法等。这对于学生从整体上了解计算学科的知识体系，学习和掌握计算机科学理论知识具有积极作用。

通过从原始计算工具到现代计算机的描述，将计算机专业知识与相关的人文知识、人文精神和学科发展史有机地紧密结合，以此揭开计算机科学的神秘面纱，克服读者学习计算机科学的畏惧心理，无形而自然地启迪学习思想、激发探索精神、培养创新意识。

（2）计算机学科。计算机从一种纯粹的计算工具发展成为一门举世瞩目的计算机学科，如今不仅成为一种社会文化，而且成为世界各国发展的重要战略手段。作为一门新兴学科，它包括哪些知识领域？具有哪些形态特征？所有这些都是计算机学科的学生必须了解和掌握的。

通过本章的学习，使学生对本学科有一个清晰的认识并明确学习的方向，懂得应该掌握哪些知识，应该具备什么样的知识结构和能力，在今后的学习过程中就不会感到困惑和茫然。

（3）计算思维。计算思维属于科学思维的范畴，虽然计算思维与计算机没有必然联系，但计算机的出现给计算思维的发展带来了根本性的变化，这一变化对计算机科学及其计算机学科教育的纵深发展起到了极大的促进作用，因而受到计算机学界的高度关注和重视。

通过本章的学习，应了解计算思维的本质特征、计算思维在计算机学科中的作用体现、计算思维能力的培养等。

本模块是后续各章的概念和方法基础。将计算机科学、计算机学科、计算思维三者相融合，并贯穿于课程的始终，是本书的显著特色之一。

2．基本方法

计算机是计算的机器，也是程序的机器，涉及数据表示、软硬件组成、程序设计、算法设计。本模块从数据表示、计算系统、程序设计、算法构建 4 个方面（共 4 章），阐述利用计算机解决计算问题的基本方法和必要条件，并且全面体现了计算思维方法。

（1）数据表示。数据表示是对数值数据、字符数据、逻辑数据、多媒体数据的抽象，把人们习惯使用的语义符号转换成便于计算机处理的数字符号，即实现语义符号数字化。

（2）计算系统。计算系统是对计算机硬件和软件的抽象，计算系统由硬件系统、软件系统和它们管理的数据构成，解决计算问题及人机交互问题。具体地说，计算系统以"计算"为目的，探索问题求解的过程抽象和工作方式；以"系统"为研究和应用对象，探索系统的存在方式和变化规律。

（3）程序设计。程序设计是对问题求解过程的抽象，包括对程序设计语言和程序设计方法的抽象，它体现了计算思维的本质特征——抽象与自动化。

（4）算法构建。算法构建是对实际问题数学描述的抽象，是问题求解的灵魂。计算思维的核心是问题求解，被公认为计算机科学的基石，包括数值数据的数值计算、非数值数据（数据结构）的数据处理、数据元素的排序和查找等。对初学者而言，程序设计的难点在于语言基本要素和语法规则的掌握，而设计出高水平程序的基础是良好的算法设计。

本书打破了按硬件系统和软件系统分开描述的传统方法，将操作系统对各硬件子系统的管理相结合，描述各子系统的工作原理和工作机制，这是本书的显著特色之二。

3．基本技术

本模块从数据库技术、计算机网络技术、计算机前沿技术 3 方面（共 3 章）阐述计算机技术的综合应用与能力培养。数据库技术和网络技术全面体现了计算思维本质（抽象与自动化）和计算机学科形态（抽象、理论、设计）；而计算机前沿技术概括了目前计算机新技术应用的 6 个主要方面（人工智能、虚拟现实、移动互联网、物联网、云计算、大数据）。对计算机学科学生来说，全面了解这些新技术的基本概况（基本概念、关键技术、技术应用）是非常必要的。

作为引导性课程的计算机科学导论，本书以计算机科学体系、学科体系及前沿技术为课程视野，以计算思维为引导，以学科形态为纽带，以能力培养为目标，这是本书的显著特色之三。

0.4　课程教学辅导

计算机学科的最大特点是知识面宽、实践性强、软硬件技术更新换代快。因此，既要重视理论知识的学习，也要重视实际动手能力的培养，更要重视自我提高能力的培养。为此，编写了《计算机科学与计算思维导论学习辅导》，内容包括关联知识、习题解析、知识背景、基础实验。

1．关联知识

由于本书（主教材）篇幅和所含课时有限，故将那些与主教材的教学内容密切相关的知识点作为"关联知识"，它是对主教材相关知识的补充和拓展，更是为学生自主学习和拓宽探索视野提供引导。作为计算机专业导论课程，介绍与本专业相关的知识领域是极为重要的，有利于学生日后的研究和探索。

2．习题解析

习题题型包括选择题、问答题和讨论题。通过习题解析，可对照检查学习效果，在巩固各章所学知识的同时，加深整体概念的理解和认识。讨论题为学生课外学习提供思考和交流素材。

3．知识背景

知识背景包括世界著名的计算机组织、计算机奖项、与计算机学科相关的科学家的生平事迹。通过阅读、了解这些相关知识，拓展学生的专业知识视野、提高人文素质、增强科学探索的信心，激发学生坚韧不拔、锲而不舍、顽强拼搏的精神品质。

4．基础实验

基础实验以"案例"形式给出实验项目的内容，包括键盘操作与打字方法、汉字输入方法、Windows 7 操作系统、Office 2010 办公软件、计算机网络和信息安全等，以培养和强化学生的实践动手能力。

总之，无论是课程设计理念、还是课程教学方法，无论是课程教学内容、还是课程资源建设，都力求体现创新性、先进性、科学性、示范性，形成教材特色风格。先进的教学理念、丰富的教学资源和现代化的教育技术手段，是提高课程教学品质、确保教学质量的根本保证。

基本概念
——计算机与计算思维

计算机与计算思维是一个形成与发展的过程。本模块从这3个方面（3章）阐述计算机科学和计算机学科的形成与发展过程，以及计算思维与学科形态在计算机学科中的作用体现。通过深入分析比较，揭示计算思维与学科形态的内在关联，从而使读者认识到构建计算思维与学科形态的目标是一致的，其宗旨是寻找通用的方法，处理类似的问题。

通过本模块的学习，可以全面了解计算机科学、计算机学科、计算思维及其相互关系，有利于启迪科学思维，为日后在专业领域中有所发现、有所突破、有所创新奠定基础。

第1章 计算机科学概述

【问题引出】人类社会的进步促进了科学技术的发展。其中，发展最为迅速、使用最为广泛的是电子计算机。它的诞生和发展，不仅改变了社会，也改变了世界。利用计算机的高速运算、大容量存储及信息加工能力，使得以前可望而不可即的信息处理成为现实，乃至许多工作如果离开了计算机就几乎无法完成。可以毫不夸张地说，如果没有计算机，就不会有科学技术的现代化。

如今，计算机已发展成为具有深远影响的一门现代科学——计算机科学。那么，计算机科学的形成经历了哪些阶段，计算机科学的理论基础是什么，计算机具有哪些功能特点和应用，如何提高计算机的综合性能等，这些都是计算机专业学生必须了解的，也是本章所要学习的内容。

【教学重点】计算机科学体系的形成、基于冯·诺依曼结构计算机的结构组成、计算机的发展趋势与技术展望（如何突破和超越冯·诺依曼结构计算机）等。

【教学目标】了解人类计算工具的演化过程、计算机科学体系的形成和发展趋势；熟悉基于冯·诺依曼结构计算机的结构组成与性能特点；掌握电子计算机科学理论及其新技术的基本概念。

1.1 人类计算工具的进步

计算机是一种现代化的计算工具。至今，虽然没有关于计算机的确切定义，但根据其功能作用，可以简单描述为，现代计算机是一种能自动、高速、精确地进行数值运算和信息处理的现代化电子设备，所以被称为电子计算机（electronic computer）。计算机是人类在长期的生产和研究实践中，为减轻繁重的手工劳动和加速计算过程而努力探索的结果，也是人类智慧的结晶。

从原始的手工计算到现代的电子计算机，人类在计算领域经历了漫长的发展阶段，并在各个阶段发明和创造了多种计算工具。如果把各阶段称为时代，则可以把人类计算工具的发展划分为手工时代、机械时代、机电时代和电子时代，各个时代的划分及其主要计算工具如图 1-1 所示。

1.1.1 手工时代

处在当今信息时代的人们，很难想象远古时代人类的生活情景。今天拥有的一切，是随着人类生活和生产实践的需求逐步发展起来的。需求是发明之母，人类计算工具也不例外。手工时代的计算工具，其发展历程大致分为以下 3 个阶段。

1. 原始记数法

远古时代，人类没有文字。为了记载发生过的事件，使用最方便、最自然、最熟悉的十个手指来进行比较和量度，从而形成了"数"的概念和"十进制"记数法。

当生产力进一步发展到用十个手指或其他自然工具提供的运算量和精度已不能满足需要的时候，人类不得不开始寻求非自然的计算工具。例如，为了表示更多的数，祖先们用石子、贝壳、结绳等，统计人数和猎物数目。随后，学会了将记事与记数联系在一起。为了记下每一件

图 1-1　人类计算工具的发展概况

事情，便在绳子上打一个结（knot），即以"事大，大结其绳；事小，小结其绳；结之多少，随物众寡"。

2．算筹

随着人类社会活动范围的扩大，计算越来越复杂，因此对计算能力的要求越来越高。为此，我国古代劳动人民最先创造和使用了简单的计算工具——算筹。算筹在当时是一种方便且极为先进的计算工具，按照一定的规则灵活地摆布。在进行筹算时，人们一边计算一边不断地重新布棍。

算筹问世于商周时代，在春秋战国和后汉的书籍中已大量出现"筹"之说，在《后汉书》和先秦诸子的著作中，有不少关于"算"和"筹"的记载，并在古代军事领域发挥了巨大作用。例如，《汉书·张良传》描述张良"运筹帷幄之中，决策千里之外"所说的"筹"就是算筹，即用算筹部署战略战术。当时，人们把利用算筹进行的计算称为筹算。

我国古代数学家利用算筹这种计算工具，使我国的计算数学在世界上处于遥遥领先的地位，创造出了杰出的数学成果。例如，刘徽和祖冲之的圆周率计算，著名的中国剩余定理（鬼谷算法），秦九韶算法，解方程和方程组的天元术、四元术，我国精密的天文历法等，都是借助算筹取得的。

> "先秦"指秦始皇之前，老子、庄子、墨子、孟子、荀子、鬼谷子均为先秦诸子，被誉为千古奇人。
>
> 魏晋时期数学家刘徽（公元 225—295 年）利用算筹并采用"割圆术"计算圆周率 π 近似值，他将直径为一丈的圆内接一个 6 边形，然后再依次内接一个 12 边形、24 边形、48 边形……算到 3072 边形的面积，得到 π=3927/1250=3.1416，被称为"徽率"。每割一次，都按勾股定理用算筹摆出乘方、开方等算式，求出多边形的边长和周长，且不断逼近圆周，计算到 π 的近似值为 3.1416。
>
> 200 年后，祖冲之（公元 429—500 年）将内接多边形的周长增加到 24576 边形，使圆周率精确到了小数点后第 8 位，即 3.14159261。在当时这个数值已相当精确，比荷兰数学家奥托（公元 1550—1605 年）计算该问题取得的相同结果早了一千多年。
>
> 秦九韶（公元 1208—1261 年），著名数学家，发明了"秦九韶算法"，1247 年完成数学名著《数书九章》。

3．算盘

随着经济的发展，要求进一步提高计算速度，算筹的缺点日益显露，最终在元代中后期被更先进、方便的计算工具——算盘（珠算）所取代，这是计算工具发展史上的第一次重大革新。

图 1-2　算盘的构成及其外形

有历史记载，我国公元前 500 多年发明了算盘，迄今已有 2600 多年的历史。在英语中，算盘有两种拼写方法，一是单词 abacus，二是拼音 suan-pan。算盘的构成及其外形如图 1-2 所示。

算盘由框、梁、档、珠 4 部分组成。每档模拟一个人，梁下 5 个珠子模拟一只手的 5 个指头，梁上的两颗珠子模拟一个人的两只手（2×5）。每增加一档，便可成倍地提高运算的速度和精度。

算盘是我国古代独特创造、采用十进制的先进计算工具，轻巧灵活，携带方便，应用极为广泛。随着算盘的广泛使用，人们总结出四则运算法则（如加法口诀、减法口诀、乘法口诀、除法口诀等），使计算的速度更快。中世纪时期的世界各国，拥有像算盘这样普及并与人民的生活密切相关的计算工具是中国仅有的。算盘不但对我国经济的发展起到有益作用，而且流传到日本、朝鲜、东南亚，后来传入西方世界，对世界文明做出了重大贡献。算盘是世界上公认的最早使用的计算工具，至今仍然是我国和某些亚洲国家日常生活中重要的计算工具。

> 算盘的发明是人类计算工具史上的一次飞跃，是中华民族对人类文明的重大贡献之一。它的科学性和实用性经受住了长期实践的考验，直至今天仍然有着极其顽强的生命力。令人遗憾的是，我们并不知道发明算盘的准确时间和算盘的发明者是谁，这些只能寄希望于考古的进一步发现。

1.1.2　机械时代

16 世纪中叶前，欧洲的数学研究和计算工具发展缓慢，远远落后于当时的中国、印度、埃及等国。进入 17 世纪，西方国家进入工业时代，数学研究及其计算工具得到了迅速发展。

1. 计算尺

1614 年，苏格兰数学家约翰·耐普尔（John Napier，1550—1617 年）以发明对数而闻名，他创造了一种能帮助乘法计算的骨质拼条，被称为耐普尔骨条。1621 年，英国数学家威廉·奥特雷德（William Oughtred，1575—1660 年）根据对数原理发明了圆形计算尺（circular slide rule），这是最早的模拟计算工具，其外形如图 1-3 所示。计算尺不仅能进行加、减、乘、除、乘方、开方运算，还可以计算三角函数、指数函数、对数函数等，一直沿用到 20 世纪 80 年代微型计算机普及之前。

图 1-3　计算尺

2. Pascal 加法器

1642 年，著名的法国数学家布莱斯·帕斯卡（Blaise Pascal，1623—1662 年）制造了世界上第一台能完成加、减运算的机械式计算器，也称为 Pascal 加法器，如图 1-4 所示。

图 1-4　Pascal 加法器

Pascal 加法器是世界上第一台机械计算机，它由一系列齿轮组成，只能做加法和减法运算。Pascal 加法器利用齿轮传动原理，通过手工操作来实现加、减运算。加法器中有一组轮子，每个轮子上刻着从 0～9 的 10 个数字。利用齿轮啮合装置，低位齿轮每转十圈，高位的齿轮就转一圈，实现"逢十进一"的进位功能。

帕斯卡的父亲是一个收税员，他为了帮助父亲算账，研制了 Pascal 加法器，该加器对他父亲的收银工作起了很大的帮助作用。Pascal 加法器中有一些互相联锁的齿轮，一个转过十位的齿轮会使另一个齿轮转过一位，人们可以像拨电话号码盘那样把一长串数字拨进去，运算的结果出现在另一个窗口中。帕斯卡发明的这台加法器在法国引起了轰动，展出这台机器时前往参观的人川流不息。Pascal 加法器向人们提示：用一种纯粹机械的装置去代替人们的思考和记忆是完全可以做到的。为了纪念帕斯卡在计算机领域开拓性的贡献，1971 年，瑞士计算机科学家尼可莱斯·沃思（Niklaus Wirth，1934— ）将自己发明的一种程序设计语言命名为"Pascal 语言"。

3. 莱布尼茨计算器

1673 年，著名的德国哲学家、数学家（与牛顿同时创立了微积分理论）戈特弗里德·威廉·莱布尼茨（Gottfried Wilhelm Leibniz，1646—1716 年），在 Pascal 加法器的基础上增加了乘、除功能，研制了一台能进行四则运算的机械式计算器，称为莱布尼茨计算器。整个机器由一套齿轮系统来传动，其重要部件是阶梯形轴，便于实现简单的乘、除运算。莱布尼茨计算器的加、减、乘、除四则运算一应俱全，这给其后风靡一时的手摇计算机铺平了道路（可惜由于当时的生产技术水平还不能提供廉价、精密的零件，使得大约经历了两个世纪，直到 19 世纪手摇计算机才得以商品化生产）。随后，莱布尼茨提出了进位加（shift add）的设计思想，即采用"二进制"，并系统地提出了二进制数的运算法则，对 200 多年后计算机的发展产生了深远的影响。二进制被现代计算机采用。

二进制的发明者是谁至今是个谜，但至少受中国八卦图的启迪。德国数学家莱布尼茨曾写信给当时在康熙皇帝身边的法国传教士白晋，询问有关八卦图的问题，并对其进行深入仔细研究。后来，莱布尼茨把自己制造的基于二进制的一台手摇计算机托人送给了康熙皇帝。

八卦图源于《易经》，最初的创立者可追溯到公元前 2000 多年中华民族的人文始祖——伏羲。

八卦由爻（yáo）组成，爻分为阴爻（用"- -"表示）和阳爻（用"—"表示），用三个这样的符号组成八种形式，称为八卦。每一卦形代表自然界一定的事物，并且用乾（qián）、坤（kūn）、坎（kǎn）、离（lí）、震（zhèn）、巽（xùn）、艮（gèn）、兑（duì）分别代表：天、地、水、火、雷、风、山、泽，即八种自然现象，以推测自然和社会的种种变化。由八卦爻所构成的卦形如图 1-5 所示。

如果用 1 表示阳爻，用 0 表示阴爻，并且把一个位置上的两种状态（阴爻或阳爻）称为"两仪"，两个位置上的四种状态称为"四象"，三个位置上的八种状态称为"八卦"，即 $2^1 = 2$，$2^2 = 4$，$2^3 = 8$，从而形成了八卦的演变规律与对应的二进制关系，如图 1-6 所示，这就是二进制数的起源。

图 1-5 八卦爻的构成

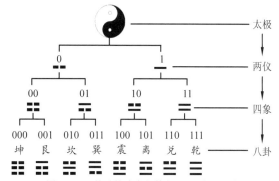

图 1-6 八卦爻的演变规律与二进制的关系

4．雅克特提花编织机

1801 年，法国工程师雅克特（Joseph Marie Jacquard，1752—1834 年）发明了一种提花编织机，将编织的内容和步骤用纸带穿孔来表示。在编织过程中，执行步骤由纸带上的穿孔方式控制，从而实现不同的提花设计。这一设计思想拉开了 19 世纪机器自动化的序幕，为程序控制提供了思想基础，这对后来计算机信息的输入、输出和控制操作的研制起到了重要的指导作用。

> 提花编织机最早出现在中国，在战国时代墓葬物品中就有许多丝线编制的漂亮花布。据史书记载，西汉年间的纺织工匠已熟练掌握提花机技术。明朝刻印的《天工开物》一书中印着一幅提花编织机的示意图。后来提花编织机技术沿着"丝绸之路"传入欧洲，可见中华文明源远流长。

5．巴贝奇差分机与分析机

帕斯卡、莱布尼茨设计的机械计算机都没有自动计算的功能，雅克特提花编织机蕴含的程序控制自动化思想，启发了英国剑桥大学（University of Cambridge）数学家查尔斯·巴贝奇（Charles Babbage，1792—1871 年）。1812 年，巴贝奇提出了自动计算机的基本概念：<u>要使计算机能够自动地工作，必须把计算步骤和原始数据预先存放在机器内，使机器能够自动地取出这些数据，在必要时能进行一些简单的判断，决定下一步的计算顺序</u>。随后，1822 年，巴贝奇按照这一思想研制出了第一台差分机（difference engine），如图 1-7 所示。

图 1-7　差分机

所谓差分，是如 $4^2-3^2=7$、$3^2-2^2=5$、$2^2-1^2=3$、$1^2-0^2=1$，彼此差值都是 2，根据 $4^2=3^2+7=16$，可由此推得 $5^2=4^2+9=25$。

这台差分机可以保存 3 个 5 位的十进制数，并能进行加法运算，精确度可达到 6 位，还能打印出结果，是一种供制表人员使用的专用机。差分机的杰出之处是能按照设计者的意图自动完成一连串的运算，体现了计算机最早的程序设计思想。正是这种思想为现代计算机的发展开辟了道路，是向现代计算机过渡的关键一步，在计算机发展史上占有极其重要的地位。

1833 年，巴贝奇提出了一项大胆的设计，其设计目标是不仅能够制表的差分机，而是一种通用的数学计算机。1834 年，巴贝奇研制了一台可以运转的分析机模型，并将其称为"分析机"（analytical engine），如图 1-8 所示。分析机由以下 5 个部件组成。

图 1-8　分析机

（1）输入装置：用穿孔卡片输入数据。

（2）存储装置：巴贝奇称它为"堆栈"（store），该装置能存储 1000 个 50 位十进制数的容量，可用来存储运算数据和运算结果。

（3）运算装置：巴贝奇称为磨坊（mill），用来完成加、减、乘、除运算，在运算过程中还能根据运算结果的符号改变计算的进程。用现代术语来说，就是使用了条件转移指令。

（4）控制装置：使用指令进行控制，用程序自动改变操作次序。控制装置是通过穿孔卡片顺序输入处理装置完成的。

（5）输出装置：利用穿孔卡片或打印方法输出运算结果。这在当时来说已是很先进的方法了，直到显示器的出现，这种输出装置才退出计算机的历史舞台。

由此看出，在现代电子计算机诞生 100 多年以前，就已经提出了几乎完整的设计方案，并包含了程序设计思想的萌芽。分析机的重要贡献在于它包括了现代电子计算机所具有的 5 个基本组成部分，这些概念和设计思想，为现代电子计算机的形成奠定了基础。巴贝奇首先提出带有程序控制的完全自动计算机的设想，是向现代计算机过渡的关键一步，是现在通用计算机的始祖。

> 在巴贝奇研制分析机的过程中，必然要提及计算机领域著名的女程序员——阿达·奥古斯塔·拜伦（Ada Augusta Byron，1815—1852 年）。1842 年，27 岁的阿达迷上了这项当时被认为是"怪诞"的研究。
> 阿达对分析机的浓厚兴趣和卓越见解给了巴贝奇极大的鼓舞，她成为巴贝奇科学研究的伙伴。阿达负责为巴贝奇设想中的通用计算机编写软件，并建议用二进制存储取代十进制存储。她指出分析机可以像雅克特织布机一样进行编程，并提出了程序设计和编程的基本要素，还为某些计算开发了一些指令，开天辟地第一次为计算机编出了程序，包括三角函数计算程序、级数相乘程序、伯努利数计算程序等。她对分析机的潜在能力进行了最早的研究，并且预言这台机器总有一天会演奏音乐。
> 由于生活上贫困交加以及无休止的脑力劳动，1852 年 11 月 27 日，这位软件才女怀着分析机成功的美好梦想英年早逝。由于阿达在程序设计上开创性的工作，其被誉为世界上第一位软件工程师和世界上第一位程序员。1979 年，美国国防部（Department of Defense）研制的通用高级语言就是以阿达命名的，称为 Ada 语言，以表示对她的纪念。

1.1.3　机电时代

19 世纪中期到 20 世纪初，人类社会进入了电气时代，这也是人类历史上一个重要的发展时期，以电能的开发和应用为标志将电气元件应用于计算工具成为当时科学家研究的重点。

1897 年，英国物理学家约翰·约瑟夫·汤姆森（John Joseph Thomson，1856—1940 年）发现了电子。这一重大发现直接导致了 20 世纪初电子管的诞生，开辟了电子技术与计算技术相结合的道路。

1919 年，英国物理学家威廉姆·埃克尔斯（W. H. Ecclers）和乔丹（F. W. Jordan）用两个三极电子管接成了 E-J 双稳态触发器。这一关键技术的研制成功引起了人们极大的重视，并使用电子管来作为计算工具的元件，即用电子元件表示二进制数，以简化运算规则和提高计算速度，由此诞生了更先进的计算工具——机电式计算机。

1. 工业通用计算机

1937 年 11 月，美国 AT&T 贝尔实验室的乔治·斯蒂比兹（George R. Stibitz，1904—1995 年）和哈佛大学的霍华德·艾肯（Howard Aiken）等人，在研究电话机的继电器装置过程中受到启发，设计制造了一种工业通用的电磁式（机电式）计算机——Model-K。随后，1938 年，美国科学家万·布什（V.Bush）为解线性微分方程而设计了微分器，它是世界上第一台电子模拟计算机。

2. 阿塔纳索夫计算机

1939 年 12 月，美国爱荷华州立大学物理学教授约翰·文森特·阿塔纳索夫（John Vincent Atanasoff，1903—1995 年）和克里福特·贝瑞（Clifford E. Berry，1918—1963 年）首次试用电子元件按二进制逻辑制造电子管数字计算机，主要用于解决一些线性方程的系统。这项工作因战争曾一度中断，直到 1942 年在研究生克利福特·贝利（Cliffod Berry）的帮助下，研制成了最早的电子管计算机（Atanasoff Berry Computer，ABC），从此拉开了用电子器件制作计算工具的序幕。在研制 ABC 过程中提出了 3 条原则：一是采用二进制；二是采用电子元件；三是把计算功能与存储功能分离。

3. Mark 计算机

1936 年，美国青年霍华德·艾肯（Howard Aiken，1900—1973 年）来到哈佛大学攻读物理学博士学位，在撰写博士论文查阅参考资料时发现了巴贝奇的分析机论文，为此写了一篇《自动计算机的设想》的建议书，提出要用机电方式而不是用纯机械方法来构造新的"分析机"。1944 年，在 IBM 公司的资助下，艾肯研制出了著名的"马克 1 号"（Mark-Ⅰ）机电式计算机，即"自动顺序控制计算器"（IBM Automatic Sequence Controlled Calculator，IBM ASCC），如图 1-9 所示。

1944 年 2 月，Mark-Ⅰ在哈佛大学正式运行，其设计思想几乎就是巴贝奇分析机的翻版，当时被用来计算原子核裂变过程，编出的数学用表至今仍在使用。1946 年，艾肯发表文章表示"这台机器能自动实现 Mark-Ⅰ人们预先选定的系列运算，甚至可以求解微分方程"，这是对巴贝奇预言的最好验证。时隔多年，已成为大学教授的艾肯博士谈起巴贝奇的事迹，仍然惊叹不已，他感慨地说："假如巴贝奇晚生 75 年，我就会失业。"

图 1-9　马克 1 号

Mark-Ⅰ完工后，1945—1947 年，艾肯又领导研制成功了 Mark-Ⅱ机电式计算机，终于实现了巴贝奇的夙愿，遗憾的是，从 Mark-Ⅱ投入运行的那一刻开始就已经过时。因为此时此刻，人类社会已经跨入了电子时代。但在计算机的发展史上，Mark-Ⅰ和 Mark-Ⅱ有着重要地位，它们的成功为研制电子计算机积累了重要的经验。

> 这里值得一提的是，在参与 Mark 系列机研制的人员中有一位杰出女性——格雷斯·霍珀（Grace Hopper，1906—1992 年）。1946 年，霍珀在发生故障的 Mark 计算机里找到了一只飞蛾，这只小虫被夹扁在继电器的触点里，影响了机器的正常运行。于是，霍珀把它小心地夹出来保存在工作笔记里，并诙谐地把程序故障统称为"臭虫"（bug），这一奇妙的称呼后来竟成为计算机故障的代名词，而 Debug 则成为调试程序、排除故障的专业术语。

1.1.4　电子时代

20 世纪中期，计算工具已完全进入电子时代。Mark 计算机的概念和设计思想，为现代电子计算机的形成奠定了基础。在这一时期，令世界瞩目的伟大科技成果是 ENIAC，ENIAC 的研制成功开辟了电子计算机的新时代。

1. ENIAC 的诞生

1943 年 4 月，正值第二次世界大战期间，美国陆军军械部为提高火炮弹道表的精确性和计算速度，急需研制一台运算速度更快的计算机。当时负责弹道表任务的是军械部弹道实验室的青年数学家、上尉赫尔曼·哥德斯坦（Hermam H. Goldstine）。协助他一同负责弹道计算工作的还有来自宾夕法尼亚大学莫尔学院的两位专家：一位是 36 岁的物理学教授约翰·莫齐利（John Mauchly）；另一位是莫齐利的学生，24 岁的电气工程师约翰·埃克特（John Eckert）。莫齐利擅长计算机理论，埃克特专于电子技术，莫齐利的每一种总体构思，埃克特总能在电路上使之具体化。于是，两人向哥德斯坦提交了一份"高速电子管计算装置"的设计草案。1943 年 4 月 9

日，美国陆军军械部召集了一次非同寻常的会议，讨论哥德斯坦等人提交的关于研制"高速计算装置"的报告。经过紧张激烈的研讨，通过了研制这项不能确保一定能达到预期效果的开发方案。哥德斯坦研究团队不负众望，于 1945 年年底研制成功，且命名为数字积分器和计算机（Electronic Numerical Integrator And Calculator，ENIAC，即埃尼阿克），如图 1-10 所示。

图 1-10　ENIAC 计算机

　　1946 年 2 月 15 日，美国宾夕法尼亚大学为 ENIAC 举行了一个可载入史册的盛大仪式，即人类历史上第一台电子数字计算机的揭幕典礼，这是计算机发展史上值得纪念的一个日子。

　　ENIAC 是一台重 28t、占地面积 170m² 的庞然大物。它使用了 18000 多个电子管，70000 个电阻，18000 个电容，耗电量约 150kW，每秒可进行 5000 次运算。同以往的计算机相比，ENIAC 最突出的特点是采用了电子线路来执行算术运算、逻辑运算和存储信息。为了执行加减运算和存储信息，采用了 20 个加法器，每个加法器由 10 组环行计数器组成，可以保存字长为 10 位的十进制数。它能在 1s 内完成 5000 次加法运算，在 3/1000s 内完成两个十位数的乘法运算，其运算速度至少超出 Mark-Ⅰ 的 1000 倍，这就是它能够胜任相当广泛的科学计算的原因所在。ENIAC 按十进制表示数字，并且仅能进行一些特定的算术运算。其内部只有 20 个寄存器，没有真正称得上存储器的部件。编制程序是在控制面板上用开关进行的，所有的操作都只能通过设置开关和改接线路来实现。因此，ENIAC 的操作复杂，自动化程度低，没有最大程度发挥电子技术所具有的巨大潜力。

　　尽管 ENIAC 的结构和原理继承于机电式计算机，还不具备巴贝奇所预见的自动通用机的特征（存储程序功能），但由于它是世界上最早问世的第一台电子计算机，所以被认为是电子计算机的始祖。它的诞生，是计算机科学发展史上的一个里程碑，是 20 世纪最伟大的科技成就。

　　1951 年 6 月 14 日，莫奇利和埃克特再次联袂，在 ENIAC 的基础上设计了"通用自动计算机"（Universal Automatic Computer，UNIVAC），该计算机被认为是第一代电子管计算机趋于成熟的标志。UNIVAC 是计算机历史上的第一台商用计算机，交付美国人口统计局用于人口普查，总共运行了 7 万多个小时才结束"历史使命"。UNIVAC 的诞生标志着计算机已进入了商业应用时代，当时的报道认为 UNIVAC 诞生的意义远远超过了 ENIAC。

2．电子时代的划分

　　继 UNIVAC 之后，各类计算机如雨后春笋般层出不穷。如果按照电子器件的类型划分，可以把电子时代的计算机分为 4 代，各代计算机的硬件和软件及其基本特征如表 1-1 所示。

　　自进入第四代以来，计算机获得惊人的发展。计算机更新换代的显著特点是体积缩小、重量减轻、速度提高、成本降低、可靠性增强。据统计，每隔 5～7 年，计算机的速度提高 10 倍，可靠性增强 10 倍，体积缩小到原来的 1/10，而成本却降低到原来的 1/10，这种发展速度是任何其他行业所不可比拟的。Intel 公司的创始人之一，戈登·摩尔（Gordon Moore）预言微处理机的处理能力每 18～24 个月将增加一倍。实际情况证明这个预言是正确的，因而人们把它称为摩尔定律（Moore's law）。信息产业几乎严格按照这个定律，以指数方式领导着整个经济发展步伐。

表 1-1　电子时代计算机的基本特征

项　　目	第一代（first generation）（1946—1958 年）	第二代（second generation）（1959—1964 年）	第三代（third generation）（1965—1971 年）	第四代（fourth generation）（1971 年至今）
主要电子器件	电子管	晶体管	中小规模集成电路	大规模/超大规模集成电路
内存储器	延迟线	磁芯存储器	半导体存储器	半导体存储器
外存储器	穿孔卡片，纸带	磁带	磁带，磁盘	磁带，磁盘，光盘
语言及软件	机器语言，汇编语言	Fortran、Cobol、Algol	结构化语言，操作系统	软件工程，面向对象，人工智能
处理器速度	五千条以上	几万至几十万	几十万至几百万	千万至万亿
基本应用	科学计算	科学计算，工业控制，数据处理	科学计算，系统模拟，系统设计	事务处理，智能模拟，大型计算
典型机型	ENIAC、UNIVAC、IBM	IBN-7090/7094	IBM-379/360、PDP-11	VAX-11、80x86、各类巨型机

3. 计算机类型的划分

计算机有多种分类方式，在 21 世纪之前，如果按照计算机的规模和所处理的数据信息分类，可以分为数字计算机、模拟计算机以及由两者构成的模拟-数字混合计算机。

（1）数字计算机（digital computer）。数字计算机是指能够直接对离散的数字和逻辑变量进行处理的计算机，它所处理的电信号在时间上是离散的，称为数字量。在数字计算机中，根据它的适用范围和用途不同，又分为以下两种类型。

① 专用计算机（special purpose computer）是指针对某一特定应用领域或面向某种算法而研制的计算机。例如，工业控制机、专用仿真机、卫星图像处理用的大型并行处理机。

② 通用计算机（general purpose computer）是指最常使用的数字计算机，并根据规模大小，又可以分为巨型计算机（giant computer）或称超级计算机（super computer），例如银河计算机、大型计算机（largescale computer 或 mainframe computer）、中型计算机（medium-size computer）、小型计算机（minicomputer）、微型计算机（microcomputer）、工作站（workstation）等。

〖提示〗随着微型计算机（简称为微机）的迅速发展，其字长已达到 32～64 位，主频已达到 1000MHz，内存容量已达到数吉（G）字节。因此，今天的微型计算机只是在体积上的缩小，在性能和体系结构方面，与传统的大、中、小型机相比已不再有明显的界线。所以自 21 世纪开始，数字计算机仅分为微型机和巨型机。

（2）模拟计算机（analog computer）。模拟计算机是指能够直接对模拟量进行操作的计算机，它所处理的电信号在时间上是连续变化的，称为模拟量（如温度、流量、电压等）。这种计算机的特点是运算速度很高，但精度较差，所以应用范围比较小。模拟计算机主要用于过程控制和模拟仿真。

（3）模拟-数字混合计算机（analog-digital hybrid computer）。模拟-数字混合计算机是把数字计算机和模拟计算机的优点结合起来设计而成的计算机。因此，这种计算机不仅能处理离散的数字量，而且还能处理连续的物理量。例如，医院使用的监护系统就是一种混合计算机，它通过测量患者的心脏功能、体温和其他身体状况，然后把这些测量信号转换成数字量并进行处理，以监视患者的身体状况。

现代数字化技术不仅可以将一些连续变化的物理量进行模-数转换，变为数字量，还可以把文字、符号、图形、图像、视频等转换成数字量，统称为数字化信息。数字化信息不仅便于传送、存储和处理，而且便于数据压缩。今天，人们所称的计算机都是基于电子器件的数字化计算机，其全称为"电子数字计算机"（electronic digital computer），它是科学计算和信息处理的主流装置。

回顾计算机的发展历程，从原始的计算工具到 ENIAC，每前进一步，都是计算机先驱者艰苦卓绝的努力结果；每一种新型机的诞生，都是计算机先驱者智慧的结晶。

1.2　计算机科学体系的形成

ENIAC 以前的计算机，由于缺乏合理的体系结构和理论依据，因而无法实现重大的突破。19 世纪中期至 20 世纪中期，布尔、香农、维纳、图灵、冯·诺依曼等人在计算机相关理论上的突破和概念上的创新，为研制现代计算机奠定了理论基础，形成了较为完善的计算机科学体系。

1.2.1　布尔提出的逻辑代数

乔治·布尔（George Boole，1815—1854 年）是英国著名的数学家和逻辑学家。逻辑是一门探索、阐述和确立有效推理原则的学科，利用计算的方法来代替人们思维中的逻辑推理过程。逻辑学最早是由古希腊学者亚里士多德（Aristotle，公元前 384—公元前 322 年）创立的，逻辑学的基本特点是使用自然语言来描述逻辑的研究，被称为古典逻辑学。

布尔在 1847 年发表的《逻辑的数学分析》和 1854 年发表的《思维规律研究》两部著作中首先提出了"逻辑代数"的基本概念和性质，建立了一套符号系统，利用符号来表示逻辑中的各种概念（实现逻辑判断符号化），并从一组逻辑公理出发，像推导代数公式那样来推导逻辑定理。人们为了纪念这位伟大的逻辑学家，将"逻辑代数"称为"布尔代数"（Boolean algebra）。

布尔代数是以形式逻辑为基础，以文字符号为工具，以数学形式分析、研究逻辑问题的理论。布尔代数虽为数学，但与普通数学有着本质的区别。布尔代数所研究的对象只有 0 和 1 两个数码，并定义了"与"（AND，符号为 $\wedge$）、"或"（OR，符号为 $\vee$）、"非"（NOT，符号为 $\neg$）三种运算，其他运算均可以用最基本的"与""或""非"运算来表示。尽管布尔代数是用文字符号来代替数码，以表示变量，但这种变量的取值范围仅限于取 0 和 1，所以逻辑变量是二值的，因此被称为二值逻辑。这种简化的二值逻辑为数字计算机的二进制运算、开关逻辑元件和逻辑电路的设计与简化铺平了道路，并为二进制数字计算机的研制奠定了理论基础。

〖提示〗布尔代数作为一种形式逻辑数学化的方法，提出时与计算机是无关的，但布尔代数理论和方法为数字电子学和计算机设计提供了重要的理论基础。事实上，作为现代数学中一个重要分支，布尔代数被应用于很多领域的研究，如人工智能、概率论、信息论、图论、开关理论及计算科学等。特别是进入 20 世纪后，人们利用布尔代数解决了许多技术问题。

1.2.2　香农提出的逻辑电路

美国学者克劳德·香农（Claude E Shannon，1916—2001 年）于 1936 年在硕士论文中将布尔代数引入了计算科学领域，该论文系统地提出了二进制的概念：能够用二进制系统表达布尔代数中的逻辑关系，使用 1 代表 TRUE（真），使用 0 代表 FALSE（假）。

二进制概念的提出有着极为重要的意义，至今依然是计算科学发展的基础。1938 年，香农发表了题为 *A symbolic analysis of relay and switching circuits*（《继电器开关电路的符号分析》）的论文，首次提出了可以用电子线路来实现布尔代数表达式。由于布尔代数只有 1 和 0 两个值，与电路分析中的"开"和"关"现象完全一致，因此可以按布尔代数逻辑变量的"真"或"假"对应开关的闭合或断开。例如，如图1-11所示的串联电路表示一个"与"逻辑运算（逻辑乘），其对应的真值表如表1-2所示。显然，只有当开关 A 和 B 都闭合时，灯泡才会亮。如果用逻辑表达式来描述，则可写为 $F=A \cdot B$。

　　图1-12所示的并联电路表示一个"或"逻辑运算（逻辑加），其对应的真值表如表1-3所示。显然，只要开关 A 或 B 有一个闭合，灯泡就会亮。如果用逻辑表达式来描述，则可写为 $F=A+B$。

图1-11　"与"电路

表1-2　$A \wedge B$ 真值表

A B	$F=A \wedge B$
0　0	0
0　1	0
1　0	0
1　1	1

图1-12　"或"电路

表1-3　$A \vee B$ 真值表

A B	$F=A \vee B$
0　0	0
0　1	1
1　0	1
1　1	1

　　自香农通过继电器开关电路实现了布尔代数运算之后，人们在计算机的设计中开始采用逻辑代数来分析和设计逻辑电路。今天，计算机中的芯片都是由数以万计的微小逻辑部件组成的。

　　1948年，香农发表了题为《通信的数学原理》的论文，1949年发表了题为《保密系统的通信理论》的论文，并创立了"香农定理"，解决了数字通信中许多悬而未决的问题，因而赢得了被尊称为"信息论之父"的桂冠。这两篇论文在数字计算机发展史上具有划时代的意义。

　　1956年，香农参与发起了在美国达特茅斯学院（Dartmouth College）举行的世界第一次人工智能学术研讨会，由此香农又成为了"人工智能"这一新兴学科的开山鼻祖之一。

1.2.3　维纳提出的计算机设计原则

　　美国数学家诺伯特·维纳（Norbert Wiener，1894—1964年）是研究随机过程和噪声过程的先驱，也是控制论学科的创始人，对控制论的创立和发展做出了重大贡献。维纳在创立控制论的过程中，对计算机结构设计进行研究和探索，即计算机如何能像人的大脑一样工作。他认为，计算机是一个信息处理和信息转换的系统，只要这个系统能得到数据，机器本身就应该能做任何事情。1940年，维纳提出了设计计算机的一些原则：

- 计算机中的加法装置和乘法装置应该是数字的，而不是模拟的；
- 计算机由电子元件构成，尽量减少机械部件（运行速度快、可靠性强）；
- 采用二进制运算（简化设计、运行可靠、逻辑性强）；
- 全部运算均在计算机上自动进行（采用存储程序控制）；
- 采用内部存储数据（直接与运算部件进行数据交换，提高计算机的运行效率）。

　　这些原则对新一代计算机的研制具有重要的指导意义，与冯·诺依曼1945年6月提出的计算机设计方案似乎不谋而合。在计算机发展史上，维纳为计算机设计理论做出了不可磨灭的贡献。

1.2.4　图灵提出的图灵机和图灵测试

　　艾伦·图灵（Alan Turing，1912—1954年）是现代计算机思想的创始人，被誉为"计算机科学之父"和"人工智能之父"。正如被尊为"计算机之父"的冯·诺依曼一再强调的：如果不考虑巴贝奇等人的工作和他们早先提出的有关计算机和程序设计的一些概念，计算机的基本思想来源于图灵。图灵对现代计算机的贡献主要体现在两方面：一是建立了图灵机理论模型，二是提出了定义机器智能的图灵测试。

1. 图灵机

在计算机科学中通常所说的计算模型，并不是指在其静态或动态数学描述基础上建立求解某一问题计算方法的数学模型，而是指具有状态转换特征，能够对所处理对象的数据或信息进行表示、加工、变换、输出的数学机器，即描述"计算"这一概念的一种抽象的形式系统或数学系统。

那么，什么样的问题是可计算的？如何设计一台通用的计算机器，并让它完成自动计算呢？对此，1936 年图灵发表了 *On computable numbers with an application to the encryption problem*（《论可计算数及其在判定问题中的应用》）的论文。在这篇被誉为现代计算机原理开山之作的论文中，描述了一种"图灵机模型"（Turing machine model），简称为"图灵机"（Turing Machine，TM）。

这个"图灵机"不是具体的机器，而是一种理论模型，用来模拟人类用纸笔进行数学计算的过程。他把这一过程简化为，根据计算需要，在纸上写一些符号，在脑海中形成相应的计算方法；把注意力从纸上的一个位置移动到另一个位置，用笔在纸上写上或擦去一些符号；让这两种动作重复进行，下一步执行什么动作，不仅依赖于当前所关注的纸上某个位置的符号，还依赖于当前人的思维状态。为了模拟这一过程，"图灵机"由控制器（控制规则）、读写头和一个两端可以无限延长的工作带组成。为了叙述方便，我们只考虑正整数运算，并且假设图灵机只能接收空白字符（用符号 b 表示）和数字 1，没有 1 的地方用 0 表示。例如整数 7，则用 7 个 1 构成的字符串表示，左边的空白字符 b 表示存储在织带上的非负整数的开始，其后是该整数的字符串，右边的空白符 b 表示该整数结束，如果纸带上有多个整数，则至少用一个空白符隔开，如图 1-13 所示。

图 1-13　图灵机的读写过程

（1）工作带（tape）被划分成一个个大小相同的方格，每个方格内记载着给定字母表上的符号，并且自左至右依次编号为 0，1，2，…，工作带的右端可以无限延伸。尽管纸带可以无限长，但写进纸带方格里的符号不能无限多，通常是一个有穷的字母表，可设为 $\{C_0, C_1, C_n, \cdots\}$。

（2）读写头（head）可以在工作带上左右移动，能够读出、修改当前所指格子上的符号。

（3）控制器（table）是一个有限状态自动机，其状态可用集合 $\{S_0, S_1, S_m, \cdots\}$ 表示。根据当前所处状态及读写头所指的格子上的符号确定下一步动作，并改变状态寄存器的值，令机器进入一个新的状态。控制器的状态就是图灵机的状态，可设 S_0 为初始状态，S' 为结束状态。

图灵认为"只要为它编好程序，就可以承担起机器能做的任何工作"。那么，图灵机是如何实行读写操作的呢？假设图灵机只有 3 个状态 A、B、C，状态之间的转移如图 1-14 所示。

图 1-14　图灵机状态转移示意图

图 1-14 描述了图灵机的工作过程。当控制器读入 x 后，它写符号（改写 x），并将读/写头移到左边（L），右边（R）或不动（N）。因此，控制

器操作具有如下 3 种状态：

$x/y/R$：如果读了 x，就写 y 并右移读写头；

$x/y/L$：如果读了 x，就写 y 并左移读写头；

$x/y/N$：如果读了 x，就写 y 但读写头不动。

　　根据控制器操作的转移状态，可以建立一张状态转移表，如表 1-4 所示。表中的每一行代表一条状态转移指令；表中有 5 列，分别表示当前状态、读、写、移动、新状态。把一行中的 5 列值放在一起，用圆括号括起来，就可以看成是一条指令。对于这台简单的图灵机，它只有 6 条指令：

① (A, b, b, R, A)；
② $(A, 1, 1, R, B)$；
③ $(B, b, 1, R, B)$；
④ $(B, 1, b, N, C)$；
⑤ (C, b, b, L, A)；
⑥ $(C, 1, 1, L, B)$。

表 1-4　状态转移表

当前状态	读	写	移动	新状态
A	b	b	R	A
A	1	1	R	B
B	b	1	R	B
B	1	b	N	C
C	b	b	L	A
C	1	1	L	B

　　表 1-4 描述了图灵机状态变换的过程，例如第 2 条指令，如果机器处于状态 A，读到符号 1 就用一个新的 1 改写原来的 1，读/写磁头向右移到下一个符号上，此时机器从状态 A 转换成了状态 B。

　　图灵机是一种十分简单但运算能力很强的计算装置，用来计算可以想象得到的可计算函数。它不仅解决了纯数学基础理论问题，而且在理论上证明了研制通用数字计算机的可行性。图灵机把程序和数据以数码的形式存储在纸带上，因而是"存储程序"型的，这种程序能把用高级语言编写的程序译成机器语言程序，工作原理如图 1-15 所示。

图 1-15　图灵机的工作原理

　　图灵机把程序看作将输入数据转换为输出数据的一种变换函数，按照其读入一系列由 0 和 1 组成的信息，就可以执行一个动作。按照程序控制基本动作的思维，这就是"通用图灵机"的模型，也是通用计算机的模型。事实证明，这种机器不仅能进行多种运算，而且还可用于一些定理的证明，图灵机的研究实现了对计算本质（什么是可计算的）的真正认识。

　　图灵机是从计算过程这一角度来表现计算本质的，并且作为计算机设计的理论基础。人们把图灵机作为判断某一问题是否可计算的准则：凡是图灵机能计算的问题都是可计算问题。

　　尽管图灵机并不是真实的计算机，而是用数学方法从理论上证明了制造通用计算机的可行性（用简单程序指令解决了计算与逻辑问题，用形式化方法成功地表述了计算这一过程的本质），但其思想奠定了现代计算机发展的理论基础。虽然图灵机只是一个抽象或概念上的机器，但它的计算能力超过了其他任何物理计算机。因为物理计算机只有有限的存储空间，同时物理计算机的操作速度受限于真实世界的各种约束，而图灵机是一个抽象模型，在操作速度上不会受到真实世界的各种约束。实践证明，如果图灵机不能解决的计算问题，那么实际计算机也不能解决；只有图灵机能够解决的计算问题，实际计算机才有可能解决。

2. 图灵测试

1950 年，图灵发表了里程碑式的论文 *Computing machinery and intelligence*（《计算机器与智能》），第一次提出了"机器思维"的概念。图灵提出一个假想：一个人在不知情的情况下，通过一种特殊的方式和一台机器进行问答，如果在相当长时间内，他分辨不出与他交流的对象是人还是机器，那么，这台机器就可以认为是能思维的，这就是著名的"图灵测试"（Turing Testing，TT）。当时全世界只有几台计算机，它们肯定无法通过这一测试。但图灵预言，在 20 世纪末，一定会有计算机通过"图灵测试"，计算机能做我们想象不到的事情。图灵测试的详细内容见2.4.3 节。

1993 年 11 月 8 日，美国波士顿计算机博物馆举行了一次引起各界关注的"图灵测试"。1997年 5 月，IBM 公司研制的计算机"深蓝"与俄罗斯的国际象棋冠军卡斯帕罗夫（Kasparov）进行了举世瞩目的国际象棋大赛，可谓"世纪之战"，而最终"深蓝"以两胜一负三平战胜了卡斯帕罗夫，这一结果让世界为之惊叹！今天，图灵测试已被公认为是"证明机器具有智能的最佳方法"。

> 图灵对计算机科学的贡献远不止图灵机和图灵测试，他在专用密码破译、计算机设计、计算机程序理论、神经网络、人工智能等领域做出了开拓性的研究；在量子力学、概率论、逻辑学、生物学等诸多领域都有突出贡献。为了纪念这位伟大的计算机奠基人，美国计算机协会（ACM）在 1966 年设立了"图灵奖"，专门奖励在计算机科学领域做出贡献的杰出科学家。该奖项是计算机界最崇高的荣誉，有"计算机领域的诺贝尔奖"（Nobel prize in computing）之称。

1.2.5　冯·诺依曼提出的 EDVAC

美籍匈牙利著名数学家约翰·冯·诺依曼（John von Neumann，1903—1957 年）曾是 ENIAC的顾问。他在研究 ENIAC 的基础上，针对 ENIAC 存在的不足，并根据图灵提出的存储程序式计算机的思想，于 1945 年 3 月提出了"存储程序控制"概念，1945 年 6 月提出了全新存储程序式的电子离散变量自动计算机（Electronic Discrete Variable Automatic Computer，EDVAC）方案（此时 ENIAC 还尚未完成）。1946 年 6 月，他发表了更为完善的设计报告《电子计算机装置逻辑结构初探》，在该报告中提出了以二进制和存储程序控制为核心的通用电子数字计算机体系结构。1951 年，EDVAC 研制完成，并于 1952 年在美军阿伯丁弹道实验室开始正常运转。

人们把基于 EDVAC 结构的计算机称为 Neumann 结构计算机，它是在分析机、二进制理论、图灵机等基础上发展形成的。Neumann 结构计算机的特点主要体现在以下 4 个方面。

1. 采用二进制

计算机虽然很复杂，但其基本元件都可视为电子开关，而且每个电子开关只有"开"（高电位）和"关"（低电位）两种状态。如果分别用 1 和 0 表示这两种状态，则计算机中的所有信息，不论是数据还是命令，都可以统一由 1 和 0 组合来表示。计算机采用二进制具有如下优点。

（1）电路简单。与十进制数相比，二进制数在电子元件中容易实现。因为制造仅有两种不同稳定状态的电子元件要比制造具有十种不同稳定状态的电子元件容易得多。例如，开关的接通与断开、晶体管的导通与截止都恰好表示 1 和 0 两种状态。

（2）工作可靠。用两种状态表示两个代码，数字传输和处理不易出错，因此可靠性好。

（3）运算简单。二进制只有 4 种求和与求积运算规则。

　　求和：0+0=0；0+1=1；1+0=1；1+1=10。

　　求积：0×0=0；0×1=0；1×0=0；1×1=1。

　　十进制数的求和运算从0+0=0到9+9=18的加法规则有100条，求积运算从0×0=0到9×9=81的乘法规则也是100条。显然，二进制数比十进制数的运算要简单得多。

　　（4）逻辑性强。计算机的工作原理是建立在逻辑运算基础上的。二进制只有1和0两种状态，正好与逻辑命题中的"是"和"否"对应。

　　〖提示〗 二进制的上述优点成为促使当代电子计算机迅速发展的重要因素之一。

2．采用存储程序控制

　　计算机中的程序是用某种特定的符号（语言）系统对被处理的数据和实现算法的过程进行描述，是各种基本操作命令的有机集合。Neumann结构计算机把运算程序及其相应的数据以二进制的模式存放在存储器中，让计算机的运算操作按照程序步骤自动执行，这个过程被称为"存储程序控制"，并成为Neumann结构计算机的核心，其基本思想包含以下3方面。

　　（1）编制程序：为了使计算机能快速求解问题，必须把要解决的问题按照处理步骤编制成程序，使计算机把复杂的控制机制变得有"序"可循。

　　（2）存储程序：计算机要完成自动解题任务，必须能把事先设计的、用于描述计算机解题过程的程序和数据存储起来。

　　（3）自动执行：启动计算机后，计算机能按照程序规定的顺序，自动、连续地执行。当然，计算机在运行过程中允许人工干预。

　　〖提示〗 程序控制最初是巴贝奇提出的，存储程序是冯·诺依曼首先在计算机中实现的。

3．具有5项基本功能

　　从"存储程序控制"概念可知，要实现"存储程序控制"，计算机必须具有以下基本功能。

　　（1）输入输出功能：计算机必须有能力接收原始数据和解题步骤（程序），并且把计算结果与计算过程中出现的情况告诉使用者（输出）。

　　（2）存储功能：计算机能存储所提供的原始数据、解题步骤和解题过程的中间结果。

　　（3）计算功能：计算机能进行一些简单、基本的运算，并组成所需的复杂计算。

　　（4）判断功能：计算机必须具有从预先无法确定的几种方案中选择一种操作方案的能力。如计算 $a+|b|$，在解题时应能够根据 b 的符号确定下一步进行的运算是+还是−。

　　（5）控制功能：计算机能保证程序执行的正确性和各部件之间的协调关系，在程序的控制下，高效完成数据的输入、存储、运算、输出等操作。

4．以运算器为中心

　　从功能模拟角度，计算机应由与上述功能相对应的部件组成。这些部件主要包括输入设备、输出设备、存储器、运算器、控制器等，其逻辑结构如图1-16所示。该结构具有以下特点。

　　（1）整个机器以运算器为中心，输入、输出信息与存储器之间的数据传输都经过运算器，是Neumann结构的典型特征。

　　（2）采用存储程序控制，程序和数据放在同一存储器中。

　　（3）指令（指示计算机执行操作的命令）和数据均以二进制编码表示、存储和运算，并且按存储器的地址进行访问。

图1-16　计算机的逻辑结构

（4）控制信息由指令产生，指令由操作码和地址码组成。

（5）指令在存储器内按顺序存放和执行，并在特定条件下可以改变执行顺序，这与 EDVAC 之前只有数据才存储在存储器中的计算机结构是完全不同的。

EDVAC 之所以能自动高效地工作，其关键是冯·诺依曼的"存储程序控制"概念的提出、实现和采用二进制。EDVAC 的研制成功标志着计算机科学体系的形成，从此揭开了现代计算机研究的序幕，开启了现代计算机发展的新纪元，因而使得冯·诺依曼被称为"计算机之父"。

〖提示〗以运算器为中心的计算机在运行过程中，运算器不断地与存储器交换数据，极大浪费了运算器这一宝贵资源。特别是随着计算机应用的不断拓展，内存与外部设备之间信息交换日益频繁，使得资源争用的矛盾日益突出，从而迫使人们探索提高计算机性能的途径。

1.3 基于 Neumann 结构的现代计算机

Neumann 结构实现了计算的自动化，而如何进一步提高计算机系统的整体性能，是人们一直追求的目标。人们在 Neumann 结构上不断探索和改进，使得计算机的体系发生了巨大变革。特别是微电子技术的不断突破，使得计算机以惊人的速度发展，计算机的性能得到了极大提高。

1.3.1 计算机的结构组成

自 EDVAC 诞生以来，为了提高计算机系统的整体性能，人们一直在对基于 Neumann 结构的计算机的体系结构、组成原理、技术实现及其执行模型等进行研究和探索。

1. 计算机体系结构

计算机体系结构（computer architecture）是指计算机硬件系统的基本架构，主要研究软/硬件功能分配和对软/硬件界面的确定，即确定哪些功能由软件实现，哪些功能由硬件实现。现代计算机在 Neumann 结构基础上经过几十年的发展，在硬件系统的结构上由以运算器为中心演变成以存储器为中心的结构形式，解决了高速部件与低速部件频繁交换数据的问题。现代计算机的体系结构如图 1-17 和图 1-18 所示。

图 1-17 以存储器为中心的结构形式

图 1-18 以存储器为中心的信息控制

图 1-17 和图 1-18 所示结构反映了计算机硬件系统逻辑结构的基本思想，指出了数据信息和控制信息（数据流和控制流）在计算机内部的流向。其中，控制信息是指挥计算机执行各种操作的命令。

以存储器为中心的计算机的结构形式与工作过程（数据流向）具有以下特点。

（1）整个机器以存储器为中心，所有程序和数据存放在外存储器中。计算机运行时，由控制器将相关程序和数据从外存调入内存；计算机运行结束时，内存中的所有数据信息存放到外存储器中。

（2）内存储器存储容量小，外存储器存储容量大，为了适应大数据处理，将内存储器与外存储器结合在一起，形成一个存储系统，从而使得外存储器作为内存储器存储容量的"坚强后盾"。

（3）随着微电子技术的高速发展，可将运算器、控制器、指令系统集成在一块芯片内，称为中央处理器（Central Processing Unit，CPU），通常简称为处理器，它是计算机硬件系统的核心。

2．计算机组成

计算机组成（computer organization），也称为计算机组织，是指计算机体系结构的逻辑实现（包括数据流和控制流的组成及逻辑设计等），主要研究硬件子系统各部分的内部结构和相互联系，以实现机器指令级的各种功能和特性。在 70 多年来的研究中，主要围绕提高速度，着重从提高操作的并行度、重叠度，以及分散功能和设置专用功能部件来进行。

3．计算机实现

计算机实现（computer implementation）是指计算机组成的物理实现，主要研究计算机器件和微组装技术，包括处理机、主存等部件的物理结构；器件的集成度、运算速度和信号，器件、模块、插件、底板的划分与连接；专用器件的设计、微组装技术、信号传输、电源、冷却及整机装配技术等。

计算机体系结构、计算机组成和计算机实现三者之间，既相互联系，又相互影响。体系结构是指令系统及其执行模型，是计算机系统软/硬件的界面；计算机组成是计算机体系结构的逻辑实现；计算机实现是计算机组成的物理实现。结构、组成和实现是设计计算机硬件系统的核心。

1.3.2　计算机的主要特点

基于 Neumann 结构的现代计算机，采用高速电子器件、高度集成、二进制、逻辑判断和存储程序控制，体现出如图 1-19 所示的内部性能与外部功能特性，从而形成了现代计算机的主要特点。

图 1-19　Neumann 结构计算机与外部功能特性的对应关系

1．运算速度快

由于采用高速电子器件，计算机的运算速度，慢则每秒钟数万次，快则每秒钟数亿次。例如，我国自主生产芯片研制的"神威·太湖之光"的浮点运算速度已达到每秒钟 10 亿次以上。仅就每秒一百万次的计算机而言，它连续运行一小时所完成的工作量，一个人一生也做不完。

2．计算精度高

计算机的计算精度随着字长的增加而提高，目前计算机的字长为 2^{32}、2^{64}、2^{128}，有效数字位数可达数十位、数百位甚至千位以上，这是其他计算工具不可比拟的。

3．判断能力强

现代计算机具有准确的逻辑判断能力和高超的记忆能力，是计算能力、逻辑判断能力和记忆能力三者的结合，已成为人类脑力延伸的工具，因而又被称为"电脑"。

4．工作自动化

计算机采用存储程序控制方式，其操作运算都是按照事先编制的程序自动进行的。计算机启动后，不需要人工干预，可以自动、连续、高速、协调地完成各种运算和操作处理。自动化是计算机最突出的特点，也是计算机与计算器之间的本质区别所在。

5．存储容量大

现代计算机采用半导体存储元件作为主存储器，目前仅就微型计算机而言，主存储容量可达数 GB 级，辅助存储容量可达 TB 级。主存储器是衡量计算机性能的重要指标。

6．可靠性能好

可靠性是衡量一台设备能否安全、稳定运行的重要指标，也是人们对设备的基本要求。随着微电子技术的发展，大规模及超大规模集成电路（VSLI）大大提高了计算机的可靠性，如装配在航天器上的计算机能连续地正常工作几万、几十万小时以上。

〖提示〗计算机之所以从它诞生开始就得到迅猛异常的发展，这与电子计算机本身所具有的功能特点是分不开的。对微型计算机而言，除具有上述特点外，还具有体积小、重量轻、价格便宜、使用方便、软件升级快、应用软件种类多、对工作环境无特殊要求等优点。

1.3.3　计算机的基本性能

现代计算机的结构组成及其功能特点，决定了计算机系统的性能，并且一般以机器字长、内存容量、存取周期、主频、运算速度、最大速率、兼容性、RASIS 特性等指标来衡量。

1．机器字长

机器字长（machine size）是指每个存储单元所包含的二进制位数，即计算机一次所能处理数据位数的多少，机器字长决定了计算机数据处理的速率，是衡量计算机性能的一个重要指标。机器字长越长，则计算精度越高、内存容量越大、计算速度越快、指令数量越多、功能越强、传输的信息越多、性能越好。机器字长不仅决定着寄存器、加法器、数据总线等部件的位数，还直接影响着硬件成本。

2．内存容量

内存容量（memory capacity）是指 RAM 中能存储信息的字节数，反映直接与 CPU 进行信息交换的能力。内存容量直接影响 CPU 处理数据的能力和寻址能力，常用字数乘以字长来表示容量的大小。

3．存取周期

存取周期（access cycle）是指存储器进行一次完整的读写操作所需要的全部时间，即从存储器中连续存（写）、取（读）两个字所用的最小时间间隔称为存取周期。存取周期越短，则存取速度越快，所以存取周期是计算机中的一项重要性能指标。

4．主频

主频（basic frequency）是指 CPU 的时钟频率（clock speed），即 CPU 在单位时间内发出的脉冲数，单位是兆赫（MHz）。计算机采用主时钟产生固有频率（f_c)的脉冲信号控制 CPU 的工作节拍，因此主时钟频率就是 CPU 的主频率，简称为主频。主频越高，CPU 在一个时钟周期里所能完成的指令数越多，CPU 的运行速度越快。例如，Pentium Ⅲ/800 的主频为 800MHz、Pentium 4/1.5 的主频为 1.5GHz。

5．运算速度

运算速度（operating speed）是指计算机每秒钟所能执行的指令条数，单位是次/秒。早期计算机 CPU 执行完一条指令后才能取下一条指令分析执行，故采用执行一条指令需要的时钟周期数（Cycles Per Instruction，CPI）描述。现代计算机多采用重叠与流水工作方式，则用一个时钟周期内可以执行多条指令（Instructions Per Cycle，IPC）描述。如果在此基础上加上主频因素，可用每秒百万次指令（Million Instructions Per Second，MIPS）作为计算机运行速度的衡量标准。因此，MIPS 被定义为

$$MIPS=程序中的指令条数/程序执行时间\times10^6=f_c/（CPI\times10^6）$$

例如，已知 Pentium Ⅱ 处理机的 CPI=0.5，计算 Pentium Ⅱ 450 处理机的运算速度。Pentium 处理机的 f_c=450 MHz，因此可计算出：

$$MIPS_{Pentium Ⅱ 450}=f_c/CPI\times10^6=450\times10^6/（0.5\times10^6）=900$$

6．最大速率

主机与外部设备之间交换数据的速率是影响计算机系统工作速度的重要因素，由于各种外部设备本身工作的速度不同，因此常用主机支持的数据输入、输出最大速率（maximum rate）来表示。

7．兼容性

兼容性（compatibility）也称为适应性，是指硬件系统或软件系统之间所具有的并存性，它意味着两个系统间存在着一定程度的通用性。因此，兼容性的好坏标志着计算机系统承前启后、便于推广的程度。

8．RASIS 特性

RASIS 特性是指计算机的可靠性（Reliability）、可用性（Availability）、可维护性（Serviceability）、完整性（Integrality）和安全性（Security），是衡量一个现代计算机系统性能的五大功能特性。如果只强调前三项，就是通常所称的 RAS 特性。

1.3.4 计算机的主要应用

由于现代计算机具有良好的性能特点，所以在科学技术、国民经济、文化教育、社会生活等各个领域都得到了广泛的应用，已成为人们处理各种复杂任务所不可缺少的现代信息处理工具，并取得十分明显的社会效益和经济效益。目前，计算机的主要应用领域可以概括为以下 8 个方面。

1．科学计算

现代计算机的诞生就是源于科学计算（scientific compute），科学计算一直是电子计算机的

重要应用领域之一。例如，在天文学、量子化学、空气动力学、核物理学等领域中，都需要依靠计算机的大容量存储和高速运算；在军事领域中，导弹的发射及飞行轨道的计算，飞行器的设计、人造卫星与运载火箭轨道的计算，更是离不开计算机。用计算机解决科学计算问题的过程如图 1-20 所示。

图 1-20　用计算机解决实际问题的过程

2．信息管理

信息管理（information management）是指利用计算机对各种数据信息实行科学的管理。计算机在信息管理方面的应用极为广泛，如企业管理、库存管理、报表统计、账目计算、信息情报检索等。在当今信息时代，计算机在信息管理中的应用越来越广泛，并已形成一个完整的体系，即信息管理系统。按功能和应用形态划分，信息管理系统可以分为事务处理系统、管理信息系统、决策支持系统和办公自动化系统等。

3．实时控制

实时控制（real-time control）是指在信息或数据产生的同时进行处理，处理的结果可立即用来控制进行中的现象或过程。实时控制的基本原理是基于反馈（feedback）机制，即通过被控对象的反馈信号与给定信号进行比较，以达到自动调节的控制技术。实时控制原理如图 1-21 所示。

图 1-21　实时控制原理框图

在实时控制系统中，由计算机给定的数字量经过数-模（Digtal-Analog，D/A）转换器，将数字量转换成连续变化的模拟量，并将弱信号转成强信号送给执行部件，以驱动被控制对象。

为了实现反馈控制，必须把被控对象中的连续信号返回到输入端，以形成闭环系统。从被控对象中取出的连续信号接入传感装置，并将强信号转成弱信号，经过模-数（Analog-Digtal，A/D）转换器，将连续变化的模拟量转换成数字量送入计算机，此过程被称为数据采集。被采集到的数据经计算机进行处理、分析、判断、比较和运算后输出数值控制量，实现系统自动控制。

计算机用于实时控制，是利用计算机及时地搜索检测被控对象的数据，然后按照某种最佳的控制规律来控制过程的进展，从而大大提高生产过程的自动化水平，提高产品质量、生产效率、经济效益，同时降低成本。实时控制广泛应用于过程控制、生产控制、参数测量等领域。国防和高精尖领域更是离不开计算机的实时控制。

4．系统仿真

系统仿真（system simulation）是利用计算机模仿真实系统的模拟技术，并且分为物体仿真和数字仿真，现在大都采用数字仿真。它利用计算机对复杂的现实系统经过抽象和简化，形成系统模型，然后在分析的基础上运行此模型，从而得到系统一系列的统计性能，因而成为计算机辅助设计中的重要内容。

由于仿真技术的特效所具有的安全性与经济性，因此在航空、航天、军事领域的设计、定型、训练中得到广泛应用。新型武器系统与大型航空、航天飞行器在其设计、定型过程中，都要依靠仿真试验进行修改和完善；在航空、航天训练方面，利用仿真技术，在导弹研制成功之前就可以让其"飞行"；飞机驾驶员不用上天就能进入"起飞""空战""着陆"模式；对战双方不发一枪一弹便能开展一场激烈的"战斗"等。目前，系统仿真已发展成与人工智能相结合的智能仿真系统。

5. 计算机辅助系统

计算机辅助系统（computer aided system）是指以计算机作为辅助工具的各种应用系统，利用计算机的高速运算、大容量存储和图形处理能力，辅助进行工程设计、制造、测试、教学的理论和方法。

（1）计算机辅助设计（Computer Aided Design，CAD）。综合了计算机科学与工程设计方法的最新发展而形成的一门新兴学科，它利用计算机来帮助设计人员进行工程设计，提高设计工作的自动化程度，节省人力、物力。现在，计算机辅助设计及其辅助分析已获得广泛应用。

（2）计算机辅助制造（Computer Aided Manufacturing，CAM）。使用计算机进行生产设备的管理、控制和操作的过程，在生产过程中改善工作人员的工作条件，甚至替代人日夜工作。

（3）计算机辅助测试（Computer Aided Test，CAT）。利用计算机运算速度快、计算精度高、判断能力强的特点，检测系统的技术性能指标。从而提高检测效率、检测质量和检测标准。

（4）计算机辅助教学（Computer Aided Instruction，CAI）。利用计算机辅助学生学习的自动系统，将教学内容、教学方法以及学生的有关信息存储在计算机中，使学生能够轻松自如地从系统中学到所需知识。随着计算机网络的发展，这种形式现已逐渐演变为"在线学习"，如大规模开放在线课程（Massive Open Online Course，MOOC）就是在线学习的一种新形式。

现在，计算机在各领域的辅助作用越来越大，使得许多传统的工作模式发生巨大变革。例如，计算机集成制造系统（Computer Integrated Manufacturing System，CIMS）是集设计、制造、管理等功能于一体的现代生产系统，具有生产效率高、生产周期短的特点。CIMS 能将企业内部所有环节和各相关人员通过计算机网络连接起来，形成一个能够协调统一和高速运行的制造系统。

6. 多媒体应用

随着计算机技术的迅速发展，软硬件的不断丰富和完善，计算机多媒体技术得到广泛应用，用户可在计算机上进行文本（text）、图形（graphics）、图像（image）、音频（audio）、视频（video）、动画（animation）等媒介信息的捕捉、编辑、存储、传输、转换、管理，并由计算机综合处理为表格、文字、音响、影像等视听信息有机结合的表现形式，从而使计算机的应用拓宽到文化教育、文化娱乐、广告宣传等领域。多媒体技术与人工智能技术的结合，促进了虚拟现实（virtual reality）、虚拟制造（virtual manufacturing）技术的发展，使人们可以在计算机产生的虚拟环境中感受到真实场景；通过计算机仿真和模拟，可以在制造零件及其产品之前，形成产品的结构形式，了解产品各方面的基本功能和性能指标。因此，多媒体技术已成为现代仿真技术中极为重要的技术手段。

7．网络通信

计算机技术和数字通信技术的融合，产生了计算机网络通信（network communication），并得到飞速发展。网络通信的应用极大地改变了人们的工作和生活方式，用户只要把自己的计算机或手机联到网络中，就能获取网络上的各种信息，足不出户便可以预订机票、车票，选购商品等，甚至通过手机网络可以直接在网络上实现语音、视频交流，能够与远在千里之外的亲人、朋友进行通话或洽谈业务。

8．人工智能

人工智能（artificial intelligence）的研究与应用是近年来的热门话题，应用领域包括模式识别、自然语言的理解与生成、自动定理证明、联想与思维的机理、数据智能检索、博弈、专家系统、自动程序设计等。近年发展起来的神经网络计算机技术是人工智能的前沿技术，主要用来解决人工感觉（包括计算机视觉、听觉、嗅觉等），即解决大量需要相互协调动作的机器人在复杂环境下的决策问题。

现在，计算机的应用已渗透到社会的各方面，并且日益发挥越来越重要的作用。同时，随着应用领域的不断拓展和对计算机性能要求的急剧增加，迫使人们研制性能更高的新一代计算机。

1.4　突破与超越 Neumann 结构

基于 Neumann 结构的计算机奠定了现代计算机的理论基础，为计算机的发展铺平了道路。然而，虽然以存储器为中心的 Neumann 结构使资源争用的矛盾得到一定程度的缓解，但是离人们对计算机性能的追求目标相差甚远。Neumann 结构采用串行处理，其读写操作、运算操作、存储操作都是串行进行的，即任一时刻只能进行一项操作，从而使得整个系统的处理能力和运行速度等都受到很大的制约。因此，若提高系统的整体性能，必须从计算机的体系结构和组成结构入手。到目前为止，对提高计算机系统整体性能的研究与探索可以概括为 3 方面：一是突破 Neumann 的体系结构（architecture），以提高计算机的技术性能；二是突破 Neumann 的组成结构（structure），以拓展计算机的应用模式和功能特性；三是超越 Neumann 的体系结构，以寻求计算机性能质的飞跃。

1.4.1　突破 Neumann 的体系结构

Neumann 体系结构计算机自问世以来，一直处于发展、改进中，并不断寻找突破它的新体系。然而，计算机的发展并不是孤立的，取决于元器件的进步、体系结构的改进和指令系统的开发。从本质上讲，Neumann 体系结构是以数值计算为目的而设计的，是顺序执行指令的串行工作方式，因而使得计算机在并行处理、字符处理、知识处理等方面显现出低效能。特别是当计算机越来越广泛地应用于非数值计算领域，且处理速度成为人们关心的首要问题时，Neumann 体系结构的局限性逐渐显露。Neumann 体系结构的最大局限是存储器和处理器之间的通路太狭窄，即每次只能执行一条指令，即使扩大存储容量和提高 CPU 的速度，但与提高系统的整体性能不成等比关系，因而其意义不大，人们将这种现象称为"冯·诺依曼瓶颈"。为此，人们不断寻求突破 Neumann 体系结构的途径。通过突破计算机体系结构来提高计算机系统处理速度及其性价比的一个重要措施是增加计算处理的并行性（parallel），也称为并行计算（parallel computing），其策略是采用"时间重叠""资源重复""资源共享"；在具体实现上，采用流水线处理器系统、并行处理器系统、多处理器系统、精简指令系统等。

1. 流水线处理器系统

流水线处理是以"时间重叠"为特征的指令级并行处理技术，是利用"时间并行"，让多条指令并行执行来提高处理器的执行速度的一条重要途径。流水线处理将计算机中各功能部件要完成的操作分解成若干子过程，每个子过程可以与其他子过程同时进行，其处理方式类似于现代工业生产装配线上的流水作业，具有这种特性的处理器称为流水线处理器（pipeline processor）。流水线处理可分为指令执行流水线（instruction pipelines）和运算操作流水线（arithmetic pipelines），运算操作流水线是指将一个运算操作分解成若干道"工序"，而每一道"工序"都可在其专用的逻辑部件上与其他"工序"同时执行。下面以指令执行流水线为例，介绍流水线结构的概念。

（1）指令的串行执行。指令由操作码和地址码组成，不同体系结构的处理器具有不同的指令执行过程，如指令的执行过程为 3 个阶段：取指令、分析指令、执行指令。其中，取指令是从 RAM 中取出一条指令送到指令寄存器；分析指令是指对指令的操作码进行译码分析；执行指令则是根据操作码的要求完成指令规定的功能。此时，一条指令执行一个操作数，称为标量指令（scalar instruction）。当有多条指令在处理机中执行时，指令可按顺序串行执行，如图 1-22 所示。

图 1-22　指令的执行过程

这种串行执行方式的优点是控制简单，但各功能部件的利用率低，执行速度慢。假定取指令、分析指令和执行指令的时间都相等，均为 t，则完成 n 条指令所需的时间为

$$T = \sum_{i=1}^{n} (t_{取指令\,i} + t_{分析\,i} + t_{执行\,i}) = 3nt$$

（2）指令的重叠执行。若将一条指令的执行过程进一步细分，分为取指令、译码指令、取操作数、执行指令和保存结果 5 个子过程，并用 5 个子部件分别处理这 5 个子过程，这样在上一条指令的第一子过程处理完毕进入第二子过程处理时，第一子部件就可以开始对第二条指令的第一子过程进行处理。随着时间的推移，这种重叠操作最后可达到 5 个子部件同时对 5 条指令的子过程进行操作，形成指令执行的流水线，如图 1-23 所示。

取指令 1	译码指令 1	取操作数 1	执行指令 1	保存结果 1		
	取指令 2	译码指令 2	取操作数 2	执行指令 2	保存结果 2	
		取指令 3	译码指令 3	取操作数 3	执行指令 3	保存结果 3
			取指令 4	译码指令 4	取操作数 4	执行指令 4	保存结果 4
				取指令 5	译码指令 5	取操作数 5	执行指令 5	保存结果 5

图 1-23　5 条指令的重叠执行

假设各子过程的执行时间相同，都为 t_1，则执行 n 条指令所需时间为

$$T_1 = 5t_1 + (n-1)t_1 = (4+n)t_1$$

显然，$t_1 \leqslant t$ 且 $T_1 \leqslant T$。

从图 1-23 可以看出，该流水线可同时对 5 条指令的不同子过程进行处理，从而在获得第一条

指令的结果后，每个子过程的执行时间内都可以连续不断地得到一条指令的执行结果，相当于 5 条指令"并行"执行，提高了计算机的执行速度。但流水线方式的控制复杂，硬件成本较高。

（3）多级流水线。流水线工作时要求各子过程的处理时间相等，但在实际的流水线中各子部件的执行时间会有所不同，为此可采用如下措施。

① 将一条流水线分成多个子过程（数据处理的不同"工序"），称为流水线的"级"或"段"。

② 每个子过程由专门的功能部件实现，每个功能段所需的时间尽量相等，以符合流水节拍。流水线的输入到输出，每个功能段只允许经过一次，流水线的工作顺序如图 1-24 所示。

图 1-24 流水线的工作顺序

③ 将流水线工作分为 3 个阶段，"建立"（第一个任务流出结果的时间），"正常"和"排空"（最后一个任务流出结果的时间）。当流水过程进入稳定工作状态后，每隔一定时间就会有一个结果流出，图 1-25 给出了流水线工作的时空图。

图 1-25 流水线工作的时空图

理论上，一条 k 级线性流水线的处理能力可以提高 k 倍，但由于处理时间不可能完全相同以及其他相关问题而引起处理时间的延长，使得处理能力不可能提高 k 倍。流水线技术特别适合对大批数据重复进行相同操作的场合，如向量处理机（vector computer）。向量处理机中的一条向量指令（vector instruction）可以处理 n 个操作数，相当于 n 条标量指令（scalar instruction）。

2．并行处理器系统

流水线处理器系统是通过同一时间不同处理器执行不同"工序"来实现并行性的，具有"时间并行"特性。并行处理器系统（parallel processor system）则是以"资源重复"为特征的处理器级并行处理技术，利用"空间并行"，让多个处理器在同一控制器的指挥下，按照统一指令的要求对一个整组数据同时进行操作，以实现处理器一级的整个操作的并行。由于在系统中重复设置了大量处理器，因而流水线处理器系统也被称为阵列处理器（array processor）系统，非常适合求解"并行算法"问题，如数组或矩阵运算。

3．多处理器系统

多处理器系统（multiprocessor system）是以"时间重叠+资源重复"，指令、任务和作业并行操作为特征的多个处理器并行处理技术，同时对多条指令及其分别有关数据进行处理，即系统中的不同处理器执行各自的指令、处理各自的数据，因而属于多指令、多数据流结构的计算机。例如，Pentium CPU 采用了超标量流水技术，即在一个机器周期中同时执行两条指令，因而既具有"时间并行"性，也具有"空间并行"性。多处理器系统的规模，通常可分为以下几种类型。

（1）对称多处理器（Symmetric Multi-Processors，SMP）。对称多处理器是指在一个计算机上汇集了一组多处理器，这种计算机的各个 CPU 之间共享内存子系统以及总线结构。在这种技术支持下，一个服务器系统可以同时运行多个处理器，并共享内存和其他的主机（处理器和内存储器）资源。

（2）单芯片多处理器（Chip Multi-Processors，CMP）。单芯片多处理器是指将两个或更多的 CPU 集成到一个芯片上，因而也称为多核 CPU。把多个 CPU 放到一个芯片中，各处理器将并行执行不同的进程。这种结构的最大特点是共享系统资源，这些 CPU 共享相同的高速缓冲、内存、硬盘和网络接口，计算机的性能随 CPU 的增多而翻倍，但开销不会翻倍。

（3）大规模并行处理器（Massively Parallel Processors，MPP）。大规模并行处理器是指由多个松耦合处理单元（Processing Unit，PU）组成的系统，每个 PU 都有自己的私有资源（CPU、内存、硬磁盘等）以及操作系统和管理数据库的实例副本，这种结构的最大特点在于不共享资源。

4．精简指令系统

计算机指令系统的设计有两个不同的方向：一是增强指令的功能，在指令系统中引入各种操作的指令，即复杂指令集计算机（Complex Instruction-Set Computer，CISC）；二是尽量简化指令功能，只保留那些使用频率高、功能简单的指令，即精简指令集计算机（Reduced Instruction-Set Computer，RISC）。RISC 不仅以简单有效的方式来支持高级语言的实现，又在技术实现方面采取了一系列措施。例如，在逻辑实现上，采用以硬件为主、固件为辅的技术以及延迟转移和窗口重叠寄存的技术；在指令执行上，采用流水线技术，提高运算速度。

与 CISC 相比，RISC 不仅是将指令系统中的指令大为精简，而且在体系结构的设计和实现技术上都有其明显的特点，从而使计算机结构更加合理、高效，运算速度更快，运行时间更短，计算机的性能得到大幅度提高。

1.4.2 突破 Neumann 的组成结构

Neumann 体系结构的突破和微电子技术的高速发展，不仅极大地提高了计算机的系统性能，也对计算机组成结构（computer structure）带来了巨大变革，从而使计算机朝着微型化、巨型化、网络化、智能化和多媒体化的方向发展，因而使得计算机的应用越来越广，已渗透到各个领域。

1．微型化

由于微电子技术的高速发展，超大规模集成芯片技术水平不断提高，使得计算机的结构发生了巨大变革，曾经的大中型计算机在体形上从"庞然大物"已演变成"笔记本"式，而功能越来越强，能随身携带。随着微电子技术的综合使用，计算机的体型还会不断演变、缩小。

2．巨型化

现代科学技术，尤其是国防技术的发展，需要高速度、大容量的计算机，促使巨型机得到高速发展。例如，1983 年我国成功研制第一台巨型计算机—银河Ⅰ号，运算速度为每秒 1 亿次，随后雨后春笋般相继诞生了银河系列、天河系列、神威·太湖之光系列等，其运算速度已达到每秒 10 亿亿次以上，成为世界上最快的超级计算机(简称为超算)。现在，超算正在高速发展中。

3．网络化

网络化（networking）是 20 世纪 90 年代计算机发展的一大趋势，也是计算机应用模式的一个巨大变革。计算机网络不仅使广大用户能即时通信，而且能使信息和资源得到高效的共享。现在，计算机网络已遍布世界各地，广泛应用于情报、金融、信息管理系统等领域，是现代信息社会的重要标志。

4．智能化

智能化（intelligentize）是用计算机来模拟人的感觉、行为、思维过程的机理，使计算机具备逻辑推理、自我学习等能力，目前最具代表性的两个领域是专家系统和机器人。智能化的特点主要体现在逻辑思维和推理方面，如对文字、图像、声音的识别有赖于模式识别和对知识的理解。智能化是计算机理论科学研究的一个重要领域，发展极为迅速。现在，随处都体现出智能化给人们带来的便利。

5．多媒体化

多媒体技术是集多种媒体信息的处理、协调于一体，集微电子与计算机技术于一身的综合信息处理技术。由于计算机的智能化，多媒体技术能把数值、文字、声音、图形、图像、动画等集成在一起，进行交互式处理，因而具有多维性、集成性和交互性的特点。信息表示的多元化和人-机关系的自然化，正是计算机应用追求的目标和发展趋势。数字多媒体技术在计算机工业、电信工业、家电工业等方面展示出令人瞩目的新成果，已无可争辩地显示出广阔的应用前景。

1.4.3　超越 Neumann 的体系结构

突破 Neumann 体系结构，解决了“冯·诺依曼瓶颈”问题，极大地提高了计算机系统的性能;突破 Neumann 组成结构，极大地拓展了计算机的应用模式和功能特性。但是，基于 Neumann 结构的计算机仍为电子器件。在科学技术日新月异的今天，科学家们已意识到目前作为计算机核心部件的集成电路制造工艺将很快达到理论极限，如神威·太湖之光超级计算机的峰值运算速度已超过 12.5 亿亿次/秒。随着晶体管的尺寸接近纳米级，芯片发热等副作用逐渐显现，而且电子的运行难以控制，晶体管器件将不再可靠，即基于电子器件的计算机的发展空间已接近性能极限。因此，人们对计算机的体系结构及系统理论提出了新的突破思路——超越 Neumann 体系结构。

超越 Neumann 体系结构也称为非 Neumann 体系结构（no-Neumann architecture），就是采用非电子器件、非 Neumann 体系结构和非 Neumann 组成结构的计算机，这是提高计算机系统性能的另一个重要途径。根据目前研究进展，利用非电子器件研制新一代计算机的主要技术有超导技术、光技术、量子技术、生物技术等，利用这些技术研究新一代计算机已成为目前世界各国研究的焦点，也是未来人工智能计算机的希望所在。

1．超导计算机

超导计算机（superconductor computer）是指使用超导集成电路组成的计算机，由于该超导材料由约瑟夫逊发明，也被称为约瑟夫逊计算机（Josephson computer）。超导体开关速度比现有半导体的开关快 10～100 倍，功耗仅为半导体器件的 1/100～1/1000，因此可以实现最紧密排布，可做成运算速度每秒几百亿亿次的超速计算机。特别是 1911 年昂尼斯发现纯汞在 4.2 K 低温下电阻变为零的超导现象，超导线圈中的电流可以无损耗地流动，因而引起了世界范围内的极大关注，各国都在研制超导计算机，已成为下一代计算机的候选对象之一。由于超导系统产生的电阻几乎为零，该系统最小只需传统计算机能耗的 1‰。

2．光子计算机

光子计算机（photon computer）是指以光子代替电子、光互连代替导线互连、光硬件代替电子硬件、光运算代替电运算的数字计算机。研究表明，光子计算机比电子计算机的运算速度快 1000 倍以上。同电子计算机一样，光子计算机分为数字和模拟两类：数字光计算机用光学方法实现数字运算；模拟光计算机是光学模拟与数字运算相结合。光子计算机具有二维并行处理、大容量、传输速度快、信号衰减小、互联密度高、无干扰、高时空带宽等特点，与电子计算机相比具有很大优势。1990 年 3 月，AT&T 公司的 Bell 实验室宣布完成了全光数字处理器的研究。

光子计算技术的另一个重要方面是光学神经网络。在人工智能领域中的模式信息处理，如模式识别、语言理解、联想记忆、学习、推理、决策等，对人的大脑来说是轻而易举的事。但如果使用电子计算机处理这些问题会显得速度太慢，而使用光学神经网络便能快速地进行处理。光学神经网络的主要特点是并行性、高互联密度、联想和容错，这些正是光学方法的特点和潜力。

3．量子计算机

量子计算机（quantum computer）是指利用量子力学规律进行高速运算、存储及处理量子信息的计算机。量子计算机由存储器和逻辑门组成，是利用量子力学特有的物理现象代替传统计算机遵循的经典物理定律实现全新的信息处理方式。经典计算机中的"位"在量子计算机中称为量子比特（quantum bit），并且一个量子比特可以存储两个数据，n 个量子比特可以同时存储 $2n$ 个数据，从而大大提高了存储能力。量子计算机具有存储容量大、解题速度快（运算速度比 Pentium III 快 10 亿倍以上）、具有强大的并行处理能力等优点。量子计算机通过量子分裂式、量子修补式进行一系列的大规模高精确度的运算，其运算精确度和速度是普通计算机望尘莫及的。因此，量子计算机是最有发展前景的计算机，特别是在数据通信及其数据加密方面具有广泛应用。

2017 年 5 月 3 日中国国际频道报道，中国科学技术大学潘建伟教授等在量子计算机研究领域取得两项重大突破，这标志着我国在未来计算机研究领域，全面进入世界先进行列。

4．生物计算机

生物计算机（biological computer）是指以脱氧核糖核酸（Deoxyribo Nucleic Acid，DNA）处理问题的方式为模型的计算机。由于生物系统的信息处理过程是基于生物分子的计算和通信过程，因此也被称为分子计算机。生物计算机的运算过程就是蛋白质分子与周围物理化学介质的相互作用过程，利用蛋白质技术制造生物芯片，从而实现人脑与生物计算机的连接等。

DNA 计算机的显著特点是具有思维能力，它比人的思维速度快 100 万倍以上，其存储量是普通计算机的 10 亿倍。科学家们正试图将真实的人体基因材料植入微处理器中，使用试管中的 DNA 来解决世界数学难题。因此，DNA 计算机的发展，对人工智能的发展具有直接的促进作用。

5．智能计算机

随着计算机在各领域的广泛应用及其应用要求的不断提升，加上 Neumann 机的局限性，因而迫切需要具有自学习功能、联想功能、推理功能、识别功能、解决非确定性问题的智能计算机（intelligent computer）。要使机器具有智能功能，必须具有神经网络系统。目前，这一领域不断取得研究进展。特别是随着光子技术、量子技术、生物技术与相关研究的突破，人工智能计算机一定会在不久的将来诞生。

我们有理由相信，21 世纪将是超导计算机、光子计算机、量子计算机、生物计算机、智能计算机等新一代计算机的时代。正如电子计算机对 20 世纪产生了重大影响一样，未来新一代计算机也必将对人类生活和社会发展产生巨大影响，甚至发挥出人们现在想象不到的巨大（神奇）作用。

本 章 小 结

（1）人类社会需求和战争需要是推动计算工具发展的动力。从原始计算工具到现代电子计算机形成经历了 4 个阶段。计算机的形成是人类智慧的结晶，计算机的发展是社会发展的标志。

（2）现代计算机不仅能实现高度的灵活性和自动化，还可以模仿人的某些智能活动。今天的计算机已经远远不只是计算工具，而是人类脑力延伸的重要助手，所以被称为"电脑"。

（3）现在计算机主要用于科学计算、信息管理、过程控制、计算机辅助、系统仿真、人工智能、网络通信等。计算机的发展趋势为微型化、巨型化、网络化、智能化和多媒体化。

（4）人们对未来计算机的展望是非 Neumann 结构的新一代计算机，即采用非电子器件、非 Neumann 结构的计算机，如超导计算机、光子计算机、量子计算机、生物计算机、智能计算机等。

习 题 1

一、选择题

1. 世界上第一台电子数字计算机诞生于（　　　）年。

    A．1945　　　　　　　B．1956　　　　　　　C．1935　　　　　　　D．1946

2. 冯·诺依曼对计算机的主要贡献是（　　　）。

    A．发明了计算机　　　　　　　　　　B．提出了存储程序概念

    C．设计了第一台计算机　　　　　　　D．提出了程序设计概念

3. 冯·诺依曼结构计算机中采用的数制是（　　　）。

    A．十进制　　　　　B．八进制　　　　　C．十六进制　　　　　D．二进制

4. 计算机硬件由 5 个基本部分组成，下面（　　　）不属于其中。

    A．运算器和控制器　　　　　　　　　B．存储器

    C．系统总线　　　　　　　　　　　　D．输入输出设备

5. 冯·诺依曼结构计算机要求程序必须存储在（　　　）中。

    A．运算器　　　　　B．控制器　　　　　C．存储器　　　　　D．光盘

6. 微型计算机中的关键部件是（　　　）。

    A．操作系统　　　　B．系统软件　　　　C．微处理器　　　　D．液晶显示器

7. 一台完整的计算机系统包括（　　　）。

    A．输入输出系统　　　　　　　　　　B．硬件/软件系统

    C．键盘和打印机　　　　　　　　　　D．主机和外部设备

8．冯·诺依曼结构计算机是以（　　　）为中心的。

　　A．运算器　　　　　B．存储器　　　　　C．控制器　　　　　　　　D．计算机网络

9．个人计算机通常是指（　　　）。

　　A．数字计算机　　　B．模拟计算机　　　C．微型计算机　　　　　　D．电子计算机

10．当今社会是一个信息社会，信息社会的主要标志是（　　　）的广泛应用。

　　A．信息化技术　　　B．计算机技术　　　C．网络技术　　　　　　　D．信息产业

二、问答题

1．分析机的重要贡献是什么？

2．冯·诺依曼对计算机的贡献主要体现在哪些方面？

3．冯·诺依曼结构计算机的基本思想是什么？

4．计算机采用二进制有何优点？

5．目前，计算机主要应用在哪些领域？

6．现代计算机科学体系的形成与哪些基础理论有关？

7．决定计算机性能的因素有哪些？

8．当前，计算机的发展趋势主要体现在哪些方面？

9．计算机体系结构的演变包括哪些方面？

10．非冯·诺依曼结构计算机的研究主要有哪些方面？

三、讨论题

1．自古以来，人类一直在不断发明和改进计算工具，计算机的形成与发展对你有何启示？

2．计算机的产生是 20 世纪最伟大的成就之一，它对人类社会的发展带来了哪些好处？

3．计算机的逻辑结构、体系结构、组成原理、计算机实现四者之间有何区别？

第 2 章　计算机学科体系

【问题引出】基于冯·诺依曼结构的现代电子计算机，以其高速发展和广泛应用，使得从一种计算工具发展成为一门新兴学科——计算机学科。那么，作为一门新兴的综合性学科，它是怎样形成的，该学科的根本问题是什么，具有哪些本质特征等，这就是本章所要学习的内容。

【教学重点】计算机学科体系、计算机学科方法论、计算机学科的数学方法、计算机学科的根本问题、计算机学科的经典问题等。

【教学目标】掌握计算机学科的基本概念；熟悉计算机学科的知识体系；了解计算机学科形态、学科特点、科学方法、根本问题、经典问题等。

2.1　计算机学科体系的构建

20 世纪 40 年代诞生的电子计算机是人类科学技术发展史上的一个里程碑，但是"计算作为一门学科"的存在性经历了一场前所未有的谋求合法性的争论。如果在众多分支领域都取得重大成果并已得到广泛应用的计算机科学作为一门学科的客观存在都不能被承认，那么计算机的发展必将受到极大的限制。因此，给出计算机学科的确切定义并证明其存在性，对该学科的发展具有至关重要的作用。计算机学科体系是一个认识和发展的过程，并建立在坚实的科学基础之上。

2.1.1　科学与学科的概念

科学与学科是一个既古老又年轻的话题。通常，人们把"科学"理解为"知识"或"学问"，把"科学的"理解为"客观的"或"规范的"，把"学科"理解为"知识体系"或"学术门类"。这些简单且模糊的意会但似乎明了的概念，成为了最受人们敬畏的知识名称。

1. 什么是科学

从词源上说，"科学"一词的英文 science 源于拉丁文 scientia，意为知识和学问。中国《辞海》（1999 年版）对科学的解释：科学是运用范畴、定理和定律等思维形式反映现实世界中各种现象的本质和运动规律的知识体系。《韦氏字典》中对科学的定义：科学是从确定研究对象的性质和规律这一目标出发，通过观察、调查和实验而得到的系统知识。

2. 什么是学科

"学科"是"科学"发展的产物，《辞海》对学科的解释："①学术的分类，指一定科学领域或一门科学的分支，如自然科学中的物理学、生物学等，社会科学中的史学、教育学等；②教学的科目，指学校教学内容的基本单位，如中、小学的政治、语文、数学、外语等"。

由此看出，学科本身具有二重含义：首先是指相对独立的知识体系或学术分类，含义较广；其次是指为培养人才而设立的教学科目。通常意义上所讲的学科既具有第一重含义的特征，又包含第二重含义的特征，特别指高等学校或研究部门为培养高级专门人才而设立的教学科目。

3．学科与科学的关系

"学科"与"科学"两者之间有着自然和必然的关系：科学是以问题为基础的，凡是有问题的地方就会有科学和科学研究；学科是在科学的发展中不断分化和整合而形成的，是科学研究发展成熟的产物。但并不是所有的科学研究领域最后都能发展成为学科，其界定是，科学研究发展成熟并成为一个独立学科的标志是必须有独立的研究内容、成熟的研究方法和规范的学科体制。

随着各科学领域的发展，不断形成新的分支科学及其学科，与计算机紧密关联的科学与学科有计算科学、计算学科、计算机科学、计算机学科等。

（1）计算科学（computing science）。从数学角度，计算科学是指计算的科学（computational science），是一个与数学模型构建、定量分析方法以及利用计算机来分析和解决科学问题的研究领域，因而又被称为科学计算（scientific computing）。从计算机角度，计算科学是应用计算机的高性能计算能力预测和了解客观世界物质运动或复杂现象演化规律的科学，包括数值模拟、工程仿真、高效计算机系统和应用软件等。

（2）计算学科（computing discipline）。从计算角度，计算学科是指计算的学科（computational discipline），是利用计算科学对其他学科中的问题进行计算机模拟或者其他形式的计算而形成的诸如计算物理、计算化学、计算生物等学科，统称为计算学科。从计算机角度，计算学科是对描述和变换信息的算法过程进行系统研究，包括算法过程的理论、分析、设计、效率分析、实现和应用。计算学科源于对算法理论、数理逻辑、计算模型、自动计算机器的研究，并与存储式电子计算机的发明一起形成于20世纪40年代。

（3）计算机科学（computer science）。计算机根植于科学计算，是一种进行算术运算和逻辑运算的机器，并且可实行多机系统的并行运算和分布运算。计算机科学不仅是研究计算机及其周围各种现象和规律的科学，也是研究信息处理的科学，围绕构造和应用各种计算机进行研究。

计算机科学分为理论科学和应用科学。理论科学包括计算理论、编码理论、算法与数据结构、程序语言理论、形式化方法、并行和分布式计算系统、数据库及信息检索等。应用科学包括人工智能、系统结构与工程、计算机图形学、计算机视觉、安全和密码学、信息科学、软件工程等。

计算机科学研究的课题可概括为可计算性（计算机程序能做什么和不能做什么），算法和复杂性理论（如何使程序更高效地执行特定任务），数据结构和数据库（程序如何存取不同类型的数据），人工智能（程序如何显得更具有智能），人机互动和人机界面（人类如何与程序沟通）。

（4）计算机学科（computer discipline）。计算机学科是研究计算模型和计算系统以及如何有效地利用计算系统实现应用或进行信息处理的学科，涉及计算机的设计与制造，以及信息的获取、表示、存储、处理、控制等方面的理论、原则、方法和技术。因而，计算机学科包括科学和技术两方面：科学侧重于研究现象与揭示规律，技术则侧重于研制计算机及使用计算机进行信息处理的方法和技术手段。事实上，科学和技术相辅相成、相互影响和促进，两者高度融合是计算机学科的突出特点。

2.1.2　计算作为一门学科

从1946年计算机的诞生至今，在短短的几十年里，已形成一个完整的学科体系。计算机的应用和研究受到全世界的高度重视和关注，其发展速度之快，令其他学科望尘莫及。

1．计算学科的起源

1956 年，哈尔滨工业大学本科教育率先开设了“计算装置与仪器”专业。随后，许多重点大学陆续开办了计算机专业及其计算机科学学位课程。1962 年，美国普度大学（Purdue University）开设了计算机科学学位课程，随后斯坦福大学（Stanford University）也开设了该学位课程。

然而，“计算机科学”这一名称却在世界范围内引起了激烈争论。因为自 1946 年电子计算机诞生及随后的几十年，计算机主要用于数值计算，所以大多数科学家认为使用计算机仅仅是编程问题，不需要做任何深刻的科学思考，没有必要设立学位，甚至认为计算机不是一门学科。

20 世纪 70—80 年代，计算机技术得到了迅猛发展，并开始渗透到其他学科领域。但计算机科学能否作为一门学科，它的核心内容是什么，计算机科学是理科还是工科，或者是一门技术等问题的争论仍在继续。

针对这一激烈争论，1985 年，美国计算机学会（Association for Computing Machinery，ACM）和国际电子电气工程师学会计算机分会（Institute of Electrical and Electronics Engineers-Computer Society，IEEE-CS）联合组成工作组，开始对“计算作为一门学科”的存在性进行论证。经过近 4 年的工作，1989 年 1 月，该工作组提交了 Computing as a discipline（《计算作为一门学科》）的报告，其主要内容刊登在 1989 年 1 月的 Communications of the ACM（《ACM 通讯》）杂志上。这个报告回答了计算学科中长期以来一直争论的一些问题，完成了计算学科的“存在性”论证，确定了计算学科的“知识框架”体系以及对知识框架进行研究的思想方法。

2．计算学科的定义

Computing as a discipline 报告把计算机科学和计算机工程统一称为计算学科，认为两者没有基础性的差别，并且第一次给出了计算学科的定义，提出了计算学科的详细内容、研究方法和一系列教学计划等。概括地说，Computing as a discipline 的研讨工作取得了以下 3 项重要成果。

（1）计算作为一门学科的存在性证明。这份报告第一次对计算学科及其核心问题给出了定义：计算学科是对信息描述和变换的算法过程（包括对其理论分析、设计、效率分析、实现和应用等）进行的系统研究。

美国计算科学鉴定委员会（Computing Sciences Accreditation Board，CSAB）发布的报告摘录中强调了计算学科的广泛性：“计算学科的研究包括了从算法与可计算性的研究以及可计算硬件和软件的实际实现问题的研究。这样，计算学科不但包括从总体上对算法和信息处理过程进行研究的内容，而且包括满足给定规格要求的有效而可靠的软件、硬件设计，包括所有科目的理论、研究、实验方法和工程设计。”

（2）学科核心课程详细设计。这份报告勾画了计算学科的知识框架，给出了计算学科中二维矩阵的定义及其相关研究内容，从而将计算学科的主题领域与学科的 3 个形态（抽象、理论和设计）有机地联系在一起，通过主题领域划分的方式为计算学科课程体系建设提供了基础的指导思想，从而为科学制订教学计划奠定了基础，避免了教学计划设计中的随意性。

（3）强调学科综述性引导课程的构建。这份报告提出并解决了未来计算学科教育必须解决的整个学科核心课程问题以及整个学科综述性引导（导论）课程的构建问题，鼓励各种学术团体（如学会或研究会）以及教师个人从事这方面的研究，使人们对整个学科认知科学化、系统化和逻辑化，以有力促进对计算学科方法论的研究，推动计算学科的快速发展。

1990 年，ACM 和 IEEE-CS 在这个报告的基础上，提交了“计算教程 1991”（Computing

Curricula 1991，CC1991）报告，其中提取了计算机科学中反复出现的 12 个核心概念，并提出了"社会的、道德的和职业的问题"主领域，使计算学科方法论的研究更为完备。

1998 年，ACM 和 IEEE-CS 建立了计算教程 2001（Computing Curricula 2001，CC2001）联合工作组，并于 2001 年 12 月提交了最终报告，将 CC1991 中的 11 个主领域扩展为 14 个主领域，并提出了计算机科学知识体系（computer science body of knowledge）概念，为计算学科核心课程的设计奠定了坚实基础，对学科发展起到了极大的推动作用。从某种意义上说，该报告是计算领域认知过程中的一个里程碑，为建立计算认知领域的理论体系奠定了基础。

2.1.3　CC2005 学科体系

IEEE-CS 和 ACM 在 CC1991 基础上相继发表了 CC2001、CC2004、CC2005 等，并定义了计算学科中各分支学科的性质、研究领域、教学目标等，给出了各分支的课程体系。

1. 计算学科的分支学科

CC2005 中包含多个报告，并将计算学科划分为 5 个分支学科，其构成如图 2-1 所示。

图 2-1　计算学科及其分支学科

（1）计算机科学（Computer Science，CS）。计算机科学是一门研究计算理论与计算方法的学科，主要研究领域包括计算理论、算法基础、机器人开发、智能系统、生物信息学等，涉及寻找求解问题的有效方法、构建应用计算机的新方法以及实现技术，是计算机各分支学科的基础。该学科的学生更关注计算理论和算法基础，并能从事软件开发及其相关理论的研究。

（2）计算机工程（Computer Engineering，CE）。计算机工程是一门对现代计算机系统和由计算机控制的设备的软件与硬件的设计、建造、实施和维护的学科，主要研究领域包括计算机系统、电路和信号、人机交互、算法与复杂性、计算机网络等，涉及计算机硬件系统的结构组成和计算机软件工程。该学科的学生更关注设计并实施集软件和硬件设备为一体的系统。

（3）软件工程（Software Engineering，SE）。软件工程是一门利用系统的、规范的、可量度的方法来开发、运行和维护软件的学科，主要研究领域包括程序设计、算法、数据结构等，涉及数据建模、软件评估、软件研发预算。该学科的学生更关注以工程规范进行大规模软件系统开发与维护原则，尽可能避免软件系统潜在的风险。

（4）信息技术（Information Technology，IT）。信息技术是一门针对社会和企事业单位的信息化需求，提供与实施技术解决方案的学科，主要研究领域包括信息传输、获取和处理等，涉及对计算机软/硬件、计算机网络等相关技术与产品的选择、评价、集成、应用和管理。该学科的学生更关注基于计算机的新产品及其正常运行和维护，并能使用相关信息技术来计划、实施和配置计算机系统。

（5）信息系统（Information System，IS）。信息系统是一门实施对数据信息进行高效管理的学科，主要研究领域包括数据处理系统、管理信息系统、决策支持系统、电子商务与电子政务、商务智能和企业资源规划等，涉及如何将信息技术的方法与企业生产和商业流通结合起来，以满足行业的需要。该学科的学生更关注信息资源的获取、部署、管理，能够分析信息的需求和相关商业过程等。

2. 计算机科学的课程体系

ACM 和 IEEE-CS 提出的计算机科学知识体系概念，为各分支学科体系的建立提供了范式，将各分支学科（也称为专业方向）划分为知识领域（area）、知识单元（unit）和知识点（topic）3 个层次：知识领域代表分支学科中的课程名称；知识单元代表知识领域中的基础内容，分为核心单元和选修单元，核心单元代表该学科都必须学习的基础内容，选修单元代表该学科选择学习的基本内容；知识点代表知识单元中单独的主题模块。例如，计算机科学分支学科课程体系的模式如表 2-1 所示。

表 2-1　计算机科学分支学科课程体系的模式

知 识 领 域 （课程名称）	知 识 单 元		知 识 点
	核 心 单 元	选 修 单 元	
离散结构	数理逻辑、集合论、组合数学、图论	近世代数	离散概率
…	…	…	…

计算机科学包含 14 个知识领域，外加"导论"，共 15 门核心课程，导论课程是 14 个知识领域的引导性课程。14 个知识领域与计算学科 3 个形态，构成如表 2-2 所示的二维定义矩阵。

表 2-2　计算机科学分支学科核心课程的二维定义矩阵

知 识 领 域	3 个形态（过程）		
	抽　象	理　论	设　计
（1）离散结构	用数学符号描述现实世界	集合论、数理逻辑、抽象代数、图论、组合数学等	
（2）程序设计基础	程序设计结构、算法和问题求解、数据结构等		面向过程和面向对象
（3）算法与复杂性	算法设计策略、算法分析、并行算法、分布式算法等	可计算性理论、计算复杂性理论、并行计算理论、密码学等	算法及组合问题启发式算法的选择、实现和测试、密码协议等
（4）体系结构与组织	布尔代数模型、电路模型、有限状态机、硬件可靠性等	布尔代数、开关理论、编码理论、有限自动机理论等	硬件单元、指令集的实现、差错处理、故障诊断、机器实现等
（5）操作系统	可察觉对象与计算机结构的绑定、子问题和安全计算模型等	并发和调度理论、程序行为和存储管理理论、性能模型化与分析等	分时系统、自动存储分配、内存和文件管理、构建操作系统等
（6）网络及其计算	分布式计算模型、组网、协议、网络安全模型等	数据通信理论、排队理论、密码学、协议的形式化验证等	排队网络建模、系统性能评估、网络体系结构、协议技术等
（7）程序设计语言	基于各种标准的语言分类、语义模型、编译器组件等	形式语言与自动机、图灵机、形式语义学、近世代数等	特定程序设计语言、程序设计环境、翻译技术、统计处理等
（8）人-机交互	人的表现模型、原型化、交互对象的描述、人机通信等	认知心理学、人机工程学、社会交互科学、人机界面等	交互设备、图形专用语言、交互技术、用户接口、评价标准等
（9）图形学与可视化计算	显示图像算法、实体对象的计算机表示、图像处理方法等	二维和多维几何、颜色理论、认知心理学、傅里叶分析等	图形算法的实现、图形库和图形包、图像增强系统等
（10）智能系统	知识表示、推理与学习模型、自然语言理解、自动学习等	逻辑、概念依赖性、认知心理学、相关支持领域等	逻辑程序设计语言、定理证明、专家系统、弈棋程序、机器人等
（11）信息管理	数据模型、文件表示、数据库查询语言、超媒体模型等	关系代数、关系演算、数据依赖理论、并发理论、统计推理等	数据库设计、数据库安全、磁盘映射、人机接口等
（12）软件工程	归约方法、方法学、软件工具与环境、系统评价、生命周期等	程序验证与证明、时态逻辑、可靠性理论、认知心理学等	归约语言、配置管理、软件开发方法、工程管理、软件工具等

续表

知 识 领 域	3 个形态（过程）		
	抽　　象	理　　论	设　　计
（13）计算科学与数值方法	数学模型、有限元模型、连续问题的离散化技术等	数论、线性代数、数值分析以及其他支持领域等	有限元算法映射到特定结构的方法、标准程序库和软件包等
（14）社会与职业问题			价值观、道德观、知识产权、美学问题等

　　（1）离散结构（Discrete Structures，DS）。离散结构是计算机科学的理论基础，其内容渗透在数据结构和算法中，也体现在计算学科的其他领域。随着计算技术的发展，离散结构越来越受到重视。CC2005 为了强调其重要性，将离散结构列为计算机科学的第一个知识领域。该领域的基本问题包括数理逻辑、集合论、抽象代数、图论等，它为计算系统实现问题求解提供了强有力的基本手段和数学支撑。同时，离散结构对培养学生的计算思维能力具有非常重要的意义。

　　（2）程序设计基础（Programming Fundamentals，PF）。程序设计基础是利用计算机解决应用问题所必须具备的基本知识，是学好计算学科绝大多数课程的先决条件和能力。程序设计基础属于学科抽象形态方面的内容，即如何对问题进行抽象，并为计算学科各分支领域基本问题的感性认识（抽象）提供方法。该领域的基本问题包括程序设计结构、算法和问题求解、数据结构等内容。

　　（3）算法与复杂性（ALgorithms and complexity，AL）。算法与复杂性是程序设计的数学支撑，算法是计算机科学和软件工程的基础，是对特定问题求解步骤的一种描述，是指令的有限系列。它包括算法理论和可计算理论：算法理论主要研究在各种抽象的计算模型上的算法设计和算法复杂性分析；可计算理论主要研究抽象的计算模型及其性质、可计算函数，以及两者之间的关系。算法复杂性是指除了复杂性的内容，还包括研究基于抽象的公理基础上的可计算函数的复杂性。该领域的基本问题包括算法的时间和空间复杂分析、典型算法策略、分布式和并行算法、可计算理论 P 类和 NP 类问题、自动机理论、密码算法、排序与搜索等。

　　（4）体系结构与组织（Architecture and Organization，AR）。体系结构与组织是计算机学科专业的核心课程，介绍计算机硬件的结构和组成。该领域的基本问题包括数字逻辑和数据的机器表示、软件与硬件的交互界面、存储技术、接口和通信、多道处理、性能优化、网络和分布式系统的体系结构等。

　　（5）操作系统（Operating Systems，OS）。操作系统是对硬件性能的一种抽象，用户通过操作系统使用计算机的硬件资源，程序员通过操作系统指挥计算机执行各种运行操作。该领域的基本问题包括操作系统的逻辑结构、并发处理、资源分配、调度存储管理、设备管理、文件系统管理等。

　　（6）网络及其计算（Net-centric Computing，NC）。网络及其计算是计算机学科的重要课程之一，是信息时代的特色课程。该领域的基本问题包括计算机通信网络概念、网络协议、网络体系结构、万维网技术、网络安全、网络管理、无线和移动计算、分布式系统等。

　　（7）程序设计语言（Programming Languages，PL）。程序设计语言是计算机用户与计算机进行信息交流的语言工具。一个程序员不仅要熟练掌握多门语言，更要了解各种程序设计语言的不同风格，理解程序设计语言的多样性和程序设计规范。该领域的基本问题包括程序设计模式、程序设计方法、程序语言翻译、程序设计语言的语义学等。

　　（8）人-机交互（Human-Computer interaction，HC）。人-机交互是人与计算机打交道的界面，也是软件开发技术中的重要内容。该领域的基本问题包括人-机交互时人的行为，图形用户接口设计、多媒体系统的人-机接口等。

（9）图形学与可视化计算（Graphics and Visual computing，GV）。图形学与可视化计算是现代计算机及多媒体技术的基础，把图形直接输入计算机，把计算机处理的结果以图形方式输出，可以为人-机之间的通信提供方便的手段，从而扩大计算机的信息处理能力。该领域的基本问题包括计算机图形学、可视化、虚拟现实、计算机视觉等。

（10）智能系统（Intelligent Systems，IS）。智能系统是关于自动主体系统的设计与分析，是现代计算机研究与发展的趋势，也是当前计算机应用研究的热点话题。该领域的基本问题包括知识表示和推理、模式识别、自然语言处理、机器学习、神经网络、机器人学等。

（11）信息管理（Information Management，IM）。信息管理几乎在所有计算机应用领域都起着关键的作用。该领域的基本问题包括信息的表示、表现、获取、组织、变换、数字化、有效存取算法和存储信息的更新、数据模型化、数据抽象以及物理文件存取技术等。

（12）软件工程（Software Engineering，SE）。软件工程是为了解决"软件危机"问题，人们运用工程的方法、过程、技术和度量实施软件开发、分析和建立软件模型，评价和控制软件质量，确定软件演化和重用的规范。该领域的基本问题包括软件过程、软件需求、软件设计、软件验证、软件演化、软件管理、软件开发工具与环境、基于构件的计算、形式化方法、软件可靠性模型等。

（13）计算科学与数值方法（Computational science and Numerical methods，CN）。计算科学与数值方法是计算科学研究的主要领域，是计算学科本科阶段的重要科目之一。该领域的基本问题包括数学模型、算法策略、线性代数、数值分析、数值积分、数值微分、数值仿真、连续问题离散化、误差分析等。

（14）社会与职业问题（Social and Professional issues，SP）。社会与职业问题是为了适应当今社会对人才培养要求所提出的基本准则。该领域的基本问题包括计算的历史文化、计算的社会背景、专业和道德责任、基于计算机系统的风险与责任、知识产权、隐私与公民的自由、计算机犯罪、与计算机有关的经济问题和哲学框架等。

〖提示〗计算机科学导论（introduction to computer science）是对上述 14 个知识领域学习的引导性课程（核心课程），主要介绍计算学科的形成发展、知识体系、学科方法论、经典问题、人才培养等。如何建设好该引导课程，受到世界各国计算机学界的高度重视。随着近年来计算思维的引入，为构建计算机科学与计算思维相融合的课程体系，故将其课程拓展为"计算机科学与计算思维导论"。

2.1.4　CCC2002 学科体系

为了适应计算机科学与技术的发展和教学的需要，2001 年我国组织了"中国计算机科学与技术学科教程 2002"研究小组，借鉴 CC2001 的成果，结合国内计算机教学实践，形成了《中国计算机科学与技术学科教程 2002》（China Computing Curricula 2002，CCC2002）。

1. 中国计算机教程

我国计算机专业本科教育始于 1956 年哈尔滨工业大学开设的"计算装置与仪器"专业，随后许多大学相继开设类似专业，经历了计算机及应用、计算机软件、计算机科学教育、计算机器件及设备等名称的变化。1998 年，教育部进行本科专业目录调整，计算机类专业名称统一为计算机科学与技术专业。从 2001 年开始，在原有专业的基础上，增设了软件工程专业和网络工程专业。

为了与国外先进课程体系接轨，2001 年 3 月，中国计算机学会教育专业委员会和全国高等学校计算机教育研究会决定成立《中国计算机科学与技术学科教程 2002》项目研究组，希望通过对 CC2001 的跟踪、分析和研究，并结合我国计算机学科的发展状况和我国计算机教育的具体情况提出一个适应我国计算机科学与技术学科本科教学要求的参考教学计划。该项目研究组于 2002 年 4 月提交了相关研究报告，并通过了教育部高等教育司组织的专家评审。

2．中国计算机专业规范

在广泛调研我国不同类型的高等学校和不同类型的 IT 企业的基础上，借鉴美国《计算教程》（CC2004），2006 年 6 月 24 日，教育部高等教育司组织了对教育部高等学校计算机科学与技术教学指导委员会编制的《高等学校计算机科学与技术专业发展战略研究报告暨专业规范（试行）》（以下简称为"专业规范"）进行了评审。"专业规范"对我国计算机学科的发展历史与现状进行了全面总结，研究了信息社会对计算机人才的需求，指出了计算机专业办学改革的目标与措施。其主要内容如下。

（1）在计算机科学与技术专业名称下，鼓励不同的学校根据社会需求和自身实际情况，为学生提供不同人才培养类型的教学计划和培养方案。

（2）将人才培养规格归纳为 4 个专业方向、3 种类型：计算机科学（研究型）、计算机工程（工程型）、软件工程（工程型）、信息技术（应用型）。而信息系统（应用型）专业方向被划归为管理学。

（3）给出了 4 个专业方向的专业规范，包括培养目标和规格、教育内容和知识体系、办学条件、主要参考指标、核心课程描述等内容。

2008 年 10 月正式出版了教育部高等学校计算机科学与技术教学指导委员会编制的《高等学校计算机科学与技术专业公共核心知识体系与课程》《高等学校计算机科学与技术专业实践教学体系与规范》，并颁布了一系列教学规范的指导文件。

3．计算机科学与技术学科体系

我国在 20 世纪 60—70 年代，计算机已作为一门重要学科。但早期本科专业仅有计算机软件、计算机系统结构、计算机及应用等专业，研究生专业则设定为 5 个二级学科：计算机软件、计算机理论、计算机系统结构、计算机接口与外部设备、计算机应用。20 世纪 90 年代提出"宽口径"人才培养思路后，计算机科学与技术学科与专业设置有了重大改革。国务院学位委员会将计算机科学与技术学科划分为一个一级学科和 3 个二级学科，如图 2-2 所示。

图 2-2　计算机科学与技术学科结构

本科专业按一级学科培养，统一为计算机科学与技术专业；研究生按二级学科培养，统一为计算机软件与理论、计算机系统结构和计算机应用技术 3 个专业。20 世纪末，由于计算机网络、多媒体技术、通信和计算机软件等迅速发展，国家又批准设置了一批新专业。在本科层次上，与计算机科学与技术学科相关的专业有网络工程、电子商务和信息安全等。

作为一级学科的计算机科学与技术涵盖两部分：计算机科学是研究计算机及其相关现象与规律的科学，主要包括计算机科学理论、计算机系统结构、软件和人工智能等；计算机技术则泛指计算机领域中所应用的技术方法和技术手段，包括计算机的系统技术、软件技术、部件技术、器件技术和组装技术等。

〖提示〗CC2005 把 5 个分支学科统称为"计算学科"，而 CCC2002 把除信息系统之外的 4 个分支学科统称为"计算机科学与技术学科"。为了叙述方便起见，这里将"计算学科"和"计算机科学与技术学科"统称为"计算机学科"。

2.2　计算机学科方法论

人们要认识世界和改造世界，就必须从事一系列的思维实践活动，这些活动所采用的各种方式统称为"方法"（method）。方法是人们为了达到某种目的而采取的手段、途径和行为方式中所包含的可操作的规则或模式，是为达到某一目的使用的手段的总和。以"方法"为对象的研究已成为专门学科——"方法学"或"方法论"，它是人们认识世界和改造世界的根本方法。

2.2.1　计算机学科方法论概念

1．计算机学科方法论的定义

方法论（methodology）是关于人们认识世界、改造世界的方法理论，是一种以解决问题为目标的理论体系或系统。方法论分为哲学方法论、一般科学方法论、具体科学技术方法论，并且三者相互依存、相互作用。<u>计算机学科方法论在哲学方法论和一般科学方法论的指导下，对计算机领域认识和实践过程中的一般方法、性质、特点、内在联系和变化规律进行系统研究和理论总结。</u>

2．计算机学科方法论的体现

回顾计算机学科的发展历程，每个重要进展几乎都取决于研究方法的获取、改进和创新。

（1）在理论研究方面：经历了逻辑代数、维纳设计原则、图灵机、存储程序控制等发展过程。

（2）在计算机硬件方面：由以运算器为中心的"冯·诺依曼结构"改进为以存储器为中心的现代体系结构，并且采用流水线处理器系统、并行处理器系统、多处理器系统、精简指令系统等。

（3）在计算机软件方面：由程序控制发展为用操作系统对硬件系统全面控制和管理。

（4）在程序设计方面：程序设计语言由低级语言发展成为高级语言，由面向过程语言发展成为面向对象语言；程序设计方法由流程图→模块化→结构化，并由程序开发发展成为软件工程。

（5）在应用技术方面：由科学计算→多媒体→数据处理→人工智能→数据库→计算机网络。

3．计算机学科方法论的研究

每一个学科都有自身的知识结构、学科形态、核心概念和工作流程方式等。随着计算机学科的逐渐成熟，其方法论逐渐丰富。目前计算机学科方法论的研究成果可概括为计算机学科的知识体系、计算机学科的 3 个形态、计算机学科的核心概念、计算机学科的典型方法、计算机学科的数学方法、计算思维方法等。计算思维是近年来倍受计算机学界关注的热门话题，是一种新的思维方法，详细内容在第 3 章中介绍。

2.2.2　计算机学科的 3 个形态

Computing as a discipline 报告认为：抽象、理论和设计是从事计算机科学技术工作的 3 种主要形态（paradigm），是从事一类学科研究与发展工作且具有共性的文化方式，也是定义学科的条件。

1．抽象形态

抽象（abstract）是指在思维中对同类事物去除其现象、次要的方面，抽取其共同、主要的方面，从而做到从个别中把握一般，从现象中把握本质的认知过程和思维方法，在科学方法论中居于首要位置。

抽象源于建模，是自然科学的根本，其研究内容：一是建立对客观事物进行抽象描述的方法；二是采用统一的描述方法（符号化、图形化语言）建立具体问题的概念模型，从而获得对客观世界的感性认识。抽象的根本目的在于发现并抓住问题的本质，简化复杂问题的解决过程。

抽象的基本步骤：数据采集和假设的形式说明→模型的构造与预测→实验分析→结果分析，为可能的算法、数据结构和系统结构等构造模型时使用的过程。抽象的结果是概念、符号、模型。

2．理论形态

理论（theoretical）是指为理解一个领域中对象之间的关系而构建的基本概念和符号。科学理论是经过实践检验、系统化了的知识体系，是由科学概念、科学原理以及对这些概念、原理论证组成的体系。通过抽象的科学理论，已脱离了现实事物，不受现实事物的限制，更能把握事物的本质。

理论源于数学，是数学的根本，其研究内容：一是建立完整的理论体系；二是在现有理论的指导下建立具体问题的数学模型，从而实现对客观世界的理性认识，成为分析问题的思想指导。

理论的基本步骤：定义→公理→定理→证明，使用形式化方法对事物进行严密的定义和论证。理论研究的基础是逻辑学和数学，研究的前提是抽象，研究的过程是用形式化、数学化的概念对事物进行严密的定义与论证。

3．设计形态

设计（design）是指构造不同应用领域的计算机系统和设备。设计基于抽象和理论，并且具有较强的实践性、社会性和综合性，如数据库应用系统设计是在数据抽象和函数依赖理论上进行的。

设计源于工程，是工程的根本，其研究内容：一是在对客观世界的感性认识和理性认识的基础上完成一个具体的任务；二是对工程设计中遇到的问题进行总结、提出问题、由理论界去解决，并将工程设计中所积累的经验和教训进行总结，形成方法，以便指导以后的工程设计。

设计的基本步骤：需求分析→建立规格说明→设计并实现该系统→对系统进行测试与分析。在计算机学科中设计的内容包括系统模型的刻画与说明性文档、算法与过程的构造、程序代码与软硬件的实现等，并且分为形式（符号语言）设计、构造（算法与过程）设计和自动化（系统）设计。

4. 三种形态之间的关系

抽象、理论和设计 3 种学科形态概括了计算机学科的基本内容，是计算机学科认知领域中最基本的 3 个概念。3 种形态的划分有助于正确理解计算机学科 3 个过程的地位、作用和联系，也反映了人们的认识是从感性认识（抽象）到理性认识（理论），再由理性认识（理论）回到实践（设计）中来的科学思维方法。3 种形态与认识关系如图 2-3 所示。

图 2-3　学科形态与认识的关系

在计算机科学中，"认识"是指抽象过程（感性认识）和理论过程（理性认识），"实践"是指设计过程。科学实践是建立在科学理论基础之上的，科学认识由感性阶段上升为理性阶段就形成了科学理论。3 个形态相互依存、相互影响、相互补充，并具有普遍意义，贯穿于计算机学科的各个分支领域，并且在每个分支领域中，凸显出了计算机学科形态的特征。

2.2.3　计算机学科的核心概念

计算机学科的核心概念是 CC1991 报告首次提出的，它表达了计算机学科特有的思维方式，在整个本科教学过程中起着纲领性作用，是具有普遍性、持久性的重要思想、原则和方法。CC1991 的重要贡献之一是提取了计算机学科中 12 个核心概念，其内容如表 2-3 所示。

表 2-3　计算机学科的 12 个核心概念

项　　目	内　　容
绑定	绑定是指通过把一个对象与其某种属性相联系，从而使抽象的概念具体化的过程。例如，将一个进程与一个处理机、一个变量与其类型或值分别联系起来，这种联系的建立，实际上就是建立了某种约束
大问题的复杂性	随着问题规模的增长而使问题的复杂性呈非线性增加的效应，这种非线性增加的效应是区分和选择各种现有方法和技术的重要因素。例如，程序代码行的增加，程序的复杂性呈非线性增加
概念与形式模型	模型是对一个想法或问题形式化、特征化、可视化的方法。抽象数据类型、数据流图和 E-R 图等都属于概念模型；逻辑理论、开关理论和计算理论中的模型大都属于形式模型
一致性与完备性	一致性与完备性是计算的一致性和完备性，是正确性、健壮性和可靠性的具体实现。一致性包括公理之间、理论与事实之间、语言与界面之间等的一致性；完备性包括给出的一组公理能恰当解释预期出现的情况、软件和硬件系统合适的功能、系统在错误条件和意外情况下保持良好状态的能力等
效率	效率是关于时间、空间、人力和财力等资源消耗的度量。例如，算法的空间复杂性和时间复杂性的理论估计，可行性，达到某些预期的结果的效率，给定实施方案的效率等
演化	演化是指系统的结构、状态、特征和功能等随着时间的推移而发生的变化。例如，程序设计语言经历了从具体到抽象的演化过程，计算机体系结构经历了从以运算器为中心到以存储器为中心的演化过程
抽象层次	抽象层次是在复杂系统中隐藏细节对系统各层次进行抽象描述，从而既能控制系统的复杂程度，又能充分描述系统的特性。例如，在数据库应用系统设计时，分层 E-R 图的思想就是这一核心概念的具体应用
按空间排序	按空间排序是指各种定位方式，包括物理上的定位（如网络和存储中的定位）、组织方式上的定位（如处理机进程、类型定义和有关操作的定位）以及概念上的定位（如软件的辖域、耦合、内聚等）。按空间排序是计算技术中一个局部性和相邻性的概念
按时间排序	在具有时态逻辑的系统中，需要考虑与时间有关的时序问题；在分布式系统中，需要考虑进程同步的时间问题；在依赖于时间的算法执行中，需要考虑其基本的组成要素
重用	重用是指在新的环境下，系统中各类实体、技术、概念等可被再次使用的能力。例如，软件库和硬件部件的重用，组件技术等。在软件工程中，软件重用是一个重要的研究领域

项　　目	内　　容
安全性	安全性是指计算机软硬件系统对合法用户的响应及对非法请求的抗拒，以保护系统不受外界影响和攻击。例如，为防止数据丢失和泄密，在数据库系统中提供口令更换、操作员授权等功能
折中和结论	折中是指为满足系统的可实施性而对系统设计中的技术、方案所做出的一种合理的取舍。例如，在算法研究中，要考虑空间和时间的折中；对于矛盾的软件设计目标，需要在诸如易用性和完备性、灵活性和简单性、低成本和高可靠性等方面采取的折中

2.2.4　计算机学科的典型方法

在计算机学科发展过程中，围绕解决学科中的一系列问题形成了一些行之有效的方法，常用的典型方法有抽象方法、构造性方法、公理化方法、形式化方法、系统科学方法等。

1. 抽象方法

抽象方法（abstract method）在科学方法论中居于首要位置，在计算机学科中的作用主要体现在以下 4 个方面。

（1）问题描述语义抽象。这是计算机学科中无处不在的思维方式，是形式化方法、公理化方法、符号化方法的基础。例如，在数据编码中，用 0 表示正值+，用 1 表示负值-；在数学建模中，用数学符号对实际问题本质属性进行抽象、刻画和定义；在数据库系统中，概念模型是对现实世界的抽象，逻辑模型是对信息世界的抽象，物理模型是对数据世界的抽象。

（2）计算系统分层抽象。计算系统是对计算机的抽象，并把计算机抽象成硬件层和软件层；把计算机网络中的通信协议抽象成应用层、表示层、会话层、传输层、网络层、数据链路层和物理层。

（3）程序设计语言抽象。程序设计语言从低级到高级的发展过程，反映的是从底层到外层、从复杂到简单的抽象过程。例如，汇编语言是对机器语言的抽象，高级语言是对汇编语言的抽象。

（4）程序设计方法抽象。在程序设计方法中主要有 3 种抽象，为了描述数据形成的方法和步骤，采用了过程抽象；为了确保数据的计算精度和节省存储空间，采用了数据类型抽象（字符型、整数型、实数型）；为了使程序能够按照逻辑判断结果顺序执行，采用了控制抽象。

2. 构造性方法

构造是指由基本元素进行有机组合形成新的结构体，构造性是指结构体所呈现的基本要素和特性，也是计算机学科最本质的方法，在计算机学科中构造性方法（constructive method）可以概括为以下 3 个方面。

（1）计算机系统的构造性。一个完整的计算机系统是由硬件系统和软件系统构成的，并且它所识别的信息只能是离散的或离散过的数据信息，离散型数据信息就是一种构造性的数据信息。

（2）计算机语言的构造性。计算机语言是实现人-机交互的语言，也是进行程序设计的语言。计算机语言是语义符号化的抽象，是语法构造规则的集合，由基本字符及其语法规则构成单词、常量、变量、数据类型、语句、函数等语句成分，然后由这些语句成分构成一个完整的语言程序。

（3）计算机数学的构造性。计算机是为了解决科学计算而问世的，因而计算机方法与数学方法同出本源，人们力求凡是用数学方法能解决的问题都能通过计算机实现。在计算机学科中，最具有代表性的构造性数学方法有递归与迭代、数理逻辑、集合论、排列组合、逻辑代数、图论等，它们被广泛应用于计算机学科的各个领域。

3．公理化方法

公理化方法（axiomatic method）是一种构造理论体系的演绎方法，即从尽可能少的基本概念和公理出发，运用演绎推理规则推导出一系列的命题，从而建立整个理论体系。用公理化构建的理论体系称为公理系统（axiomatic system），它是一套完整的理论法则，如数据库理论中研究函数依赖的阿姆斯特朗（Armstrong）法则是著名的公理系统，是模式分解算法的理论基础。在计算机学科中，形式语义学、关系数据库理论和布尔代数系统中均采用了公理化方法。其中，形式语义学（formal semantics）是程序设计理论的重要组成部分，它以数学为工具，利用符号和公式，精确地定义和解释计算机程序设计语言的语义，是语义形式化的学科。

4．形式化方法

形式化方法（formalization method）是一种基于命题逻辑的数学方法，即采用数理逻辑证明的手段对计算机系统进行建模、规约、分析、推理和验证，把各种具有不同内容的思维形式（命题和推理）加以比较，找出其中各个部分相互联结的方式，如命题中包含概念彼此间的联结，推理中则是各个命题之间的联结，抽取出它们共同的形式结构，利用表达形式结构的符号语言，严密、精确而又毫无歧义地描述系统的方法。因此，形式化表示是一种符号化表示，可将其定义为"符号化＋抽象公理化"。

符号化方法（symbolic methods）是将实际问题转化为数学问题，建立数学模型的过程。符号化超越了实际问题的具体情境，深刻地揭示和指明了存在于某一类问题中的共性和普遍性。

基于形式化方法的系统称为形式系统（formalization system），是抽象公理系统。例如，布尔代数抽象公理系统可以解释为有关命题真值的命题代数，则抽象符号 X 可以看作命题 X，1 和 0 分别表示命题的"真"和"假"；也可以解释为有关电路设计的开关代数，此时抽象符号 X 可以看作电路 X，1 和 0 分别表示电路开关的"闭"和"开"。显然，计算机系统是一个形式系统，其结构可用形式化方法来描述。

形式化方法和形式系统对计算机学科的发展有着重要影响。例如，对计算的形式化研究产生了第一个计算机模型——图灵机；程序设计语言是形式化语言，人工智能语言 Prolog 是典型的符号逻辑形式系统；形式化方法和形式系统为知识的形式表示及定理的机器证明奠定了重要基础。

5．系统科学方法

系统科学方法（system science method）是用"系统"的观点来认识和处理问题的各种方法的总称，是把研究对象视为一个系统，从系统与要素、要素与要素、结构与功能以及系统与环境的对立统一关系中，对研究对象进行考察、分析和研究，以得到最优化地处理与解决问题的一种科学研究方法。系统科学方法在计算机学科中的作用主要体现在以下 5 个方面。

（1）系统分析方法。系统分析方法是以运筹学和计算机作为主要工具，通过对各种要素、过程和关系的考察，确定系统的组成、结构、功能和效用的方法。系统分析法广泛用于计算机硬件的研制、软件的开发、技术产品的革新、环境科学和生态系统的研究以及城市管理规划等方面。

（2）信息甄别方法。信息甄别方法是以信息论为基础，以计算机为工具，根据获取、传递、加工、处理的数据信息，分析系统、认识系统和改造系统。

（3）功能模拟方法。功能模拟方法是以控制论为基础，根据两个系统功能的相同或相似性，应用系统模型来模拟原型系统功能。

（4）黑盒检验方法。黑盒检验方法是对内部结构和要素尚不清楚的系统，通过研究黑盒的输入与输出的动态系统，确定可供选择的黑盒模型进行检验和筛选，最后推测出系统内部结构和运动规则。

（5）整体优化方法。整体优化方法是从系统的总体出发，运用自然选择或人工技术手段，从系统多种目标或多种可能的途径中选择最优系统、最优方案、最优功能和最优运动状态，使系统达到最优化。

系统科学方法在计算机科学领域取得的典型成就是冯·诺依曼计算机体系结构。计算机学科及其知识体系、计算机子系统和软硬件的划分、计算机网络层次结构的划分、结构化方法、面向对象方法等，都沿用了系统科学的思想方法。近年来兴起的智能专家系统、互联网系统、云计算系统、大数据系统等，都是系统科学方法在计算机学科领域所取得的应用成果。

典型方法主要是建立在数学方法之上的，数学方法是计算机学科理论与应用研究的基石。

2.3　计算机学科的数学方法

数学方法（mathematical method）是用数学语言表述事物的状态、关系和过程，并加以推导、演算和分析，以形成对问题的解释、判断和预言的方法。从数学描述性质上讲，有连续数学和离散数学之分，连续数学源于几何，以微分和积分为基础；离散数学源于算术，以数理逻辑为基础。在电子计算机诞生之前，人们用数学方法研究问题并进行定性和定量分析。计算机科学根植于科学计算，其计算方法根植于数学方法，计算机科学中的许多推理、定理证明，问题求解等，都是建立在数学方法之上的。同时，计算机的出现，有力地促进了数学方法的研究，例如微积分的数值解，离散数学中的代数方法等。由此可见，计算机科学与数学方法密不可分，并且相互促进。

2.3.1　数学方法及其作用体现

数学方法是认识和改造世界的工具，是其他各门学科的方法论基础。更广义地说，数学方法是横跨各门学科方法和哲学方法的桥梁。古希腊哲学家柏拉图将数学作为构造世界模型的工具，笛卡儿认为数学是所有其他知识的工具和源泉，其主要原因就在于其广泛性、重要性和方法论。

1. 数学方法的基本形式

现实世界中许多复杂问题的求解和处理，都需要用数学方法来解决，特别是科学计算，完全依赖于数学方法。利用计算机来解决实际问题时所涉及的数学方法主要有以下 4 个方面。

（1）逻辑方法。计算机对任何复杂问题的求解和处理，都离不开逻辑判断和推理，而计算机本身也是由逻辑部件组成的。计算机中的逻辑理论是数理逻辑，是计算机科学重要的数学方法。

（2）模型方法。计算机问题求解的对象是现实世界抽象而成的数学模型，包括确定性模型（数值问题求解）、随机性模型（用蒙特卡罗方法求圆周率）、模糊性模型（数据库中的模糊查询）等。

（3）映射方法。复杂问题的求解可以采用化繁为简、化难为易、化不可能为可能。例如计算机对连续问题的求解就是通过映射方法，将连续问题转化为离散问题，处理后再反演到连续系统。定积分的近似计算、有限元方法、求方程的近似根、求最优解等，都是映射方法的典型实例。

（4）体验方法。在解决实际问题的探索过程中不断形成完整的理论，例如牛顿用微积分解决了许多天体运行中的计算问题，而作为微积分定义基础的极限概念，200 年后才逐步建立和完善。

2．数学方法的基本特征

数学是研究现实世界的结构、变化、空间及其数量关系的一门学科，与其他学科方法相比，数学方法具有以下 3 个基本特征。正是数学方法的这些基本特征，使它成为计算机科学的基石。

（1）高度的抽象性。抽象是任何一门学科乃至全部人类思维都具有的特性，数学的抽象程度大大超过了自然科学中的一般抽象。数学抽象的最大特点是它抛弃现实世界的物理、化学和生物特性，仅保留其量的关系和空间的形式。计算机求解所建立的数学模型，就是对现实世界的抽象。

（2）严密的逻辑性。数学方法是建立在严密的逻辑基础之上的，如果没有严密的逻辑性，就失去了数学方法的科学性。在运用数学方法解决实际问题时，只有严格遵守形式逻辑的基本法则、充分保证逻辑的可靠性，才能保证结论的正确性。因此，逻辑性是所有学科研究的基本法则。

（3）普遍的适用性。具有高度抽象性和严密逻辑性的数学方法，决定了它具有普遍的适用性，这就是数学方法被广泛应用于所有学科的根本原因所在。例如由不同对象抽象构成的、具有严密逻辑性的集合论，被视为各个数学分支的共同语言，并渗透到许多学科领域，特别是计算机学科。

3．数学方法的基本策略

数学方法是一种科学方法，使用数学方法解决实际问题所涉及的基本策略可概括为以下两类。

（1）归纳、演绎、类比方法。归纳是从个别到一般，演绎则是从一般到个别，两者是认识过程中解决问题的两个相反相成的方法，而类比是归纳和演绎的综合运用。

（2）分析、综合、抽象方法。分析是把事物分解为各部分并加以考察的方法；综合是把事物看成一个有机整体来加以考察的方法，分析和综合是互为前提和互相依存的，任何综合都以分析为基础，任何分析又以综合为指导；而抽象是从许多事物中舍弃个别的、非本质的属性，抽出共同的、本质的属性的过程，是形成概念的必要手段。

4．数学方法的作用体现

数学方法是解决数学问题的策略、途径和步骤，在现代科学技术的发展中已经成为一种必不可少的认知手段。数学方法在科学技术方法论中的作用主要体现在以下 3 个方面。

（1）为科学技术研究提供简洁的形式化语言。人类在日常交往中使用的语言称为自然语言，它是人与人之间进行交流和对现实世界进行描述的语言工具。然而，这种一般性的语言工具不便于机器理解和执行，并且往往是非唯一性。因此，对于宏观和微观世界中存在的复杂的自然规律，必须借助于数学的形式化语言才能抽象而准确地表达，学科中的定义和定理公式就是典型的简洁而精确的形式化语言，如牛顿万有引力定律就是用简明的公式表示的，数学模型就是运用形式化语言在观测和实验的基础上建立起来的，形式化语言有助于人们在本质上认识和把握客观世界。

（2）为科学技术研究提供定量分析和计算方法。一门科学从定性分析发展到定量分析是其成熟的标志，其中起重要作用的是数学方法。计算机的问世更为科学的定量分析和理论计算提供了必要条件，使一些过去虽然能用数学语言描述，但仍然无法求解或不能及时求解的问题找到了有效的方法。例如导弹发射、卫星导航、天气预报等，都是借助于理论分析和高速而精确的数值计算进行的，如果没有数学方法便无法得到计算模型，如果没有计算机便无法及时得到计算结果。

（3）为科学技术研究提供严密的逻辑推理工具。数学方法高度的抽象性和严密的逻辑性使它成为建立一种理论体系的重要工具，公理化方法、形式化方法、符号化方法等，都是用数学方法研究推理过程，把逻辑推理形式化和符号化，为建立和发展科学的理论体系提供了有效的工具。

2.3.2　构造性数学与证明方法

构造性数学是现代数学研究的一项重要内容，它在计算机学科中具有极为重要的作用地位。所谓"构造性"，是指能具体地给出某一对象或者能给出某一对象的计算方法，即当把能证实"存在一个 X 满足性质 A"的证明称为构造性的，能够从这个证明中具体地给出满足性质 A 的一个 X；或者能从此证明中得到一个机械的方法，使其经过推演后能确定满足性质 A 的这个 X。

这里简要介绍基于构造性数学的直接证明法、间接证明法、数学归纳法、存在性证明、构造性证明、递归法和迭代法等。它们是计算机学科中定理证明、命题推演、问题定义的数学基础。

1．直接证明法

直接证明法是指假设命题 A 为真，通过使用公理或已证明的定理以及正确的推理规则证明 B 也为真，以此证明蕴涵式 $A \rightarrow B$ 为真。

【例 2-1】　证明若 n 为奇数，则 $n+1$ 为偶数，即 n 为奇数 $\rightarrow n+1$ 为偶数。

【证明】　因为 n 为奇数，所以 $n=2k+1$（k 为整数）；

因此有 $n+1=2k+1=2(k+1)$；

所以 $n+1$ 是偶数。

2．间接证明法

间接证明是相对于直接证明而言的，间接证明的常用方法是反证法（contradiction），其证明过程是首先提出命题，然后设定反命题，并依据推理规则进行推演，以证明反命题的虚假。

【例 2-2】　证明若 n^2 为奇数，则 n 为奇数，即 n^2 为奇数 $\rightarrow n$ 为奇数。

【证明】　假设在 n^2 为奇数的前提下，n 为偶数，则有 $n=2k$（k 为整数）；

于是有 $n^2=(2k)^2=4k^2=2(2k^2)$；则有 n^2 是偶数，与原假设 n^2 为奇数矛盾；

所以在 n^2 为奇数的前提下假设 n 为偶数是错误的，即 n 应为奇数。

〖提示〗该命题若用直接证明法却不如反证法简易。不论是何种方法，关键是"推演"。

3．数学归纳法

数学归纳法是一种用于证明某个给定命题在整个自然数范围内成立的方法。该方法是用"有限"的步骤解决"无穷"的对象的论证问题。数学归纳法的基本步骤为当 $n=1$ 时，显然成立；

当 $n=k$ 时也成立；则当 $n=k+1$ 时仍成立，则原命题对任意正整数均成立。

【例 2-3】　用数学归纳法证明：$(3n+1)\times 7^n-1$（$n\in \mathbf{N}^*$，$\mathbf{N}^*$ 为正整数的集合）能被 9 整除。

【证明】　令 $f(n)=(3n+1)\times 7^n-1$（$n\in \mathbf{N}^*$）

① $n=1$，$f(1)=(3\times 1+1)\times 7^1-1=27$；

② $n=k$，假设 $f(k)$（$k\in \mathbf{N}^*$）能被 9 整除，则有：

③ $n=k+1$，$f(k+1)-f(k)=[(3k+4)\times 7^{k+1}-1]-[(3k+1)\times 7^k-1=9\times(2k+3)\times 7^k$

所以 $f(k+1)=f(k)+9(2k+3)\times 7^k$ 能被 9 整除。

由①、②、③可知，对一切 $n\in \mathbf{N}^*$，命题都成立。

数学归纳法除证明自然数以外，在离散数学中常用来证明图和树的定理。

【例 2-4】　用数学归纳法证明一棵非空二叉树的第 i 层（$i\geqslant 1$）上最多有 2^{i-1} 个节点。

【证明】　设 $i=1$，由于此时二叉树只有一个节点，$2^{i-1}=2^0=1$，$i=1$ 时成立；

设 $i=k$（$k\geqslant 1$），第 k 层上有 2^{k-1} 个节点，此时也成立；

在 $i=k+1$ 时，第 $k+1$ 层上最多有 $2\times 2^{k-1}=2^k=2^{(k+1)-1}$ 个节点，因为二叉树的每个节点最多只有两个子节点，因而此时仍然成立。结论得以证明。

4．存在性证明

存在性证明是指存在一个 x，使命题 $P(x)$ 成立，并且可表示为 $\exists x$，$P(x)$，形如 $\exists x$，$P(x)$ 命题的证明称为存在性证明，其证明方法通常使用反证法或极值原理，间接指出对象的存在性。

存在性证明的关键是证明其存在性，由于相应命题所述对象的不可构造或不易构造，一般只能从逻辑和理论上证明所述对象确实存在，但不能具体求出。所以，此时存在性证明通常表现为间接证明，即假设所述对象不存在，就会导致矛盾。因此，在论证中有时必须用一种与命题对象紧密联系的"逻辑链"才能说明其存在性。例如，微分学中有 3 条中值定理：罗尔中值定理、拉格朗日中值定理和柯西中值定理，它们都属于存在性命题。证明罗尔定理的依据是最大（最小）值定理，而拉格朗日中值定理和柯西中值定理的证明则是通过构造辅助函数：

$$\varphi(x)=f(x)-f(a)-\frac{f(b)-f(a)}{b-a}(x-a)$$

把问题转化为利用罗尔定理的结论上来，这个辅助函数就是"逻辑链"，它是存在性证明的关键。

5．构造性证明

构造性证明是指通过找出一个使命题 $P(a)$ 为真的元素 a，从而完成该函数值的存在性证明。具体来说，就是对一个要解决的问题，不仅要证明该问题解的存在性，还要给出求解该问题的具体步骤（算法描述）。例如一元二次方程 $ax^2+bx+c=0$ 的求解，就是要具体得出用方程的系数表示解的求根公式：

$$x_{1,2}=\frac{-b\pm\sqrt{b^2-4ac}}{2a}$$

该公式可以用换元法 $x=y-b/2a$，并通过配方一步步得到，其推导过程就是构造性证明的过程。

6．递归法与迭代法

递归和迭代是最具代表性的构造性数学方法，它们在计算机数值求解中具有特别重要的意义。

实现递归和迭代的基本思想是许多序列常常可以由 a_{n-1} 得到 a_n，按照这样的法则，可以从一个已知的首项开始，有限次地重复下去，最后产生一个序列，该系列就是递归和迭代运算的基础。

（1）递归方法是在"有限"步骤内根据特定法则或公式对一个或多个前面的元素进行运算，以此确定一系列元素。

例如，数列 1, 2, 3, 5, 8, 13, 21, 34, 55, 89, …

根据元素分布规律，可定义求解任意元素的公式：

$a_1=1$, $a_2=2$, $a_n=a_{n-1}+a_{n-2}$（$n \geqslant 3$）

【例 2-5】 根据递归方法，做出树的递归定义。

树是 n（$n \geqslant 0$）个节点的有限集合，当 $n=0$ 时，称为空树。对一个非空的树 T，具有如下定义。

① 有且仅有一个特定的节点，该节点称为树的根节点。

② 当 $n>1$ 时，除根节点之外的其余节点被分为 m（$m \geqslant 1$）个互不相交的集合 $T_1, T_2, \cdots, T_m$，其中，每一个集合 T_i（$1 \leqslant i \leqslant m$）本身又是一棵树，并且称为根节点子树。

根据这个递归定义，便可以把由多个节点组成的"树"构造出来。

（2）迭代方法是通过反复替换处理的重复性计算问题，例如用下面的公式求 π 的近似值：

$$\pi/4 = 1 - 1/3 + 1/5 - 1/7 + \cdots$$

直到最后一项的绝对值小于 10^{-4} 为止。这个公式的计算过程是做循环迭代累加，当累加项的绝对值小于 10^{-4} 时，则循环累加结束。该方法是莱布尼茨（Leibniz）于 1673 年发现的。

〖提示〗 递归和迭代两者密切相关，递归包含了迭代，但迭代包含不了递归。例如，斐波那契问题可以用递归或迭代方法，而汉诺塔问题却只能用递归方法而不能用迭代方法。

2.3.3　计算机学科的根本问题

在探索学科方法论的过程中，人们把对计算机科学、问题求解、计算过程、定理证明的认识紧密地联系在一起，先后提出了一些重大问题：一是问题的可计算性，二是计算过程的能行性，三是计算结果的正确性，并且被看作计算机学科的根本问题，是计算机科学研究、探索的核心。

1. 问题的可计算性

问题的"可计算性"是指什么是可计算的和不可计算的。我们知道：凡是数学精确定义的直观可计算函数都是可计算的，问题是直观可计算函数是否恰好就是这些精确定义的可计算函数呢？为此，"丘奇-图灵"（Church-Turing）给出了可计算性的形式化定义：任何能直观计算的问题都能被图灵机计算，如果证明了某个问题使用图灵机不可计算，那么这个问题就是不可计算的。

由于数字计算机是一种离散结构，只能处理离散的或离散化了的数量关系。因此可计算性决定了计算机的体系结构和计算机所处理的对象都只能是离散型的，而非离散（连续）的对象必须转化为离散型。例如，计算定积分就是把它变成离散量，再用分段求解的方法来处理。围绕这一问题，计算机学科发展了与之相关的研究领域和分支学科，例如离散结构、数值与非数值计算方法、算法设计与分析等都是围绕这一基本问题展开的。可见，"可计算性"是计算机学科的本质。

2. 计算过程的能行性

计算机科学的根本问题是什么能被有效地自动计算。20 世纪 30 年代，图灵用形式化的方法完整表述了计算过程的本质，深刻揭示了计算机所具有的"能行过程"的本质特征：一个计算过程是能行的当且仅当它能够被图灵机实现，而能够被图灵机实现的实质就是字符串的变换。

计算过程的"能行性"特征决定了计算机学科中问题求解是建立在高度抽象的级别上：思考问题采用符号化的方法；描述问题采用形式化的方式；求解问题过程是建立物理符号系统并对其实施变换的过程，而且变换过程是一个机械化、自动化的过程。在描述问题和求解问题的过程中，主要采用抽象思维和逻辑思维，从而形成了计算机学科的符号化特征，如图 2-4 所示。

图 2-4　计算机学科的符号化特征

3. 计算结果的正确性

计算结果的正确性是任何计算工具和计算方法研究中不可回避的问题，特别是使用自动计算机器进行的各种计算。一个问题在给出了能行的操作系列并解决了其效率问题之后，必须确保计算结果的正确性；否则，计算便毫无意义。围绕这一问题，计算机学科发展了一些相关的分支学科与研究方向，例如 Petri 网理论、程序理论、容错理论与技术、程序测试技术、软件工程技术、分布式网络协议等，都是围绕这一基本问题展开的，其实质就是为了解决计算结果的正确性问题。

2.4　计算机学科的经典问题

计算机学科的根本问题反映了面对现实世界的可计算性和不可计算性。在人类进行科学探索与研究的过程中，提出过许多对科学发展具有重要影响和深远意义的科学计算问题，这些问题可以大致分为 4 类：第一类是理论意义上的不可计算问题（图灵论确定的所有非递归函数），第二类是现实意义上的不可计算问题（计算的复杂性），第三类是理论意义上的可计算问题（任何能直观计算的问题都能被图灵机计算），第四类是现实意义上的可计算问题（并发控制）。这些问题的提出，不仅有利于加深对计算机学科功能作用的理解，还有利于激发学生的学习热情和探索意识。

2.4.1　理论意义上的不可计算问题——图论问题

图论（graph theory）是研究边和点的连接结构的数学理论。1736 年，瑞士数学家莱昂哈德·欧拉（Leonhard Euler，1707—1783 年）发表了关于七桥问题的论文《与位置几何有关的一个问题的解》。该论文为图论的形成奠定了基础。今天，图论已广泛地应用于计算机科学、运筹学、信息论和控制论等学科中，已成为对现实问题进行抽象的一个强有力的数学工具，是"数据结构"和"离散数学"等课程的理论基础。随着计算机科学的发展，图论在计算机科学中的作用越来越大，同时图论本身也得到了充分的发展。下面是图论问题研究中的 3 个著名实例。

1. 哥尼斯堡七桥问题

哥尼斯堡七桥问题（Konigsberg seven bridges problem）也称为欧拉回路。18 世纪中叶，当时东普鲁士有一座哥尼斯堡城（现为俄罗斯的加里宁格勒城（Kaliningrad）），城中有一条贯穿全市的普雷格尔（Pregol）河，河中央有座小岛——奈佛夫（Kneiphof）岛。普雷格尔河的两条支流环绕其旁，并将整个城市分成北区、东区、南区和岛区 4 个区域，全城共有 7 座桥将 4 个城区连起来，如图 2-5 所示。

人们常通过这 7 座桥到各城区游玩，于是产生了一个有趣的数学难题：一个人怎样不重复地走完 7 座桥，且只许走过每座桥一次，最后回到出发地点？无数试验者反复试走，然而都没有找到这样的路径，这就是著名的"哥尼斯堡七桥问题"。为了探索该问题，瑞士数学家欧拉用 4 个字母 A、B、C、D 代表 4 个城区，并用 7 条边表示 7 座桥，如图 2-6 所示。

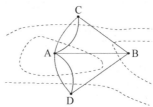

图 2-5　七桥问题示意图　　　　　　　　　　图 2-6　七桥问题抽象图

图 2-6 中只有 4 个顶点和 7 条边，这样做是基于该问题本质的考虑，抽象出了问题最本质的东西，忽视问题非本质的东西（如桥的长度和宽度等），从而将哥尼斯堡七桥问题抽象成为一个纯粹的数学问题，即经过图中每边一次且仅一次的回路问题。事实上，A 城区有 5 座桥与其他城区连通，B、C、D 城区各有 3 座桥与其他城区连通，即通奇数座桥的地方不止两个，所以找不到不重复地走完 7 座桥、最后回到出发地点的路径。

如果把图 2-6 改变成如图 2-7 所示的结构，即去掉 A、B 城区之间的桥，这时 A 城区通 4 座桥，B 城区通 2 座桥，C、D 两个城区各通 3 座桥，那么可以找到一条路径 C→A→D→A→C→B→D，每座桥走过一次且只走过一次，只是没有回到原出发点，从一个通奇数座桥的地方出发，到另一个通奇数座桥的地方结束。如果把图 2-6 改成如图 2-8 所示的结构，即在 A、D 城区和 A、C 城区之间各去掉一座桥，在 A、B 城区之间再增加一座桥，这时 A、B 两个城区各通 4 座桥，C、D 两个城区各通 2 座桥，则可找到一条路径 A→C→B→D→A→B→A，每座桥走过一次且只走过一次，便回到原出发点。这就是欧拉回路。

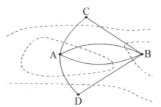

图 2-7　欧拉回路问题示意图　　　　　　　　图 2-8　欧拉路径示意图

1736 年，欧拉发表论文 *A problem related to the location geometric solution*（《与位置几何有关的一个问题的解》），论证了"从一点出发不重复地走遍 7 座桥，最后又回到原出发点是不可能的"。欧拉不仅给出了哥尼斯堡七桥问题的证明，还将问题进行了一般化处理，即对给定的任意一个河流图与任意多座桥，判定是否存在每座桥恰好走过一次的路径（不一定回到原出发点），并用数学方法给出了如下 3 条判定规则。

（1）如果通奇数座桥的地方不止两个，那么满足要求的路径是找不到的；

（2）如果只有两个地方通奇数座桥，可以从这两个地方之一出发，找到所要求的路径；

（3）如果没有一个地方是通奇数座桥的，则无论从哪里出发，所要求的路径都能实现。

　　这篇论文被认为是研究图论的开山之作。据此，<u>经过图中每条边仅且一次的路径被称为欧拉路径；如果欧拉路径的起点和终点为图中的同一个顶点，那么此欧拉路径被称为欧拉回路，包含有欧拉回路的图被称为欧拉图。</u>欧拉图广泛用于类似于交通路径与通信线路的最优路线设计。判断一个有向或无向图是否有欧拉路径和欧拉回路的充分且必要条件是哈密顿图。

　　2. 哈密顿回路问题

　　哈密顿回路问题（Hamilton loop problem）是 1857 年爱尔兰的物理学家和数学家威廉·哈密顿（William R.Hamilton，1805—1865 年）提出的著名的数学问题，也称为周游世界的数学游戏。哈密顿回路问题的规则是设有一个如图 2-9 所示的正十二面体，它有 20 个顶点，把每个顶点看作一个城市，把正十二面体的 30 条边看成连接这些城市的路径。

　　据此，<u>找一条从某城市出发，经过每个城市恰好一次，并且最后回到出发点的路径，这种路径被称为哈密顿回路。</u>若把正十二面体投影到平面上（见图 2-9），标出一种走法，如从城市 1 出发，经过 2、3、…、20，最后回到 1，其周游路径如图 2-10 所示，这就是哈密顿回路。

图 2-9　正十二面体示意图

图 2-10　周游世界示意图

　　"哈密顿回路问题"与"哥尼斯堡七桥问题"看上去十分相似，然而是完全不同的两个问题。"哈密顿回路问题"是访问每个顶点一次，而"哥尼斯堡七桥问题"是访问每条边一次。对一个图是否存在"欧拉回路"前面已给出充分必要条件，而对一个图是否存在哈密顿回路至今仍未找到充分必要条件。对于图 2-6，可以找到一条哈密顿回路 A→D→B→C→A，当然还可找到其他哈密顿回路。而对于图 2-10，就找不到欧拉回路，因为每个顶点都与 3 条边相连。

　　3. 中国邮路问题

　　我国数学家管梅谷教授（Mei-ko Kwan，1934—　）1960 年也提出了一个具有重要理论意义和广泛应用背景的问题，被称为"最短投递路线问题"，国际上称为"中国邮路问题"（China's postal problem）。问题描述为一个邮递员应如何选择一条路线，能够从邮局出发，走遍他负责送信的所有街道，最后回到邮局，并且所走的路程最短。该问题归结为图论问题，对问题的求解思想是给定一个连通无向图（没有孤立顶点），每条边都有非负的确定长度，求该图的一条经过每条边至少一次的最短回路。

　　对于有欧拉回路的欧拉图，找到一条欧拉回路即可；对于不存在欧拉回路的非欧拉图，才是中国邮路问题的重点。管梅谷教授及其他国内、外学者给出了一些解决该问题及推广与变形问题的算法，其研究成果除用于邮政部门外，还用于洒水车路线、扫雪车路线、警车巡逻路线的最优设计等。

2.4.2　现实意义上的不可计算问题——计算的复杂性

　　计算机的速度和存储空间都是有限的，尽管一个问题在理论上是可计算的，但如果计算时间长达数十年，甚至数百年，那么这样的问题实际上是属于不可解的问题。"计算复杂性"是指利用计算机求解问题的难易程度，包括两方面：一是计算所需的步数或指令条数，称为时间复杂度（time complexity）；二是计算所需的存储单元数量，称为空间复杂度（space complexity）。这类问题被称为计算复杂性理论（computation complexity theory），是用数学方法研究各类问题的计算复杂性学科，研究理论上可计算问题在计算过程中的资源（如时间、空间等）的耗费情况，以及在不同计算模式下，使用不同类型资源和不同数量的资源时，各类问题复杂性的本质特性和相互关系。下面是计算复杂性问题研究中的 4 个著名实例。

1. 汉诺塔问题

相传汉诺（Hanoi）创造世界时，建造了一座被称为贝拿勒斯的神庙，神庙里安放了一个黄铜座，座上竖有三根宝石柱子。汉诺将 64 个直径大小不一的金盘子按照从大到小、自下而上的顺序依次放在第一根宝石柱上，形成一座金塔，称为汉诺塔或梵天塔。天神让庙里的僧侣们将第一根柱子上的 64 个盘子借助第二根柱子全部移到第三根柱子上，并规定了 3 条规则。

（1）每次只能移动一个盘子。

（2）盘子只能在 3 根柱子上来回移动，而不能放在他处。

（3）在移动过程中，3 根柱子上的盘子必须始终保持大盘子在下，小盘子在上。

天神说，当这 64 个盘子全部移到第三根柱子上后，世界末日就要到了，这就是著名的汉诺塔问题。那么，把这 64 个盘子全部移到第三根柱子上，到底需要多少时间呢？

根据题意，把 3 根柱子分别记为 A、B、C，将 64 个盘子的汉诺塔问题转换为 n 个盘子的移动问题。为了简化描述，故以 3 个盘子为例，按照移动规则，汉诺塔问题的解决过程如图 2-11 所示。

图 2-11　3 个盘子时汉诺塔问题的移动过程

按照上述移动规则，将第一根柱子上的 64 个盘子全部移到第三根柱子上的过程可描述为

n=1：A→C　　　　　　　　　　　　　　　　　　　　　（仅需 1 个移动步骤）

n=2：A→B，A→C，B→C　　　　　　　　　　　　　　（需要 3 个移动步骤）

n=3：A→C，A→B，C→B，A→C，B→A，B→C，A→C　（需要 7 个移动步骤）

n=4：A→B，A→C，B→C，A→B，C→A，C→B，A→B，A→C，B→C，B→A，C→A，
　　　　B→C，A→B，A→C，B→C　　　　　　　　　　　　（需要 15 个移动步骤）

n=5：A→C，A→B，C→B，A→C，B→A，B→C，…　　（需要 31 个移动步骤）

⋮

以此类推，汉诺塔问题全部可能的状态数为 3^n，最佳移动次数为 2^n-1，n＝64 的移动次数为
$$2^{64}-1=18\,446\,744\,073\,709\,551\,615$$

如果每秒移动一次，一年有 31 536 000 秒，僧侣们一刻不停地来回搬动，也需要花费大约

5849 亿年的时间。根据天文学知识，太阳系的寿命大约 150 亿年，这就是说移动完 64 个盘子，那时的世界真的不复存在了。如果用计算机求解，假定计算机以每秒 1000 万次的速度进行移动，则需要花费大约 58490 年的时间。这个例子告诉我们，理论上可以计算的问题实际上并不一定能实现。在计算复杂性中，这一类问题被称为难解性问题，汉诺塔问题是现实中不可解的典型实例。

2．旅行商问题

旅行商问题（Traveling Salesman Problem，TSP）也被称为旅行推销员问题，是哈密顿和英国数学家柯克曼（T.P. Kirkman，1806—1895 年）于 19 世纪初提出的一个数学问题：若干城市，任何两个城市之间的距离都是确定的，现要求一旅行商从某城市出发，必须经过每个城市且只能在每个城市停留一次，最后回到原出发城市。那么，如何事先确定好一条路程最短的旅行路径呢？

人们思考解决这个问题时首先想到的基本方法是对给定的城市进行排列组合，列出每一条可供选择的路径，然后计算出每条路径的总里程，最后从所有可能的路径中选出一条路程最短的路径。假设给定 4 个城市，分别为 C_1、C_2、C_3 和 C_4，各城市之间的距离是确定的值，城市间的交通如图 2-12 所示。

从图 2-12 中可以看到，从城市 C_1 出发，最后再回到城市 C_1，可供选择的路径共有 6 条，括号中为路径长度，如图 2-13 所示。此时，各路径的长度分别为

图 2-12　城市间交通示意图

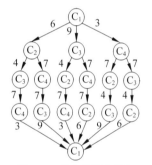

图 2-13　组合路径示意图

$$C_1 \to C_2 \to C_3 \to C_4 \to C_1（20）\qquad C_1 \to C_2 \to C_4 \to C_3 \to C_1（29）$$
$$C_1 \to C_3 \to C_2 \to C_4 \to C_1（23）\qquad C_1 \to C_3 \to C_4 \to C_2 \to C_1（29）$$
$$C_1 \to C_4 \to C_3 \to C_2 \to C_1（20）\qquad C_1 \to C_4 \to C_2 \to C_3 \to C_1（23）$$

从中可以选出总路程最短的路径为

$$C_1 \to C_2 \to C_3 \to C_4 \to C_1 \quad 或 \quad C_1 \to C_4 \to C_3 \to C_2 \to C_1$$

当城市的数目为 n 时，那么组合路径数为 $(n-1)!$。显然，当城市数目不多时，要找到最短距离的路径并不难，但随着城市数目的不断增多，组合路径数将呈指数规律急剧增长，以至达到无法计算的地步，这就是所谓的"组合爆炸问题"。

假设城市的数目为 20，那么组合路径数则为 $(20-1)! \approx 1.216 \times 10^{17}$，如此巨大的组合数目，若计算机以每秒检索 1000 万条路径的速度计算，计算完所有路径需要 386 年的时间。显然，这样的算法是没有实际意义的。

1998 年，科学家成功地解决了美国 13509 个城市之间的 TSP 问题，2001 年又解决了德国 15112 个城市之间的 TSP 问题，但是代价巨大。解决 15112 个城市之间的 TSP 问题共使用了美

国莱斯大学（Rice University）和普林斯顿大学（Princeton University）之间网络互连的、网速为 500MHz 的 110 台计算机，所有计算机花费的时间总和为 22.6 年。

TSP 问题是最有代表性的优化组合问题之一，无论是技术领域还是日常生活中都涉及这类问题，如在大规模生产过程中寻找最短路径能有效地减低成本。但由于 TSP 问题会产生组合爆炸问题，因此寻找切实可行的简化求解方法就成为问题的关键所在。为此，人们提出了一些求近似解的算法，即找出的路径不一定是最短路径，而是比较短的路径，但求解问题的时间复杂度大大降低了，是可以实用的算法，包括最近邻算法、抄近路算法等，这一思想为问题求解开辟了另一条思路。

3．四色问题

四色问题（four-color problem）又被称为四色猜想或四色定理（four-color theorem），1852 年首先由英国大学生弗南西斯·古思里（Francis Guthrie）提出。他在给一幅英国地图着色时发现，只要 4 种颜色就可以让任何相邻的两个郡不同色，并推断任何地图的着色也只需要 4 种颜色就够了，但他未能给出证明。1878 年，英国数学家阿瑟·凯利（Arthur Cayley，1821—1895年）对此问题进行了认真分析，认为这是一个不可忽视的问题，他正式向伦敦数学学会提出这个问题，于是四色猜想成了世界数学界关注的问题（被称为三大难题之一），世界上许多一流的数学家纷纷参加了四色猜想的大会战。1879 年，英国律师兼数学家阿尔弗雷德·肯普（Alfred Kempe，1849—1922年）发表了证明四色猜想的论文，宣布证明了四色猜想。1890 年，数学家赫伍德（P.J. Heawood，1861—1955年）以自己的精确计算指出肯普的证明有误。赫伍德一生坚持研究四色猜想，但始终未能证明这一猜想。但赫伍德在肯普的研究基础上，证明了用 5 种颜色对任何地图着色都是足够的，即"地图五色定理"是成立的。

1969 年，德国数学家希斯（Heinrich Heesch）第一次提出了一种具有可行的寻找不可避免可约图的算法，希斯的工作开创了研究的新思路。1970 年，美国伊利诺伊大学（University of Illinois）的数学教授哈肯（Wolfgang Haken）与凯尼斯·阿佩尔（Kenneth Appel）合作从事这一问题研究。他们注意到，希斯的算法可以大大简化和改进，于是从 1972 年开始用这种简化的希斯算法产生不可避免的可约图集，采用新的计算机实验方法来检验可约性。1976 年 6 月，哈肯和阿佩尔终于获得成功，一组不可避免的可约图终于找到了，这组图共 2000 多个，即证明了任意平面地图都能够用 4 种颜色着色。他们的证明需要在计算机上计算 1200 小时，程序先后修改了 500 多次。

4．P 与 NP 问题

2000 年 5 月，美国马萨诸塞州克雷数学教研所（Clay Mathematics Institute，CMI）的科学顾问委员会选定了 7 个"千禧年数学难题"，并设立 700 万美元的奖金，即解决每个难题均可获得 100 万美元奖励。这 7 个难题分别是 NP 完全性问题、霍奇猜想、庞家来猜想、黎曼假设、杨-米尔斯存在性和质量缺口、纳维叶-斯托克斯方程的存在性与光滑性、贝赫和斯维纳通-戴维猜想。其中，NP 完全性问题排在大奖首位，足见它的显赫地位和无穷魅力。

在计算学科中的可求解（可计算）问题可分为多项式问题（Polynomial problem，简称为 P 类问题）和非确定性多项式问题（Non-deterministic Polynomial problem，简称为 NP 类问题）。

（1）P 类问题。P 类问题是指算法能在多项式时间内找到答案的问题，即计算机能在有限时间内完成计算任务。P 类问题采用的是确定性算法，包含了大量已知问题，如计算最大公约数、排序问题等。大部分 P 类问题容易处理，但不是所有 P 类问题都容易处理。例如，一个时

间复杂度为 n^{1000} 的问题，虽然属于 P 类问题（它是线性时间的），事实上却很难处理。

（2）NP 类问题。NP 类问题是指一个复杂问题不能确定是否在多项式时间内找到答案，但可以在多项式时间验证答案是否正确。NP 类问题数量很大，如完全子图问题、汉诺塔问题、四色问题、旅行商问题、排队问题等。由此可见，在 P 类和 NP 类问题中，P 类问题的计算复杂性最低。

（3）P=NP? 问题。1971 年，S.A. Cook 和 L. Levin 相互独立提出：P 和 NP 这两种分类之间的关系，到底是 P=NP 还是 P≠NP，这就是著名的 P=NP? 问题。它是计算机科学和当代数学研究领域中最大的悬而未决的问题之一，也是计算机科学领域理论研究者研究的热门话题。

目前已经证明 P 类问题是可计算的，并且所有的 P 类问题都是 NP 类问题，但 P 与 NP 是否等价却是一个既没有证实也没有伪证的问题。不过，找一个问题的解很困难，而要验证一个解往往容易。例如，对于求解方程 $x^{10}+2x+7=1035$ 的解很难，但验证 $x=2$ 很容易。

如果 P=NP，那么，所有在多项式时间内可验证的问题都将是在多项式时间内可求解的问题。但是，互联网的安全问题就会成为严重的威胁，因为破译互联网的 RSA 加密系统属于 NP 类问题。

如果 P≠NP，那么，大量的 NP 类问题都将不具有确定性多项式算法，人们应去研究寻找 NP 类问题的最优近似解。

（4）NPC（NP complete，NP 完全）问题。NP 类问题中某些问题的复杂性与整个类的复杂性有关，如果这些问题中的任意一个能在多项式的时间内求解，则所有 NP 类问题都能在多项式时间内求解。这些 NP 类问题被称为 NP 完全问题或 NP 难度（NP hard）问题或 NP 类问题的子集。

目前，解决 NP 完全问题的可行方法是寻找具有多项式时间复杂度的近似算法，虽然求得的是最优解的近似解，但算法的复杂度大为降低，是可用于实际计算的算法。到目前为止，在"计算复杂性理论"中已提出与国民经济发展有密切联系的 2000 多个难题，如货郎担问题、哈密顿回路问题、装箱问题、整数规划问题、子图同构问题、平面铺砖问题等。对其中任意一个问题，如果能找到一个多项式时间的算法，也就找到了所有这些问题的多项式时间算法；如果能证明其中任一问题不存在多项式时间算法，也就证明了所有这些问题都不存在多项式时间算法。

2.4.3　理论意义上的可计算问题——计算机智能问题

计算机智能是 20 世纪中叶兴起的一个新的科学技术领域，研究如何用机器或装置去模拟或扩展人类的智能活动，如推理、决策、规划、设计和学习等。计算机智能问题是目前计算机领域的热点研究问题，也是计算机的一个重要发展趋势。下面是计算机智能研究中的 3 个著名实例。

1. 图灵测试

在计算机科学诞生后，为解决人工智能中一些激烈争论的问题，图灵和西尔勒分别提出了能够反映人工智能本质特征的两个著名的哲学问题，即图灵测试和西尔勒中文小屋。经过多年的努力，人们在人工智能领域的研究取得了长足的进展。

图灵在 1950 年英国 *Mind* 杂志上发表了题为 *Computing machinery and intelligence*（《计算机器与智能》）的论文。一些学者认为，图灵发表的关于计算机器和智能的论文标志着现代机器思维问题研究的开始。论文中提出了"机器能思维吗"这一问题，在定义了"智能"和"思维"的术语后，最终他得出的结论是我们能够创造出可以思考的计算机。同时，他提出了另一个问题："如何才知道何时是成功了呢？"，并给出了一个判断机器是否具有智能功能的方法，这就是图灵测试的模拟游戏，如图 2-14 所示。

图 2-14　图灵测试示意图

图灵测试方法和过程：由一个男人 A、一个女人 B 和一个性别不限的提问者 C 来完成，提问者 C 待在与两个回答者相隔离的房间里。

游戏的目标是让提问者通过对两个回答者的提问来鉴别其中哪个是男人，哪个是女人。为了避免提问者通过回答者的声音、语调轻易地做出判断，在提问者和回答者之间是通过计算机键盘来对话的。提问者只被告知两个人的代号为 X 和 Y，游戏的最后提问者要做出"X 是 A，Y 是 B"或"X 是 B，Y 是 A"的判断。

现在，把这个游戏中的男人（A）换成一部机器来扮演，如果提问者在与机器、女人的游戏中做出的错误判断与在男人、女人之间的游戏中做出错误判断的次数相同或更多，那么判定这部机器是能够思维的。这时机器在提问者的提问上所体现出的智能（思维能力）与人没有什么区别。根据图灵当时的预测，到 2000 年，能有机器通过这样的测试。有人认为，在 1997 年战胜国际象棋大师卡斯帕罗夫的"深蓝"计算机就可以看作通过了图灵测试。

图灵测试引发了许多争论，后来的学者在讨论及其思维时大多要谈到这个测试。图灵测试不要求接受测试的思维机器在内部构造上与人脑相同，而只能从功能的角度来判定机器是否具有思维，也就是从行为角度对机器思维进行定义。在未来，如果人们能像图灵揭示计算本质那样揭示人类思维的本质，即"能行"思维，那么制造具有真正思维的机器的日子就为期不远了。

2. 西尔勒中文小屋

与人工智能有关的另一个著名的实验是西尔勒中文小屋（Silver Chinese cabin）。1980 年，美国哲学家西尔勒（J.R. Searle）在 *Behavioral and brain sciences* 杂志上发表了论文 *Minds, brains and programs*（《心、脑和程序》），文中他以自己为主角设计了一个假想实验。假设西尔勒被关在一个小屋中，屋子里有序地堆放着足够的中文字符，而他对中文一窍不通。这时屋外的人递进一串中文字符，同时附有一本用英文编写的处理中文字符的规则（作为美国人，西尔勒对英语是熟悉的），这些规则将递进来的字符和小屋中的字符之间的转换做了形式化的规定，西尔勒按照规则对这些字符进行处理后，将一串新的中文字符送出屋外。事实上，他根本不知道送进来的字符串就是屋外人提出的"问题"，也不知道送出去的字符串就是所提出问题的"答案"。假设西尔勒很擅长按照规则熟练地处理一些中文字符，而程序员（编写规则的人）擅长编写程序（规则），那么，西尔勒"给出"的答案将会与一个熟悉中文的中国人给出的答案没有什么不同。但是，能说西尔勒真的懂中文吗？真的理解以中文字符串表示的屋外人递进来的"问题"和自己给出的"答案"吗？西尔勒借用语言学的术语非常形象地揭示了"中文小屋"的深刻含义：形式化的计算机仅有语法，没有语义，只是按规则办事，并不理解规则的含义及自己在做什么。因此，他认为机器永远也不可能代替人脑。

图灵测试只是从功能的角度来判定机器是否能思维，在图灵看来，不要求机器与人脑在内部构造上一样，只要与人脑有相同的功能就认为机器有思维。而在西尔勒看来，机器没有什么智能，只是按照人们编写好的形式化的规则（程序）来完成一项任务，机器本身未必清楚自己在做什么。这两种对同一问题的不同认识代表了目前人们在计算机智能或人工智能的争议，无论是国际象棋的人机大战还是中国象棋的人机大战，基于图灵的观点，下棋的计算机有了相当高的智能；基于西尔勒的观点，计算机只是在执行人们编写的程序，根本不理解下的是什么棋，走的什么步。

3. 博弈问题

人们把诸如下棋、打牌、战争等竞争性的智能活动称为博弈。人工智能研究博弈的目的并不是为了让计算机与人进行下棋、打牌之类的游戏，而是通过对博弈的研究来检验某些人工智能技术是否能达到对人类智能的模拟。因为博弈是一种智能性很强的竞争活动，通过对博弈过程的模拟可以促进人工智能技术更深入的研究。在人工智能中，大多以下棋为例来研究博弈规律，并研制出一些著名的博弈程序。机器博弈研究的关键是智能程序，例如，IBM 研制的超级计算机"深蓝"于 1997 年 5 月与当时蝉联 12 年世界冠军的国际象棋大师卡斯帕罗夫对弈，最终"深蓝"以 3.5∶2.5 的总比分获胜，从而引起了世人的极大关注。2001 年，德国的"弗里茨"国际象棋软件击败了当时世界排名前 10 名棋手中的 9 位，这是当今人脑与计算机较量的结果。

到目前为止，博弈程序已知道如何考虑要解决的问题，程序中应用的某些技术（如向前看几步，寻找较优解答，并把困难的问题分成一些比较容易的子问题），已发展成为智能搜索和问题归约这样的人工智能基本技术，不但在寻优过程中采用智能算法，而且在对弈过程中能自动地不断从对手（人）那里学习新的知识并丰富知识库，不断自动提高机器博弈水平。

2.4.4　现实意义上的可计算问题——并发控制问题

所谓并发，是指两个或多个事件在同一时间段内发生，并发操作可以有效提高资源的利用率。例如，在只有一个处理器的计算机上并发执行多个进程，就能提高处理器的利用率，进而提高整个计算机系统的处理能力。多个进程的并发执行需要一定的控制机制，否则会导致错误，如完成相关任务的多个进程要相互协调和通信、多个进程对有限的独占资源的访问要互斥等，只有有效的并发控制才能保证进程并发执行的正确和高效。下面列举并发控制问题研究中的两个著名实例。

1. 生产者-消费者问题

1965 年，荷兰计算机科学家埃德斯加·迪杰斯特拉（Edsgar Dijkstra，1930—2002 年）在他著名的论文 *Cooperating sequential processes*（《协同顺序进程》）中用生产者-消费者问题（producers-consumers）对并发程序设计中进程同步的最基本问题，即对多进程提供、释放以及使用计算机系统中的软硬件资源（如数据、I/O 设备等）进行了抽象的描述，并用火车信号系统中的信号灯为例表示进程之间的互斥，解决了并发程序设计中进程同步的最基本问题。

在生产者-消费者问题中，生产者是指提供（或释放）某一软件、硬件资源时的进程，消费者是指使用某一软件、硬件资源时的进程，而信号灯用来表示进程之间的互斥。基于迪杰斯特拉的思路，此问题大致描述如下：有 n 个生产者和 m 个消费者，在生产者和消费者之间设置了一个能存取产品的货架。只要货架未满，生产者 p_i（$1 \leq i \leq n$）生产的产品就可以放入货架，每次放入一个产品；只要货架非空，消费者 c_j（$1 \leq j \leq m$）就可以从货架取走产品消费，每次取走一个。所有的生产者的产品生产和消费者的产品消费都可以按自己的意愿进行，即相互之间是独立的，只需要遵守两个约定：一是不允许消费者从空货架取产品，现实中也是取不到的；二是不允许生产者向一个已装满产品的货架中再放入产品。

2. 哲学家共餐问题

在继生产者-消费者问题后，迪杰斯特拉针对多进程互斥地访问有限资源的问题又提出并解决了一个被称为"哲学家共餐"（The dining philosopher）的多进程同步问题。该问题描述有 5 位哲学家围坐在一张圆桌旁，每个人的面前有一碗面条，碗的旁边仅有一根筷子，如图 2-15 所示。

他们的生活方式是交替地进行思考和用餐，饥饿时试图取用其左、右最靠近他的筷子，只有在他拿到两根筷子时才能进餐；进餐完便放下手中的两根筷子，继续思考。由于每个座位前只有一根筷子，因此不会有两个相邻的哲学家同时进餐。假如 5 位哲学家同时各拿起左边的筷子后再试图去拿右边的筷子时，都将因无筷子可拿而无限期等待，结果是都无法进餐，最终饿死（starvation），在计算机中被称为"进程死锁"（process deadlock）。为避免上面情况的发生，可以采用如下解决方案。

图 2-15 哲学家共餐示意图

（1）至多只允许 4 位哲学家同时拿左边的筷子，最终能保证至少有一位哲学家能够进餐，并在他用餐完后释放出他用过的两根筷子，从而使其他哲学家能够进餐。

（2）仅当哲学家的左、右两根筷子均可用时，才允许他拿起筷子进餐。

（3）规定奇数号的哲学家先拿他左边的筷子，再拿他右边的筷子，偶数号的哲学家则相反。

按此规定，将是 1、2 号哲学家竞争 1 号筷子，3、4 号哲学家竞争 3 号筷子，即 5 位哲学家都竞争奇数号筷子。获得后，再去竞争偶数号筷子，最后总有一位哲学家能获得两根筷子而进餐。

〖提示〗上述两个问题是计算机科学中并发控制问题（多道程序进程同步）的典型实例。并发控制是数据库技术中的典型问题，在 8.3.4 节关系数据库的一致性中会举例说明。

本 章 小 结

（1）作为计算机学科的学生，熟悉计算机学科的知识体系，对本学科课程的学习、研究方向的把握，以及制定职业生涯规划，具有极为重要的指导意义。

（2）科学方法论对研究与认识客观世界是非常重要的，有助于人们深入理解学科的本质。其中，构造性是计算机软、硬件系统的最根本特征，已经被广泛应用于计算机学科的各个领域。

（3）数学方法是认识和改造世界的工具，是计算机科学的理论支撑，是其他各门学科的方法论基础。更广义地说，数学方法是横跨各门学科方法和哲学方法的桥梁。

（4）计算机学科的经典问题是指那些反映学科某一方面内在规律和本质内容的典型问题。经典问题往往以深入浅出的形式表达学科深奥的科学规律和本质内容，在学科研究中常用来辅助说明思想、原理、方法和技术。经典问题是计算机学科的研究重点，也是能力培养的重要目标。

习　题　2

一、选择题

1. 广义科学是所有学科的总称，可以概括为 3 类：自然科学、人文科学和（　　）。
　　A. 社会科学　　　　　B. 信息科学　　　　　C. 理论科学　　　　　D. 计算科学

2. 在科学研究过程中采取各种手段和途径，这些方法并归为理论科学、实验科学和（　　）。
　　A. 物理科学　　　B. 计算科学　　　C. 仿真科学　　　D. 生物科学

3. 计算机学科的根本问题是问题的可计算性、计算过程的（　　）和计算结果的正确性。
　　A. 能行性　　　　　B. 有效性　　　　　C. 准确性　　　　　D. 快速性

4. 计算的本质是（　　）。
　　A. 什么是可计算的　B. 模型是离散的　　C. 模型是数值的　　D. 问题是可编程的

5. CC2005 在 CC2004 定义了 4 个学科分支领域的基础上，增加了一个（　　）分支领域。
　　A. 离散系统　　　B. 信息系统　　　C. 管理系统　　　D. 智能系统

6. 数学是研究现实世界的空间形式和数量关系的一门科学，它有 3 个基本特征：一是高度的抽象性；二是严密的逻辑性；三是（　　）。
　　A. 科学性　　　　　B. 系统性　　　　　C. 完整性　　　　　D. 普遍的适用性

7. 计算机学科是在数学和（　　）的基础上发展起来的。
　　A. 电子学　　　　　B. 电工学　　　　　C. 物理学　　　　　D. 电路理论

8. 从学科体系的角度，可以将计算机学科的内容划分为 3 个层面：应用层、专业基础层和（　　）。
　　A. 专业层　　　　　B. 技术层　　　　　C. 理论层　　　　　D. 专业理论基础层

9. 计算机学科的 3 个形态特征是指抽象、理论和（　　）。
　　A. 方法　　　　　B. 工程　　　　　C. 基础　　　　　D. 设计

10. "计算复杂性"包括时间复杂度和（　　）。
　　A. 算法复杂度　　B. 问题复杂度　　C. 存储复杂度　　D. 空间复杂度

二、问答题

1. 什么是学科？
2. 什么是计算机学科？
3. 计算机学科的研究主要包括哪些内容？
4. 什么是学科形态？计算机学科形态包括哪些内容？
5. 我国的计算机科学技术学科定义了哪几个分支学科？
6. 与计算机科学技术学科应用关系最紧密的交叉学科主要有哪些学科？
7. 计算机科学与技术学科的研究范畴包括哪些内容？
8. 在计算机科学学科的知识体系中，被认为是最重要的课程的有哪些？
9. 数学方法在科学技术方法论中有哪些作用体现？
10. 计算机学科的典型问题主要有哪几类？

三、讨论题

1. 你是如何认识、理解计算机学科的根本问题的？对未来的专业学习有何打算？
2. 计算机学科的经典问题向我们展示了什么问题？你对哪些经典问题有兴趣？

第 3 章 计算思维及其作用体现

【问题引出】人类计算工具的进步、计算环境的演变、计算学科的形成，拓展了人们的思维方式——计算思维。随着计算机科学技术的发展，计算思维正在不断渗透到其他学科领域。那么，什么是计算思维，它具有哪些功能特性，计算思维与计算学科形态有何关系，如何用计算思维来求解问题和进行系统设计，如何培养学生的计算思维能力等，这些都是本章所要学习的内容。

【教学重点】计算思维的基本概念及其本质特征、计算思维与问题求解、计算思维在计算机科学中的作用、计算思维在人才培养中的作用。

【教学目标】掌握计算思维的基本概念；熟悉计算思维的本质与计算机学科形态特征的关系；深刻认识计算思维在计算机学科中的作用体现和计算思维对其他学科的影响。

3.1 计算思维及其本质特性

思维（thinking）是人脑对客观事物本质属性和内部规律间接或概括的反映过程，是在表象概念基础上进行分析、综合、判断、推理等认知活动的过程，是人类认识世界的一种高级反映形式。计算思维是人类解决问题或问题求解的一种思想方法，并在其过程中呈现思维本质特性。

3.1.1 人类思维的类别

思维作为一种心理现象，是由一系列知识构成的解决问题的基本思路，是感知的概念化和理性化，也是人类认知思想和智慧的结晶。随着人类认知及其科学探索的深入，不仅概括出人类思维的基本类型和基本特征，还把基于抽象的基本思维引申到科学思维。

1. 思维的基本类型

人类思维有多种类型，按照思维的抽象程度和规律，可以分为感性思维、理性思维、抽象思维、形象思维、灵感思维和系统思维等。

（1）感性思维（perceptual thinking）是指认识建立在感觉基础上，以意识片段为形式的描述，靠自己的经验和直觉去思考和判断。感性思维是理性思维的基础，理性思维是感性思维的深化。

（2）理性思维（rational thinking）是指在直观感性的基础上，经过界定概念、客观推理、科学判断后形成的正确反映客观世界的本质和规律的认识过程。理性思维主要是靠已经掌握的科学方法去思考和判断，因而它是形成正确决策的关键，同时也是个人素养的重要组成部分。

（3）抽象思维（abstract thinking）是指人类特有的一种思维方式，是利用逻辑工具对思维内容进行抽象的思维活动，因而也称为逻辑思维。抽象思维过程得以形式化、规则化和通用化，就是要求创造出与科学相适应的科学逻辑，如形式逻辑、数理逻辑和辩证逻辑等。

（4）形象思维（vivid thinking）是指综合一切可以利用的素材并加以整理，构筑成一门形象思维的学问。形象思维又称为直觉思维，分为直观动作思维和表象思维两种。直观动作思维是指思维者能直接影响思维对象，并通过思维者自身的动作去影响思维对象，即思维者与思维对象处于同一环境，现实生活中人们所做的每一件事都离不开这种形式的思维。表象思维是指思维时通过想象对思维对象进行加工改造的思维，思维者与思维对象并不处于同一环境。

（5）灵感思维（inspiration thinking）也称为创造性思维，是指在科学研究中不受或较少受传统思维和范式的束缚，超越常规、构筑新意、独树一帜、捕捉灵感或相信直觉，用于实现科学研究突破的一种思维方式。相比之下，抽象思维是线性的，形象思维是二维的，灵感思维是三维的。

（6）系统思维（system thinking）是指考虑到客体联系的普遍性和整体性，认识主体在认识客体的过程中，将客体视为一个相互联系的系统，以系统的观点来考察研究客体，并主要从系统的各要素之间的联系、系统与环境的相互作用中，综合地考察客体的认识心理过程。

2．思维的基本特征

事物的直接感知过渡到抽象思维的中间环节，语言是表述思维活动的工具。正是基于这种表象和概念，使得人类思维具有如下特征。

（1）概括性特征（generality feature）是指在人的感性基础上，将一类事物的共同、本质的特征和规律提取出来并加以概括。人的感觉和知觉只能反映事物的个别属性，不具备概括性，而思维能反映一类事物的本质和事物之间的规律性联系。例如，通过感觉和知觉，只能感知太阳每天从东方升起，从西方落下，而通过思维能揭示这种现象是地球自转的结果。

（2）间接性特征（indirectness feature）是指思维凭借知识和经验对客观事物进行非直接的、以其他事物为媒体来反映客观事物。例如医生根据医学知识和临床经验，并通过病史询问以及使用医疗设备进行诊断检查，就能判断患者内脏器官的病变情况，从而确定其病因并做出治疗方案。

（3）能动性特征（active feature）是指不仅能认识和反映客观世界，还能对客观世界进行改造。例如，人的肉眼看不到 DNA，但人的思维揭示了 DNA 分子的双螺旋结构，从而揭示了大自然潜藏的遗传密码。又如，人类不仅认识到物体离开地球所需的宇宙速度，还制造出了地球卫星和宇宙飞船飞向太空。

3．科学思维

随着人类认识的不断深化，在探索科学研究方法（理论、实践、计算）过程中逐渐形成了与其相适应的思维方式——科学思维（scientific thinking）。科学思维是人们在科学探索活动中形成的、符合科学探索活动规律与需要的思维方法及其合理性原则的理论体系。

国科发财〔2008〕197 号文件指出"科学思维不仅是一切科学研究和技术发展的起点，而且始终贯穿于科学研究和技术发展的全过程，是创新的灵魂"。对此，人们站在不同的视角，对科学思维给出了不同的概念性描述。

描述一 科学思维是指形成并运用于科学认识活动的、人脑借助信息符号对感性认识材料进行加工处理的方式与途径。一般地，科学思维比人类基础思维更具有严谨性和科学性。

描述二 科学思维是指认识自然界、社会和人类意识的本质和客观规律性的思维活动，其思维内涵主要表现为高度的客观性，是围绕求得科学答案而展开的思维并采取理论思维的形式。

描述三 科学思维是指理性认识及其过程，即经过感性阶段获得的大量材料，通过整理和改造，形成概念、判断和推理，以便反映事物的本质和规律。

描述四 科学思维是指人脑对自然界中事物的本质属性、内在规律及自然界中事物之间的联系和相互关系所做的有意识的、概括的、间接的和能动的反映，该反映以科学知识和经验为中介，体现为对多变量因果系统的信息加工过程。简而言之，科学思维是人脑对科学信息的加工活动。

虽然上述对科学思维定义的描述不同，但都有其共同的理解，即科学思维是主体对客体理性的、逻辑的、系统的认识过程，是人脑对客观事物能动的和科学的反映。

科学思维之所以有多种不同的描述，是因为科学思维具有多种类型。如果着眼于科学思维的具体手段及其科学求解功能，那么科学思维可分为以下 4 种。

（1）发散求解思维是指人们在科学探索中不受思维工具或思维定式的制约，从多方面自由地思考问题答案，其中包括求异思维、形象思维和直觉思维等。

（2）逻辑解析思维是指人们在科学探索中自觉运用逻辑推理工具去解析问题并由此推得问题解的思维方法，包括类比思维、隐喻思维、归纳思维、演绎思维和数理思维等。

（3）哲理思辨思维指人们在科学探索中运用不同程度的思辨性哲学思维去寻求问题答案，包括协调思维、系统思维和辩证思维等。

（4）理论建构与评价思维指人们在科学探索中总结解题成果进而形成和完善理论系统的思维，包括理论形成思维、理论检验思维和理论评价思维等。

如果从人类认识世界和改造世界的思维方式出发，科学思维可以分为理论思维、实证思维和计算思维，这 3 种思维被称为"科学发现的三大支柱"，对人类进步和文明传承具有巨大的贡献。

（1）理论思维（theoretical thinking），又称为逻辑思维，是通过抽象概括，建立描述事物本质的概念，应用科学的方法探寻概念之间联系的一种思维方法。理论思维以推理和演绎为特征，以数学学科为基础，支撑着所有的学科领域。正如数学一样，定义是理论思维的灵魂，定理和证明是它的精髓，公理化方法是最重要的理论思维方法。

（2）实证思维（experimental thinking），又称为实验思维，是通过观察和实验获取自然规律法则的一种思维方法。实证思维以观察和归纳自然规律为特征，以物理学科为基础。实证思维的先驱是意大利科学家伽利略·伽利莱（Galileo Galilei，1564—1642 年），被誉为"近代科学之父"。与理论思维不同，实证思维往往需要借助某种特定的设备，从而获取数据，以便进行分析。

（3）计算思维（computational thinking），又称为构造思维，是从具体算法设计入手，通过算法过程的构造与实施来解决实际问题的思维方法。计算思维以设计和构造为特征，以计算学科为基础，是思维过程的计算模拟方法论，其研究目的是提供适当的方法，使人们借助计算机逐步实现人工智能的目标。诸如模式识别、决策、优化和自动控制等算法都属于计算思维范畴。

4．思维方式与科学方法的关系

人类文明的发展和科技的进步都离不开思维与科学。人类思维方式可以分为理论思维、实证思维和计算思维，科学方法可以分为理论科学、实验科学和计算科学，思维方式与科学方法具有如下对应关系。

（1）逻辑思维对应理论科学，以推理和演绎为特征。逻辑思维和实证思维的对应关系是最早明确和建立的。其中，逻辑思维起源于希腊时期，主要科学家有苏格拉底、柏拉图、亚里士多德，他们构建了基本的现代逻辑学体系。逻辑思维符合两个主要原则：一是要有作为推理基础的公理集合，二是要有一个可靠和协调的推理系统。逻辑思维结论的正确性源于公理的正确性和推理规则的可靠性。为了保证推理结论的可接受程度，要求作为推理基础的公理体系是可证明的。

（2）实证思维对应实验科学，以观察和归纳自然规律为特征。实证思维起源于物理学的研究，主要科学家有开普勒、伽利略和牛顿。开普勒是现代科学中第一个有意识将自然现象观察总结成规律并表示出来的科学家；伽利略建立了现代实证主义的科学体系，强调通过观察和实验获取自然规律法则；牛顿把观察、归纳和推理完美地结合起来，形成了现代科学的整体框架。

相对于计算思维，实证思维符合 3 个原则：一是可以解释以往的实验现象，二是在逻辑上不能自相矛盾，三是能够预见新的现象，即思维结论经得起实验的验证。

（3）计算思维对应计算科学，以抽象化和自动化（或以设计和构造）为特征。计算思维是与人类思维活动同步发展的思维模式，是人类思维的重要组成部分。由于计算思维考虑可构造性和可实现性，而相应的手段和工具的研究进展缓慢，因此计算思维概念的明确和建立经历了漫长过程。

3.1.2　计算思维的概念

计算思维是人类认识世界和改造世界的一种新的思维方式，也是科学思维的基本方式之一，属于思维科学的一个专门领域，现已成为计算机科学技术问题求解的思想方法。

1. 计算思维的形成

在人类社会进程中，一直进行着认识和理解自然界的活动，并随着社会的发展和进步，其认识水平和理解能力不断提高。古代，人类主要以观察或实验为依据，经验地描述自然现象。后来，人类开始用科学的技术手段对观测到的自然现象加以假设，然后构造其模型，在经过大量实例验证模型的基础上，对新的自然现象用模型进行解释和预测。在工业社会，人们解决问题的思维方式是首先了解事物的物理特性，然后思考如何用原料生成新事物。由此可见，人类对自然的认识和理解经历了经验的、理论的和计算的 3 个阶段，但不论哪个阶段，人类认识、理解甚至改造自然所必备的能力是由解决问题的思维方式、技术手段、科学方法所决定的，并与社会环境密切相关。

20 世纪中期，随着计算机的出现和计算机科学的发展，派生出了基于计算的研究方法，人们通过数据采集、数据处理、结果分析与统计，然后用计算机来辅助分析复杂现象。

进入信息社会后，人们解决问题的思维方式是利用现代计算工具进行数据处理和构想新的数据模型，需要进行数据抽象、数据处理以及计算机科学理论的支持。这种解决问题的思维方式就是"计算思维"，它是人类思维与计算工具能力的综合。

2. 计算思维的定义

计算思维的概念是 1996 年由美国麻省理工学院（Massachusetts Institute of Technology，MIT）的西蒙·派帕特（Seymour Papert）教授提出的。由于计算思维对科学发展具有举足轻重的作用，因而引发了许多学者的研究探索。2006 年 3 月，美国卡内基-梅隆大学（Carnegie Mellon University，CMU）计算机科学系主任周以真（Jeannette M.Wing）教授给出了计算思维的定义：<u>计算思维是运用计算机科学的基础概念进行问题求解、系统设计以及人类行为理解等涵盖计算机科学之广度的一系列思维活动。</u>这一定义揭示了计算思维概念的核心，指出了计算思维的思想观点和方法。计算思维的提出引发了全球计算机教育界的广泛关注和积极探讨，已成为当今国际计算机界对计算机科学本质以及未来发展走向的研究热点。对于计算思维的研究和探索，可以概括为以下 3 个方面。

（1）问题求解中的计算思维。问题求解是科学研究的根本目的之一，利用计算机求解的问题既可以是数据处理、数值分析等问题，也可以是求解物理、化学、经济学、社会学等提出的问题。例如，求解物理问题，使用计算机求解的过程可分为 4 步：首先，把实际的应用问题转换为数学问题，即把问题转换为一组偏微分方程（Partial Differential Equations，PDE），并将 PDE 离散为代数方程组；其次，建立数据模型，且评估模型是否可解；然后，设计算法和编程实现；最后，在计算机中由程序实行自动运行求解。前两步是计算思维中的抽象，后两步是计算思维中的自动化。

（2）系统设计中的计算思维。任何自然系统和社会系统都可视为一个动态演化系统，演化伴随着物质、能量和信息的交换，这种交换可以映射为符号变换，使之能用计算机实现离散的符号处理。当动态演化系统抽象为离散符号系统后，就可以采用形式化的规范来描述，通过建立模型、设计算法和开发软件来揭示演化的规律，实时控制系统的演化并自动执行。

（3）人类行为理解中的计算思维。计算思维是基于可计算的手段，以定量化的方式进行的思维过程，是能满足信息时代新的社会动力学和人类动力学要求的思维方法。在人类的物理世界、精神世界和人工世界中，计算思维是建设人工世界所需要的主要思维方式。

计算思维的研究包含狭义计算思维和广义计算思维两个方面：立足计算机科学本身，研究该学科中涉及的构造性思维称为狭义计算思维，即研究怎么把问题的求解过程映射成计算机程序的方法；借助计算机科学概念进行问题求解、系统设计、人类行为理解等涵盖所有人类活动（包括反过来指导计算机科学）的一系列思维活动则被称为广义计算思维，它是狭义计算思维的延伸和拓展。

3.1.3 计算思维的本质

当人们利用计算机处理或求解一个具体的实际问题时，其思维过程通常按以下步骤进行。

（1）分析问题。在求解问题时，首先是分析问题，理解求解问题的目的，建立正确的数据模型，并确定利用计算机求解时需要提供哪些输入信息，需要输出哪些信息等。

（2）制订计划。根据问题性质，选择适合的算法，制订求解的可行性方案。在此过程中，要考虑如何充分发挥计算机高速运算和计算机按照程序自动执行的优势。

（3）执行计划。计算机按照程序步骤和所提供的输入数据进行计算，然后输出运行结果。

（4）检验结果。检验和分析程序运行结果是否正确，如何改进和提高。

从上述步骤可以看出，利用计算机求解问题是一个人-机结合的联合方式，既要发挥人的特长——抽象，又要发挥计算机的特长——自动化，可以将其概括为"两 A"——抽象（abstraction）和自动化（automation），它既是利用计算机求解问题的思维方法，也是计算思维的本质。

1. 抽象

在计算机科学中，抽象是一种被广泛使用的思维方法，也是利用计算机求解问题的第一步。计算思维中的抽象完全超越物理的时空观，并完全用符号来表示。与数学和物理科学相比，计算思维中的抽象更为广泛。数学抽象时抛开现实事物的物理、化学和生物学等特性，仅保留其量的关系和空间的形式。而计算思维中的抽象除了具有数学抽象的特点，还要确定合适的抽象对象和选择合适的抽象方法，并考虑如何实现的问题。例如，文件是对输入输出设备的抽象；

虚拟内存是对程序存储器的抽象；进程是对一个正在运行的程序的抽象；虚拟机是对整个计算机的抽象。

现实世界的事物及其规律是一个多层次的系统，因此，揭示自然规律的抽象必然也是一个多层次的系统。在问题抽象过程中，通常分为以下 3 个层次。

第一层抽象——计算理论。它是信息处理机的抽象，信息处理机的工作特性是映射，即把一种信息变换成另一种信息。本层所关注的问题是计算的本质是什么？什么是可计算的？计算机的基本能力和局限性是什么？

第二层抽象——信息处理。它是信息表示与算法的抽象，因而涉及输入、输出信息的选择，以及把一种信息变换成另一种信息的算法选择。本层所关注的问题是能否计算和计算的复杂度。

第三层抽象——硬件系统。它是信息表示和算法的物理实现的抽象，因而涉及计算机硬件的功能特性。其关注的问题是，物理上如何实现信息表示和算法复杂度，是否理论上不可计算。

从概念上讲，抽象的计算理论与现实的机器硬件之间没有直接关系，但算法是计算理论与机器硬件有关的中介。从现实上看，3 个层次相互关联，任何问题的计算都是相互协调的结果。

2．自动化

在计算思维中，"抽象"对应"建模"，"自动化"对应"模拟"，抽象是手段，自动化是目的。也就是说，计算思维中的抽象，最终要能够按照程序一步步地自动执行。这一过程是一种映射，即通过计算机语言，把客观世界的实体（问题空间对象）映射成计算机中的实体（解空间对象）。

抽象和自动化的目的是能够一步步地自动执行抽象形成的数据模型，以求解问题、设计系统和理解人类行为。从实施角度讲，计算思维的本质可以从多个层面体现，通常可划分为 3 个层面。

（1）机器层面：协议（抽象）和编码器/转换器等（自动化），解决机器与机器之间的交互问题。

（2）人机层面：语言（抽象）和译码器/执行器（自动化），解决人与机器之间的交互问题。

（3）业务层面：模型（抽象）和引擎/执行系统（自动化），解决业务与计算之间的交互问题。

抽象层次是计算思维中一个极为重要的概念，使人们可以根据不同的抽象层次，进而有选择地忽视某些细节，最终控制系统的复杂性。为了确保能机械地自动化，就需要在抽象过程中进行精确、严格的符号标记和建模，同时要求软件系统提供各种不同抽象层次之间的翻译工具。

3.1.4　计算思维的特性

计算思维是运用计算机科学的基础概念进行问题求解、系统设计、人类行为理解等涵盖计算机科学的一系列思维活动，并且在思维活动中体现计算思维的概念特性和计算思维的问题特性。

1．计算思维的概念特性

计算思维是人类的基本思维方式，从方法论的角度讲，计算思维方式体现出 7 个概念特性。

（1）计算思维是人的思维、不是计算机的思维。计算思维是人类求解问题的方法和途径，但绝非试图要让人像计算机那样思考。计算机之所以能求解问题，是因为人类将计算思维的思想赋予了计算机。例如,用计算机求解方程是将求解思想赋予计算机后,它才能进行求解计算。

(2)计算思维是概念化思维,不是程序化的思维。计算思维像计算机科学家那样,在抽象的多个层次上思考问题,它远远超出了计算机编程,计算机科学不等于计算机编程。

(3)计算思维是数学和工程相互融合的思维,而不是数学性的思维。计算机科学本质上源自数学思维,其形式化基础是构建于数学之上,但因为受计算设备的限制迫使计算机科学家必须进行工程思考。数学思维和工程思维的相互融合,体现抽象、理论和设计的学科形态。

(4)计算思维是思想,而不是物品。计算思维突显问题方法和计算概念,被人们用来求解问题、管理日常生活、与他人交流和活动。例如,计算机能逻辑推理,它是人类智慧的结晶。

(5)计算思维是一种基础技能,而不是机械技能。计算思维是现代社会中每个人都必须掌握的,刻板的技能意味着机械地重复,但计算思维不是这类机械重复的技能,而是一种创新的能力。

(6)计算思维是一种理念,而不是表现形式。计算思维是一种引导计算机教育家、研究者和实践者的前沿理念,并且面向所有人和所有领域,能融入人类的各种活动中,而不是停留和表现在形式上。计算思维是解决问题的有效工具,在所有学科、所有专业中都能得到应用。

(7)计算思维是一种思维方法,而不是一种思维模式。计算思维可以由人或计算机执行,例如递归、迭代、黎曼积分,人和机器都可以计算,但人的计算速度无法与计算机相比,借助于计算机的“超算”能力,人类就能够用智慧去解决那些在计算机时代之前不敢尝试的问题,实现“只有想不到,没有做不到”的境界。

2. 计算思维的问题特性

计算思维通常表现为人们在问题求解、系统设计以及人类行为理解的过程中,对抽象、算法、数据及其组织、程序、自动化等概念和方法潜意识地应用,周以真教授将其概括为 7 个问题方法。

(1)计算思维利用化繁为简、化难为易,通过约简、嵌入、转化和仿真等方法,把一个看来困难的问题重新阐释成一个我们知道怎样解决问题的思维方式。

(2)计算思维利用递归思维、并行处理,既能把代码译成数据,又能把数据译成代码,是一种多维分析推广的类型检查方法。

(3)计算思维是采用抽象和分解来控制庞杂的任务,或进行巨大复杂系统设计的方法,因而是一种基于关注点分离(Separation of Concerns,SoC)的方法。

(4)计算思维是选择合适的方式去陈述一个问题,或对一个问题的相关方面进行建模,使其易于处理的思维方法。

(5)计算思维是按照预防、保护以及通过冗余、容错和纠错的方式,从最坏情况进行系统恢复的一种思维方法。

(6)计算思维是利用启发式推理寻求解答,在不确定情况下的规划、学习和调度的思维方法。

(7)计算思维是利用海量数据加快计算,在时间和空间之间、处理能力和存储容量之间进行权衡折中的思维方法。

正是计算思维的这些概念特性和问题特性,使我们在问题求解和系统设计过程中,突破传统的思维方式,从而使一些复杂问题迎刃而解,计算机学科就是在问题求解的实践中发展起来的。

3.2　计算思维的问题求解

在计算机科学发展过程中，人们一直在不断探索问题求解的基本策略和思维方式，计算思维就是实行问题求解最为有效的思维方式。问题求解涉及数学建模、基本策略和过程抽象。

3.2.1　问题求解的数学建模

数学建模（mathematical modeling）源于计算机科学技术的飞速发展，大量的实际问题需要用计算机来解决，而计算机与实际问题之间需用数学模型（mathematical model）来沟通，在此背景下数学建模应运而生。数学建模是 20 世纪 70 年代初诞生的一门新兴学科，是一种用数学仿真（mathematical simulation）或数学模拟（mathematical analogue）方法建立的数学模型。具体来说，数学建模是针对参照某种事物系统的特征或数量依存关系，用数学符号对实际问题本质属性的抽象、刻画和定义，概括地或近似地表述出系统的数据结构。因此，数学建模方式是一种数学的思维方式，数学建模过程是一种计算思维的过程，即从实际问题中抽象、提炼、简化出数学模型的过程。

1．模型的基本类型

模型是对研究对象通过抽象、归纳、演绎、类比等方法，用适当形式描述的简洁表达方式。不同类型问题抽象形成的模型具有不同的形式，适应计算机求解的模型可概括为以下 4 种形式。

（1）计算模型（computational model）是指定量或定性地描述系统各变量之间的相互关系或因果关系的模型。计算模型可以是一个数学公式或一组代数方程、微分方程、积分方程、统计学方程，通常用数学语言描述问题的算法特征，或用符号、图形、表格等形式描述问题的结构特征。

（2）仿真模型（simulation model）泛指实物仿真模型或数字仿真模型，这里是指对现实系统经过抽象和简化所形成的系统模型，属于数字仿真模型。通过对系统模型进行仿真计算，分析仿真数据及其图形，可以预测实际系统基本性能的优劣，从而对系统进行改进和参数优化。

（3）结构模型（structural model）是指反映系统的结构特点和因果关系的模型，结构模型大部分采用抽象简单的图形表示，是研究复杂系统的有效手段。计算机科学领域中的结构模型有图灵机模型、数据库概念模型、网络协议层次模型、云计算模型等。

（4）思维模型（thinking model）是指用简单易懂的语言、图形、表格、符号等形式来表达人们思考和解决问题的形式，例如数据库系统中的概念模型和逻辑模型属于思维模型。思维模型具有不同的结构形式，如判断结构、推理结构、证明结构等，可以把思维模型看作解决实际问题的一种思想策略。

不同的现实世界，具有不同的计算模型。面对不同的计算模型，需要采用不同的求解方法。

2．建立数学模型的方法、步骤

建立数学模型是为了便于利用计算机来实现问题求解。建立数学模型是实现问题求解中十分关键的一步，也是十分困难的一步。在建立数学模型时，通常要经历以下 4 个步骤。

（1）模型描述（model description）。根据问题背景和对象特征，研究变化规律，确定总变量及其相互关系，进而用数学符号（形式）语言进行描述，即把实际问题转化为数学问题。

（2）模型构想（model conception）。根据对象的特征和建模目的，用数学思维方法提出假设和数学抽象（mathematical abstraction）简化问题，用形式化语言刻画各变量和常量之间的数学关系，例如用 $s=r^2\times\pi$ 描述圆面积 s 与圆的半径 r 之间的函数关系。其中，s、r 为变量，π 为常量。

（3）模型建立（model building）。利用数学工具把数学问题转化为一个代数问题，并且把问题分支归结到解一个方程式，建立问题整体的数学结构，形成能为算法描述提供依据的数学模型。

（4）模型验证（model verification）。对所建立的模型进行合理性、准确性、可靠性、适应性分析，然后选取与所建模型有关的数据进行验证，判别模型的优劣。在验证过程中，不仅要充分考虑到现实问题的边界和极端情况，还要考虑数值求解的误差性和稳定性问题。

〖提示〗 数学建模涉及多方面的数学知识，如计算方法、微分方程、模糊数学、数理统计、图论、最优化方法等。数学建模应具备分析综合能力、抽象概括能力、想象洞察能力、运用数学工具的能力、验证数学模型的能力等，3.2.3 节中例 3-2 是确定性数值求解的数学建模典型实例。

3.2.2　问题求解的基本策略

现实世界中的计算问题往往复杂多样，要实现问题求解，必须具有适应各类问题求解的基本方法。问题求解策略是指利用计算机求解问题的基本方法步骤，可以概括为以下 7 个方面。

1. 构建模型

构建模型（construct model）就是建立所求问题的数学模型，也称为数学建模。它是问题求解的第一步，也是最为重要的一步，数学建模的本质是挖掘数据之间的关系和数据的变化规律，这些"规律"往往隐藏在数据之间而难以发现。所以在数学建模时，如果能够在繁杂的数据中找到有价值的规律并加以合理应用，往往可使问题获得简化，便于利用计算机实现求解。

2. 问题界定

在构建模型和问题求解过程中，必须理解问题对象的性质、目的、要求等，只有准确地界定了问题的本质特征，才能采取解决问题的有效措施、方法和步骤；否则，就可能劳而无获，甚至南辕北辙。因此，对问题界定（problem definition）是极为关键的。然而，许多问题并非"一目了然"，在问题界定过程中一定要认真观察、分析、思考、研究问题的实质，不要被问题的表象所迷惑。

计算机科学中所处理的问题可分为两类：一类是求解问题；另一类是求证问题。求解问题的目的是获得问题的准确结果；求证问题的目的是去判定某一个结论是正确的或是错误的，即去证明它或去否定它。计算机科学中的证明大多为构造性证明，详细内容已在 2.3.2 节中讨论过。

3. 寻找条件

在界定问题性质后，尽力寻找解决问题的必要条件，以缩小问题求解范围。当遇到一道难题时，以"简化问题，变难为易"为原则，尝试从最简单的特殊情况入手，找出有助于简化问题、变难为易的条件，逐渐深入，最终分析、归纳解题的一般规律。在一些需要进行搜索求解的问题中，可以采用深度优先搜索和广度优先搜索，如果问题的搜索范围太大，减少搜索量最有效的手段是"剪枝"（删除一些对结果没有影响的问题分支），即建立一些限制条件，缩小搜索的范围。

【例 3-1】　若公鸡每只 3 元，母鸡每只 5 元，小鸡三只 1 元，求 100 元钱买 100 只鸡有多少种方案？这是著名的"百钱买百鸡"问题，是一个典型的不定式方程求解问题。

【解析】　用不定式方程求解，设公鸡为 x，母鸡为 y，小鸡为 z，可列出如下联立方程：

$$x + y + z = 100$$
$$3x + 5y + z/3 = 100$$

虽然两个方程式不可能解出 3 个确定的未知数，但利用计算机的高速运算对上述有限集合中 $1 \leqslant x \leqslant 33$、$1 \leqslant y \leqslant 20$、$3 \leqslant z < 100$ 的 x、y、z 的各种组合值进行试算（称为枚举算法），只要结果符合两个表达式的值为 100，就记录为一种方案。然而，实际工作中遇到的问题往往错综复杂，可以尝试从多个侧面分析、寻找必要条件，根据各部分的本质特征，利用各方面的必要条件予以综合分析和处理。

4．问题分解

在解决复杂问题的过程中，常常将复杂问题进行分解，其分解的基本策略是采用"等价"和"分治"方法将系统分解成多个模块，在求得各模块解后进行综合，从而使复杂问题能简单实现。

（1）利用"等价"关系进行分解。就是把一个复杂系统看作简单问题的集合，因而可以按"等价关系"把一个大系统分解为若干子系统。分解的原则是各子系统具有某种共同属性，使合并后仍保持原有属性状态。有些问题通过分解处理，还能使原系统的性能得到进一步提高。例如数据库中的模式分解，不仅消除了数据冗余和操作异常，还能实现更高一级范式规范。

（2）利用"分治"思想进行分解。就是把一个复杂的问题分解成若干简单的问题，然后逐个解决，这种分而治之的思想在计算机科学技术中得到广泛应用。例如，算法研究中的"分治算法"和"动态规划"，程序设计中的"模块化"和"子程序"等，就是有效解决复杂问题的常用方法。有些问题通过分治处理，能使系统的效率得到提高，例如利用子程序，能提高编程和执行效率。

5．对象离散

电子数字计算机是一个离散型系统，它所处理的对象必须是离散型或离散过的数字化数据。因此，在应用中必须将连续型的信息对象离散化。将连续型问题离散化的方法有以下 4 种。

（1）模拟信息离散化是指将随时间变化而变化的物理量（如血压、气温、体温、电流等）转换为数字量，离散方法是通过模-数转换，将模拟信息转换为数字化信息。

（2）媒体信息离散化是指将图像、视频、音频等数据信息，通过采样（sample）、量化（quantify）和编码（encode），将多媒体信息转换为数字化信息。

（3）被积函数离散化是指将那些找不到被积函数或函数表达式的复杂问题，利用定积分近似计算方法得到原问题的解析表达式，通过编制程序，便能利用计算机获得计算结果。

（4）微分方程离散化是指将描述连续系统的微分方程，通过数值方法（如 Runge-Kutta 法），把微分方程的分析解变为微分方程的数值解。微分方程离散化是计算机数字仿真的核心内容。

6．确定算法

求解一个具体问题时必须确定算法（determine algorithm）。通常有多种算法可供选择，选择的标准是算法的正确性、可靠性、简单性和复杂性。然后分析算法，确定算法的复杂度，选择算法的描述方法。

（1）选择算法。在实行问题求解时需要观察问题的性质和结构，选择相适应的算法。常用算法有枚举法、递推法、迭代法、递归法、分治法、回溯法、贪心法、动态规划等，都有适宜的问题对象，如动态规划适宜解决的问题需要有最优子结构和重复子问题。一旦观察出问题的性质和结构，就可以利用现有的算法去解决它。计算机中涉及的常用算法及其应用在第 7 章中介绍。

（2）分析算法。获得了求解问题的算法并不等于问题可解，问题是否可解还取决于算法的复杂性，即算法所需要的时间和空间在数量级上能否被接受。2.4 节中介绍了计算学科的典型问题，对于难以计算的复杂问题可采用"等价""剪枝""分治"等方法进行简化或近似处理。

（3）描述算法。算法的描述形式有数学模型、数据表格、结构图形、伪代码、程序流程图等。通过算法描述，规划问题求解和自动执行的步骤。问题求解的程序方法在第 6 章和第 7 章讨论。

7．程序设计

从构建模型到确定算法，这一切工作都是为了利用计算机实行问题求解的手段，而程序设计（programming）则是实现问题求解的目标，也是计算思维本质（抽象与自动化）的真实体现。计算机的本质是程序的机器，所有需要求解的问题都要编成程序，通过机器的高速运算获得结果。

3.2.3　问题求解的过程抽象

计算思维是人类思维与计算机功能的综合，因此在问题求解的过程中，既体现出人类求解问题的过程抽象，又体现出计算机求解问题的过程抽象，即体现计算思维的本质——抽象和自动化。

1．人类求解问题的过程抽象

问题求解是一个非常复杂的思维活动过程，是对客观世界的抽象，人的思维越丰富，问题求解越完美。可以将问题求解的思维活动过程概括为 5 个步骤（可视为层次阶段），如图 3-1 所示。

图 3-1　人类求解问题的过程抽象

（1）发现问题。这是一切研究的起源，人类的许多重大发明和创造都是从发现问题开始的，只有发现了有价值的问题，才会研究它，直到解决问题，而发现问题比解决问题更重要。那么，怎样发现问题，能否发现和提出重大的、有社会价值的问题，取决于多方面的因素。

① 依赖于各人对事件的态度。人对事件的态度越认真，积极性越高，责任感越强，则越容易从现象中捕捉到有价值的问题，这个问题或许是被其他人忽略的"问题"。

② 依赖于思维活动的积极性。不善于思考、观察和缺乏创新意识的人很难发现问题，只有勤于思考、留心观察和善于钻研的人，才能从细微而平凡的事件或活动中发现有重要意义的"问题"。

③ 依赖于求知欲和兴趣爱好。有好奇心和求知欲强烈、兴趣爱好广泛的人往往不满足现实，

而是热心探索和思索，因而往往能从通常事件或活动中发现一些重要"规律"或"奥秘"。

④ 依赖于已有的知识和经验。具有丰富阅历和渊博知识的人容易引起由此及彼、由表及里的分析和类比，由此发现和提出深刻而有价值的"问题"。

（2）明确问题。在发现问题的基础上，进行问题分析→找出主要矛盾→抓住问题关键→确定问题范围→明确解决问题方案。明确问题是进行问题抽象和构想数学模型的过程，也是一个非常复杂的过程。它不仅与一个人的知识和经验有关，而且与一个人的思维方式和潜在智能有关。

（3）提出假设。假设的提出依赖于一定的条件，例如已有的知识经验、直观的感性材料、尝试性的实际操作、语言的表达和重复、创造性构想等，都对其产生重要影响。

（4）检验假设。对所提出的假设是否切实可行，需要进一步检验。检验的方法主要有两种：一种是直接检验法，按照假设条件进行实验，再依据实验结果判断假设的真伪；另一种是间接检验法，根据个人掌握的科学知识，通过智力活动进行论证检验，但最终仍需接受实践的检验。

（5）问题实施。根据检验假设，找出解决问题的方法、原则、途径，制订解决问题的实施细节并予以实现。这一系列步骤和实施细节是确保问题正确求解的有效措施。

【例 3-2】　卫星发射时，要使卫星进入轨道，火箭所需的速度是多少？

【解析】　卫星发射是一个极为复杂的过程，按照问题求解策略和计算思维，求解步骤如下。

（1）发现问题。把研制好的卫星发射到太空中，并使卫星能正常运行，便是要解决的问题。

（2）明确问题。火箭是一个复杂系统，为了简化问题，这里只从动力系统及整体结构上分析。

（3）提出假设。为了简化问题，需要对问题进行界定，即把问题线性化，因而进行如下假设：

① 地球是固定于空间中的一个均匀的球体，其质量集中于球心（根据地球为均匀球体假设）。

② 其他星球对卫星的引力忽略不计，并且火箭的引擎足够大。

③ 卫星轨道是过地球中心某一平面上的圆，卫星在轨道上以地球引力作为向心力绕地球做平面圆周运动。卫星绕地球的运行轨迹如图 3-2 所示。

图 3-2　卫星绕地球的运行轨迹

设地球半径为 R，中心点是 O，曲线 C 为地区表面，卫星轨道为 C'，轨道半径为 r，卫星质量为 m。根据牛顿定律，地球对卫星的引力为

$$F=Gm/r^2 \tag{3-1}$$

其中 G 为引力常数，可根据卫星在地面的重量计算：

$$Gm/R^2=mg, \quad G=gR^2 \tag{3-2}$$

将式（3-2）代入式（3-1）得

$$F=mg \cdot (R/r)^2 \tag{3-3}$$

由假设③，卫星所受到的引力（做匀速运动的向心力），则有

$$F=mv^2/r \tag{3-4}$$

从而得出火箭所需的速度为

$$v=R \cdot (g/r)^{1/2} \tag{3-5}$$

（4）检验模型。取 g=9.8m/s^2，R=6400km，可算出卫星离地面高度分别为 100km、200km、400km、600km、800km 和 1000km 时，其速度应分别为 7.86km/s、7.80km/s、7.69km/s、7.58km/s、7.47km/s 及 7.371km/s。

（5）问题实施。在完成上述步骤，理论分析和实践检测一切正常无误的情况下，方可实施，即通过数学计算，求出最终结果。

〖提示〗 虽然本例不能概括所有问题求解的思维过程，但足以说明问题求解中的计算思维方法和步骤，即人类分析问题和解决问题的思维方法和步骤都是建立在过程抽象之上的。

2．计算机求解问题的过程抽象

现实世界中的计算问题是由实体及实体间的相互关系构成的，人们把现实世界中的实体称为问题空间或问题域对象，把计算机中的实体称为解空间对象。为了实现求解自动化，必须把问题域的对象转换成便于计算机求解的解空间对象，计算机求解问题的过程抽象如图 3-3 所示。

图 3-3　计算机求解问题的过程抽象

（1）问题分析：问题求解的第一步是分析、理解、抽象和归纳，以获取求解问题的思路。

（2）算法设计：根据问题求解的需要组织数据，建立起相应的数学模型或数据结构。

（3）程序编码：根据求解问题的数学模型或数据结构，利用程序设计语言进行编程。

（4）程序编译：用高级语言编写的源程序必须通过编译，形成扩展名为 EXE 的可执行文件。

（5）运行调试：运行可执行程序，此时程序设计者必须对运行结果进行检测，不仅需要验证运行结果是否正确，而且需要测试各种极端情况下的运行情况。

【例 3-3】 已知五边形的边及对角线的长度，要求按照程序设计方法，编写求如图 3-4 所示五边形面积的源程序。

【解析】 参照问题求解的基本策略和问题求解的思维过程，求五边形面积的步骤如下。

（1）问题分析。求如图 3-4 所示五边形的面积，实际上就是求出 3 个三角形 S_1、S_2、S_3 的面积之和。为了编写程序简便、高效起见，可将计算三角形面积定义成函数，然后在主程序中通过 3 次调用，再进行相加，便可得到五边形的面积。

图 3-4　求五边形的面积

（2）算法设计。对于数值求解，必须建立数学模型。对于本例，通常可分为 3 步。

第一步是获取数学模型。求三角形面积的常用计算公式有多种，最常见的有以下几种。

① 已知三角形底 a、高 h，则 $S = a \times h / 2$。

② 已知三角形三边分别为 a、b、c，则 $s = (a+b+c)/2$，$S = \sqrt{s(s-a)(s-b)(s-c)}$。

③ 已知三角形两边 a、b 和这两边夹角 φ，则 $S = \dfrac{1}{2}ab\sin\varphi$。

④ 设三角形三边分别为 a、b、c，内切圆半径为 r，则 $S = (a+b+c)\dfrac{r}{2}$。

⑤ 设三角形三边分别为 a、b、c，外接圆半径为 R，则 $S = ab\dfrac{c}{4}R$。

根据给出的参数，可以选择公式②（即海伦公式）。只要输入三角形的 3 条边长，就能计算并输出该三角形的面积。

第二步是设计算法框架。针对如图 3-4 所示的五边形，设计求出五边形的面积的具体计算方法，直到能用具体的程序设计语言表达为止。为此，根据问题分析，设计计算步骤如下：

① 输入 $a1$，$a2$，$a3$，$a4$，$a5$，$a6$，$a7$。

② 计算 $S=\mathrm{ts}(a1, a2, a7)+\mathrm{ts}(a3, a6, a7)+\mathrm{ts}(a4, a5, a6)$。

③ 输出 S。

第三步是算法设计求精。对各计算步骤进行细化求精，即用算法的表示方法按照问题求解过程进行算法描述。

对算法设计框架的第①步算法求精：input(a1, a2, a3, a4, a5, a6, a7);

对算法设计框架的第②步算法求精：设三角形的 3 边长为 a、b、c，则求三角形面积 area。

Step1：输入三条边的边长 a、b、c。

Step2：计算 $p=(a+b+c)/2$。

Step3：计算 $area = \sqrt{p(p-a)(p-b)(p-c)}$。

Step4：输出 area 的值。

（3）程序编码。设计好一个算法后，利用描述工具，准确、清楚地将所设计的解题步骤进行描述，然后编写成程序代码。编辑源程序就是按照程序设计语言的语法规则编辑程序代码，编辑源程序的过程就是通过计算机提供的编辑工具将程序代码生成文本文件的过程，通过编辑工具形成的程序代码称为源代码（source code）。用 C 语言描述的求五边形面积的源代码如下：

```
#include<stdio.h>
#include<math.h>
float ts(float a, float b, float c);          //函数调用声明
main()
 { float a1, a2, a3, a4, a5, a6, a7, s;
   printf("请输入五边形的 7 条边长：\n");
   scanf("%f, %f, %f, %f, %f, %f, %f", &a1, &a2, &a3, &a4, &a5, &a6, &a7);
   s=ts(a1, a2, a7)+ts(a3, a6, a7)+ts(a4+a5+a6);//调用 3 次求三角形面积函数,相加得出总面积
   printf("五边形面积 s=%f\n",s);
}
   { float ts(float a, float b, float c)     //求三角形面积的函数
     float p, area;
     p=(a+b+c)/2;                            //数据必须满足 a+b>c 且 b+c>a、a+c>b 的条件
     area=sqrt(p*(p-a)*(p-b)*(p-c));         //求三角形面积函数公式
     return area;
   }
```

（4）程序编译。无论用何种高级语言编写的源程序，都必须编译成扩展名为 EXE 的文件，计算机才能执行。现在的编译程序大多是将源程序编辑和编译集中在一个环境中，通过编译程序对源代码进行调试编译后，便形成可执行程序（文件）。运行该程序，便可求出任意五边形的面积。

（5）运行调试。运行可执行文件便可得出计算结果，程序设计者必须对运行结果进行验证、检测和调试。对于本例来说，按照上述计算步骤，只要输入三角形的 3 条边长，就能计算并输出该三角形的面积。然而，该算法虽然正确，但没有考虑到如果输入的 3 个数满足 $a+b\leqslant c$ 且 $b+c\leqslant a$、$a+c\leqslant b$ 时，不能构成一个三角形的情况，因而程序缺乏健壮性。为此，可将该算法改

进如下。

　　Step1：输入三条边的边长 a、b、c。

　　Step2：如果 $a+b>c$ 且 $b+c>a$ 且 $a+c>b$，那么执行 Step3；否则，输出提示信息"数据输入不合理"并结束程序。

　　Step3：计算 $p=(a+b+c)/2$。

　　Step4：计算 $area = \sqrt{p(p-a)(p-b)(p-c)}$。

　　Step5：输出 area 的值。

　　这样便考虑到了输入不合理数据的处理，满足了对算法健壮性的要求。此外，还需考察各种极端情况下的运行情况。例如，$z=y/x$，当 y 和 x 均取实型数时求出 z 的值是正确的。但如果类型设置不当，出现 $x=0$ 或 x 趋向于 0 就无法求出 z 的值，这说明程序中存在漏洞，需采取防护措施。

3.3　计算思维与计算机学科

　　计算思维的核心是求解问题、设计系统和理解人类行为，计算思维的理论基础是计算科学。虽然计算思维本身并不是计算机的专属，即使没有计算机，计算思维也会逐步发展，但计算机的出现给计算思维的发展带来了根本性的变化，使得两者相互促进，从而加速了彼此的发展进程。

3.3.1　计算思维本质与学科形态的关系

　　计算思维之所以与计算学科相互促进，其关键就体现在计算思维本质（抽象、自动化）与计算学科形态（抽象、理论、自动化）的内在关联。那么，它们两者之间有何关联？为了描述方便起见，这里以关系数据库应用系统设计为例，揭示计算学科形态与计算思维的关系，数据库应用系统设计的学科形态如图 3-5 所示。

图 3-5　数据库应用系统设计的学科形态

1．抽象

抽象是指从具体事物中发现其本质特征和方法的过程，是感性认识世界的手段，是人们认识世界和解释世界的方法论。例如，利用计算机实行教学信息管理，通常要经过以下步骤。

第一步，录取学生的基本信息。描述一个学生的基本信息，可以包括姓名、性别、出生日期、所学专业、班级、系部。然而，这些信息项仅适合某一个学生，一个班级中常常有同名同姓的情况，如果设置"学号"，便有了信息的"唯一性"。

第二步，以表格形式记录与教学管理没有直接关联的学生信息，可以包括学号、姓名、性别、出生日期、所学专业、班级、系部。

第三步，为了便于对数据记录的操作和科学管理，必须研究"学生信息表"的基本结构及其数据信息的基本特征。例如，把每个学生的信息称为"记录"，把每条记录称为"行"，把行中的各项称为"属性"，把属性的集合称为"表头"。

第四步，在上述基础上进行提炼和概括，形成描述学生基本特征的结构——二维表。

由此可见，在计算机科学中，可以把抽象的过程概括为发现→提取→命名→表达。

（1）发现（find）是指对客观事物进行观察和分析，从共性中找差异，从差异中找共性，从中发现一些内在联系和规律。例如，图 3-5 中的"学号"就是通过对学生基本信息分析的结果。

（2）提取（draw）是指对所观察或待研究的事物中的要素进行区分，图 3-5 中的每行数据是实行学生信息管理必备的信息，每列数据是具有相同类型的数据，是必备关联信息的最小集合。

（3）命名（name）是指对每个需要区分的要素进行恰当的命名，以反映区分的结果。它体现出抽象是"现象事物的概念化"，图 3-5 中将行命名为"元组"，将列命名为"属性"等。

（4）表达（express）是指以适当的形式呈现"提取"和"命名"的要素及其之间的关系，形成"抽象"的结果，如对学生基本信息抽象的结果是如图 3-5 所示的二维表。通过该二维表，可以考查学生信息的基本规律。如果将其抽象结果用数学形式进行表达，便可为理论研究提供数学依据。

2．理论

理论是客观世界在人类意识中的反映和用于改造现实的知识系统。理论需要论证，例如，算法、编程语言、编译系统都要验证其正确性、有效性、安全性、完备性、复杂性等，而所有这些验证，都需要理论的支撑。因此，可以把理论的基本特征概括为定义→公理→定理→证明。

（1）定义（definition）是指对概念的严密化描述。例如，埃德加·考特（E. F. Codd）定义了"域"的概念，域是指具有相同类型值的集合。然后定义了"元组"的概念，元组是二维关系表中的"行"，继而定义"笛卡儿积"为所有可能的元组，并且用数学集合与关系概念来定义二维数据表。

（2）公理（axiom）是指依据理性的不证自明的基本事实，经过长期反复实践不需要再证明的基本命题。例如，数据库函数依赖中的阿姆斯特朗（Armstrong）公理系统就是著名的推理规则。

（3）定理（theorem）是指经过逻辑推理证明为真的陈述，其中证明的依据是定义、公理或其他已被证明的定理，包括条件和结论两部分，即在条件成立的情况下有结论为真的事实。

（4）证明（proof）是指通过数学理论对所提出的定理或公理进行验证，是由公理和定理推导出某些命题真假的过程，证明有很多种数学方法，如穷举法、反证法、归纳法、构造法等。

3. 设计

计算机科学中的设计是构建一个应用系统的过程，是技术、原理在计算机系统中实现的过程。尽管设计的形态和内容多种多样，但其基本特征可以概括为形式→构造→自动化。

（1）形式（form）是指被研究对象的呈现形式。例如，开发一个数据库应用系统，它呈现的是数据模式，并且必须以符号化的形式表达才便于编程；如果是数字仿真，必须给出适合编程的数学模型。

（2）构造（structure）包括"构"和"造"，其中"构"是指被研究对象各种要素之间的组合关系与框架；"造"是指实现各种要素之间的组合关系与框架的过程。计算学科中包括算法构造、抽象层面构造和操作对象构造，例如关系数据模式中的主键和外键便是操作对象构造。

（3）自动化（automatization）是指通过软件、硬件、网络等自动化系统，让机器按照程序指令自动执行。

〖提示〗 学科形态是问题求解的基本过程，也是学科研究的价值体现。对计算学科而言，设计是构造计算系统改造世界的手段，如果没有设计，任何系统都难以实现——设计价值；理论是发现世界规律的手段，如果没有理论指导，则无法保证设计的严密性、可靠性、正确性——理论价值；抽象是感性认识世界的手段，也是理论和设计的前提，如果没有抽象，理论和设计都无法达成目标——抽象价值。因此，学科形态体现了学科研究的抽象价值、理论价值和设计价值。

4. 计算学科形态与计算思维本质的比较

计算学科的 3 个形态特征比较如下。抽象（发现→提取→命名→表达）、理论（定义→公理→定理→证明）、设计（形式→构造→自动化）与计算思维的本质（抽象与自动化）两者之间具有交织关系，共同点都是基于"抽象"；学科形态中的"理论"与"设计"实际上是实行"自动化"的手段和步骤。因此，计算学科形态与计算思维本质的目标是一致的，其宗旨是"寻找通用的方法，处理类似的问题"，在表现形式上是"采用不同的形式，解决同样的问题"。

3.3.2　计算思维在计算机学科中的体现

从上面的论述可知，计算思维涵盖了反映计算机科学的一系列思维活动，它把一个看起来求解困难的问题阐述成我们知道怎样解决的问题。计算思维在计算机科学中的体现是全方位的，下面从 7 个方面描述计算机科学中的计算思维，并分别体现在后述各章的教学内容中。

1. "1 和 0"的计算思维

计算机科学是研究计算过程的科学，计算过程是通过操作数字符号变换信息或状态的过程，在其变换的过程中涉及语义层面的改变。具体来说，就是用计算机处理现实世界中的各类问题时，必须将现实世界的事物转换为适合计算机处理的表示形式，这就是所谓 1 和 0 的计算思维。

用 1 和 0 来描述事物状态的思维，在计算机学科中不仅有着极为重要的作用，而且是计算机科学理论的"基石"。例如，1 和 0 在电子器件中可以用来表示电位的"有"和"无"；在开关电路中可以用来表示开关的"闭"和"开"；在数据编码中可以用来表示运算符号的-和+；在逻辑学中可以用来表示事件的"真"和"假"等。通过 1 和 0 的有机组合，便能完整地描述事物的特征或现实世界中的自然现象。例如，1 和 0 的组合，在指令系统中可以表示"地址""操作码""操作数"；中国古代用两仪（—表示 1，－－表示 0）构成了八卦图，并利用八卦图来推演自然规律（春、夏、秋、冬）和自然现象（阴、晴、圆、缺）等。

正是由于"1 和 0"的计算思维，从而演化形成了计算机科学中数据表示形式化、语义符号化、信息集合化、模型构造化的计算思维，因而使得"1 和 0"的计算思维成为计算机科学的理论基础。审视这些思想，对深度理解计算思维以及利用计算思维去改造客观世界有着极为重要的意义。

〖提示〗语义符号化是人类社会发展的标志，并且社会越进步，符号越丰富，含义越深刻。符号具有时代性、社会性、权威性、抽象性等特征，被用来标记事物特征和揭示自然科学规律。

2. "计算系统"的计算思维

计算系统是对计算机的抽象，是由硬件和软件组成且能高效工作的完整系统。而计算系统的计算思维是指如何用系统科学的理论和观点来构建一个能实现科学计算和数据处理的计算系统。

【例 3-4】 根据冯·诺依曼结构计算机的原理，描述构建一个完整的计算系统的计算思维。

这里涉及两个方面的问题：一是计算系统的结构组成；二是如何实现科学计算或数据处理。一个完整的计算系统包括硬件系统和软件系统，硬件系统是计算系统的物理支撑，它由内存储器、处理器、输入输出设备、外存储器等组成；软件系统由编辑软件、翻译软件、操作系统、其他各类软件组成。其中，操作系统为用户操作使用计算机提供支撑，并实行对内存储器、处理器、输入输出设备、磁盘文件进行管理。计算系统实现数值计算或信息处理的过程实际上就是把现实世界转换为计算机世界的过程。首先将现实世界抽象成适合计算系统处理的数据模型（即数学建模）；然后进行程序设计，包括算法设计、程序设计方法（面向过程或面向对象）、程序设计语言（面向过程或面向对象）、编制程序（用程序语言编写算法实现的步骤）、程序翻译（将语言程序翻译形成由 0 和 1 组成的可执行程序），然后送入硬件系统，进行数值计算或数据处理。构建一个完整计算系统的计算思维如图 3-6 所示。

图 3-6　构建一个完整计算系统的计算思维

〖提示〗现实世界所反映出的数据类型可以概括为数值数据、非数值数据和多媒体数据等，不同的数据类型构建出不同的数学模型形式。对于多媒体数据的处理，既可以通过硬件来实现，也可以使用多媒体软件（Audition、Photoshop、Premiere）进行声音、图像、视频编辑、处理和播放等。

3. "问题求解"的计算思维

问题求解是计算思维的核心，既体现出人类求解问题的过程抽象，又体现出计算机求解问题的过程抽象。抽象形成数学模型，编程实现自动执行，即体现出计算思维的本质——抽象与自动化。

【例 3-5】 根据计算系统的工作过程，描述利用计算系统实现问题求解的计算思维。

利用计算机实现问题求解的基本步骤可以概括为问题分析、数学建模、算法设计、程序实现，整个过程可形成"反馈"结构。利用计算机实行问题求解的计算思维如图3-7所示。

图 3-7　问题求解的计算思维

〖提示〗　在建立数据模型时要考虑问题求解的可能性和有效性，因而需要选择最有效的算法，还要反复测试，验证算法的适应性和算法的正确性。详细内容在第7章中介绍。

4."程序设计"的计算思维

计算机程序是求解问题的"流程"或"顺序"，程序设计思想在计算机科学中是一种极其重要的计算思维，按照 Neumann 原理，计算机解题流程的一般过程如图3-8所示。

图 3-8　计算机解题流程的一般过程

【例 3-6】　以计算 $a+|b|$ 为例，描述利用程序设计实现问题求解的计算思维。

为了使计算机能快速求解问题，首先进行问题分析，把要解决的问题抽象成数学模型，确定问题求解步骤（算法设计）；然后按照处理步骤（算法）编成程序，使计算机把复杂的控制机制变得有序可循；最后进行程序编译、调试和运行，以实现自动、高速地完成解题任务。

（1）分析问题。针对给出的实际问题，理解未知量、数据类型、数据条件、边界条件等。

（2）抽象模型。根据问题分析，将其抽象为便于编程计算的数学模型。对于计算 $a+|b|$，其数学模型为

$$a+|b|=\begin{cases} a+b, & b\geq 0 \\ a-b, & b<0 \end{cases}$$

（3）设计算法。根据给出的数学模型确定计算步骤，并且用程序流程图描述，如图3-9所示。该流程是实现数值计算或数据处理"自动化"的根本依据所在。

（4）编写程序。根据算法流程图用计算机语言编写问题求解的算法程序，它是对被处理数据和算法过程进行详细描述。

对于 $a+|b|$，当 $b\geq 0$ 时，$a+|b|=a+b$；当 $b<0$ 时，$a+|b|=a-b$。如果用 C 语言编写算法程序，则为

图 3-9　程序设计解题过程流程图

```
#include<stdio.h>
main()
```

```
{ float  a, b, c;
  scanf("%f, %f", &a, &b);
  if(b>=0)
     c=a+b;
  else
     c=a-b;
  printf("%d\", c);
}
```

（5）程序编译。用程序设计语言编写的程序称为源程序，源程序实际上是各种符号的集合，必须通过编译程序，将其翻译成由 0 和 1 组成的代码程序计算机才能识别。如果所编写的源程序没有语法错误，则通过编译形成可执行程序；如果源程序存在语法错误，那么修改后再编译。

（6）调试运行。运行可执行程序，便能显示运算结果。然而，由于算法设计考虑不周或数据类型定义等问题，会出现错误结果，此时需要反复测试和调试，其调试过程与图 3-7 所示一致。

〔提示〕　可以把例 3-6 看作例 3-5 的一个实例。无论是问题求解还是程序设计，两者都涉及问题求解的可行性和算法的复杂性分析，详细内容在第 6 章和第 7 章中介绍。

5.　"递归算法" 的计算思维

递归（recursion）是一种用有限的步骤描述实现近似无限工作的方法，是计算机学科领域中一种重要的计算思维模式，既是抽象表达的一种手段，也是问题求解的重要方法。

【例 3-7】　利用 "和尚讲故事" 典型实例，描述运用 "递归" 实现问题求解的计算思维。

"从前有座山，山上有座庙，庙里有个老和尚，正在给小和尚讲故事！故事讲什么呢？（从前有座山，山上有座庙，庙里有个老和尚，正在给小和尚讲故事！故事讲什么呢？（从前有座山，山上有座庙，庙里有个老和尚，正在给小和尚讲故事！故事讲什么呢？（从前……）））"。

这里，反复讲故事可以看成反复调动自身，其关键是如何停下来，否则就没有任何意义了。递归算法求解是借助于数学上的递推方法，根据特定法则或公式对一个或多个前面的元素进行运算而得到后续元素，以确定一系列元素的方法。求阶乘的算法可以定义成以下 3 种函数形式：

$$n! = \begin{cases} 1 \\ n\times(n-1)\times(n-2)\times\cdots1 \end{cases} \quad 或 \quad n! = \begin{cases} 1 \\ n\times(n-1)! \end{cases} \quad 或 \quad f(n) = \begin{cases} 1 & n\leqslant1 \\ n\times f(n-1) & n>1 \end{cases}$$

当 $n\leqslant1$ 时，$f(n)=1$，是递归结束条件；当 $n>1$ 时，$n\times f(n-1)$ 是对递归形式的完整描述。

〔提示〕　与递归算法相近似的是迭代算法，它们是问题求解中一种极为重要的计算思维，在计算科学中有着极为重要的地位，关于迭代和递归的算法思想及其编程方法在第 7 章中介绍。

6.　"信息管理" 的计算思维

在当今信息时代，人类社会的数据规模和种类正以前所未有的速度增长，传统的手工管理方式已无法实现对大规模数据的有效管理和高效利用。因此，适应大规模复杂数据信息管理的数据库技术应运而生。为了实现数据库信息管理，首先是对现实世界中涉及规模数据管理和处理的复杂性问题进行调查分析，得到较为准确、细致的用户需求；然后将其抽象为信息世界的概念模型，再将概念模型转换为逻辑（记录）模型，由此确定数据库的物理结构，实现数据库信息管理。

【例 3-8】　根据数据库原理和应用系统开发技术，描述实现计算机信息管理的计算思维。

数据库技术可以解决在大数据的规模效应下的数据存储、管理、分析以及知识发现等问题。

基于计算思维的数据库管理的基本步骤为需求分析、数据库设计（概念模型设计、逻辑模型设计、物理模型设计）、应用系统设计、系统实现、系统测试等。利用计算机实现信息管理的计算思维如图 3-10 所示。

图 3-10　利用计算机实现信息管理的计算思维

〖提示〗　数据库技术既能充分体现计算学科的抽象、理论和设计形态，又能充分揭示计算学科形态与计算思维之间的相互关系。

7. "系统融合"的计算思维

"融合"本质上体现了不同抽象层面的计算系统的基本思维，例如多处理机系统、集群计算机系统、网络通信、物联网、云计算、指挥系统、导弹系统等，从而促使人们用"系统融合"的思维去研究各种技术的综合实现。它充分体现出了"信息集合化"和"模型构造化"的计算思维。

【例 3-9】　通过互联网、并行计算、分布式计算、云计算来描述"系统融合"的计算思维。

单台计算机的计算能力和存储空间是极其有限的，为了适应日益增长的大规模计算、事务处理、商业计算的需要，可以采用并行和分布式计算；为了更好地利用和共享计算机中的资源，可以利用多台计算机互联和网络存储。利用云计算环境实现"系统融合"的计算思维如图 3-11 所示。

图 3-11　利用云计算环境实现"系统融合"的计算思维

（1）并行计算（parallel computing）技术将大型复杂计算问题分解成若干小问题，每个小问题由一个单独的处理机来计算（处理），通过多个处理机并行协同工作，然后综合处理结果，从而使大规模复杂计算问题得到迅速解决。并行计算可以是多处理机系统，也可以是计算机集群。

（2）分布式计算（distributed computing）技术将一个大型复杂计算问题分成许多小部分，并将各小部分分配给网络上的多台计算机进行处理，然后综合处理结果，从而使单台计算机难以胜任的大型复杂计算问题得以圆满解决。

（3）云计算（cloud computing）技术的核心思想是将大量用网络连接的计算资源实行统一管理和调度，构成一个计算资源池向用户提供按需服务，而提供资源的网络被称为"云"。云计算是在并行计算及分布式计算的基础上加入服务化和虚拟化概念，将计算任务分布在大量计算机构成的资源池上，从而使各种应用系统能够根据需要获得计算能力、存储空间和信息服务。

〖提示〗　科学技术越发达，系统融合度越高。正是在这一思想基础上，人们提出了"网络思维"（net thinking）、"万维思维"（web thinking）等新概念。

3.4　计算思维的学科作用与能力培养

计算思维是人类认识世界的一种高级反映形式，它作为问题求解的思维方法，人人都应掌握，如同所有人都应具备"阅读、写作、算数"（Reading，wRiting and aRithmetic，简称为 3R）能力一样。计算思维代表一种普遍认识和一类普适的技能，其作用目标是<u>认识世界→发现规律→改造世界</u>。因此，计算思维不仅能有力地促进相关学科的发展，而且在人才培养中具有极为重要的作用、意义。

3.4.1　计算思维与计算机教育相互促进

计算思维与计算机科学有着密切关系，计算机的出现给计算思维的发展带来了根本性的变化，而计算思维的形成，对计算机学科教育有着极为重要的促进作用。基于计算思维的计算机教育是一次计算机基础教育的革命。两者彼此相互促进，从而加速了计算思维与计算机学科的发展进程。

1．计算机教育促进计算思维的发展

在当今信息时代，无论是自然科学还是社会科学，无论是国民生产还是国防尖端建设，其发展无不与计算机密切相关，并且没有哪一个领域不需要计算机的支持。因此，计算机教育在人才培养中具有极其重要的作用地位，并且对计算思维具有极为重要的促进作用，主要体现以下 3 个方面。

（1）计算机教育促进计算思维的培养。计算机教育强调方法论、抽象思维能力、解决问题的意识等，因而使得在学习和应用计算机的过程中有形或无形地培养计算思维，正如学习数学的过程就是培养理论思维的过程；学习物理的过程就是培养实证思维的过程；学习算法的过程就是培养计算思维的过程。计算机教育注重 3 种能力的培养：一是使用计算机基本能力的培养；二是理解计算机系统能力的培养；三是训练有素的计算思维能力培养。培养应用计算机进行问题求解的能力恰好反映了计算思维中的计算认知和问题求解的基本要素，可以满足计算机学科和其他学科专业基础能力培养的需求。计算机不仅为不同专业提供了解决专业问题的有效方法和手段，而且提供了一种独特的处理问题的思维方式。由此可见，计算机学科是与计算思维最为紧密的学科，计算机课程无疑是培养计算思维最好的课程。

（2）计算机应用促进计算思维的研究。计算机对信息和符号快速处理的能力，使得原本只能停留在理论上的想法可以转化成实际的系统。例如，智能手机和互联网的出现，使用户可以随时随地与朋友分享自己身边发生的事情，这种以机器代替人类部分智力的活动，催发了对智力活动机械化的研究热潮，凸显了计算思维的重要性，推进了对计算思维的形式、内容和表达的深入探究。在此背景下，人类思维活动中以形式化、程序化和机械化为特征的计算思维受到

前所未有的重视，从而引发了人们对它的重视和广泛研究，使计算思维的具体形式和表达方式更加清晰和完整。

（3）计算机科学促进思维方式的发展。计算机科学及其相关计算学科的进步，改变着人们的思维方式。例如，计算机博弈论正改变着经济学家的思维方式；计算社会科学正改变着社会学家的思维方式；计算生物学正改变着生物学家的思维方式；量子计算正改变着物理学家的思维方式。随着计算机学科与相关学科的快速发展和相互渗透，对计算思维的促进作用会越来越大。

2．计算思维促进计算机教育的发展

计算机学科能有力促进计算思维的发展，而计算思维能力的提高能有力地促进计算机学科的发展。计算思维对计算机学科及其教育的促进作用主要体现在以下 3 个方面。

（1）计算思维促进计算机教育思想的发展。周以真教授指出：大学应该从新生课程入手，教授学生"像计算机科学家一样思考"。将计算思维融入计算机课程体系中，使授课对象更加深刻地理解计算思维本质和计算机求解问题的核心思想，已成为计算机教育研究的重点课题，即计算机教育的核心任务是计算思维能力的培养。基于计算思维的计算机教育是一次计算机基础教育的革命，在人才培养中有着极其重要的作用意义。

（2）计算思维促进对计算机学科的认识。计算思维的提出，使计算机学科发生了巨大变革。人们认识到计算的本质就是从一种信息状态到另一种信息状态的转变过程，计算机学科更加注重探讨和研究什么是可计算的，如何将实际问题转变为可计算问题，进而用计算机仿真和模拟来解决许多以往难以解决的问题。具体来说，就是要理解和建立信息、计算、智能这三大核心科学概念，培养以"合理抽象、高效实现"为特征的构造性过程的能力。而正确提取信息（数据抽象）和实行状态变换，并通过恰当的方式表达出来，使之成为计算机能够处理的形式（实现方式），就是基于计算思维概念解决自然问题和社会问题的基本原理和方法论。

（3）计算思维促进计算机学科的发展。计算思维与计算机学科形态"属性同源""异曲同工"，运用计算思维方式，能为人们思考和探索问题提供更为有效的途径。计算思维提出了面向问题求解的观点和方法，利用这些观点和方法有助于呈现问题的不同方面，有助于探索问题求解过程和解决方案，有助于计算机学科体系的深入研究。

3.4.2　计算思维有助于跨越专业鸿沟

计算思维的概念虽然被广泛接受和认可的时间不长，但是对于计算机学科和其他学科的影响是巨大的。计算思维与其他学科的融合，正不断产生新的研究方向和新兴学科，这表明计算思维在各学科发展中具有重要的作用和地位，并且还有助于跨越专业鸿沟。

1．实现跨越专业鸿沟的因素

大学教育的目标是通过教育对学生未来的发展有所贡献，计算思维就是适应这一目标的教学思想方法。计算思维能够培养学生的 3 种能力：一是利用计算机解决专业领域中的问题的能力；二是将计算机应用拓展到其他学科领域的能力；三是利用计算机新技术解决尚未解决应用问题的能力。如果把教学思想和教学内容局限在计算机的结构组成、计算机程序设计、数据库技术、网络技术等课程的学习，而缺乏基于计算思维的问题探索与创新，其教学效果则只能掌握计算机的基本理论和技术，难以满足各学科专业学生未来计算能力的需求，也难以跨越由通用计算手段到未来计算机与本专业课题研究之间的鸿沟。计算思维的能力特征主要体现在以下 3 个方面。

（1）计算思维是人类求解问题途径的思想和方法。计算思维的特性决定了它能给人以启迪，给人创造想象的空间。计算思维像计算机科学家那样去思维，而不是像计算机那样去思维，计算机拥有强大的计算能力，但处理问题刻板而机械。而人类通过在抽象的多个层次上思维并且编程实现，将自己计算思维的思想赋予了计算机，解决各种需要大量计算的问题。

（2）计算思维是融合了数学和工程的思维方式。计算思维吸取了现实世界中复杂系统设计与评估的工程思维，是基于问题求解的一般数学思维。而问题求解需要建立现实世界的抽象模型，采用建筑在数学基础之上的形式化语言表达思想。基于计算思维的计算机教育就是要挖掘和传授"问题求解"的思维方法，使学生领悟什么是计算思维，具备用计算思维实现问题求解的能力。

（3）计算思维是基于抽象和自动化的思维方式。这一思维方式对各学科学生创造性思维和创新能力的培养都是极为重要的，是实现跨越专业鸿沟的根基。例如，数据描述"0 或 1"和数理逻辑"真或假"的思想有助于学生形成"语义符号化"和"语言形式化"的思维模式；"模块化"和"程序设计"的思想有助于学生形成"结构化"和"自动化"的思维模式；"数据查询"和"网络互联"的思想有助于学生形成"信息管理"和"系统融合"的思维模式。

2．实现跨越专业鸿沟的策略

不论哪一类问题的求解，计算思维的联想性（associativity）、推展性（expansibility）、普适性（universality）、创造性（creativeness）永远都是第一位的，是解决各类问题的金钥匙，是跨越专业鸿沟的重要因素。形如一个主修英语的学生可以选择多种不同的职业；一个主修计算机的学生可以从事自然科学或社会科学的任何职业。实现跨越专业鸿沟的基本策略可以概括为 3个方面。

（1）了解计算机解决实际问题的方式和过程。充分了解计算机能做什么以及如何做，具体来说，就是理解从图灵机模型到冯·诺依曼结构计算机的基本功能，理解数据抽象和过程抽象在理解计算机功能中的作用，理解计算机及解决问题的三部曲：算法、编程和自动执行。

（2）认识计算机对其他学科产生的巨大影响。了解计算机技术的飞速发展和广泛应用对其他学科发展所产生的影响，了解计算机技术的应用引发其他专业发生革命性变革的原因和过程，掌握利用计算机技术解决其他学科专业问题的方法和思路。

（3）将计算思维拓展到其他学科。挖掘计算机解决各种问题的基本原理和运用计算机科学家一样的思维方法，并将这种思维方法运用到解决其他专业问题的思考过程中。人类从用石块、绳结记事到使用文字记录，从用十指、算筹计算到使用计算机求解问题，所有一切都归结于科学思维的进步和跨越。虽然各学科领域具有各自的特点，但计算思维的联想性、推展性、普适性、创造性是永恒的，能应用到各学科领域及其创新活动中。

3.4.3 计算思维有助于其他学科发展

随着计算机在各行各业中的广泛应用，计算思维的思想和方法对自然科学和社会科学等许多学科领域都产生了重要影响。计算思维不仅涵盖了计算机科学领域的一系列思维活动，还代表着普遍的认知和普适的技能，从而渗透到各领域，影响和促进其他学科的发展。

1．计算生物学

计算生物学（computational biology）是生物学中的一个分支，是应用数学建模和计算机仿真技术进行数据分析及理论研究的一门新兴学科。随着生物学研究中的数据量和生物系统的复杂性不断增长，传统的观察、实验以及简单的数据处理方法难以适应复杂生物学的研究，必须利用计算、存储、检索、查询等技术来处理这些海量数据，从中发现复杂的生物规律和机制，建立有效的计算模型，继而进行相关研究。计算机科学的许多领域：数据库、数据挖掘、人工智能、算法、图形学、软件工程、并行计算和网络技术等，都能为生物学研究提供强有力的技术支撑。例如，数据挖掘与聚类分析方法在蛋白质的结构预测中有着广阔的应用空间；从各种生物的 DNA 数据中挖掘 DNA 序列自身规律和 DNA 序列进化规律，可以帮助人们从分子层次上认识生命的本质及其进化规律，进而开发出生物数据处理分析方法库和知识库。这一切都与计算思维有关。

基于 DNA 的生物计算机的研究是人类期望在 21 世纪实现的伟大工程，是计算机学科中最年轻的一个分支。目前的研究方向：一是研制分子计算机，即制造用有机分子元件去代替目前的半导体逻辑元件和存储元件；二是研究人脑结构的思维规律，再由此构想生物计算机的结构。

2. 计算神经学

计算神经学（computational neuroscience）是使用数学分析和计算机模拟的方法在不同水平上对神经系统进行模拟和研究的交叉学科，涉及神经科学、认知科学、资讯科学、物理学和数学等。计算神经学研究涉及神经生物学和脑科学，神经生物学运用数学、物理学、信息科学等相关领域的研究理论和方法，研究神经科学所关心的大脑工作原理；脑科学运用心理学、人工智能、认知科学和创造学等，研究人脑结构与功能，揭示人脑高级意识功能。美国神经生理学家罗杰·斯佩里进行了裂脑实验，提出了著名的大脑两半球功能分工理论，他认为左脑侧重于抽象思维，如逻辑抽象、演绎推理和语言表达等；右脑侧重于形象思维，如直觉情感、想象创新和图像识别等。正是大脑的复杂性及其神奇的计算和决策能力，吸引了数理科学家、计算机科学家、信息科学家从计算和建模的角度去进行研究，计算思维便是计算和建模过程中极为重要的思想方法。

3. 计算化学

计算化学（computational chemistry）是理论化学的一个分支，是近年来快速发展的一门学科。以分子模拟为工具实现各种核心化学的计算问题，架起了理论化学与实验化学之间的桥梁，使用化学、计算方法、统计学和程序设计等各种方法，进行化学与化工理论计算、实验设计、数据与信息处理、分析与测试等。计算化学研究包括以下 5 个领域，每个领域都与计算思维密切相关。

（1）数值计算。利用数值计算方法，对化学各分支学科的数学模型进行数值计算或方程求解。例如，量子化学和结构化学的行演绎计算，分析化学的条件预测，化工过程中的各种应用计算等。

（2）化学模拟。根据某一过程的测试数据模拟工作曲线、预测反应效果、显示反应设备和反应现象的实体。化学模拟包括数值模拟、过程模拟、实验模拟等。

（3）化学中的模式识别。模式识别主要用于最优设计，化学中的模式识别是根据物性数据设计新的功能材料。

（4）化学数据库及检索。化学数据库中存储的信息有数据、常数、谱图、文摘、操作规程、有机合成线路、应用程序等，根据谱图数据库进行谱图检索，已成为有机分析的重要手段。

（5）化学专家系统。它是化学数据库与人工智能相结合的产物，通过把知识规则转换为程序，让机器模拟专家的分析和推理过程，达到用机器代替专家工作的效果。

4．计算经济学

计算经济学（computational economics）是一门涉及计算机科学、经济学、数学、社会科学、博弈论等领域的交叉学科。在当今信息社会，计算机科学及其网络技术已成为计算经济学发展的一个重要推动力量：一方面，传统的经济形式和商业模式在网络时代发生了许多变化，经典的经济学理论需要不断被检验和修正，产生新的经济学理论；另一方面，随着分布式系统、网络和云计算等领域的发展，一个计算任务的完成往往需要多方合作，这就要求计算机协议或算法设计不仅要满足有效性、容错性等传统需要，还要考虑博弈论和经济学的约束。所以，无论是从经济学的发展还是从计算机学科的发展来看，二者的交叉和结合都呈现不可阻挡的趋势。也就是说，计算机及其网络技术在计算经济学中起着极为重要甚至关键的作用。相应地，计算思维方法在计算经济学中的重要意义也就不言而喻了。

5．计算机艺术

诺贝尔物理奖获得者李政道教授曾经讲过："科学与艺术是一枚硬币的两个面，它们是不可分割的。它们源于人类活动最高尚的部分，都追求深刻性、普遍性、永恒和富有意义。"计算机艺术（computational art）是计算机科学与艺术相结合的一门新兴的交叉学科，包括绘画、音乐、舞蹈、影视、广告、书法模拟、服装设计、图案设计、产品和建筑造型设计以及电子出版物等领域。显然，计算机艺术的创作和描述都与计算思维密切相关。

6．其他学科领域

随着计算机科学技术的高速发展和广泛应用，计算思维对其他各学科的影响越来越大，并且改变了各学科领域的研究模式。例如，通过抽象建模，将研究从定性分析转化为定量研究；通过计算高阶项可以提高精度，进而降低重量、减少浪费、节省制造成本；利用计算机数字仿真，模拟核试验、飓风预测、地震预测、飞机起飞和着陆等情况，从而表现出不可替代的强大作用。

由此可见，计算思维并不局限于计算机科学，它正促使着各学科研究的思维方式发生变革。计算思维与其他学科相融合，在潜移默化中彼此促进，并且在其中发挥着重要作用。

3.4.4　计算思维能力培养的基本策略

计算思维能力是指具有按照计算机求解问题的基本方式去考虑问题的求解过程，提出问题的解决方法，构建出相应的算法和程序的能力。为了培养和提高计算思维能力，可采用以下策略。

1．与数学方法理论相结合

计算思维本质上源自数学和逻辑思维，它的形式化解析基础筑于数学之上。数学方法在现代科学技术的发展中已成为一种必不可少的认知手段，在科学技术方法论中的作用主要表现如下。

- 为科学技术研究提供简洁、精确的形式化语言；
- 为科学技术研究提供定量分析和计算方法；
- 为科学技术研究提供严谨的逻辑推理工具。

数学方法为计算思维提供了坚实的理论基础，递归和迭代是计算机科学中最具代表性的构造性数学方法；以抽象集合及元素为运算对象的离散数学，非常适合培养学生的计算思维。更重要的是图灵的可计算理论及计算方法理论，如计算机科学中的经典问题即汉诺塔问题、旅行商问题、四色问题等均属于可计算理论，计算机科学中的数值计算与分析、系统建模与仿真、数字信号处理、数据可视化、数据处理与工程计算等，均属于计算方法理论。

2. 与计算机科学导论相结合

计算机科学导论课程的核心是计算机科学方法论，是对计算机学科领域认知和实践过程中的一般方法、性质、特点、内在联系和变化规律进行的系统研究和理论描述，是认知计算机科学的方法和工具。因此，计算思维能力的培养，在计算机科学导论课程中主要体现在以下两个方面。

（1）与学科形态相结合。计算机学科方法论的核心是其学科的 3 个形态：抽象、理论和设计，可以把计算机学科的 3 个形态看作解决问题过程中的 3 个阶段。计算思维的本质是抽象与自动化，而自动化的实现必依赖于理论和设计。由此可见，计算机学科的 3 个形态与计算思维的本质特征是一致的，它们是进行科学研究和问题求解的基本步骤，是认识问题→研究问题→解决问题的有效方法。计算机学科形态与计算思维本质体现出的是以不同的形式，解决相同的问题。

（2）与思想认知相结合。从计算思维的角度洞悉计算机学科，有助于学生在学习伊始就站在计算思维高度来看待专业学习，培养严谨的抽象思维能力，使计算思维的精髓融入分析问题和解决问题的过程中，这对培养学生的思维能力是极为有利的，也是非常有效的。

基于计算思维的计算机科学导论课程的定位和宗旨是实行计算思维与计算机学科形态相结合的"导学"，即在教学过程中运用计算思维和计算学科方法帮助学生认知计算机科学与技术学科，对学生进行一次整体的专业学习"导游"，以此培养和提高学生的计算思维能力，为其他课程的学习起到引导作用，达到既"授人以鱼"也"授人以渔"的教学目的。

3. 与应用能力培养相结合

当今信息社会，计算机的应用已渗透到各领域，我们不仅要充分利用计算机解决从前不能解决的问题，还要解决由于目前计算机能力的局限性，许多实际应用依旧亟待解决的问题，这就需要用自己的智慧设计出各种应用系统，解决因计算机功能局限而不曾敢于尝试的问题。

对计算机学科来说，应用能力一般是指编程能力和系统开发能力，但是计算思维能力的培养不等同于程序设计或编程教学，虽然程序设计是发展学生计算思维的一种重要载体，但计算思维教育不仅是编程教育，其关注的是利用信息技术解决问题的能力，强调学生信息化认知方式的发展，强调学生在真实体验与实践应用中利用信息技术思考与解决问题的独特能力。在这个过程中，不断拓展对计算思维的理解和认识是非常重要的。计算思维为知识与能力建起了一座连接桥梁："思维"随着"知识"的贯通而形成，"能力"随着"思维"的形成而提高。

4. 与创新能力培养相结合

在人才培养过程中，创新意识和创新思维是人才培养的核心。在解决科学问题和工程应用问题的过程中，激起学生的好奇心和创造力。计算机科学就是在挑战问题、解决问题的过程中不断发展的，因而计算思维能力也会在分析问题和解决问题的实践中得到充实和提高。以计算思维为核心的计算机科学技术，最能体现和发掘创新思维能力培养与创新思维实现。

（1）培养创新意识。创新是一个民族生存、发展和进步的原动力。人类思维不仅具有丰富的想象力，还有无限的创造力，计算思维能力的培养就是要拓展人类征服自然、改造自然的能力。在当今信息时代，不断提出新的概念，各类新技术层出不穷，因而其思维方式不再是程序化的，而需要在多个层次（计算理论、信息处理、硬件系统）上进行抽象，进行创新式的计算思维。

（2）培养创新方法。计算思维能力培养是加速科学发展与技术创新的催化剂和推进剂，创新思维是必备的科学素养之一，也是创新型人才必备的首要条件。创新要靠科学素养和理解科学，靠科学的思想方法，只有掌握了科学的思想方法，才能在学习和工作中多层次、多视角、全方位地观察和理解客观世界的变化，运用已经掌握的知识和科学方法去理解问题、发现问题、提出问题、解决问题或找到解决问题的途径和方法。技术与知识是创新的支撑，但思维是创新的源头。

（3）培养创新能力。在培养计算思维创新能力的过程中，必须把创新理念融入学习与实践活动，培养怀疑精神和求异思维，激发对计算机科学技术的好奇心，培养思想创新和技术创新意识。与此同时，积极参与符合计算思维能力和创新能力培养的实践环节，积极主动地进行探索式学习。在学习中培养创新，在实践中探索创新。

总之，作为大学教育，计算思维能力的培养是极为重要的，可将其作用及意义概括为如下 3 个方面。

- 有助于更加深刻地理解计算的本质和计算机求解问题的核心思想，从而拓展解题思路。
- 有助于改变因限于课程基本知识而导致只会套用和搬用，却不懂得探索和创新的现状。
- 有助于改变不同学科的人对各自领域的认识和思考方式，以便完成更具创新性的工作。

本 章 小 结

（1）计算思维是人类的一种思维方式，是一种科学的思维方法。计算思维建立在计算过程的能力和限制之上，是选择合适的方式去陈述一个问题，并用最有效的方法实现问题求解。

（2）计算思维本质是抽象与自动化，计算学科形态是抽象、理论与设计，二者的形式不同，但目标是一致的，其宗旨是"寻找通用的方法，处理类似的问题"。

（3）计算思维在人类改造世界过程中具有至关重要的作用，在应用能力培养的基础上还要注重创新能力的培养，要求加强知识融通与学习能力、迁移能力培养，在横向和纵向对所学专业有较好的宏观把握。计算思维不仅是计算机专业学生，而且是所有大学生都应该具备的能力。

（4）计算思维涵盖了计算机科学领域的一系列思维活动，并代表着普遍的认知和普适的技能，因此已渗透到各学科领域，影响和促进着其他学科的发展，且有助于跨越专业鸿沟。

习　题　3

一、选择题

1. 按照人类思维的基本类型划分，可以分为感性思维、理性思维、抽象思维和（　　　）等。

　　A. 形象思维　　　　　B. 逻辑思维　　　　C. 科学思维　　　　D. 计算思维

2. 如果从科学思维的手段和求解功能划分，可以分为发散求解、哲理思辨、理论构建和（　　　）。

　　　　A．科学计算　　　　　B．逻辑解析　　　　C．问题收敛　　　　D．创造性思维

3．科学思维的表现主要有发散求解思维、（　　　）、哲理思辨思维和理论建构与评价思维。

　　　　A．计算思维　　　　　B．逻辑解析思维　　C．收敛思维　　　　D．创造性思维

4．（　　　）不属于人类思维特征。

　　　　A．概括性特征　　　　B．间接性特征　　　C．可靠性特征　　　D．能动性特征

5．（　　　）不属于人类科学思维。

　　　　A．理论思维　　　　　B．实证思维　　　　C．计算思维　　　　D．形象思维

6．（　　　）不对应理论思维、实证思维和计算思维。

　　　　A．理论科学　　　　　B．实验科学　　　　C．计算科学　　　　D．行为科学

7．利用计算机求解一个问题时通常是按照（　　　）、制订计划、执行计划和检验结果进行的。

　　　　A．提出问题　　　　　B．分析问题　　　　C．解决问题　　　　D．总结问题

8．问题抽象过程通常分为 3 个层次，不包括（　　　）。

　　　　A．计算理论　　　　　B．信息处理　　　　C．硬件系统　　　　D．软件系统

9．求解一个具体问题时，算法处理主要涉及 3 个过程，不包括（　　　）。

　　　　A．选择算法　　　　　B．分析算法　　　　C．描述算法　　　　D．验证算法

10．人类对自然的认识和理解经历了 3 个阶段，不包括（　　　）。

　　　　A．经验的　　　　　　B．理论的　　　　　C．计算的　　　　　D．学习的

二、问答题

1．什么是科学思维？

2．什么是逻辑思维？

3．什么是系统思维？

4．什么是创造性思维？

5．什么是计算思维？

6．计算思维的本质是什么？

7．按照人类求解问题的过程抽象，通常分为哪几个阶段？

8．按照计算机求解问题的过程抽象，通常分为哪几个阶段？

9．在计算机科学中，抽象的含义和基本方法是什么？

10．计算思维能力的基本含义是什么？计算思维能力培养的核心是什么？

三、讨论题

1．你是如何看待计算思维与计算机科学形态之间的关系的？

2．你是如何看待计算思维与人才培养的关系的？

基本方法
—— 机器计算的基本思维

    计算机是计算的机器，也是程序的机器，涉及数据表示、软硬件组成、程序设计、算法设计。本模块从数据表示、计算系统、程序设计、算法构建 4 个方面（4 章）阐述用计算机解决计算问题的基本方法和必要条件，全面体现了计算思维方法，使读者深刻认识和理解计算机学科是一门计算的学科，计算机系统是一个离散化系统，计算机方法是一种形式化方法。

    通过本模块的学习，可以全面了解计算思维在机器计算中的作用地位和具体体现，从而使得思维随着知识的贯通而形成，能力随着思维的形成而提高。

第4章 数据表示的基本思维

【问题引出】 计算思维的核心是问题求解，在问题求解时人们通常习惯使用十进制数来描述数据大小，用文字来描述语言，用符号来描述图形，用颜色来描述图像。然而，计算机却只能识别由 0 和 1 表示的数字信息。那么，如何解决"人-机"之间的这种"兼容性"问题，把现实世界中的各类数据信息（数值、符号、文字、图形、图像）转换成便于计算机识别、处理和存储的数据信息呢？这就是本章所要学习的内容，即各类数据的转换、语义符号的表示和编码方法。

【教学重点】 计算机中的常用进位计数制、计数制的相互转换、数值数据的编码表示、字符数据的编码表示、逻辑数据的编码表示、多媒体数据的编码表示等。

【教学目标】 熟悉数值数据、字符数据、逻辑数据和多媒体数据的编码表示方法；掌握各种进位计数制的表示、转换和运算方法；深刻理解语义符号数值化和信息符号数字化的计算思维。

4.1 数制及其转换——"人机兼容"的基本思维

在人类社会发展和变革的过程中，不仅逐渐发现了事物变化的规律，还找到了描述事物本质特征的方法。为了解决人机交互的"兼容性"问题，可通过 0 和 1 的各种编码来实现，从而使计算机中的所有数值数据、字符数据、逻辑数据、多媒体数据等，都可以用由 0 和 1 组成的符号代码来表示；通过不同数制的转换，满足各种信息表示要求，适应人类日常使用习惯。

4.1.1 进位计数制

数制（numeral system）是用一组固定的数字和一套统一的规则来表示数的方法。按照进位方式计数的数制被称为进位计数制（carry counting system）。例如一年 12 个月，一天 24 小时，一小时 60 分，分别称为十二进制、二十四进制、六十进制。把表示 0 和 1 两种状态的数制称为二进制，是电子器件唯一能识别的数制。人机交互的"兼容性"，就是通过不同数制的转换实现的。

1. 数的位置表示法

人们对各种进位计数制的常用表示方法实际上是一种位置计数法（positional notation）或位置表示法。所谓位置表示法，就是当用一组数码（或字符）表示数值大小时，每个数码代表的数值大小不但取决于数码本身，而且与它在一个数中所处的相对位置有关。例如，十进制数 789，其中 9 表示个位上的数，8 表示十位上的数，7 表示百位上的数，这里的个、十、百，在数学上称为"权"或"位权"（weight）。如果把这个十进制数展开，则可表示为

$$789=7\times10^2+8\times10^1+9\times10^0$$

表达式中 10 的各次幂是各数位的"位值"，称为各数位的"权"。因此，每个数码表示的数值大小等于该数码本身与该位"权"值的乘积；一个数的值是其各位上的数码乘以该数位的权值之和。相邻两个数位中高位的权与低位的权之比如果是常数，则称为基数（radix）或底数，

通常简称为基（或基码）。如果每个数位都具有相同的基，则称该数制为固定基数值（fixed radix number system），这是计算机内普遍采用的方案。基数是进位计数制中采用的数码的个数，若用 r 来表示，那么它与系数 $a_{n-1}, a_{n-2}, \cdots, a_0, a_{-1}, \cdots, a_{-(m-1)}, a_{-m}$ 表示的数值 N 为

$$N = a_{n-1}r^{n-1} + a_{n-2}r^{n-2} + \cdots + a_0 r^0 + a_{-1}r^{-1} + \cdots + a_{-(m-1)}r^{-(m-1)} + a_{-m}r^{-m}$$

其中，n 是整数部分的位数，m 是小数部分的位数，n 和 m 均为正整数。从 $a_0 r^0$ 起向左是数的整数部分，向右是数的小数部分。a_i 表示各数位上的数字，称为系数，可以在 0，1，2，$\cdots$，$r-1$ 共 r 种数中任意取值。一个 n 位 r 进制无符号数表示的范围是 $0 \sim r^{n-1}$。

2. 常用进位计数制

计算机只能识别由 0 和 1 组成的二进制代码，而人们通常使用的是十进制数，为了便于人机交互，因而引入了二进制、八进制、十六进制以及用于输入输出的十进制。根据基数 r 的取值不同，可得到不同进位计数制的表达式，并且可用不同的下标来表示。

（1）当 $r=10$ 时，十进制（decimal notation）计数的表达式为

$$(N)_{10} = \sum_{i=-m}^{n-1} a_i 10^i$$

十进制的特点是有 10 个数位，基为 10，系数只能在 0～9 这 10 个数字中取值，每个数位上的权是 10 的某次幂。在进行加、减法运算时，采用"逢十进一，借一当十"的运算规则。

【例 4-1】 将十进制数 4567.89 按权展开。

【解析】 $(4567.89)_{10} = 4 \times 10^3 + 5 \times 10^2 + 6 \times 10^1 + 7 \times 10^0 + 8 \times 10^{-1} + 9 \times 10^{-2}$。

（2）当 $r=2$ 时，二进制（binary notation）计数的表达式为

$$(N)_2 = \sum_{i=-m}^{n-1} a_i 2^i$$

二进制的特点是有 2 个数位，基为 2，系数只能在 0 和 1 这 2 个数字中取值，每个数位上的权是 2 的某次幂。在进行加、减法运算时，采用"逢二进一，借一当二"的运算规则。

【例 4-2】 将二进制数 $(11011.101)_2$ 按权展开。

【解析】 $(11011.101)_2 = 1 \times 2^4 + 1 \times 2^3 + 0 \times 2^2 + 1 \times 2^1 + 1 \times 2^0 + 1 \times 2^{-1} + 0 \times 2^{-2} + 1 \times 2^{-3}$。

【例 4-3】 求 11010.101+1001.11 的值。　　【例 4-4】 求 100100.011–11010.101 的值。

```
      11010.101                        100100.011
  +    1001.110                    −     11010.101
  ─────────────                    ──────────────────
     100100.011                         1001.110
```

（3）当 $r=8$ 时，八进制（octave notation）计数的表达式为

$$(N)_8 = \sum_{i=-m}^{n-1} a_i 8^i$$

八进制的特点是有 8 个数位，基为 8，系数只能在 0～7 这 8 个数字中取值，每个数位上的权是 8 的某次幂。在进行加、减法运算时，采用"逢八进一，借一当八"的运算规则。

【例 4-5】 将八进制数 $(4334.56)_8$ 按权展开。

【解析】 $(4334.56)_8 = 4 \times 8^3 + 3 \times 8^2 + 3 \times 8^1 + 4 \times 8^0 + 5 \times 8^{-1} + 6 \times 8^{-2}$。

【例 4-6】 求 13450.567+7345.667 的值。　　【例 4-7】 求 23016.456–13450.567 的值。

$$\begin{array}{r} 13450.567 \\ +\quad 7345.667 \\ \hline 23016.456 \end{array} \qquad\qquad \begin{array}{r} 23016.456 \\ -\quad 13450.567 \\ \hline 7345.677 \end{array}$$

（4）当 $r=16$ 时，十六进制（hexadecimal notation）计数的表达式为

$$(N)_{16} = \sum_{i=-m}^{n-1} a_i 16^i$$

十六进制的特点是有 16 个数位，基为 16，系数在 0～15 这 16 个数字中取值，其中 0～9 仍为十进制中的数码，10～15 这 6 个数通常用字符 A、B、C、D、E、F 表示，每个数位上的权是 16 的某次幂。在进行加、减法运算时，采用"逢十六进一，借一当十六"的运算规则。

【例 4-8】 将十六进制数 $(23AB.4C)_{16}$ 按权展开。

【解析】 $(23AB.4C)_{16} = 2\times16^3 + 3\times16^2 + 10\times16^1 + 11\times16^0 + 4\times16^{-1} + 12\times16^{-2}$。

【例 4-9】 求 05C3+3D25 的值。　　　　　【例 4-10】 求 3D25－05C3 的值。

$$\begin{array}{r} 05C3 \\ +\quad 3D25 \\ \hline 42E8 \end{array} \qquad\qquad\qquad \begin{array}{r} 3D25 \\ -\quad 05C3 \\ \hline 3762 \end{array}$$

3. 常用进位制的比较

对于各种进位计数制，除了使用下标法，还可以在数的末尾加一个英文字母以示区别。为了便于对照，表 4-1 中列出了 4 种计数制的表示方法。

表 4-1　十进制、二进制、八进制、十六进制的表示方法

十进制	二进制	八进制	十六进制	十进制	二进制	八进制	十六进制
0	0000B	0Q	0H	8	1000B	10Q	8H
1	0001B	1Q	1H	9	1001B	11Q	9H
2	0010B	2Q	2H	10	1010B	12Q	AH
3	0011B	3Q	3H	11	1011B	13Q	BH
4	0100B	4Q	4H	12	1100B	14Q	CH
5	0101B	5Q	5H	13	1101B	15Q	DH
6	0110B	6Q	6H	14	1110B	16Q	EH
7	0111B	7Q	7H	15	1111B	17Q	FH

其中，B 是 Binary 的缩写，表示二进制数；O 是 Octal 的缩写，表示八进制数（为了避免与 0 混淆，可写成 Q）；H 是 Hexadecimal 的缩写，表示十六进制数；D 是 Decimal 的缩写，表示十进制数。十进制数的后缀可省略，但其他进位制数的后缀不可省略。例如：

$$(331.25)_{10} = (101001011.01)_2 = (513.2)_8 = (14B.4)_{16}$$
$$= 101001011.01B = 513.2Q = 14B.4H$$

从以上实例可知，计算机中各种进位计数制的算术运算（arithmetic operation）规则的关键是掌握"逢 r 进一、借一当 r"的特点。无论是二进制、八进制还是十六进制，其进位的概念与十进制的相同。与此同时，二进制乘、除运算法则与十进制的类似。

4.1.2　数制之间的转换

计算机处理数据时使用的是二进制数，而人们习惯于十进制数，于是出现了不同数制间的转换问题。常用的数制转换有二进制、八进制、十六进制和十进制之间的相互转换。正是这种

转换，为简化计算机电路设计、计算机程序设计、计算机使用操作等提供了极大便利。

1. r 进制转换为十进制

将 r 进制转换为十进制，是指将二进制、八进制、十六进制的数转换为十进制的数。事实上，任一个用 r 进制表示的数都可用通式 $\sum_{i=-m}^{n-1} a_i r^i$ 转换为十进制数，通常使用的转换方法是按"权"相加法。转换时，先把各位数码与它们的权相乘，再把乘积相加，便得到了一个十进制数，这种方法称为按权展开相加法。

【例 4-11】 $(100011.1011)_2 = 1 \times 2^5 + 1 \times 2^1 + 1 \times 2^0 + 1 \times 2^{-1} + 1 \times 2^{-3} + 1 \times 2^{-4} = (35.6875)_{10}$。

【例 4-12】 $(37.2)_8 = 3 \times 8^1 + 7 \times 8^0 + 2 \times 8^{-1} = (31.25)_{10}$。

【例 4-13】 $(AF8.8)_{16} = 10 \times 16^2 + 15 \times 16^1 + 8 \times 16^0 + 8 \times 16^{-1} = (2808.5)_{10}$。

2. 十进制转换为 r 进制

将十进制转换为 r 进制的常用方法是把十进制整数和小数分别进行处理，称为基数乘除法，整数部分用除基取余法，小数部分用乘基取整法，最后把它们合起来。

（1）除基取余法。整数部分用基值重复相除的方法，即除基值取余数。设 $r=2$，则对被转换的十进制数逐次除以 2，每除一次，必然得到一个余数 0 或 1，一直除到商为 0 为止。最先的余数是二进制数的低位，最后的余数是二进制数的高位。

【例 4-14】 $327=(\ ?\ )_2$，求解过程如下：

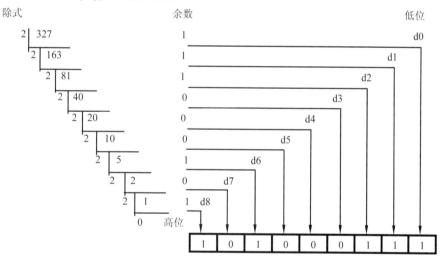

即 $(327)_{10}=(101000111)_2$。

用与此类似的方法也可以进行十进制整数→八进制整数的转换和十进制整数→十六进制整数的转换，所不同的只是用 8 或 16 去除。

【例 4-15】 $(1109)_{10}=(\ ?\ )_8$

即$(1109)_{10}=(2125)_8$。

（2）乘基取整法。用基数 2 去乘十进制纯小数，如整数部分为 1，则先得到所求十进制小数的最高位，然后去掉乘积的整数部分，再用 2 去乘余下的纯小数部分，如此继续，直到乘积全部为整数或已满足要求的精度，所得各整数就是所求二进制小数的各位值。

【例 4-16】　$(0.5625)_{10}=(\ ?\ )_2$

整数部分		0.5625
	$\times$	2
高位　1		.1250
	$\times$	2
0		0.2500
	$\times$	2
0		0.5000
	$\times$	2
低位　1		.0000

即　$(0.5625)_{10}=(0.1001)_2$。

用类似方法也可以进行十进制小数→八进制小数的转换或者十进制小数→十六进制小数的转换，不同的只是用 8 或 16 去乘。

【例 4-17】　$(0.6328125)_{10}=(\ ?\ )_8$

整数部分		0.6328125
	$\times$	8
高位　5		.0625000
	$\times$	8
0		0.5000000
	$\times$	8
低位　4		.0000000

即　$(0.6328125)_{10}=(0.504)_8$。

由此可知，不同数制小数的转换方法是完全相同的。如果一个数既有整数部分又有小数部分，则将这两部分分别按除基取余法和乘基取整法，再合并，即为实型数的转换结果。

3．二进制数、八进制数、十六进制数间的转换

计算机中常用数制的转换有二进制、八进制、十六进制，由于二进制的权值 2^i 和八进制的权值 $8^i=2^{3i}$ 及十六进制的权值 $16^i=2^{4i}$ 都具有整指数倍数关系，即 1 位八进制数相当于 3 位二进制数，1 位十六进制数相当于 4 位二进制数，故可按如下方法进行转换。

（1）二进制数与八进制数的转换。通常采用"分组法"，当把二进制数转换成八进制数时，以小数点为界，将整数部分从低向高每 3 位为一组（最后一组不足 3 位，在最左端高位添 0，凑足 3 位）；小数部分从高向低每 3 位为一组（最后一组不足 3 位，在最右端添 0，凑足 3 位）。将各组的 3 位二进制数按 2^2、2^1、2^0 权展开后相加，得到 1 位 8 进制数，由此便完成了转换。

【例 4-18】　把二进制数 01110101.10100111 转换成八进制数。转换方法如下：

01110101.10100111 B　分组如下：

以小数点.为分组起点

添 0 凑足三位　　001　110　101 . 101　001　110　　添 0 凑足三位

对应八进制数　　　1　6　5 . 5　1　6

即　01110101.10100111 B＝165.516Q。

　　当把八进制数转换成二进制数时，其转换是上述的逆过程，即将每位八进制数分别用对应的 3 位二进制数表示。

　　【例 4-19】　把八进制数 6543.21 转换成二进制数。转换方法如下：

```
 6     5     4     3  .  2     1
 ↑     ↑     ↑     ↑  ↕  ↑     ↑
110   101   100   011 . 010   001
```

即 6543.21Q＝110101100011.010001 B。

　　（2）二进制数与十六进制数的转换。二进制数与十六进制数的转换方法与二进制数与八进制数的转换方法相似，但它是按 4 位分组，整数不足在高位添 0，凑足 4 位；小数不足在低位添 0，凑足 4 位。

　　【例 4-20】　把二进制数 01110101.10100111 转换成十六进制数。转换方法如下：

01110101 . 10100111 B　分组如下：

↕

以小数点 . 为分组起点

↕

添 0 凑足四位　　　0111　　0101　　.　　1010　　0111

　　　　　　　　　　↑　　　↑　　　↕　　　↑　　　↑

对应十六进制数　　　7　　　5　　　.　　　A　　　7

即 01110101.10100111B＝165.516Q＝75.A7H。

　　【例 4-21】　把十六进制数 F8E5.DA3 转换成二进制数。转换方法如下：

```
  F     8     E     5  .  D     A     3
  ↑     ↑     ↑     ↑  .  ↑     ↑     ↑
1111  1000  1110  0101 . 1101  1010  0011
```

即 F8E5.DA3H＝1111100011100101.110110100011B。

　　八进制数与十六进制数之间是否需要转换？如何实现转换？这一问题留给读者思考。

　　〖提示〗　由于二进制的权值是 2^i，八进制的权值是 $8^i=2^{3i}$，十六进制的权值是 $16^i=2^{4i}$，它们之间具有整指数倍数关系，即 1 个八进制数恰好用 3 个二进制位描述，1 个十六进制数恰好用 4 个二进制位描述。正是因为这样，才能使电路器件得到充分利用。二进制数、八进制数、十六进制数、十进制数、r 进制数之间的转换关系如图 4-1 所示。

图 4-1　常用数制之间的转换关系

4．十进制数的二进制编码

　　人们习惯使用十进制数，所以一般计算问题的原始数据都是十进制数，而机器的运算则用二进制数。因此，在计算机输入和输出数据时，必须进行十进制→二进制和二进制→十进制的进制转换处理。当然，数码转换工作是由计算机输入输出系统自动完成的，即在键盘上输入各种数字（或字符）时，键盘中的电路便按 ASCII 值进行转换，把输入的十进制数转换成二进制代码形式。以二进制数形式表示十进制数的编码称为十进制数的二进制编码（Binary-Code Decimal，BCD）。

由于十进制数有 10 个数码（0，1，2，…，9），因此需要取 4 位二进制数表示 1 位十进制数，这 4 位二进制数自左至右，4 位二进制与十进制的对应关系如表 4-2 所示。

从表 4-2 可以看出，每位的权分别是 8、4、2、1，因此，可以把具有这一规律的编码称为 8421 码，即

1000　　0100　　0010　　0001
　↑　　　　↑　　　　↑　　　　↑
　8　　　　4　　　　2　　　　1

这种编码不仅简单，而且容易理解和记忆，每位的权和二进制数的位是一致的。

4 位二进制码能表示 16 种状态，所以其中的 1010、1011、1100、1101、1110、1111 数码是多余的。从 16 种状态中选取 10 种状态，便形成了不同的编码方法。用 4 位二进制码表示 1 位十进制数的编码方案很多，选择编码方案的原则是既要便于运算，又要便于与二进制数转换，并便于校正错误等。目前，常用的编码除了上述 8421 码，还有 2421 码、余 3 码和循环码，其编码思想是相似的，这里不予详细介绍。

表 4-2　二进制与十进制的对应关系

二　进　制				十进制
0	0	0	0	0
0	0	0	1	1
0	0	1	0	2
0	0	1	1	3
0	1	0	0	4
0	1	0	1	5
0	1	1	0	6
0	1	1	1	7
1	0	0	0	8
1	0	0	1	9
1	0	1	0	10
1	0	1	1	11
1	1	0	0	12
1	1	0	1	13
1	1	1	0	14
1	1	1	1	15

进位计数制及其转换为计算机中的数据处理奠定了基础。计算机处理的数据可以分为数值型数据和非数值型数据：数值型数据（numeric data）是指数学中的代数值，具有量的含义；非数值型数据（non-numeric data）是指输入计算机的其他信息，没有量的含义，这类数据包括字符数据、逻辑数据、多媒体数据。无论是数值型数据还是非数值型数据，在进行数据处理之前，必须将它们进行编码，只有在形成由 0 和 1 组成的二进制代码后才能进行信息处理。

4.2　数值数据的编码表示——"语义符号数值化"的基本思维

数值数据用来描述数值的大小，不仅有正负之分，还有整数和小数之分。由于计算机只能使用二进制数 0 和 1 来表示各类数据，那么，如何表示整型数据中的正负符号、实型数据中的小数点"."，以及如何实现简化运算呢？这就需要编码处理，即实现语义符号数值化。

4.2.1　整型数的编码表示

整型数可分为无符号整数和有符号整数，最简单的表示方法是无符号整数的所有数位全部用来表示数值的大小，而有符号整数是最高位用来表示数的正负，其他位表示数值的大小。但这种表示方法既不便于计算机统一处理，也不便于简化运算，因而采用多种编码表示方法。

1. 机器数与真值

为了使计算机能表示+、−符号，最简单、有效的编码方法是用 0 表示+，用 1 表示−。例如，

$$N1 = +0101011 \quad 和 \quad N2 = -0101011$$

可将其编码表示为

$$N1 = \mathbf{0}0101011 \quad 和 \quad N2 = \mathbf{1}0101011$$

这样，机器内部的数字和符号便都用二进制代码统一了。这种用数字编码 0 和 1 来表示正负符号的方法被称为"语义符号化"，它为数据表示和运算提供了极大的方便。

由于计算机字长是一定的，因此带符号位与不带符号位的数值范围是有区别的。如果不带符号位，则机器字长的所有位数都可用于表示数值；如果带符号位，则最高位为符号位，其余 $n-1$ 位表示数值。例如，机器字长为 8 位的不带符号位与带符号位所表示的数值范围如图 4-2 所示。

图 4-2 不带符号位与带符号位的数值区别

通常把由数值和符号两者合在一起构成数的机内表示形式称为机器数（也称为机器码），把所表示的真正数值称为这个机器数的真值。例如，一个带有符号位的 n 位二进制数，可以表示为 $x_n x_{n-1} \cdots x_2 x_1$，这就是机器数。其中，最左位 x_n 称为符号位，用 0 表示正，用 1 表示负；$x_{n-1} \cdots x_2 x_1$ 称为数值位，是机器数的真值。然而，计算机是对机器数进行运算的，而最终需要的是真值，因此，总希望机器数尽可能满足如下要求。

（1）机器数与真值之间的转换既要简单，又要直观；

（2）机器数必须能为计算机所表示；

（3）机器数的运算规则要简单，即计算机只表示不带+、-符号的正数。

显然，用 0 和 1 表示正负能满足前两个要求，但满足不了第 3 个要求。为此，必须从另一途径来找机器数：对于正的真值，机器数就取其真值；对于负的真值，则通过某种变换将其变为正值，以得到对应的机器数。通过将"减"运算变换为"加"运算，不仅可以简化运算规则，还可以简化电路设计，其变换方式是利用原码和反码求其补码来实现的。

2. 原码表示法

原码（true form）表示法实际上是机器数表示法，即用符号位和数值位两部分共同表示一个带符号数。原码表示法规定：设字长为 n 位，最高位为符号位，正数的符号位用 0 表示，负数的符号位用 1 表示，其余 $n-1$ 位为数值位。例如，用 4 位二进制表示一个带符号的二进制数，其最高位为符号位，用 0 表示正数，用 1 表示负数。这样把所有 4 位二进制数分成两个范围，0000～0111 表示正整数，1000～1111 表示负整数，表示的数值大小如图 4-3 所示。

图 4-3 4 位存储单元的二进制原码表示法

设真值为 X，其原码记为 $X_{原}$，机器字长为 n 位，对于整数而言，其数值范围为

$$X_{原} = \begin{cases} X, & 0 \leqslant X \leqslant 2^{n-1}-1 \\ 2^{n-1}-X=2^{n-1}+|X|, & -(2^{n-1}-1) \leqslant X \leqslant 0 \end{cases}$$

即用原码表示法，在 n 位单元中可存储的 X 数值范围为 $-(2^{n-1}-1) \sim +(2^{n-1}-1)$。如果用 8 位二进制数表示数据，最高位为符号位，则原码的最大数为 **0 1111111**，最小数为 **1 1111111**，即整数原码表示的范围为-127～+127。16 位二进制整数原码的表示范围为-32767～+32767。

从图 4-3 可知，原码表示法简单直观，也便于直接进行乘除运算，原码表示法具有如下性质。

（1）在原码表示法中，机器数的最高位是符号位，且用 0 代表+，用 1 代表-，后面各位是数的绝对值，即 $X_{原}$=符号位+$|X|$。

【例 4-22】 $X_1 = +1001000$，$X_2 = -1001000$，求其相应的原码（n=8）。

求 X_2 的原码实际上是求真值 X_1 和 X_2 的机器码，$[X_1]_{原} = 01001000$，$[X_2]_{原} = 11001000$。如果按照定义，则 $[X_1]_{原} = 01001000$，$[X_2]_{原} = 10000000(即27)-(-1001000)=11001000$。

（2）在原码表示法中，0 的表示不是唯一的，有两种编码表示，对于 8 位字长，可以有

$$[+0]_{原} = 00000000 \qquad [-0]_{原} = 10000000$$

（3）在原码表示法中，不能用它直接对两个异号数原码相加或两个同号数原码相减。

【例 4-23】 将十进制数 35 与 65 两个同号数的原码直接相减，即计算 35-65。

$$[35]_{原} = 00100011 \qquad [65]_{原} = 01000001$$
$$[35]_{原} - [65]_{原} = 00100011 - 01000001 = 11100010$$

其结果的符号位为 1，表示负数，真值为 1100010，即等于十进制数-98，显然是错误的。

【例 4-24】 将十进制数 35 与-65 两个异号数的原码直接相加，即计算 35+(-65)。

$$[35]_{原} = 00100011 \qquad [-65]_{原} = 11000001$$
$$[35]_{原} + [65]_{原} = 00100011 + 11000001 = 11100100$$

其结果的符号位为 1，表示负数，真值为 1100100，即等于十进制数-100，显然也是错误的。那么，如何解决对两个同号数相减或两个异号数相加的问题呢？用补码表示法可以解决这类问题。

3. 反码表示法

反码（one's complement）是一种过渡编码，其目的是获取补码。反码表示法的特点是电路实现和运算都很简单。反码表示法规定：<u>正数的反码与原码相同，负数的反码是原码，符号位不变，数值位 0 变 1，1 变 0</u>。4 位存储单元的二进制反码表示法如图 4-4 所示。

图 4-4　4 位存储单元的二进制反码表示法

设真值为 X 的反码记为 $[X]_{反}$，机器字长为 n 位，对于整数而言，其数值范围为

$$[X]_{反} = \begin{cases} X, & 0 \leqslant X \leqslant 2^{n-1}-1 \\ 2^n-1+X, & -(2^{n-1}-1) \leqslant X < 0 \end{cases}$$

即利用反码表示法，在 n 位单元中可存储的 X 数值范围为 $-(2^{n-1}-1) \sim +(2^{n-1}-1)$。

从图 4-4 可知，反码表示法简单直观，并具有如下性质：

（1）在反码表示法中，0 的表示不是唯一的，也有两种编码表示，对于 8 位字长而言：

$$[+0]_反=00000000，[-0]_反=11111111$$

（2）在反码表示法中，两数"和"的反码等于两数反码之"和"，即$[X+Y]_反=[X]_反+[Y]_反$，并且在用反码进行两数相加时，若最高位有进位，必须把该进位值加到结果的最低位才能得到真正的结果，称为"循环进位"。循环进位相当于又一次加法运算，因而会影响运算器的速度。

【例 4-25】　$X=+1011$，$Y=+0100$，求 X 与 Y 之和的反码。

由于$[X]_反=01011$，$[Y]_反=00100$，则$[X+Y]_反=[X]_反+[Y]_反=01011+00100=01111$，最高位无进位，得到真正的结果为$[X+Y]_反=01111$。

【例 4-26】　$X=+1011$，$Y=-0100$，求 X 与 Y 之和的反码。

$[X]_反=01011$，$[Y]_反=11011$，$[X+Y]_反=[X]_反+[Y]_反=01011+11011=100110$，最高位有进位，加到结果的最低位，即 $100110→00110+1=00111$。

由此表明，反码不能简化计算，并且可以验证，任何一个数的反码的反码即为原码本身。

4．补码表示法

引入补码（two's complement）的目的是简化负数的运算，即实现 $A-B=A+(-B)=A+X=C$。因此，求补码的实质就是如何将$-B$ 变为 X，这个 X 便是$-B$ 的补码。那么，如何求出$-B$ 的补码 X 呢？

为了求得一个数的补码，引入"模"的概念，它形如钟表时针正反转动的情形。假如钟表所指的时间为 6 点整，若需将它调到 3 点，如图 4-5 所示，可以用两种方法：一是将时针逆时针方向退回 3 格；二是将时针顺时针方向向前拨 9 格。两种方法都会使时针对准到 3 点，即

$$6-3=3$$
$$6+9=15-12=3（自动丢失了 12）$$

6-3 与 6+9 之所以具有同样的结果，是因为钟表的刻度最大只能表示 12，大于 12 时，12 便丢失，这个被丢失的数 12 称为模，其数学表达式为

$$-3=+9 \ (\mathrm{mod} \ 12)$$

图 4-5　时钟转动示意图

即当 mod 12 时，$-3=+9$ 在数学上称为同余（式）。那么，"模"与补码之间有何关系呢？对时钟而言，模数为 12（即 mod 12），此时-3 与$+9$ 是等价的，故把$+9$ 称为-3 对 12 的补码。利用这一表示方法，便可把减法运算变为加法运算。

因此，补码表示法规定：<u>正数的补码与原码相同，负数的补码是原码符号位不变，数值位取反，然后在末位加 1</u>。例如，4 位存储单元的二进制补码表示法如图 4-6 所示。

图 4-6　4 位存储单元的二进制补码表示法

设真值 X 的补码记为$[X]_补$，机器字长为 n 位，对于整数而言，其数值范围为

$$[X]_{补} = \begin{cases} X, & 0 \leqslant X \leqslant 2^{n-1}-1 \\ 2^n + X, & -2^{n-1} \leqslant X < 0 \end{cases} \quad (\text{mod } 2^n, \text{当结果超过 } 2^n \text{ 时，丢掉进位})$$

即利用补码表示法，在 n 位单元中可存储的 X 数值范围为 $-2^{n-1} \sim +(2^{n-1}-1)$。

从图 4-6 可知，补码表示法具有如下性质。

（1）在补码表示法中，正数的补码是原码，负数的补码为反码的最低位加 1，$[X]_{补}=[X]_{反}+1$。

【例 4-27】 假设字长为 8 位，求十进制数 +78 和 -78 的补码。

因为 $(78)_{10}=(1001110)_2$，所以

$[+78]_{原}=[+78]_{补}=01001110$，$[-78]_{原}=11001110$，$[-78]_{补}=[-78]_{反}+1=10110010$

（2）在补码表示法中，在由反码转换为补码时，如果符号位有进位，则按位取模，丢掉该进位。

【例 4-28】 $X=+0000000$，$Y=-0000000$，求 $[X]_{补}+[Y]_{补}$。

$[X]_{补}+[Y]_{补}=[00000000]_{补}+[11111111]_{反}+1=00000000+00000000=00000000$

这一性质表明，0 的补码是唯一的，对于 8 位字长而言，$[+0]_{补}=[-0]_{补}=00000000$。

〖提示〗 在求补码过程中，只要结果不超出机器能表示的数值范围，运算后的结果按 2 取模后所得到的新结果就是本次加法运算的结果（符号位与数值位都是正确的补码表示）。

（3）两数"和"的补码或两数"差"的补码等于两数的补码之"和"，并且在进行加法运算时，可以把符号位与数值位同等处理（符号位也参与运算）。其运算表达式为

$$[X+Y]_{补}=[X]_{补}+[Y]_{补} \qquad [X-Y]_{补}=[X+(-Y)]_{补}=X+(-Y)_{补}$$

【例 4-29】 利用补码计算十进制数 35 与 -65 两个数之和，即 35+(-65)=?

因为 $[+35]_{原}=00100011$，$[+35]_{补}=00100011$，$[-65]_{原}=11000001$，$[-65]_{补}=10111111$，所以

$(35)_{10}-(65)_{10}=[+35]_{补}+[-65]_{补}=00100011+10111111=11100010$

其结果 11100010 为补码，对它进行一次求补运算，就得到结果的原码表示，即

$[11100010]_{补}=[10011101]_{反}+1=[10011110]_{原}=-0011110=(-30)_{10}$

〖提示〗任何一个数的反码的反码即为原码本身，任何一个数的补码的补码即为原码本身。

（4）补码运算结果与机器字长有关，因为符号位与普通数位一样参加运算，产生进位。如果运算的结果超出了数的表示范围，则有可能使两个正数相加或两个负数相加的结果为负数。

【例 4-30】 某计算机用 2 字节表示整数，若进行 30000+20000 运算，则计算过程如下：

```
  (30000)补=0111010100110000
 +(20000)补=0100111000100000
─────────────────────────
  (结果)补=1100001101010000      符号位变为 1，使其结果变为了负数
  (结果)反=1011110010101111      对运算结果 1100001101010000 求反的结果
  (结果)原=1011110010110000      对求反结果+1 后，相当于十进制数 -15536
```

30000+20000=1011110010110000=-15536 显然是错误的。之所以导致错误，是因为机器字长不够。如果用 4 字节来实现 30000+20000 加法运算，就不会出现这个问题了。

〖提示〗 通过补码表示，可以把减法运算变为加法运算。这样不仅可以提高计算机的运算速度，在设计计算机硬件系统时，还可以省去减法运算电路，从而简化计算机电路的实现，降低电路的复杂程度，提高硬件系统的可靠性。因此，计算机中的加减运算都采用补码运算方式。

5．原码、反码和补码的比较

采用原码、反码和补码来描述数据的目的是便于负数的运算处理，对原码求反码是为了求取补码，即$[X]_{补}=[X]_{反}+1$。原码、反码和补码表示的比较如图 4-7 所示。

+8 的原码	0	0	0	0	1	0	0	0	正数的原码不变
+8 的反码	0	0	0	0	1	0	0	0	正数的反码与原码相同
+8 的补码	0	0	0	0	1	0	0	0	正数的补码与原码相同
−8 的原码	1	0	0	0	1	0	0	0	负数的原码符号位为 1
−8 的反码	1	1	1	1	0	1	1	1	负数的反码符号位为 1，数值位取反
−8 的补码	1	1	1	1	1	0	0	0	负数的补码是负数反码的末位+1
+0 的反码	0	0	0	0	0	0	0	0	正 0 的反码全部为 0
−0 的反码	1	1	1	1	1	1	1	1	负 0 的反码全部为 1
+0 的补码	0	0	0	0	0	0	0	0	正 0 的补码全部为 0
−0 的补码	0	0	0	0	0	0	0	0	负 0 的补码是负 0 的反码+1，舍弃进位

图 4-7　原码、反码和补码表示的比较

4.2.2　实型数的编码表示

由于计算机中的 0 和 1 已用于表示正、负，因此小数点便用隐含方式表示，并且隐含小数点的位置可以是固定的，也可以是变动的。例如，十进制数 123.45 可以表示为

$$123.45=12345\times10^{-2}=0.12345\times10^{3}=0.012345\times10^{4}=0.0012345\times10^{5}$$

同样，二进制数也有类似的表示方法。例如，10101.11 和−10101.11 可以表示为

$$+10101.11=01010111\times2^{-2}=00.1010111\times2^{5}=00.01010111\times2^{6}$$
$$-10101.11=11010111\times2^{-2}=10.1010111\times2^{5}=10.01010111\times2^{6}$$

由此看出，对一个任意 r 进位制实型数 N，总可以写成下列形式：

$$(N)_r=\pm M\times r\pm E$$

其中，±称为"符号位"，正值数据用符号 0 表示，负值数据用符号 1 表示；M 称为数 N 的尾数（mantissa），表示数 N 的有效数字；r 称为数 N 的阶码的底；E 称为数 N 的阶码（exponent），表示数的范围。显然，E 与小数点的位置有关。因此，根据 M 和 E 取值规定不同，实型数的小数点可以用两种方法表示，即定点表示法和浮点表示法。

1．定点表示法

定点（fixed point）表示法是指在计算机中约定小数点在数据中的位置是固定不变的，用定点表示法表示的数据称为定点数。定点数规定，参与运算的各数的阶码是恒定的，即小数点位置是固定不变的。阶码 E 恒定的最简单情况是 $E=0$，此时 $N=M$，在机器中只需表示尾数部分及其符号即可。如果将小数点的位置定在尾数的最高位之前，则尾数 M 成为纯小数，被称为定点小数；如果将小数点的位置定在尾数的最低位之后，则尾数 M 成为纯整数，被称为定点整数。因此，定点数的格式有以下两种形式，如图 4-8 所示。

符号位	尾　数

隐含小数点

符号位	尾　数

图 4-8　定点表示法

（1）定点小数指小数点的位置隐含固定在符号位之后，最高有效位之前。显然，这是一个纯小数，其绝对值小于 1。

【**例 4-31**】　设计算机字长为 16 位，用定点小数表示 0.625。

因为 $0.625=(0.101)_2$，设计算机字长为 16 位，则在计算机内的表示形式如图 4-9 所示。

图 4-9　计算机内的定点小数表示法

（2）定点整数指小数点的位置隐含固定在最低有效位之后，显然，这是一个纯整数。

【**例 4-32**】　设计算机字长为 16 位，用定点整数表示 387。

因为 $387=(110000011)_2$，则在计算机内的表示形式如图 4-10 所示。

图 4-10　计算机内的定点整数表示法

【**提示**】　定点表示法中小数点的位置是已设计好的，所以在实际应用中不需要用户考虑小数点的位置问题。由于定点数所能表示的数据范围非常有限，为了扩大数据的表示范围，人们设计了浮点表示法。

2．浮点表示法

浮点（floating point）表示法是指在计算机中约定小数点在数据中的位置是浮动的，用浮点表示法表示的数据称为浮点数。浮点数规定，参与运算的各个数的阶码 E（小数点的位置）是可变动的。小数点的位置规定在尾数最高位之前的数称为浮点小数，而把小数点的位置规定在尾数最低位之后的数称为浮点整数。设计算机字长为 32 位，用 4 字节表示浮点数，阶码部分为 8 位补码定点整数，尾数部分为 24 位补码定点小数，则浮点数的一般格式如图 4-11 所示。

31	30	…	23	22	…	0
阶符 e_s	e			尾符 m_s	尾数 m	
← 阶码 E →				← 尾数 M →		

图 4-11　浮点数的一般格式

其中，阶符 e_s 为阶码符号，正号表示小数点右移，负号表示小数点左移；e 为阶码的位数，即小数点移动的位数；尾符 m_s 为尾数符号，表示该浮点数的正负；m 为尾数的长度。

在大多数计算机中，阶码为定点整数，常用补码表示；尾数为纯小数，常用原码或补码表示。为了提高精度，通常尾数的最高位必须是非零的有效位，称为浮点数的格式化形式。由于其阶码为 8 位，则阶码最大值为 $2^7-1=127$，阶码最小值为 $-2^7=-128$，所表示数的范围为 $-1 \times 2^{127} \sim (1-2^{-23}) \times 2^{127}$。

在浮点数中，基数 r 通常取 2、8、16，一旦计算机定义了基数值就不能再改变。数的浮点表示一般使用 16 位以上的二进制位。设定字长为 16 位，前 5 位表示阶码的符号及其数值，后 11 位表示尾数的符号及其数值，其一般格式如图 4-12 所示。

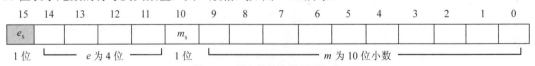

图 4-12　浮点数的数据表示格式

按此表示格式，数 101.1 和 10.11 在机器中的实际表示形式如图 4-13 所示。

| e_s | 0 | 0 | 1 | 1 | m_s | 1 | 0 | 1 | 1 | 0 | 0 | 0 | 0 | 0 | 0 |
| e_s | 0 | 0 | 1 | 0 | m_s | 1 | 0 | 1 | 1 | 0 | 0 | 0 | 0 | 0 | 0 |

图 4-13　数 101.1 和 10.11 在机器中的表示形式

由此看出，浮点数的表示范围主要由阶码决定，有效数字的精度主要由尾数决定。

〖提示〗　关于原码、反码、补码表示实型数据时的数据范围，此问题留给读者自行分析。

3．定点表示与浮点表示的比较

定点表示与浮点表示的比较如下。

（1）浮点数的表示范围比定点数大，定点整数比浮点整数表示范围大。

（2）定点数运算比浮点数运算简单，并且比浮点数运算精度高。

〖提示〗　用定点和浮点表示的机器分别称为定点机和浮点机。由于浮点机的运算方法及其控制线路更复杂，因而浮点机比定点机的成本高。现在通常使用的计算机均为浮点机。

4．关于溢出问题

当计算机中参与运算的数超出了计算机所能表示的数据范围时便称为溢出。定点表示法所能表示的数值范围非常有限，所以定点运算时很容易溢出。为此，可用多字节表示一个定点数来扩大定点数的表示范围。一般规定：如果一个数的阶码大于计算机所能表示的最大阶码则称为上溢；如果一个数的阶码小于计算机所能表示的最小阶码则称为下溢。上溢时，计算机将停止运算，则由中断处理程序进行溢出处理；而下溢时，通常把浮点数的各位强迫置零，以便继续运算。

4.3　字符数据的编码表示——"字符信息数字化"的基本思维

字符数据是指字母、数码、运算符号、汉字字符，可以分为两大类，一类是西文字符，另一类是汉字字符。由于计算机只能识别 0 和 1 两种数码，因此字符数据也必须采用二进制编码表示，即用一串二进制数码代表一位数字、一个符号或字符，从而实现字符信息数字化。

4.3.1　西文字符的编码表示

计算机中用得最多的符号数据是西文字符和字符串，符号数据在计算机内是按照事先约定的编码形式存放的。所谓编码，就是用一连串二进制数码代表一位十进制数字或一个字符。计算机中西文字符（字母、数码、运算符）编码的常用方式有标准 ASCII 码、EBCDIC 码和 Unicode 码等。

1．ASCII 编码

ASCII 编码是目前计算机中广泛使用的编码，是美国标准信息交换码（American Standard Code of Information Interchange，ASCII），被国际标准化组织（International Standards Organization，ISO）采纳而成为国际通用的信息交换标准代码。我国于 1980 年颁布的国家标准 GB 1988—1980《信息处理交换用七位编码字符集》也是根据 ASCII 编码制定的，二者只有在极个别地方存在差别。7 位 ASCII 编码及其对应的字符如表 4-3 所示。

表 4-3　　7 位 ASCII 编码及其对应的字符表

$b_3b_2b_1b_0$	高 3 位代码 $b_6b_5b_4$							
	000	001	010	011	100	101	110	111
0000	NUL	DLE	SP	0	@	P	`	p
0001	SOH	DC1	!	1	A	Q	a	q
0010	STX	DC2	"	2	B	R	b	r
0011	ETX	DC3	#	3	C	S	c	s
0100	EOT	DC4	$	4	D	T	d	t
0101	ENQ	NAK	%	5	E	U	e	u
0110	ACK	SYN	&	6	F	V	f	v
0111	BEL	ETB	`	7	G	W	g	w
1000	BS	CAN	(	8	H	X	h	x
1001	HT	EM	)	9	I	Y	i	y
1010	LF	SUB	*	:;	J	Z	j	z
1011	VT	ESC	+	<	K	[	k	{
1100	FE	FS	,	=	L	\	l	|
1101	CR	CS	-	>	M	]	m	}
1110	SO	RS	.	?	N	↑	n	~
1111	SI	US	/	⌣	O	-	o	DEL

标准 ASCII 编码采用 7 位二进制编码来表示各种常用西文符号，因而有 $2^7=128$ 个不同的编码，即可表示 128 个不同的字符。其中，95 个编码对应计算机终端上能输入、显示和打印的 95 个字符，包括英文字母大、小写各 26 个，数字 0～9，通用的运算符和标点符号；其他 33 个字符的编码值为 0～31 和 127，但不对应任何一个可以显示或打印的实际字符，被用作控制码，即控制计算机的某些外围设备的工作特性和某些计算机软件的运行情况。ASCII 编码采用 7 位二进制编码，具有如下两项基本规律。

（1）高低位规律。对数字 0～9 编码，高 3 位为 011，低 4 位为 0000～1001。当去掉高 3 位的值时，低 4 位正好是二进制形式的 0～9，这既满足正常的排序关系，又有利于完成 ASCII 编码与二进制码之间的类型转换。由于存取数据的基本单位是字节，因此，一个字符在计算机内实际上是用 1 字节来表示的，其排列顺序为 $d_7d_6d_5d_4d_3d_2d_1d_0$，并规定 8 个二进制位的最高位 d_7 为 0。在计算机通信中最高位 d_7 常用作奇偶校验位，以检验数据在传输过程中是否发生错误，并予以纠正。

（2）排序规律。英文字母的编码值满足正常的字母排序关系，且大、小写英文字母编码的对应关系相当简便，差别仅表现在 b_5 位的值为 0 或 1，有利于大、小写英文字母之间的编码变换。

【例 4-33】　英文单词 Computer 的二进制书写形式的 ASCII 编码为

01000011 01101111 01101101 01110000 01110101 01110100 01100101 01110010

在计算机中占 8 字节，即一个字符占用 1 字节。如果写成十六进制数形式，则为 43 6F 6D 70 75 74 65 72。

2. EBCDIC 编码

由 7 位二进制编码构成的 ASCII 基本字符集只能表示 128 个字符，不能满足信息处理的需要，为此 IBM 公司对 ASCII 字符集进行了扩充，称为扩展二-十进制交换码（Extended Binary Coded Decimal Interchange Code，EBCDIC），简称扩展码。EBCDIC 编码采用 8 个二进制位表示字符，因而有 256 个编码状态，编码范围为 00000000～11111111，即可表示 256 个字符和图形符号。扩展码中的前 128 个字符的编码与标准 ASCII 字符集相同，主要用于大型计算机系统。

3. Unicode 编码

许多国家的文字编码都是自己制定的，因而各国之间的文字编码都是独立的。随着 Internet 的迅速发展，不同国家（不同语言）之间进行数据交换的需求越来越大，这就要求统一制定文字编码标准，以便在全世界范围内实现文本传输和交流。因此，ISO 于 20 世纪 90 年代初制定了各国文字、符号的统一性编码——Unicode 编码，由 Unicode 公司开发而得名。该编码采用 16 位编码体系，可容纳 65536（2^{16}）个字符编码，因此几乎能够表达世界上所有文字中的不同符号。

Unicode 编码主要用来解决大多数语种的实时、无障碍的信息交换，允许交换、处理和显示多语言文本以及公用的专业符号和数学符号，成为当今最为重要的交换和显示的通用字符编码标准。Unicode 编码适用于所有已知的编码，几乎覆盖世界各国的语言及专业符号，因而 Unicode 编码也被称为统一码或万国码。

4.3.2　汉字字符的编码表示

西文字符编码只对英文字母、数字和标点符号等进行了编码，而汉字属于象形文字（一种特殊的图形符号信息），不但字的数目很多，而且形状和笔画差异很大，故不能用少数确定的符号把它们完全表示出来，因此需要进行特殊编码，并要求这种编码容易与西文字母和其他字符相区别。

为了加速计算机的普及应用，我国从 20 世纪 70 年代开始，将汉字信息处理技术列为国家重点工程，组织我国中文信息专家和学者进行研究，于 1981 年 5 月正式推出了第一个计算机汉字编码系统，即信息交换用汉字编码字符基本集（GB 2312—1980）标准，并在其基础上，形成了汉字内码扩展规范（Chinese internal code specification），且获得国际标准协会的承认，因而该编码标准又被简称为"国标码"。

在计算机中使用汉字时，通常涉及汉字的输入、汉字的存储和汉字的输出，因此汉字的编码通常包括汉字输入码、汉字交换码、汉字机内码、汉字字形码、汉字地址码等。正是这些编码的实现使得现代计算机获得最为广泛的应用。

1. 汉字输入码

汉字输入码（Chinese inputting code）又称为外码，是指为了能够直接使用西文标准键盘把汉字输入计算机中而设计的代码。汉字输入码的设计方案及其编码方式分为以下 4 种。

（1）汉字数字码。用数字串来代表一个汉字输入，如电报码和区位码。在计算机中最常用的编码方法是区位码，是将国家标准局公布的 6763 个两级汉字分为 94 个区，每个区有 94 位，实际上是把汉字表示成二维数组，每个汉字在数组中的下标就是区位码。区位和码位各用两位十进制数字，因此输入一个汉字需要 4 个数字，即按键 4 次。例如，"中"字位于 54 区 48 位，区位码为 5448，在区位码输入方式下输入 5448，便输入了"中"字。汉字数字码的优点是无重码，而且与内部编码的转换比较方便，缺点是代码难以记忆。

（2）汉字拼音码。以汉字拼音为基础的输入方法，如全拼码、双拼码、简拼码等。汉字拼音码的优点是不需要记忆，缺点是因为汉字中的同音字太多，输入重码率太高。

（3）汉字字形码。用汉字的形状来进行编码的输入方法，如五笔字型、表形码等。这类编码对使用者来说需要掌握字根表及部首顺序表，输入重码率比拼音编码低。

（4）汉字音形码。以汉字的音和形相结合的方式来进行编码的输入方法，如自然码等。这种编码的重码率比字音编码低。

2．汉字交换码

汉字交换码（Chinese exchange code）又称为国标码，是指用于汉字信息处理系统之间或通信系统之间进行信息交换的汉字国标码，以使系统、设备之间信息交换时采用统一的编码形式。

（1）汉字与符号的分级。国标码规定了进行一般汉字信息处理时所用的 7445 个字符编码，其中 682 个非汉字图形字符（如序号、数字、罗马数字、英文字母、日文假名、俄文字母、汉语注音等）和 6763 个汉字的代码。其中，一级常用字有 3755 个，二级（次）常用字有 3008 个。一级常用汉字按汉语拼音字母顺序排列，二级常用汉字按偏旁部首排列，部首顺序依笔画多少排序。国标码汉字与符号的存放区域如图 4-14 所示。

汉字和符号（7445 个）
- 汉字（6763 个）
  - 一级常用字有 3755 个，按拼音字母排列，放在 16～55 区
  - 二级（次）常用字 3008 个，按偏旁部首排列，放在 56～87 区
- 符号（682 个），放在 1～9 区

图 4-14　国标码汉字与符号的存放区域

（2）国标码的表示。由于 1 字节只能表示 256 种编码，显然 1 字节不可能表示汉字的国标码，因此一个国标码必须用 2 字节来表示。

（3）国标码的编码范围。为了中英文兼容，GB 2312—1980 规定，国标码中的所有汉字和字符的每字节的编码范围与 ASCII 表中的 94 个字符编码相一致。所以，其编码范围是 2121H～7E7EH。区位码是国标码的另一种表现形式，国标码与区位码之间的转换关系可表示为

$$国标码=区位码的十六进制区号位号数+2020H$$

【例 4-34】 汉字"中"的区位码是 5448，表示成十六进制数为 3630H。因此，汉字"中"的国标码为 3630H+2020H=5650H。同理，汉字"国"的区位码是 2590，表示成十六进制数为 195AH。因此，汉字"国"的国标码为 195AH+2020H=397AH。

3．汉字机内码

汉字机内码（Chinese machine code）又称为汉字内码，是指汉字信息处理系统内部存储、交换、检索等操作统一使用的二进制编码。西文字符的机内码是 7 位 ASCII 编码，编码值是 0～127，当用 1 字节存放一个字符时，字节最高二进制位的值为 0。可以设想，当该位的值为 1 时，该字节的内容被理解为汉字编码，但最多只有 128 个编码。为此，可用两个连续的字节表示一个汉字，最多能表示出 128×128=16384 个汉字。在 GB 2312—1980 规定的汉字国标码中，将每个汉字的 2 字节的最高位都设置为 1，这种方案通常被称为二字节汉字表示，目前被广泛使用。汉字的区位码、国标码与机内码之间的转换关系如图 4-15 所示。

图 4-15　区位码、国标码与机内码之间的转换关系

国标码=区位码+2020H（即把区位码的区号和位号分别加上十进制数 32）。

机内码=国标码+8080H（即把国标码的高位字节和低位字节分别加上十进制数 128）。

机内码=区位码+A0A0H（即把区位码的区号与位号分别加上十进制数 160）。

例如，汉字"中"的国标码为 5650H，那么它的机内码应该是 5650H+8080H=D6D0H；汉字"国"的国标码为 397AH，那么它的机内码应该是 397AH+8080H=B9FAH；汉字"啊"的国标码为 3021H，那么它的机内码应该是 3021H+8080H=B0A1H。

4．汉字字形码

汉字字形码（Chinese font code）又称为字模码，是指汉字库中用点阵表示的汉字字模代码。由于该编码是用来显示和打印汉字，因而又称为汉字输出码，并且分为点阵表示法和矢量表示法。

（1）点阵表示法。英文字符由 8×8=64 个小点（横向和纵向都用 8 个小点）就可以显示。汉字是方块字，可将方块等分成 n 行 n 列的格子。凡笔画所到的格子为黑点，用二进制数的 1 表示，否则为白点，用二进制数 0 表示。这样，一个汉字的字形就可以用一串二进制数表示了。例如，用 16×16 汉字点阵有 256 个点，需要 256 位二进制位来表示一个汉字的字形码，称为汉字点阵的二进制数字化。若以 16×16 点阵"中"字为例，字形点阵与字形码如图 4-16 所示。

(a) 汉字字形点阵示意图　　　　　　　　　(b) 二进制字形码

图 4-16　汉字字形点阵与汉字字形码

根据汉字输出的要求不同，点阵的多少也不同。简易型汉字为 16×16 点阵，普通型汉字为 24×24 点阵，提高型汉字为 32×32 点阵，甚至更高。因此，字模点阵越高，所占存储空间越大。以 16×16 点阵为例，需要 16×16=256 个二进制位。由于 8 位二进制位组成 1 字节，所以需要 256/8=32 字节，即每个汉字要占用 32 字节的存储空间。同理，24×24 点阵的字形码需要 24×24/8=72 字节的存储空间；32×32 点阵的字形码需要 32×32/8=128 字节的存储空间。

点阵越高，字形的质量越好，但存储汉字字形码占用的存储空间也相应越多。用于排版的精密型汉字字形点阵一般在 96×96 点阵以上，由于存储的信息量大，所以通常采用信息压缩技术。字模点阵只用来构成汉字库，而不用于机内存储。字库中存储了每个汉字的点阵代码，并且仅当显示输出或打印输出时才检索字库，输出字模点阵得到字形。为了满足不同的需要，出现了各式各样的字库，如宋体、仿宋体、楷体、简体和繁体等字库。

（2）矢量表示法。矢量表示法是对汉字轮廓特征的描述，即输出汉字时通过数学计算，由汉字字形描述生成汉字所需大小和形状，与显示文字的大小和分辨率无关。它能克服汉字点阵字形放大后出现"锯齿"的现象，Windows 中文版采用矢量表示法，可以实现无级放大，使输出的汉字美观、清晰。

5. 汉字地址码

汉字地址码（Chinese address code）是指汉字库中存储汉字字形信息的逻辑地址码。汉字库中字形信息是按一定顺序（汉字交换码中的排序）连续存放在存储介质上的，所以汉字地址码大多是连续有序的，而且与汉字内码间有着简单的对应关系，以简化汉字内码到汉字地址码的转换。

6. 汉字代码之间的关系

汉字的输入、处理和输出的过程是各种代码之间的转换过程，即汉字代码在系统有关部件之间流动的过程。汉字处理系统的工作过程如图4-17所示，汉字代码转换关系如图4-18所示。

图 4-17　汉字处理系统的工作过程　　　　　　图 4-18　汉字代码转换关系

汉字输入码向机内码的转换，是通过使用输入字典（或称索引表，即外码与内码的对照表）实现的。一般的系统具有多种输入方法，每种输入方法都有各自的索引表。在计算机的内部处理过程中，汉字信息的存储和各种必要的加工以及向软盘、硬盘或磁带存储汉字信息都是以汉字机内码形式进行的。而在汉字通信过程中，处理机将汉字内码转换为适合通信用的交换码以实现通信处理。在汉字的显示和打印输出过程中，处理机根据汉字机内码计算出地址码，按地址码从字库中取出汉字字形码，实现汉字的显示或打印输出。有的汉字打印机，只要送出汉字机内码就可以自行将汉字印出，汉字机内码到字形码的转换由打印机本身完成。

4.3.3　综合实例——字符处理

计算机显示的字符包括西文字符和汉字字符，这里以西文和汉字显示为例，说明字符处理过程。

1. 西文字符的处理过程

当我们在键盘上按下一个键、输入一个西文字符或汉字的输入码时，计算机是怎样识别输入的字符的呢？例如，按下字母B时，显示器上马上会出现B，但B并不是从键盘直接送到显示器上的，而要通过计算机处理。计算机对B的输入、显示过程如图4-19所示。

图 4-19　字符B的输入和显示过程

可以看出，从输入 B 到显示 B 的过程如下（虚线表示在 CPU 控制下进行）。

（1）当 B 被按下时，键盘会把 B 的键盘编码（键盘扫描码）送到一个程序。

（2）键盘扫描码转换程序被执行（图 4-19 中的虚线表示 CPU 控制执行），把 B 的键盘扫描码转换成 B 的 ASCII 值 01000010（即 66）并送到内存（被存放在显示缓冲区）。

（3）CPU 利用 01000010（B 的 ASCII 值）在 16×16 点阵的字库中找到 B 的字形码（16 行16 列的二进制码）首地址。

（4）从首地址开始把连续的 256 位二进制数送到显示器，显示器把 0 表示成黑色，把 1 表示成白色，这样就得到黑底白字的 B。

2．汉字字符的处理过程

汉字字符的显示过程与西文字符相似，其中会用到汉字的各种编码。假设"人"为 16 点阵的宋体字，"民"是 16 点阵的"隶书"，则"人民"两字的处理过程如图 4-20 所示。

图 4-20　汉字的输入和显示过程

（1）键盘把用户输入的拼音 renmin 送到输入法处理程序。

（2）汉字输入法程序把 renmin 转换成"人民"的内码，并把这两个编码存储在内存中。

（3）根据汉字的内部码，计算出它的点阵字形码在字库中的地址（即"人"的字形码在字库中的起始位置）。汉字有各种不同的字体，如宋体、楷体、行书、黑体……每种字体都有相应的字库，它们都是独立的。因为"人"被设置为 16 点阵宋体字，所以计算机就根据"人"的内码在 16 点阵的宋体字库中找到"人"的字形码的第 1 字节。

（4）从"人"的字形码首地址开始，把连续的 256 位（32 字节）二进制信息送到显示器，显示器把 0 表示为黑色，把 1 显示成白色，这样显示器上出现了黑底白字的"人"字。再显示"民"字，由于"民"被设置为 16 点阵的"隶书"，因此计算机会利用"民"的内部码在 16 点阵的隶书字库中去找"民"的字形码。

4.4　逻辑数据的编码表示——"逻辑符号数字化"的基本思维

逻辑数据是体现事物状态特征、彼此分散、不存在中间量的非数值型数据，属于逻辑代数学科的研究范畴。逻辑数据利用 0 和 1 表示事物之间的逻辑关系，即实现逻辑符号数字化。

4.4.1　逻辑代数概念

逻辑代数是英国数学家乔治·布尔（George Boole）于 1847 年首先创立的，所以有时又称为布尔代数。逻辑代数与普通代数有本质的区别，逻辑代数中的 0 和 1 不是数量的 0 和 1，它只代表所要研究问题的两种可能性或两种稳定的物理状态，即以代数形式对逻辑变量和逻辑函数进行描述。

1. 逻辑变量和逻辑函数

逻辑变量和逻辑函数用来描述输入和输出之间的逻辑关系，描述"真"和"假"的变量称为逻辑变量，描述逻辑变量关系的函数称为逻辑函数，实现逻辑函数的电路称为逻辑电路，实现逻辑变量之间的运算称为逻辑运算，由基本逻辑电路组成的部件称为逻辑部件。

设 A、B 为输入，F 为输出，则输入和输出之间的逻辑关系可表示为 $F=f(A, B)$。这种具有逻辑属性的变量称为逻辑变量，A、B 为逻辑自变量，F 为逻辑因变量。当 A、B 的逻辑取值确定后，则 F 的逻辑值也就唯一地被确定了，称 F 是 A、B 的逻辑函数，$F=f(A, B)$ 称为逻辑函数表达式。逻辑变量 A、B 和逻辑函数 F 的取值只有 1 和 0，对应逻辑"真"和逻辑"假"，表示两种对立状态，如信号的"有"和"无"、电路的"导通"和"截止"、开关的"接通"和"断开"等。

2. 逻辑数据和逻辑代数

用来描述逻辑关系的数据称为逻辑数据，它表示二值逻辑中的"是"与"否"或"真"与"假"两个状态。基 2 码的 1 和 0 两个状态恰好能表示逻辑数据的两个状态，由逻辑状态组合而成的数据称为逻辑代数，并且常把逻辑数据运算称为逻辑（代数）运算。

4.4.2　逻辑代数运算

计算机不仅能进行算术运算（arithmetic operation），还能进行逻辑运算（logic operation）。逻辑运算是对"因果关系"进行分析，运算结果不是表示数值的大小，而是表示逻辑关系，即关系是"成立"还是"不成立"。逻辑运算包括"与""或""非"和"异或"运算。

1. 逻辑"与"运算

逻辑"与"（AND）运算产生两个逻辑变量的逻辑积。仅当两个参加"与"运算的逻辑变量都为 1 时，逻辑积才为 1，否则为 0。"与"运算用符号 $\wedge$ 表示。逻辑"与"运算的逻辑电路如图 4-21 所示，逻辑"与"运算的真值表如表 4-4 所示。

图 4-21　逻辑"与"电路

表 4-4　$F=A \wedge B$ 真值表

A	B	$F=A \wedge B$
0	0	0
0	1	0
1	0	0
1	1	1

【例 4-35】　设 $X=10111001$，$Y=11110011$，求 $X \wedge Y$。

【解析】　对两个逻辑变量进行"与"运算时，按表 4-4 所示取值。

$$10111001 \text{ AND } 11110011=10110001$$

即 $X \wedge Y=10110001$。

2. 逻辑"或"运算

逻辑"或"（OR）运算产生两个逻辑变量的逻辑和。当且仅当两个参加"或"运算的逻辑变量都为 0 时，逻辑和才为 0，否则为 1。"或"运算用符号∨表示。逻辑"或"运算的逻辑电路如图 4-22 所示，逻辑"或"运算的真值表如表 4-5 所示。

图 4-22 逻辑"或"电路

表 4-5 $F=A\vee B$ 真值表

A	B	$F=A\vee B$
0	0	0
0	1	1
1	0	1
1	1	1

【例 4-36】 设 X=10111001，Y=11110011，求 $X\vee Y$。

【解析】 对两个逻辑变量进行"或"运算时，按表 4-5 所示取值。

$$10111001 \ OR \ 11110011=11111011$$

即 $X\vee Y$=11111011。

3．逻辑"非"运算

逻辑"非"（NOT）运算是对单一的逻辑变量进行求反运算。当逻辑变量为 1 时，"非"运算的结果为 0；当逻辑变量为 0 时，"非"运算的结果为 1。"非"运算是在逻辑变量上加上画线"‾"或符号"ˋ"表示。逻辑"非"运算的逻辑电路如图 4-23 所示，逻辑"非"运算的真值表如表 4-6 所示。与"非"对应的物理概念是开关断开的"非"为"灯灭"；开关关闭的"非"为"灯亮"，灯只有"亮"和"灭"两个状态。

图 4-23 逻辑"非"电路

表 4-6 $F=\overline{A}$ 真值表

A	$F=\overline{A}$
0	1
1	0

【例 4-37】 设 x＝10111001，求 $\overline{x}$＝？

【解析】将 1 变为 0，将 0 变为 1，$\overline{x}$=01000110。因为是二值逻辑代数，所以不是 1 就是 0，不是 0 就是 1。

4．逻辑"异或"运算

逻辑"异或"（XOR）运算用于两个逻辑变量之间不相等的逻辑测试，如果两个逻辑变量相等，则"异或"运算结果为 0，否则为 1。异或运算用 ⊕ 表示。逻辑"异或"运算的逻辑电路如图 4-24 所示，逻辑"异或"运算的真值表如表 4-7 所示。

图 4-24 逻辑"异或"电路

表 4-7 $F=A\oplus B$ 真值表

A	B	$F=A\oplus B$
0	0	0
0	1	1
1	0	1
1	1	0

"异或"由双刀"与"和"或"电路组成，即由 A、B 的并联电路和 A、B 的串联电路组成。在给定的两个逻辑变量中，当两个逻辑变量的值相同时，"异或"运算的结果为 0；当两个逻辑变量的值不同时，"异或"运算的结果为 1。

【例 4-38】 设 X=10101101，Y=00101011，求 $X\oplus Y$。

【解析】对两个逻辑变量进行"异或"运算时按表 4-7 取值，即 1±0=1，0±1=1，1±1=0，0±0=0，其运算表达式为 10101101 XOR 00101011=10000110，即 $X \oplus Y$=10101101 00101011=10000110。

【提示】逻辑运算与算术运算的主要区别在于：算术运算是四则运算，运算结果反映的是数值的大小；逻辑运算是关系运算，而不是求数值大小；算术运算有进位和借位操作；逻辑运算的操作数和操作结果都是单个数位的操作，位与位之间没有进位和借位的联系。

4.5　多媒体数据的编码表示——"动态信息数字化"的基本思维

计算机中的数值数据、字符数据、逻辑数据都是静态的，其取值与时间无关。而声音、图像、视频、动画等多媒体数据是随着时间动态变化的，即不同时间点的取值（采样值）是不同的。同样地，多媒体动态信息数据也需要转换为可度量的数字数据，建立起适当的数字化模型，并转变为二进制代码，计算机才能识别、存储和处理，这个转换过程被称为"动态信息数字化"。

4.5.1　多媒体的基本概念

"多媒体"译自英文 multimedia，由 multiple 和 media 复合而成。multiple 的中文含义是"多样的"，media 是 medium（媒体）的复数形式。与多媒体相对应的一词被称为单媒体（monomedia），多媒体是由两种以上的单媒体组成的结合体。国际电信联盟（International Telecommunication Union，ITU）对多媒体含义的表述是使用计算机交互式综合技术和数字通信网技术处理的多种表示媒体，使多种信息建立逻辑连接，集成为一个交互系统。

1. 多媒体的基本元素

"媒体"在计算机领域中有两层含义：一是指用以存储信息的实体，如磁盘、磁带、光盘等；二是指信息的载体，如文字、声音、图像等。多媒体是单媒体的集合，多媒体的构成如图 4-25 所示。

（1）文本（text）是以 ASCII 码存储的文件，是最简单的媒体形式。

（2）声音（sound）是由物体振动产生的声波，计算机多媒体中的声音源于解说、背景音乐、各种音响等。

图 4-25　多媒体的构成

（3）图形（graphics）是计算机绘制的各种几何图形和工程视画。

（4）图像（image）是由摄像机或扫描仪等输入设备获取的实际场景的静止画面。

（5）视频（video）是由摄像机等输入设备获取的活动画面，即视频图像。视频图像是一种模拟信号，在输入计算机之前需要将模拟（analogy）信号转换为数字（digit）信号，只有在经过模数（A/D）转换后，才能够编辑和存储。

（6）动画（animation）是借助计算机生成的一系列动态演播的连续图像（连续运动的画面）。

2. 多媒体的基本类型

多媒体有多种分类方法，国际电报电话咨询委员会（Consultative Committee International

Telegraph and Telephone，CCITT）根据各种媒体的性质，制定了媒体分类标准，将其分为以下5 种类型。

（1）感觉媒体（perception medium）指能够直接作用于人的感官，让人产生感觉的媒体。如人类的各种语音、文字、音乐，自然界的各种声音、图形、静止和运动的图像等。

（2）表示媒体（representation medium）指为了加工、处理和传输感觉媒体而研究、构造出来的媒体，是用于传输感觉媒体的手段，即对语言、文本、图像、动画等进行数字编码。

（3）表现媒体（presentation medium）指用来将感觉媒体存入计算机或显示媒体信息的一类媒体，因而可分为输入（如键盘、鼠标、扫描仪）和输出（如显示器、打印机、扬声器）表现媒体。

（4）存储媒体（storage medium）指用于存储表现媒体的介质，即存放感觉媒体数字化以后的代码的媒体。存放代码的存储媒体有计算机内存、软盘、硬盘、光盘、磁带等。

（5）传输媒体（transmission medium）也称为传输介质，指将表现媒体从一处传送到另一处的物理载体，如双绞线、同轴电缆、光纤、空间电磁波等。

〖提示〗　在上述各种媒体中，表示媒体是核心。当计算机处理媒体信息时，首先通过表现媒体的输入设备将感觉媒体转换成表示媒体，并存放在存储媒体中。计算机从存储媒体中获取表示媒体信息后经过加工、处理，然后利用表现媒体的输出设备将表示媒体还原成感觉媒体。最后，通过传输媒体，计算机可将从存储媒体中得到的表示媒体传送到网络中的另一台计算机。

4.5.2　音频数字化的编码表示

音频是用来描述声音的，现实中的音频信息是一种模拟数据，不便于数字计算机存储和处理，必须将其转换为便于计算机处理和存储的数字数据，该转换过程被称为音频数字化的编码表示。

1. 声音的基本概念

声音是由物质振动所产生的一种物理现象，是通过一定介质传播的一种连续的波，在物理学中称为声波。声波是随时间连续变化的模拟量，可以用一种连续变化的物理信号波形来描述，声音的强弱由声波的振幅 A 来体现；音调的高低由声波的周期（频率 f）体现，如图 4-26 所示。

（1）振幅（amplitude）指波形振动的物理量可能达到的最大值，通常用 A 表示。振幅是声波波形的幅度，表示声音信号的强弱程度，振幅越大，声音的响度越大。

（2）周期（cycle）指两个相邻声波之间的时间长度，即重复出现的时间间隔，以秒为单位。

图 4-26　声音的波形

（3）频率（frequency）指声音信号每秒钟变化的次数，即周期的倒数，以赫兹（Hz）为单位。人的听觉器官能感知的声波频率为 20Hz～20kHz，分为3 类：次声波、可听声波和超声波。频率低于 20Hz 的声波称为次声波（subsonic）；频率范围为20Hz～20kHz 的声波称为可听声波（audio）；频率高于 20kHz 的声波称为超声波（ultrasonic）。人类说话的声音信号频率通常为 300Hz～3kHz，并把在这一频率范围的信号称为语音（speech）信号。

声音的质量用声音信号的频率范围来衡量，通常称为"频域"或"频带"，不同种类的声源其频带不同。一般而言，声源的频带越宽，表现力越好，层次越丰富。现在公认的声音质量分为 4 级，如表 4-8 所示。

表 4-8　声音质量的频率范围

声 音 质 量	频率范围/Hz
电话质量	200～3400
调幅广播	50～7000
调频广播	20～15000
数字激光唱盘	10～20000

2. 声音信息数字化

声音信息数字化是指把声音模拟信息转换为便于计算机接收、显示和存储的数字信息，其转换过程是通过对声音信息采样、量化和编码来实现的。

（1）采样。将模拟音频信号转换为数字音频信号时，在时间轴上每隔一个固定的时间间隔对声音波形曲线的振幅进行一次取值。每秒钟抽取声音波形振幅值的次数称为采样频率，单位为 Hz。显然，采样频率越高，从声波中取出的数据就越多，声音就越真实。

（2）量化。将采样所得到的值（反映某一瞬间声波幅度的电压值）加以数字化。采样只解决了把音频波形信号在时间轴上切成若干等份的数字化问题，但每一等份的长方形的高度（代表某一瞬间声波幅度的电压值的大小）需要用某种数字化的方法来反映，这就是量化概念。量化的过程是先将采样后的信号按整个声波的幅度划分成有限个区段的集合，并采用二进制的方式赋予相同的量化值，它决定了模拟信号数字化后的动态范围。通常量化位数有 8 位、16 位、32 位等，分别表示 2^8、2^{16}、2^{32} 个等级。声音的采样和量化如图 4-27 表示。

（3）编码。将量化的数字用二进制数来表示。编码的方式很多，常用的编码方式是脉码调制（Pulse Code Modulation，PCM），其主要优点是抗干扰能力强，失真度小、传输特性稳定，但编码后的数据量大。图 4-27 中声音采样、量化后所对应的编码值如表 4-9 所示。

图 4-27　声音的采样和量化

表 4-9　取样值编码

取样点	幅值	二进制数	取样点	幅值	二进制数
0	120	01111000	16	24	00011000
2	198	11000110	18	90	01011010
4	248	11111000	20	190	10111110
6	250	11111010	22	215	11010111
8	200	11001000	24	174	10101110
10	148	10010100	26	100	01100100
12	75	01001011	28	80	01010000
14	24	00011000	30	175	10101111

在多媒体声音中，为了满足不同的需要，提供了 3 种标准的采样频率：44.1kHz（高保真效果）、22.05kHz（音乐效果）和 11.025kHz（语音效果）。采样频率越高，所对应的数字信息就越多，保存这些信息的存储空间就会越大。

3. 声音文件的基本格式

由于音频信息占用的存储空间很大，不同公司采用不同的存储和压缩方式，因而形成了不同的音频文件格式，常见的文件格式有 WAV、MIDI、MP3、CD、RealAudio（RA）和 WMA 等。

4.5.3　图像数字化的编码表示

现实世界中的图像信息如同音频信息一样，属于模拟数据，不便于数字计算机存储和处理，必须将其转换为便于计算机存储和处理的数字数据，该转换过程被称为图像数字化的编码表示。

图像在计算机中有两种表示方法：矢量图形和位图图形。图像处理包括信息的获取、存储、传送、输出与显示等。

1．图像和图形的基本概念

图像在计算机中有两种表示方法，矢量图形和位图图像。计算机屏幕上显示的画面、文字通常有两种描述方法：一种称为矢量图形（vector graphics）或几何图形（geometric figure）方法，简称为图形；另一种称为点阵图像或位图（bitmap）图像，简称为图像。图形、图像是使用最广泛的一类媒体，占据着主导地位。图像处理包括信息的获取、存储、传送、输出与显示等。

（1）图形（graphics）。图形用一组命令来描述，图形画面由直线、矩形、圆、圆弧、曲线等的形状、位置、颜色等属性和参数构成。图形一般是用工具软件绘制的，并可以方便地对图形的各组成部分进行移动、旋转、放大、缩小、复制、删除、涂色等处理。

（2）图像（image）。图像指在空间和亮度上已经离散化的图片，通常是用扫描仪扫描图形、照片、图像，并用图像编辑软件进行加工而成。图像采用像素的描述方法，适合表现有明暗、颜色变化的画面。图像大都是彩色的，并且用亮度、色调、饱和度来描述。

（3）图形与图像的区别。图形与图像的区别除了构成原理不同之外，还有以下区别。

① 图形的颜色作为绘制图元的参数在指令中给出，所以图形的颜色数目与文件的大小无关；而图像中每个像素所占据的二进制位数与图像的颜色数目有关，颜色数目越多，占据的二进制位数就越多，图像的文件数据量也会随之迅速增大。

② 图形在进行缩放、旋转等操作后不会产生失真；而图像有可能出现失真现象，特别是放大若干倍后可能出现严重的颗粒状，缩小后会掩盖部分像素点。

③ 图形适应于表现变化的曲线、简单的图案和运算的结果等；而图像的表现力较强，层次和色彩较丰富，适合表现自然的、细节的景物。

④ 图形侧重于绘制、创造和艺术性，而图像侧重于获取、复制和技巧性。在多媒体应用软件中，目前用得较多的是图像，它与图形之间可以用软件相互转换。真实图形绘制技术可以将图形数据变成图像，模式识别技术可以从图像数据中提取几何数据，把图像转换成图形。

〖提示〗　利用软件可以实现图像与图形的转换，即利用图形制作技术，可以把图形数据变换成图像；利用模式识别技术，可以从图像数据中提取几何数据，把图像转换成图形。

2．图像信息数字化

图像信息数字化是把形如照片、画报、图书、图纸等模拟信息转换为便于计算机接收、显示和存储的数字信息，其转换过程是通过对图像信息进行采样、量化和编码来实现的。

（1）采样。采样是将二维空间上连续的图像在水平和垂直方向上等间距地分割成矩形网状结构，分割形成的矩形方格称为像素（pixel），这样一幅图像就被采样成由若干像素构成的集合。像素通常被称为图像的分辨率，常用 dpi（dot per inch）表示，即每英寸为多少像素，用"列数×行数"表示。显然，分辨率越高，图像越清晰，其存储数据量越大。例如，一幅 640×480 的图像，表示这幅图像由 640×480=307200 像素组成。

（2）量化。量化是将采样的每个像素点的颜色用相同位数的二进制数表示，将图像分成像素之后每一像素被赋值为位模式，模式的值取决于图像的颜色。对于仅有黑白点组成的图像，1 位模式足以表示像素，即用 0 模式表示黑像素，用 1 模式表示白像素，被一个接一个记录并存储在计算机中。如果一幅图像不是由纯黑、纯白像素组成，则可增加位模式的长度来表示灰度，例如用 2 位模式可以显示四重灰度：用 00 表示黑色像素，01 表示深灰像素，10 表示浅灰

像素，11 表示白色像素。如果是彩色图像，则每种
彩色像素被分解成红、绿、蓝三种主色，分别用 RGB
来表示。这样，每一像素有 3 位模式，图 4-28 是采
用 4 位模式表示彩色图像中的像素。

	R	G	B
	↓	↓	↓
红（100%强度）→	11111111	00000000	00000000
绿（100%强度）→	00000000	11111111	00000000
蓝（100%强度）→	00000000	00000000	11111111
白（100%强度）→	11111111	11111111	11111111

图 4-28　彩色像素的表示方法

（3）编码。编码是将量化的二进制图像信息通
过编码来压缩其数据量，因为图像文件的数据量巨
大，如果不通过编码压缩，不仅占用大量的存储空间，也不便于信息交换和网络传输。图像的
分辨率和颜色深度决定了图像文件的大小，其计算公式为

$$列数×行数×颜色深度÷8=图像字节数$$

例如，表示一个分辨率为 1280×1024 的 24 位真彩色图像，需要 1280×1024×24÷8≈4MB。由
此可见，数字化后得到的图像数据量巨大，必须采用编码技术来压缩其信息，在一定意义上，
编码压缩技术是实现图像传输与存储的关键。

3. 图像文件的基本格式

由于图像信息占用的存储空间很大，不同公司采用不同的存储和压缩方式，因而形成了不
同的图像文件格式。每种图像文件都有不同的特点和应用范围等，常见的位图格式文件有 BMP、
PCX、TGA、TIFF、GIF、JPEG、PNG 等，矢量图的格式文件有 WMF、EMF、EPS、DXF 等。

4.5.4　视频数字化的编码表示

视频泛指将一系列静态影像以电信号的方式加以捕捉、记录、处理、储存、传送与重现的
各种技术。按照视频的存储和处理方式，可以分为模拟视频（analog video）和数字视频（digital
video）。模拟视频是指由连续的模拟信号组成的视频图像，曾经的电影、电视都是模拟信号，
模拟信号可以用来表示声音、图像信息的物理量。数字视频是对模拟视频信号进行数字化的产
物，其数字化是通过视频采集卡的模/数（A/D）转换来实现的，该转换过程被称为视频数字化
的编码表示。

1. 视频信息数字化

视频信息数字化是指把视频模拟信息转换为便于计算机接受、记录、显示和存储的数字信
息，其转换过程是通过对视频信息进行采集、采样、量化和编码来实现的。

（1）采集（collect）。在计算机上通过视频采集卡可
以接收来自视频输入端的模拟视频信号。

（2）采样。模拟视频数据流进入计算机时每帧画面
均对每一像素进行采样，并按颜色或灰度量化，故每帧
画面均形成一幅数字图像。对视频按时间逐帧进行数字
化得到的图像序列即为数字视频，因此可以说，图像是
离散的视频，视频是连续的图像，数字视频可用图 4-29
表示。

图 4-29　数字视频示意图

由图 4-29 可见，数字视频是由一幅一幅连续的图像序列构成的。其中 x 轴和 y 轴表示水平
和垂直方向的空间坐标，而 t 轴表示时间坐标。沿时间轴若一幅图像保持一个时间段 Δt，利用
人眼的视觉暂留作用，形成连续运动图像的感觉。

通常把送入计算机中的一段数字视频称为原始视频流，图像帧是组成视频的最小单位。但如果视频信息仅以图像帧和原始视频流存储，则不利于对视频内容的检索，因此常在这两级结构中引入若干级中间结构，如镜头、场景等。把原始视频流划分为镜头称为视频分割技术，视频分割是数字视频处理和视频数据库管理系统中的基本问题。

（3）量化与编码。通过采集的视频信息是面向像素的，因此其量化与编码类似于图像信息的量化与编码。视频数字化后，能做到许多模拟视频无法实现的事情。具体来说，它具有以下优点。

① 便于处理。模拟视频只能简单地调整亮度、对比度和颜色等，因此限制了处理手段和应用范围。而数字视频由于可以存储到计算机中，能很容易进行创造性的编辑与合成，并可进行动态交互。因此，数字视频可用较少的时间和费用创作出高质量的交互节目。

② 再现性好。由于模拟信号是连续变化的，所以复制时容易产生失真，复制次数越多，产生误差越大。而数字视频可以有效克服因为复制而导致失真的问题，其抗干扰能力是模拟视频无法比拟的。它不会因复制、传输和存储而产生图像质量的退化，从而能够准确地再现视频图像。

③ 网络共享。通过网络，数字视频可以很方便地进行长距离传输，以实现视频资源共享。而模拟视频在传输过程中，容易产生信号的损耗、干扰和失真。

2. 视频文件的基本格式

根据视频信息的使用对象不同，视频文件的格式可分为适合本地播放的影视视频和适合在网络中播放的流媒体影视视频两类。在计算机中常见的数字视频文件格式有 MPEG、AVI、ASF、WMV、FLV 等。

4.5.5　计算机动画简介

计算机动画（computer animation）又称为计算机绘图技术，是计算机图形学和动画的子领域。动画是由一幅一幅点阵图连续不断地播放而形成的运动图画。用计算机制作动画常用两种形式：一种为帧动画（frame animation），是根据人眼的特性，用每秒 15～20 帧的速度顺序地播放点阵图而产生的运动感觉；另一种为造型动画（cast-based animation），是对每个活动的对象分别进行设计，赋予每个对象一些特征（如形状、大小、颜色等），然后由这些对象组成完整的画面，对这些对象进行实时变换，便形成连续的动画过程。这里，简要介绍动画制作软件及其文件格式。

（1）动画制作软件。计算机动画制作软件是创作动画的工具，制作时不用编程，只要做好主动作画面，其余的中间画面由计算机内插来完成。不运动的部分直接复制过去，与主动作画面保持一致。如果这些画面仅是二维的透视效果，则称为二维动画；如果通过 CAD 形式创造出空间形象的画面，就称为三维真实感动画。二维动画制作软件有 Flash、LiveMotion、Imageready、Ulead Gif Animator 等，三维动画制作软件有 Cool 3D、3ds Max、Maya 等。

（2）动画文件格式。计算机动画一般以视频的方式进行存放，最常用的文件格式有以下几种。

① FLIC 格式。FLIC 是 FLI/FLC 的统称，是 Autodesk 公司 2D/3D 动画制作软件中采用的彩色动画文件格式，被广泛用于动画图形中的动画系列、计算机辅助设计和游戏程序等。

② SWF 格式。SWF 格式是 Micromedia 公司 Flash 的矢量动画（采用曲线描述其内容）格

式，这种格式的动画在缩放时不会失真，非常适合描述几何图形组成的动画。由于这种格式的动画可以与 HTML 文件充分结合，并能添加 MP3 音乐，因此被广泛应用在网页上，成为一种准流式媒体文件。

③ GIF 格式。GIF 是一种高压缩比的彩色图像文件格式，称为图形交换格式（graphics interchange format），主要用于图像文件的网络传输，目前 Internet 上动画文件多为这种格式。

〖提示〗 数字化后的音频、图像、视频、动画信息数据量非常大，通常需要进行数据压缩处理。关于数据压缩的基本原理和压缩方式，在《计算机科学与计算思维导论学习辅导》第 4 章中介绍。

本 章 小 结

（1）因为计算机硬件只能识别信号的有无，因此需要将送入计算机中的信息转换为用 0 和 1 表示的二进制代码，即需要进行数制转换与编码。当然，这些工作是在计算机设计过程中完成的。

（2）为了表示数据的正数（+）与负数（−）和实现+、−运算，引入了原码、反码、补码的表示方法和运算法则，从而使数值符号与运算符号都能用 0 和 1 来表示。

（3）计算机中的数据形式分为数值数据、字符数据、逻辑数据、多媒体数据。由于电子器件只能表示 0 和 1 两种状态，因此各种数据都必须通过编码即以 0 和 1 的表示方式来呈现数据信息，也就是数据信息数字化，这是计算思维在数据表示中的具体体现。

习 题 4

一、选择题

1. 将十进制数 215 转换成二进制数是（　　）。
   A. 11101011　　　B. 11101010　　　C. 11010111　　　D. 11010110
2. 将十进制数 215 转换成八进制数是（　　）。
   A. 327　　　B. 268　　　C. 352　　　D. 326
3. 将十进制数 215 转换成十六进制数是（　　）。
   A. 137　　　B. C6　　　C. D7　　　D. EA
4. 将二进制数 01100100 转换成十进制数是（　　）。
   A. 144　　　B. 90　　　C. 64　　　D. 100
5. 将二进制数 01100100 转换成八进制数是（　　）。
   A. 123　　　B. 144　　　C. 80　　　D. 100
6. 将二进制数 01100100 转换成十六进制数是（　　）。
   A. 64　　　B. 63　　　C. 100　　　D. 0AD
7. 将八进制数 145.72 转换成二进制数是（　　）。
   A. 1100111.111010　　　　　　B. 1110101.1111
   C. 11001010.010111　　　　　　D. 1100101.11101
8. 将十六进制数 3D7.A4 转换成二进制数是（　　）。

　　A．111101111.10101　　　　　　　　B．111100111.1010001

　　C．1110010111.1010001　　　　　　 D．1111010111.101001

9．ASCII 是（　　）位码。

　　A．8　　　　　　　　B．16　　　　C．7　　　　　　　D．32

10．设 x=10111001，则 $\bar{x}$ 的值为（　　　）。

　　A．01000110　　　　B．01010110　　 C．10111000　　　　D．11000110

二、问答题

1．人类为什么要引入数制？

2．计算机中为何引入不同的进位计数制？

3．计算机中为什么要采用二进制？

4．数值数据的符号在计算机中如何表示？

5．机器数与真值有何区别？

6．什么是定点表示法？什么是浮点表示法？

7．ASCII、EBCDIC、Unicode 编码各有什么用途？

8．汉字输入码、汉字交换码、汉字机内码、汉字字形码、汉字地址码各有何功能和作用？

9．逻辑数据与数值数据有何区别？

10．为什么多媒体信息需要进行数字化？

三、讨论题

1．计算机硬件只能识别用 0 和 1 表示的信息，为什么通过键盘可以输入任意数字和字符？

2．计算机中的图像、视频、音频信息是怎样得到的？其采样、量化和编码是由"谁"实现的？

第 5 章　计算系统的基本思维

【问题引出】用二进制数来表示各类数据的目的是便于计算机进行数值计算和数据处理，现代计算机是一个完整的计算系统，由硬件和软件组成。那么，如何使软/硬件能相互"理解"和"支持"，并在数值计算和数据处理中"齐心协力"地高效工作呢？这就是本章所要学习的内容。

【教学重点】计算系统的基本构成与层次关系、各硬件子系统的工作原理、操作系统对各硬件子系统以及磁盘文件的组织与管理、硬件设备的相互连接、操作系统对信息交换的控制与管理等。

【教学目标】熟悉处理器系统、存储器系统、总线系统、输入输出接口等的基本结构组成；了解操作系统在计算机系统中的作用和地位，操作系统对各硬件子系统和文件系统的管理方法。

5.1　计算系统的基本概念——"系统组成"的基本思维

计算系统（computing system）是对计算机的抽象。相应地，计算机是计算系统的具体体现。具体来说，计算机是一种设备，而计算系统则是一种动态实体，由硬件系统、软件系统和它们管理的数据构成，用于解决计算问题，以及与它所处的环境进行交互。计算系统全面体现了计算思维和系统科学思想，即以"计算"为目的，探索问题求解的过程抽象和工作方式；以"系统"为研究和应用对象，探索系统的存在方式和变化规律。例如，计算机硬件系统和软件系统的定义与划分、操作系统的功能作用和管理模块的定义与划分，就是计算思维和系统科学研究的典型实例。

5.1.1　计算机硬件系统

计算机硬件是指那些看得见、摸得着的部件，是构成计算机的物理装置。构成计算机的所有部件称为硬件（hardware），并将这些硬件的整体结合称为硬件系统（hardware system）。它是计算机系统的物理实现。如果按照层次抽象，计算机硬件系统由以下 4 个子系统组成。

1. 处理器子系统

处理器子系统是计算系统的核心部件，由运算器、控制器、寄存器和指令系统组成。处理器子系统的功能是实行指令控制、操作控制、时序控制和数据处理，是实现冯·诺依曼"存储程序控制"的指挥系统，由指令系统发出控制命令，指挥各有关部件有条不紊地执行各项操作。

2. 存储器子系统

存储器子系统是计算系统中存放程序和数据的各种存储设备、控制部件，以及管理信息调度的设备和算法的总称，由各种存储介质组成，包括内存储器和外存储器。随着计算机应用领域越来越广泛，应用要求越来越高，数据自动存储能力和数据交换速度成为现代计算系统的重要指标。

3．输入输出子系统

输入输出子系统是计算系统中实现输入输出管理的控制机制，用来实现输入设备、内存储器、处理器、输出设备之间的相互连接和不同信息形式的转换，控制外部设备与内存储器、外部设备与处理器之间进行数据交换。输入输出子系统由输入设备、输出设备，以及连接这些设备与处理器、存储器进行信息交换的接口电路组成。接口电路称为输入输出接口，简称 I/O 接口。

4．总线子系统

总线子系统是多个功能部件之间进行数据传送的公共通路，是构成计算机系统的互联机构。总线子系统的主要特征是多个部件共享传输介质，例如一个部件发出的信号可以被连接到总线上的其他部件接收。采用总线传输方式使各子系统部件间实现地址、数据和控制信息的传递与交换，从而大大减少信息传送线的数量，增强系统的灵活性，并在争用硬件资源的基础上进行工作。

5.1.2　计算机软件系统

计算机软件是相对硬件而言的，是在操作系统的基础上逐渐发展形成的。为了便于与硬件相区分，把计算机中使用的各种程序称为软件（software），并将计算机中所有程序的集合称为软件系统（software system）。它是计算机系统的软件支撑，能拓展硬件功能和方便用户操作。

1．软件的定义

软件是为使计算机高效地工作所配置的各种程序及相关的文档资料的总称。其中，程序是经过组织的计算机指令序列，指令是组成计算机程序的基本单位；文档资料包括软件开发过程中的需求分析、方案设计、编程方法等的文档及使用说明书、用户手册、维护手册等。

1983 年，IEEE 对软件给出了一个较为新颖的定义：软件是计算机程序、方法、规范及其相应的文稿及在计算机上运行时必需的数据。这个定义在学术上有重要参考价值，它将程序与软件开发方法、程序设计规范及其相应的文档联系在一起，将程序与其在计算机上运行时必需的数据联系在一起，实际上是在考虑了软件生存周期中的各项主要因素之后提出的。

软件在用户和计算机硬件之间架起了联系的桥梁，用户只有通过软件才能使用计算机。同时，计算机软件是对硬件功能的扩充与完善。软件有多种类型，但其基本功能、任务和特点是一致的。

（1）软件的基本功能：使用户能根据自己的意图来指挥计算机工作，并使得计算机硬件系统能高效发挥作用。

（2）软件的主要任务：一是为用户操作计算机提供方便和提高使用效率；二是能充分发挥计算机硬件系统的功能作用；三是能扩大计算机的使用用途。

（4）软件的主要特点：软件是一种逻辑实体而不是具体的物理实体；软件是看不见、摸不着的纯智力产品，其研制成本远远大于其生产成本；软件没有老化问题，但比硬件维护要复杂得多。软件的特点可以概括为独创性、无形性、复制性、永久性、复杂性及非价格的创新竞争。

2．软件的分类

如同硬件一样，计算机软件是在不断发展的。从冯·诺依曼计算机开始，软件的发展过程经历了计算机语言、翻译程序、操作系统、服务程序、数据库管理系统、应用程序等。根据软件的功能作用，可将其分为系统软件、支撑软件和应用软件 3 类。

（1）系统软件。系统软件是计算机厂家为实现对计算机系统的管理、调度、监视、服务、维护，以及扩充硬件功能等而提供给用户的软件。操作系统、翻译程序、服务程序都属于系统软件。系统软件的显著特点是与具体应用领域无关。

（2）支撑软件（supporting software）。支撑软件是随着数据库应用系统开发和网络应用的不断拓展逐渐形成的软件。随着计算机技术的发展，软件的开发、维护与运行的代价在整个计算机系统中所占的比重越来越大，远远超过硬件系统。目前，常用的支撑软件有数据库管理系统、各类工具软件（如系统诊断、图像处理），网络软件，软件开发环境，中间件（独立的系统软件或服务程序）等。

（3）应用软件（application software）。应用软件是相对于系统软件而言的，是用户针对各种具体应用问题而开发的一类专用程序或软件的总称。例如，计算机辅助设计（CAD）、计算机辅助测试（CAT）、计算机辅助制造（CAM）、计算机辅助教学（CAI）、专家系统（expert system）、各类信息管理系统（manage system）、科学计算（scientific computing）等，这些应用软件在各有关领域大显神通，给传统的产业部门注入了新的活力。

〖提示〗 翻译程序和服务程序虽然与操作系统都是由计算机厂商提供的系统软件，但使用却完全不同：操作系统是在系统启动时由“引导程序”从外存储器中将其装入内存；而翻译程序和服务程序是在需要时，由操作系统将它们从外存储器调入内存，任何其他可执行程序都是如此。

5.1.3　计算机操作系统

一台没有任何软件支持的计算机称为裸机，用户直接面向裸机进行应用操作是相当困难的，几乎是不可能的。因为计算机硬件系统只能识别由 0 和 1 组成的二进制代码信息，所以用户直接操作、使用、管理和维护计算机时，总是觉得机器“太硬”了（不理解人意），而机器总是觉得用户“太笨”了（动作缓慢）。因此，迫切需要解决让计算机理解用户的操作意图和因为用户的操作速度太慢，致使机器显得无事可做等问题。为了摆脱人的这种“高智低能”和发挥机器的“低智高能”，必须要让计算机来管理自己和用户。于是，操作系统应运而生。

1. 操作系统的定义

操作系统（Operating System，OS）是随着硬件和软件不断发展而逐渐形成的一套大型程序。从功能上讲，它是用户与计算机硬件之间的接口，是用户和其他软件与计算机硬件之间的桥梁；从作用上讲，它为用户操作和使用计算机提供一个良好的操作与管理环境，使计算机的使用效率成倍地提高，并且为用户提供了方便的使用手段和令人满意的服务质量。因此，可将其定义为操作系统是有效地组织和管理计算机系统中的硬件和软件资源，合理地组织计算机工作流程，控制程序的执行，并提供多种服务功能及友好界面，方便用户使用计算机的系统软件。

2. 操作系统的作用

现在呈现在用户面前的计算机，是经过抽象的计算系统，可以把整个计算系统按功能划分为 4 个层次，即硬件系统、操作系统、支撑软件和应用软件。这 4 个层次表现为一种单向服务关系，即外层可以使用内层提供的服务；反之则不行，其层次关系如图 5-1 所示。

操作系统由进程管理、存储管理、文件管理和设备管理 4 个模块组成，它在计算机中的作用体现在以下 3 个方面。

（1）操作系统是用户与计算机硬件之间的接口。用户需
要通过操作系统来使用计算机，操作系统使用户在不需要过
多了解硬件的情况下，方便地控制计算机中的资源，并且能
够根据用户需求对硬件进行改造和扩充。因此，操作系统可
以看作人-机交互（human-computer interaction）的接口或
界面。

图 5-1　操作系统的作用地位

（2）操作系统是计算机系统的资源管理者。操作系统的
基本任务是管理计算机系统中的软硬件资源，是软/硬件之间
的协调者。一方面，它控制和管理着系统硬件，向上层的实
用程序和用户应用程序提供一个屏蔽硬件工作细节的良好使用环境，把一个裸机变成可"操作"
且方便灵活的计算机系统；另一方面，计算机中的程序和数据以文件形式存放在外存储器中，
如何与内存储器进行数据交换，都由操作系统来实现，最大限度地提高资源的利用效率和实现
资源共享，操作系统使得计算机成为一台"海纳百川"的机器。

（3）操作系统为用户提供了一个虚拟机（virtual machine）。计算机硬件系统的功能是有限
的，但通过操作系统及其相关软件，可以完成多种多样、复杂多变的任务，很多需要硬件实现
的功能可以由软件实现，许多硬件实现不了的功能也由软件来实现。为了方便用户开发更为复
杂的程序，操作系统提供了更容易理解的、任务相关的、控制硬件的命令，被称为应用程序接
口（Application Program Interface，API），它将对硬件控制的具体细节封装起来，通过在计算机
裸机上加上一层又一层的软件来组成一个完整的计算系统，为用户提供了一台扩展基本功能、
使用更为方便的机器，称为虚拟机。它是一个功能强大、安全可靠、效率极高的计算机系统。

〖提示〗　进程管理、存储管理、文件管理和设备管理是操作系统的四大功能，其工作原理
结合各硬件子系统一起讨论，这样有利于深刻了解计算系统的工作机制。

3．常用操作系统

计算机操作系统的研发与计算机硬件系统的功能及其性能是相对应的。随着硬件系统的不
断发展，研发出了许多不同类型的操作系统。其中，影响较大、目前使用较广的计算机主流操
作系统有以下 3 种。

（1）UNIX 操作系统。UNIX 操作系统是美国 AT&T 公司的 Bell 实验室于是 1969 年开发出
来的，也是世界上唯一能在笔记本电脑、个人计算机、巨型机等多种硬件环境下运行的多任务、
多用户操作系统。由于 UNIX 可满足各行业的应用需求，已成为重要的企业级操作平台，也是
操作系统中的常青树。

UNIX 操作系统的特点主要体现为技术成熟、结构简练、功能强大、可移植性和兼容性好、
伸缩性和互操作性强，是当今世界极为流行的多用户、多任务主流操作系统之一，被认为是开放
系统的代表。总体上，UNIX 操作系统的主要发展趋势是统一化、标准化和不断创新。

（2）Windows 操作系统。Windows 操作系统是美国 Microsoft 公司于 1984 年在磁盘操作系
统（Microsoft Disk Operating System，MS-DOS）基础上发展来的。MS-DOS 是为微型计算机研
制的单用户、单任务命令行界面操作系统，曾经被广泛安装在微型计算机（也称为个人计算机，
Personal Computer，PC）上。它对微型计算机的普及应用是功不可没的。虽然今天 MS-DOS 已
退出历史舞台，但它的很多重要概念在 Windows 操作系统中仍然是重要的，而且 DOS 的命令

行方式在网络中仍然有用。

　　DOS 的特点是简单易学，系统规模小（占内存空间小），因而对硬件要求低，并且运行快速。但由于它提供的是一种以字符为基础的用户接口，如果不熟悉硬件和 DOS 的操作命令，便难以称心如意地使用 PC，人们企盼 PC 变成一个直观、易学、好用的工具。Microsoft 公司响应千百万 DOS 用户的愿望，研制开发了基于图形用户接口（Graphical User Interface，GUI）方式的新型操作系统——Windows 操作系统。在图形用户界面中，Windows 操作系统所支持的应用软件都用一个图标（icon）表示，用户只要把鼠标指针移到某图标上并双击，即可进入该软件。这种界面方式为用户提供了极大的方便，从此把计算机的操作使用提高到了一个崭新的阶段，并为今天计算机网络的操作和多媒体系统的操作使用创造了极为有利的条件，这也是 Windows 操作系统受到用户欢迎并得以迅速发展的重要原因之一。目前，微机中经常使用的操作系统是具有多用户、多任务功能的 Windows XP、Windows 7/10，以及基于 Windows 的网络操作系统。

　　（3）Linux 操作系统。Linux 操作系统是由芬兰赫尔辛基大学的大学生 Linus Benedict Torvalds 等在 1991 年共同开发的，是一种能运行于多种平台、源代码公开、免费、功能强大、遵守 POSIX 标准、与 UNIX 系统兼容的操作系统。Linux 操作系统继承了自由软件的优点，是最成功的开源软件。Linux 操作系统源程序能完整地上传到 Internet，允许自由下载，因而不仅被众多高校、科研机构、军事机构和政府机构广泛采用，也被越来越多的行业所采用。现在，Linux 操作系统是一种得到广泛应用的多用户、多任务操作系统，许多计算机公司（如 IBM、Intel、Oracle、SUN 等）大力支持 Linux 操作系统，各种常用软件也纷纷移植到 Linux 平台。

　　Linux 操作系统的特点主要体现为开放性、多用户、多任务、良好的用户界面、支持多个虚拟控制台、可靠的系统安全、共享内存页面、支持多种文件系统、强大的网络功能、良好的可移植性等方面。Linux 操作系统非常适合需要运行各种网络应用程序，并提供各种网络服务。正是 Linux 操作系统的开源才使得它可以根据自身的需要做专门的开发。因此，它更适合需要自行开发应用程序的用户和那些需要学习 UNIX 命令工具的用户。

　　〖提示〗 随着移动互联网和智能手机的普及，近年来推出了许多用于移动终端用户（智能手机）操作系统，并且功能强大，性能优越。智能手机及其操作系统，在《计算机科学与计算思维导论学习辅导》第 5 章中介绍。

　　4．操作系统的用户接口

　　用户接口是为了方便用户操作使用计算机而提供的人-机交互接口，目前常用操作系统的接口方式可分为 3 种：命令接口、程序接口和图形接口。

　　（1）命令接口。为了便于用户直接或间接控制自己的程序，操作系统提供了命令接口，用户通过该接口向计算机发出命令，执行功能操作。命令接口又分为联机用户接口和脱机用户接口。

　　① 联机用户接口。它由一组操作命令及对应的命令解释程序所组成，当用户输入一条命令后，系统便立即对该命令进行解释和执行。例如，DOS 和 UNIX 操作系统提供的就是联机用户接口。

　　② 脱机用户接口。它是为批处理作业的用户提供的接口，由一组作业控制语言组成。所谓作业，是指用户在运行程序和数据处理过程中要求计算机所做工作的集合。由于批处理作业的用户不能直接与自己的作业交互作用，只能委托系统代替用户对作业进行控制和干预，其实现就是由脱机用户接口来完成的。

　　（2）程序接口。它是为用户程序访问系统资源而设置的接口，为程序中使用操作系统提供的系统调用命令请求操作系统服务，也是用户程序取得操作系统服务的唯一途径。现在的操作系统都提供程序接口。例如，DOS 是以系统功能调用的方式提供程序接口，可以在编写汇编语言程序时直接调用。Windows 操作系统是以应用程序接口的方式提供程序接口的，Win API 提供了大量的具有各种功能的函数，直接调用这些函数就能编写出各种界面友好、功能强大的应用程序。在可视化编程环境（VB、VC++、Delphi 等）中，提供了大量的类库和各种控件，如微软基础类（Microsoft Foundation Classes，MFC），这些类库和控件构建在 Win API 的函数之上，并提供了方便的调用方法，极大地简化了 Windows 应用程序的开发。

（3）图形接口。虽然用户可以通过联机用户接口来取得操作系统的服务，并控制自己的应用程序运行，但要求用户严格按照规定的格式输入命令。由于命令方式不适合非专业人员操作使用，于是，图形用户接口（GUI）应运而生。采用图形化的操作界面，用户利用容易识别的各种图标将系统的各项功能、各种应用程序和文件直观、逼真地表示出来。例如，在 Windows 操作系统中，通过鼠标、菜单和对话框来完成对各种应用程序和文件的操作。此时用户不必像使用命令接口那样去记住命令名及格式，只要轻点鼠标就能实现很多操作，从而使用户从烦琐且单调的操作中解放出来，能够为更多的非专业人员使用。

5.1.4　软件与硬件的关系

一台能操作、能使用的计算机必须具有硬件和软件，两者相辅相成，缺一不可，从而构成一个不可分割的整体。硬件与软件既相互支持，又相互制约。只有在取得"共识"的前提下，"相互支撑、齐心协力"地努力工作，才能高效完成用户给定的工作任务。计算机的运行就是硬件和软件彼此配合、共同作用的结果。计算机硬件和软件之间的"相互支撑"主要体现在以下3 个方面。

1. 层次结构关系

一个完整的计算系统，如果按照系统的层次结构抽象，可以抽象为硬件系统层、系统软件层、支撑软件层和应用软件层 4 层，其结构如图 5-2 所示。

（1）硬件系统层。计算机系统的物理实现，位于计算机系统的底层。计算机指令系统是硬件系统与系统软件交互的工作界面，其信息交互的语言是由 0 和 1 组成的二进制代码。

（2）系统软件层。能够直接与硬件系统层进行交互的软件，其中最重要的是操作系统，用来帮助用户摆脱硬件的束缚，对硬件进行扩充和改造，为利用硬件资源提供使用环境，

图 5-2　计算机系统层次结构

是实行管理和使用的核心。操作系统是用户操作、使用计算机的界面，其交互信息是 ACSII 代码或图标。

（3）支撑软件层。利用操作系统提供的接口及系统调用来使用计算机系统中的各类系统资源，并为应用软件提供支撑。最典型的支撑软件是语言处理程序、数据库管理系统和其他系统程序。

（4）应用软件层。建立在支撑软件层之上，为用户提供应用系统界面，使用户能够方便地利用计算机来解决具体问题。在应用系统界面上，用户与计算机之间进行信息交换的"公用"语言是程序设计语言，利用程序设计语言，把要解决的问题以命令的形式进行有序的描述。

〖提示〗计算机系统中的每层都具有特定的功能，并提供了相应的接口界面，接口屏蔽了

层内的实现细节，并对外层提供了使用约定。

2．相互依赖关系

现代计算机系统中的硬件和软件相互依赖和支持。有了软件的支持，硬件才能正常运转和高效率工作。如果把硬件比作计算机系统的躯体，那么软件就是计算机系统的灵魂。

（1）硬件是系统的躯体。硬件是构成计算机的物理装置，也是计算机的物理实现。硬件为软件提供物理支撑，任何软件都是建立在硬件基础之上的，如果离开了硬件，软件则无法栖身。

（2）软件是系统的灵魂。软件是为运行、管理和维护计算机而编制的各种程序的总和。软件为硬件提供使用环境，一个完整的计算系统，如果没有软件的支持，硬件将变得毫无意义。

3．功能等价关系

计算机的硬件和软件在逻辑功能上是等价的，即计算机系统的许多功能既可用硬件实现，也可用软件实现。例如，在计算机设计中，如果硬件成本高，软件成本低，为了取得较高的性能价格比，可用软件来实现更高一级的性能，这种做法称为硬件软化。随着集成电路技术的发展，硬件价格逐渐降低、可靠性逐渐提高，因而出现了用硬件替代软件来实现较强的功能，这种做法称为软件硬化。一般地，用硬件实现往往可提高速度和简化程序，但将使结构复杂，造价提高；用软件实现，可降低硬件的造价，但使程序变得复杂，运行速度降低。例如，计算机处理汉字时，既可使用硬字库，也可使用软字库。前者造价高，但运行速度快；后者造价低，但运行速度慢。

正是由于软/硬件在功能上的等价关系，因而促进了软件、硬件技术的发展。一方面，许多生产厂家为实现某一功能或达到某一技术指标，分别用软件或硬件的办法来实现，并各自评价其优点和特点；另一方面，硬件技术的发展及性能的改善，为软件的应用提供了广阔的前景，并为新软件的诞生奠定了基础。同时，软件技术的发展给硬件技术提出了新的要求，从而促进新的硬件产生与发展。正是这种彼此促进和激烈竞争，形成了推动软件、硬件技术不断向前发展的强大动力。

下面按照计算思维的思想方法，介绍各硬件子系统的基本原理，以及操作系统如何实现对各子系统的管理。

5.2　处理器系统——"控制执行"的基本思维

现代计算机是一个高度自动化的计算系统，有人把计算机称为"电脑"，是因为它具有类似于人类大脑、按照人的意愿，指挥和控制计算机执行各种操作的功能，这个指挥和控制机构就是由处理器和指令系统构成的指挥系统。它是计算机硬件系统的核心，由操作系统实行调配管理。

5.2.1　处理器的结构组成

随着超大规模集成电路的高速发展，使得电子器件的体积越来越小，为了使主体器件具有一致性能，则将运算器和控制器集成在一块芯片上，称为中央处理器（central processor）或中央处理单元（Central Processing Unit，CPU），在微机中称为微处理器（microprocessor）。

1．CPU 的基本组成

CPU 是计算机中的核心部件，用来实现运算和控制，并由运算器、控制器、控制线路等组成。

（1）运算器（arithmetical unit）。运算器是用来完成算术运算和逻辑运算的部件，其功能是快速地对数据进行加、减、乘、除（包括变更数据符号）等算术运算；"与""或""非"等逻辑运算，逻辑左移、逻辑右移、算术左移、算术右移等移位操作；及时存放算术运算和逻辑运算过程中的中间结果（由通用寄存器组实现），实现挑选参与运算的操作数、选中执行的运算功能，并且把运算结果送到存储器中。运算器的逻辑结构如图 5-3 所示。

图 5-3　运算器的逻辑结构

运算器由多功能算术逻辑部件（Arithmetic Logical Unit，ALU），通用寄存器组（包括累加寄存器、数据缓冲寄存器、状态寄存器）及其控制线路组成。寄存器组用来存放运算器的工作信息和运算中间结果，减少访问存储器的次数，以提高运算器的速度。整个运算过程是在控制器的统一指挥下，对取自随机存储器（Random Access Memory，RAM）的数据按程序编排进行算术或逻辑运算，然后将运算结果送到 RAM。

（2）控制器（control unit）。控制器是计算机系统发布操作命令的部件，其功能是根据指令提供的信息实现对系统各部件的操作和控制。计算机程序和原始数据的输入、CPU 内部的信息处理、处理结果的输出、外部设备与主机之间的信息交换等，都是在控制器的控制下实现的。

2．CPU 的主要部件

CPU 是计算机硬件系统的指挥中心，有人将它形容为人脑的神经中枢。CPU 的指挥、控制功能由指令控制、操作控制、时间控制、数据加工等部件实现。CPU 的基本组成如图 5-4 所示。

图 5-4　CPU 的基本组成

（1）数据缓冲寄存器（Data Register，DR）：存放从 RAM 中取出的一条指令或数据字。

（2）指令寄存器（Instruction Register，IR）：存放从 RAM 中取出的将要执行的一条指令。

（3）指令译码器（Instruction Decoder，ID）：执行 IR 中的指令，必须对指令的操作码进行检测，以便识别所要求的操作。

（4）地址寄存器（Address Register，AR）：用来存当前 CPU 所访问的内存单元的地址。

（5）程序计数器（Program Counter，PC）：用来存放下一条将要执行的指令的地址码。

（6）累加寄存器（Accumulator，AC）：当 ALU 执行算术或逻辑运算时为 ALU 提供工作区。

（7）状态寄存器（Flag Register，FR）：用来存放算术和逻辑运行或测试的结果建立的条件码内容，如运算进位标志、运算结果溢出标志、运算结果为零标志、运算结果为负标志等。

（8）微操作控制单元和时序部件（PLA）：根据指令操作码和时序信号产生微操作控制信号，对各种操作实施时间上的控制。

5.2.2　计算机指令系统

计算机之所以能自动工作，是因为它能顺序地执行存放在存储器中的程序（一系列命令）。指示计算机执行各种基本操作的命令称为指令（instruction），计算机中所有指令的集合（instruction set）称为该机的指令系统（instruction system）。它是衡量 CPU 性能的重要指标之一。

1. 指令的基本格式

计算机指令由一串二进制代码（即机器语言）表示的操作码和地址码所组成，如图 5-5 所示。

（1）操作码（operating code）用来表示进行何种操作，如进行加法、减法、乘法、除法等操作。在计算机中，机器语言是计算机唯一能识别的语言，所以操作码和地址码都用二进制代码来表示。

操作码	地址码

图 5-5　指令的基本格式

由于机器语言不便于记忆，而且容易出错，给编程带来很大困难。为此，常采用类似英文单词的符号来表示指令操作码，并称为助记符，其应用实例如表 5-1 所示。

表 5-1　8 种指令操作的一种简单操作码

操作码	000	001	010	011	100	101	110	111
助记符	ADD（加法）	SUB（减法）	MUL（乘法）	DIV（除法）	AND（逻辑与）	LD（取数）	MOV（存数）	STOP（停机）

表 5-1 中的操作码为 3 位，可执行 8 种操作。由此可见，操作码的位数越长，其操作功能越强。一个包括 n 位的操作码最多能够表示 2^n 条指令。

（2）地址码（address code）表示从哪个地址中取出操作数及操作的结果存放到哪个地址中。由于操作运算有操作数、被操作数和操作结果，因而分为三地址指令、二地址指令、一地址指令等。不同操作数的指令格式如图 5-6 所示。

图 5-6　不同操作数的指令格式

对于一地址指令而言，通常是以运算器中的累加寄存器（AC）中的数据为被操作数，指令字的地址码字段中的数为操作数，操作运算结果又放回累加寄存器中。例如，00111110 00001001 这条指令中的操作码是 00111110，表示向累加寄存器传送操作数，操作数是 00001001（十进制数 9），这条指令的含义就是"把 9 送到累加寄存器中"。

〖提示〗 停机指令中只有操作码，没有操作数，不需要地址码，所以称为零地址指令。

2. 指令的基本类型

不同的指令系统，指令的数目和种类有所不同。按照功能，指令可以分为如下 4 类。

（1）数据处理指令。用于对数据进行算术运算、逻辑运算、移位和比较，包括算术运算指令、逻辑运算指令、移位指令、比较指令、其他专用指令等。

（2）数据传送指令。用于把数据从计算机的某一部件传送到另一部件，但数据内容不变。这类指令包括存储器传送指令、内部传送指令、输入输出传送指令、堆栈指令等。

（3）程序控制指令。用于控制程序执行的次序、改变指令计数器的内容、改变指令执行的正常顺序，包括无条件转移指令、条件转移指令、转子程序指令、暂停指令、空操作指令等。

（4）状态管理指令。用于改变计算机中表示其工作状态的状态字或标志，但不改变程序执行的次序。它不执行数据处理，而只进行状态管理，如允许中断指令、屏蔽中断指令等。

3. 指令的控制执行

计算机指令的执行是由控制器来实现的，控制器的主要任务是取指令、分析指令、执行指令、控制程序和数据的输入与结果输出、对异常情况和某些请求的处理，其流程如图 5-7 所示。

（1）程序计数器（PC）。为了使计算机能自动地工作，在控制器中设置了一个程序计数器，用来存放程序地址，并且自动递增，使得自动取出和自动执行地址指令。

（2）取指令。以程序计数器中的内容作为指令地址，并且每取出一条指令后，程序计数器中的内容自动加 1，PC=PC+1 作为下一条指令的地址。

（3）分析指令。对取出的指令进行译码，分析功能。

（4）执行指令。以指令的地址码作为内存地址（指向数据区），取出操作数进行运算操作；如果是转移指令，将用指令的地址码部分去取代程序计数器的内容，从而实现按地址转移的目的。

上述第（2）～（4）步周而复始，直至停机，这就实现了自动、连续、灵活地执行程序。通常把其中的一个循环（取指令、分析指令、执行指令）称为计算机的一个指令周期。这样可以把程序对计算机的控制归结为每个指令周期中指令对计算机的控制。

图 5-7　指令执行流程图

这种以"存储过程控制"为核心，以"程序计数器（PC）"为关键部件而自动连续执行的存储程序原理，决定了 CPU 的体系结构，这就是沿用至今的著名的冯·诺依曼体系结构。

5.2.3　操作系统对处理器的管理

处理器是计算机系统中最为重要的硬件资源，如何对处理器进行资源分配和控制管理，最大限度地提高处理器的利用率，减少其空闲时间等，是操作系统的重要功能之一，可以把实现这一功能的管理称为处理器管理（processor management）。为了实现对处理器的高效管理，现代操作系统对处理器的分配和运行是以进程为基本单位的，因而对处理器的管理可归结为作业进程管理，进程管理包括作业过程、进程控制、进程同步、进程通信、处理机调度、线程控制等。

1. 作业过程

计算机中的作业是指用户提交给计算机工作任务的基本单位，主要用来描述批处理过程，并由完成某一独立任务的程序及其所需数据组成。在早期的计算机中，只允许有一道（单道）用户程序在内存中运行，程序运行时完全控制了系统中的所有资源。在现代计算机中，允许有多道程序在内存中运行，从而使处理器的运行效率得到大幅度提高。在描述多道程序执行的基本特征时涉及 3 个极为重要的概念：进程、程序和执行，并将其归为作业过程（operation process）。

（1）进程（process）。为了描述程序执行时的特征，引入了进程概念。进程是从程序运行的执行方式到状态转换的过程抽象，是分配资源的基本单位，也是驻留在 RAM 中的作业。只要作业被装入 RAM 就成为进程，每个进程都是作业，而每个作业未必都是进程。可将其描述为

$$进程＝程序＋执行$$

（2）程序（program）。程序是问题求解步骤的命令集合，一个作业中至少包括一个业务处理程序。处理器管理的实质是实现多通道程序下对处理器的分配和调度，使一个处理器能为多个程序交替服务，最大限度地提高处理器的利用率。

（3）执行（execution）。执行是计算机系统的一种工作状态，在程序运行时可分为两种执行方式。

① 顺序执行（sequential execution）。顺序执行是指在单道程序处理过程中，每次只能有一道程序在运行，并以顺序方式执行，且运行时独占全部资源。例如，对有 3 条语句的程序段：

```
S₁: x=a+b;
S₂: y=x+c;
S₃: z=y+d;
```

必须按照 S_1、S_2、S_3 的先后顺序执行，即 S_2 必须在 x 被赋值后才能执行，S_3 必须在 y 被赋值后才能执行。显然，如果计算机系统中任何时刻只能运行一道程序，则系统的处理能力无法提高。

如果用节点(I)代表输入操作——对应输入设备，用节点(C)代表计算操作——对应处理器，用节点(P)代表输出操作——对应输出设备；用箭头表示前后操作顺序，那么，顺序执行的运行状态如图 5-8 所示，它表示两个或两个以上操作在计算机系统中的某个部件按先后顺序进行。

② 并发执行（concurrent execution）。并发执行是指在多道程序处理过程中，让多个程序或程序段同时在系统中运行。当某个程序因为某种原因无法继续运行而需要等待时，可让处理器去执行另一个可以运行的程序。并发执行的运行状态图 5-9 所示，它表示两个或两个以上操作在计算机系统中的不同部件同时进行，在执行时间上是重叠的，即一个程序或程序段的执行尚未结束，另一个程序或程序段的执行已经开始。

图 5-8　程序顺序执行的运行状态

图 5-9　程序并发执行的运行状态

〔提示〕 计算机中并发不同于并行。并发是指两个或多个事件在同一时间段内发生，并行是指两个或多个事件在同一时刻发生（详见学习辅导书 5.1.2 节）。此外，进程和程序两者有如下关联和区别：

- 进程是动态的，程序是静态的。进程是程序的一次执行过程，程序是一组代码的集合。
- 进程是暂时的，程序是永久的。进程有一个状态变化的过程，程序是计算机执行的步骤。

- 进程可以演化，程序不能演化。一个进程可以创建其他进程，一个程序不能形成新程序。
- 进程包含程序，一个程序可对应多个进程。一个进程的组成包括程序、数据和进程控制块。

2．进程控制

进程是 20 世纪 60 年代为解决程序并发问题提出来的。在多道程序环境下，程序运行前必须为它创建一个或几个进程，并为之分配必要的资源。当进程运行结束时，立即撤销该进程，以便及时回收该进程所占用的各类资源，而这一工作是由进程控制（process control）来实现的。进程控制的主要任务是为程序创建进程、撤销已结束的进程，以及控制进程在运行过程中的状态转换。

（1）创建进程（create process）：系统在创建一个进程时，必须为它分配所必需的、除处理器以外的所有资源（如内存空间、I/O 设备），建立相应的进程控制信息。

（2）撤销进程（undo process）：如果进程运行期间出现某些错误或故障而使进程被迫终止，或系统外界请求中断（如发生死锁），必须先对所占有的资源执行回收，然后撤销进程控制信息。

（3）状态转换（state transition）：进程执行期间可能具有多种状况，可以把进程执行所具有的状况概括为就绪状态、执行状态和等待状态，并且 3 种状态相互转换，其过程如图 5-10 所示。

① 就绪状态（ready state）是指当进程分配到除 CPU 以外的所有必要资源后，只要再获得 CPU 便可立即执行。在一个系统中处于就绪状态的进程可能有多个，通常将它们排成一个队列，称为就绪队列。处于就绪状态的进程已具备了运行条件，因其他进程正在占用处理器，使得暂时不能运行而处于等待分配的状态。

图 5-10　进程的状态及其转换

② 执行状态（running state）是指当进程占有 CPU 且正在执行的状态。在单处理机中只有一个进程处于执行状态；在多处理机中，则有多个进程处于执行状态。当分配的时间片已完，则暂停执行，该进程便由执行状态恢复到就绪状态。

③ 等待状态（waiting state）也称为阻塞状态，是指一个正在执行的进程，由于资源不足或等待某事件而暂时无法继续执行而处于暂停状态。致使进程等待的典型事件有请求 I/O，申请缓冲空间，请求的资源正被其他进程访问等。通常将这种处于等待状态的进程排成一个队列，在等待的原因排除（如输入输出已完成）后，则唤醒该进程，此时进程由等待状态转换为就绪状态。

〖提示〗 一个程序被加载到内存，系统就创建了一个进程，它是一个程序在其自身的地址空间中的一次执行活动。程序执行完毕，该进程也就结束了。当一个程序同时被执行多次时，系统就创建多个进程。一个程序可以被多个进程执行，一个进程也可以同时对应一个或几个程序。在 Windows 中，按 Ctrl+Alt+Del 组合键，即可看到当前机器执行的进程。

3．进程同步

为了保证相互有关的进程能够正常地运行，系统中必须设置进程同步机制。进程同步（process synchronization）的主要任务是对存在制约关系的多个进程的运行进行协调，并且分为进程同步方式和进程互斥方式。

（1）同步方式（synchronization mode）是指两个并发执行的进程为共同完成一个任务而相互配合的进程间通信。例如，设有一个计算进程 P_1 和一个打印进程 P_2，为使计算结果打印输出，需设置一个输出缓冲区。当进程 P_1 计算完后，立即将结果送入输出缓冲区，此时进程 P_2 便可以从该缓冲区中取出结果，并进行打印。进程 P_1 和 P_2 的这种协同动作，保证了"计算—打印"工作的顺序进行。

（2）互斥方式（mutually exclusive mode）是指两个并发执行的进程在同一时刻要求共享同一资源而相互排斥。例如，设有两个进程 P_1 或 P_2，在某一时刻同时要求使用一台打印机，打印机一次只能让一个进程使用。此时，进程 P_1 和 P_2 是互斥的，操作系统只能让其中一个进程（如进程 P_1）先使用打印机，让另一个进程（进程 P_2）处于"挂起"状态，一旦进程 P_1 结束打印，则释放该资源，立即"唤醒"进程 P_2，使进程 P_2 使用该打印机。这种一次只能允许一个进程使用的资源称为临界资源（critical resource），而把每个进程中访问临界资源的那段程序称为临界区（critical section）。

实现进程互斥的方法是用加锁机制，例如进程 P_1 获得占用资源 R 使用权时，便立即对资源 R 加锁，若进程 P_2 要使用资源 R，只能等到进程 P_1 结束释放 R 之后。其中有可能出现如下两种状况。

① 死锁（deadlock）。死锁是指一组占用公用资源的进程，当某一进程长久占用资源 R 时，致使其他进程因得不到资源 R 而相互永久等待，即导致各个进程都无法执行。

② 饥饿（starvation）。饥饿是指由于资源分配策略不当等原因，使某一进程永远也得不到所需资源而导致无法执行。所以在加锁机制中必须采取有效方法，避免发生"死锁"和"饥饿"情况。

〖提示〗在多道程序环境下，进程同步问题十分重要，因而引发了不少学者对它进行研究。例如，生产者-消费者问题、哲学家共餐问题、读者-写者问题等，都是典型的进程同步问题。

4．进程通信

在多道程序环境下，可由系统为一个应用程序建立多个进程，这些进程相互合作去完成一个共同的任务，并且在活动过程中彼此间存在相互依赖或者相互制约的关系，这就需要交换信息。例如，有 3 个相互合作的进程，它们分别是输入进程、计算进程和打印进程。输入进程负责将所输入的数据传送给计算进程；计算进程利用输入数据进行计算，并把计算结果传送给打印进程；打印进程把计算结果打印出来。进程通信（process communication）的主要任务是实现相互合作的进程之间的信息交换。

5．处理机调度

在多道程序系统中，一个作业提交后必须经处理机调度后才能获得执行。处理机调度（processor scheduling）的主要任务是为并行执行的多个进程分配处理器资源，通常分为 3 级：作业调度、交换调度和进程调度。

（1）作业调度（job scheduling）也称为高级调度，其基本任务是从存放在外存中的后备作业队列中，按照一定的算法选择若干作业调入内存并准备执行。例如，用户要求计算机把编好的程序进行编译、连接并执行就是一个作业，作业的运行是以进程方式实现的。作业调度是多道批处理操作系统的重要功能，现代操作系统管理下的多道程序是并发执行的，因而不再用作业调度。

（2）交换调度（swapping scheduling）也称为中级调度，其基本任务是根据进程的当前状态决定外存和内存的进程交换。当内存容量不足时，将暂时不执行的进程从内存调至外存中（虚拟存储），而将需要执行的进程调入内存。显然，这种方式能极大地提高内存资源的利用率。

（3）进程调度（inter-process scheduling）也称为低级调度，其基本任务是从进程的就绪队列中按照一定的算法选出一个进程，然后把处理器分配给它，并为它设置运行环境，使该进程进入运行状态。因此，进程调度是操作系统对处理器管理中最为重要、最为频繁的调度。

6．线程控制

进程是一个可拥有资源的独立单位，同时也是一个可独立调度和分派的基本单位，从而也就构成进程并发执行的基础。如何使多个程序更好地并发执行，同时又尽量减少系统的开销，便成为设计操作系统所追求的重要目标。可以试想，若将进程的两个属性分开，把对于作为调度和分派的基本单位不同时作为拥有资源的单位，便可做到"轻装上阵"；而对于拥有资源的基本单位，又不对其进行频繁切换。基于这一思想，20 世纪 80 年代中期提出了比进程更小的能独立运行的基本单位——线程（threads）。因此，"线程"是"进程"细化的产物，是对进程的改进和提高。

使用线程可以更好地实现并发处理和资源共享，能更有效地提高 CPU 的利用率，特别是对于多处理机系统尤为重要。以线程作为调度和分派的基本单位，可以有效改善多处理机系统的性能。现代通用操作系统都引入了线程，并把多线程作为现代操作系统的基本特征和重要标志。

〖提示〗　在操作系统中引入进程的目的是使多个程序能并行执行，以提高资源的利用率和系统吞吐量。而引入线程的目的则是减少程序在并行执行时所付出的开销，从而使操作系统具有更好的并行性，以进一步提高系统的吞吐量。详细内容见参考文献[22]。

5.3　存储器系统——"存储优化组合"的基本思维

现代计算机是以存储器为中心的，所有数据和程序都存放在存储器中，所以人们总是希望存储器的存储容量越大越好，存储速度越快越好，存储时间越长越好，存储器件的价格越低越好。然而，没有哪种存储器能够同时满足存储容量大、存储速度快、存储时间长、存储器件价格低的要求。为此，将内存储器和外存储器虚拟结合，以扩大存储容量和降低成本；将不同性能的存储器进行优化组合，构成一个高性能的存储系统，以满足应用需求，且均由操作系统实行高效管理。

5.3.1　内存储器

内存储器（internal memory）是直接与 CPU 相连并协同工作的存储器，包括只读存储器（Read Only Memory，ROM）和随机存储器（Random Access Memory，RAM）。随机存储器与 CPU 是计算机中宝贵的硬件资源，是决定计算机性能的重要因素。

1．只读存储器

只读存储器是一种只能读出存储器内的信息，而不能写入信息的存储器。ROM 用来存放系统的引导、检测、诊断、设置等程序。ROM 中的程序内容是在生产制作 ROM 时预先设定好的，是一次性固化得到的，即使停电或关机，ROM 中的信息永远都不会丢失。

在机器启动时，自动读取 ROM 中的程序，即检测 RAM 的存储容量；测试系统硬件设备的连接和完好情况（发现问题会发出报警声）；然后按照基本输入输出系统（BIOS）进行设置；随后，启动磁盘中的引导程序（BOOT）。至此，ROM 工作结束，此后其他一切工作都与 ROM 毫无关系。

2. 随机存储器

随机存储器是由半导体器件组成的可以随时写入和读出其内容的存储器，主要用来存放当前要使用的操作系统、应用软件、计算程序、输入输出数据、中间结果及与外存交换的信息等。为了实现高效存取，通常采用按"地址"写入和读出数据。RAM 的基本组成如图 5-11 所示。

图 5-11　RAM 的基本组成

其中，存储体（memory bank）由存储单元（memory location）组成，每个存储单元包括若干存储元件（memory cell），每个存储元件存放一个二进制位，存储单元的总数便为 RAM 的存储容量。RAM 接收来自地址总线（AB）的信息，经地址寄存器、地址译码器、地址驱动器，进入存储体；然后经读写放大电路、数据寄存器与数据总线（DB）相连；读/写控制电路与控制总线（CB）相连。

与 ROM 相比，RAM 的读写有 3 个特点：一是可以随机读/写，且读/写操作所需时间相同；二是读出时原存内容不会被破坏，写入时被写单元中原有内容被所写内容替代；三是只能用来临时存储信息，断电后 RAM 中的所存信息会立即丢失。这 3 个特点是 RAM 与 ROM 的重要区别。

〖提示〗虽然 RAM 和 ROM 都属于内存储器，对用户而言，只有 RAM 才是可用的存储空间，所以常把 RAM 称为主存储器。通常所说的内存容量实际上是指 RAM 容量。计算机运行过程中，所有参与处理的数据信息和控制器执行各种操作的命令信息都来自 RAM。RAM 容量越大，从外存储器中一次读入 RAM 的数据量就越大，计算机的运行速度就越快。

3. 存储单位

存储单位（unit of storage）用来表示存储容量的大小。计算机中所有的数据信息都是以二进制数的形式进行存储的，所以存储单位是指数据存放时占用的二进制位数，常用的存储单位有位、字节和字。

（1）位（bit，b）。计算机中存储数据的最小单位，用来存放一位二进制数（0 或 1）。一个二进制位只能表示 $2^1=2$ 种状态，若要表示更多的信息，就得组合多个二进制位。

（2）字节（Byte，B）。计算机中的一个存储单元（memory cell），ASCII 中的英文字母、阿拉伯数字、特殊符号和专用符号有 128～256 个，刚好可以用 8 个二进制位（1 字节）表示。计算机中表示存储容量时通常用 KB、MB、GB、TB、PB、EB 等计量单位，换算关系如下：

$$1KB=1024B=2^{10}B \qquad 1MB=1024KB=2^{20}B \qquad 1GB=1024MB=2^{30}B$$

$$1TB=1024GB=2^{40}B \qquad 1PB=1024TB=2^{50}B \qquad 1EB=1024PB=2^{60}B$$

（3）字（Word，W）。计算机在存储、传送或操作时，作为一个数据单位的一组二进制位称为一个计算机字，简称为"字"，每个字所包含的位数称为字长。一个字由若干字节组成，而字节是计算机进行数据处理和数据存储的基本单位，所以"字长"通常是"字节"的整数倍。

5.3.2　外存储器

外存储器（external storage）是相对内存储器或主存储器而命名的，所以又称为辅助存储器（auxiliary storage），用来存放当前不参加运行的程序和数据。与 RAM 相比，外存储器存储容量较大、价格较低、速度较慢，并且不能直接与处理器相连。由于它是一种磁质存储器，因而能永久保存磁盘中的信息。目前常用的外存储器有硬盘存储器、光盘存储器、U 盘存储器、移动硬盘等。在大型和巨型机中，还有磁带存储器（magnetic tape storage），主要用于大数据存储。

1. 硬盘存储器

硬盘存储器（hard disk storage）通常简称为硬盘，是最主要的辅助存储媒介，是目前存放大量程序和数据的理想设备，因而计算机系统中都配置了硬盘，它是所有数据文件的"栖身"之地。

图 5-12　磁盘片

硬盘存储器是相对于软盘存储器（soft disk storage）而言的。在 U 盘和可移动硬盘出现之前，软盘存储器（简称软盘）是应用最广的外存设备。现在虽已淘汰，但其概念是硬盘的基础。磁盘中的盘片是用类似薄膜唱片的柔性材料制成的，磁盘片外形如图 5-12 所示。

（1）磁道（track）。磁道是以盘片中心为圆心的一组同心圆，每一圆周为一个磁道。磁道的编号从 0 开始，若磁道数为 80，则数据在磁道中的存放顺序为 0～79。

（2）扇区（sector）。将每个磁道分为多个区域，该区域称为扇区。扇区是存储数据的基本单位，计算机进行数据读、写时，无论数据多少总是读、写一个完整的扇区或几个扇区。因此，一个扇区又称为一个记录。

（3）柱面（cylinder）。柱面是所有盘面相同位置磁道构成的柱面，一个磁盘通常有多个磁片。

（4）磁头（heads）。由于每个盘面都有用来实现读写数据的磁头，因此可以用磁头号唯一标识盘面，并且可以用柱面、磁头、扇区的英文缩写 CHS 作为寻址方式，或者对扇区采用逻辑块寻址（Logical Block Addressing，LBA）方式。

（5）容量（capacity）。容量指磁盘能存储的数据字节总数，是在对磁盘进行格式化时形成的。所谓格式化，就是对磁盘按磁道数和扇区数进行划分，并写入地址码、识别码等信息。在磁盘中存放或读取数据时，就是按照区域信息表（文件表）进行操作的，这样有利于快速存取。

硬盘和软盘都属于磁表面存储器，具有同样的存储特性，可以把硬盘看作由磁盘片叠加而成，如图 5-13 所示。

图 5-13　硬盘组成结构

硬盘通常采用温切斯特技术（Winchester technology），故称为温氏硬盘，由一个或多个不可更换的盘片作为存储介质组成。这些盘片外覆盖有铁磁性材料，硬盘盘片与其驱动器合二为一。绝大多数硬盘都是固定硬盘，被永久性地密封固定在硬盘驱动器中，所以硬盘机被称为硬盘驱动器（Hard Disk Drive，HDD）或固定磁盘（fixed disk）。除此之外，还有可更换盘片的硬盘，但在微机中使用的是固定磁盘。

2．光盘存储器

光盘存储器（compact disk storage）是继磁记录存储器之后出现的一种新型存储设备，由于它是利用激光在磁性介质上存储信息，因此又称为光存储器。光盘存储器是一种记录密度高、存储容量大的新型外存储设备，广泛用于存储大量文字、图形、图像、语音等多元信息。目前，绝大多数光盘存储器是只能读不能写的。现在光盘的光驱读取时间一般为 200～400ms。

3．U 盘存储器

U 盘是通用串行总线（Universal Serial Bus，USB）的简称，是使用 USB 接口而不需要物理驱动器的微型高容量移动存储设备，通过 USB 接口与微机连接，实现即插即用，因而得到广泛应用。与硬盘和光盘相比，U 盘不仅具有体积小、重量轻、便于携带等优点，而且具有防潮防磁、耐高低温、抗震性能强（无任何机械装置）等特性。近年来生产的 U 盘容量越来越大，并具有多种适用类型，已成为计算机工作者随身携带的适用工具。

4．移动硬盘

移动硬盘（mobile hard disk）是近些年才开始使用的新型存储器，具有存储容量大、便于携带、使用方便等优点。使用时只要使用一根 USB 接口线便可连接在计算机的 USB 接口上，并且即插即用。因此，移动硬盘具有许多与 U 盘相似的优良特性。

5.3.3　存储体系

为了使计算机能自动、高速运行，除实行存储程序控制外，还需要采取相应的技术措施：一是协调 RAM 与 CPU 之间的运行速度；二是动态地组织存储空间；三是充分利用各种存储器的性能、特点并进行优化组合，构成一个存储体系，通过彼此协调工作，提高计算机系统的整体性能。

1．高速缓冲存储器

CPU 在执行程序时，总是按指令地址或操作数地址访问主存的。理论上，主存的读、写速度与 CPU 的工作速度不仅越快越好，两者的速度还应该一致。然而，现代计算系统对 CPU 的性能要求越来越高，对主存容量要求越来越大。如果用同 CPU 一样性能的材料制作主存储器，则会使计算机的成本大幅度提高。因此，一般通用计算机的主存速度较 CPU 速度低，CPU 的时钟频率远远超过了主存的响应速度，故使得 CPU 的执行速度受主存的限制而不能充分发挥自身的快速作用，从而降低了计算机整体的运行速度。

为了协调主存与 CPU 速度上的差异，目前解决这个问题的最有效办法是采用 Cache 技术。Cache 是一种在主存与 CPU 间起缓冲作用的存储器，所以称为高速缓冲存储器（Cache memory）。它是在 CPU 与主存两者之间增加一级在速度上与 CPU 相等，在功能上与主存相同的高速缓冲存储器，以其实现在两个不同工作速度的部件之间，在交换信息的过程中起缓冲（协调）作用。Cache 的引入，既提高了系统性能，又保持了造价低廉。现在微型机中一般都含有内部 Cache，否则难以高速运行。

Cache 的容量一般为 512KB 左右，并嵌入 CPU。计算机开始运行后，将当前正要执行的一部分程序批量地从主存复制到 Cache，CPU 读取指令时，先到 Cache 中查找。若在 Cache 中找到，则直接从 Cache 中读取（称为命中），否则从主存中读取。

2．虚拟存储器

Cache 的引入，相当于提高了主存的速度。但对整体而言，不仅要求主存速度快，而且还要求存储容量大，但主存容量毕竟是有限的。为了解决这一供需矛盾，现代操作系统中普遍采用虚拟存储技术。其基本思想是在程序装入时只将当前需要执行的内容装入内存，暂时不用的其余部分保留在外存中；在程序执行过程中，如果需要用到的数据不在内存中，则由操作系统从外存储器上将其调入内存中，从而使用户可以使用一个比实际内存容量大得多的"虚拟存储"空间。

虚拟存储器（virtual memory）不是一个实际的物理存储器，而是建立在主-辅层次结构上，由主存储器、辅助存储器和操作系统的存储管理软件组成的存储体系。虚拟存储体系的实现有 3 个基本要素：一是有一定的内存容量，能够存放基本程序和数据；二是有足够的外存空间，能够存放多个用户程序；三是有地址变换机构，以动态实现存储过程中逻辑地址到物理地址的变换，也称为地址映射。

〖提示〗　虚拟内存的最大容量与 CPU 的寻址能力有关，例如，CPU 的地址线是 20 位的，则虚拟内存最多是 1MB。Pentium 芯片的地址线是 32 位的，所以虚拟内存可达 4GB。Windows 在安装时就创建了虚拟内存页面文件，默认大于计算机上 RAM 容量的 1.5 倍，以后会根据实际情况自动调整。

3．存储体系结构

计算机中的存储器包括主存储器（main memory）、辅助存储器（auxiliary storage）和高速缓冲存储器（Cache memory），它们各有其功能特点：主存储器容量较大，运行速度较快，用来在计算机运行时存放操作系统和其他程序代码；辅存储器是针对主存储器而言的，主要指硬磁盘，其存储容量最大，速度慢，用来存储各种程序和数据；Cache 存储容量最小，运行速度最快，用来协调 RAM 与 CPU 之间速度上的不一致。为了充分利用 3 种存储器各自的特点，"存储体系"应运而生，人们采用"Cache+RAM+硬盘"的三级存储体系来解决存储容量和存储速度上的矛盾。三级存储体系的逻辑结构如图 5-14 所示，其对应的层次结构如图 5-15 所示，三级存储的基本特性如表 5-2 所示。

图 5-14　存储体系的逻辑结构

图 5-15　存储体系的层次结构

表 5-2　三级存储的基本特性

性能	Cache	RAM	硬盘
容量	小	中	大
速度	最快	中等	最慢
价格	最高	中等	最低

由于采用三级存储体系结构，既能满足速度、容量要求，又具有良好的性能/价格比，因而已成为现代计算机系统中普遍的存储体系结构模式。三级存储体系由操作系统实施调配和协调。

5.3.4　操作系统对存储器的管理

在计算机运行时，凡是经过 CPU 处理的所有程序和数据都需要先存放在内存储器（RAM）中。然而，内存储器的容量却是极为有限的，因而它便成为计算机高效、快速、可靠运行的技术瓶颈。因此，如何充分利用有限的存储空间提高计算机的整体性能，是操作系统对存储管理的一项重要任务。内存储器管理的主要任务是实行内存分配、内存保护、内存扩充、地址映射4 个方面。

1. 内存分配

内存分配（memory allocation）管理的主要任务一是为了提高存储器的利用率，最大限度地减少不可用的内存空间；二是当有存储申请时，根据需要选定分配区域；三是占用者不再使用某个区域时，则及时收回。根据存储形式，内存分配管理分为连续存储管理（continuous storage management）、分区存储管理（partition storage management）和分页存储管理（paging storage management）。

（1）连续存储管理又称为单一连续分配管理，是指将内存分为两个连续存储区域，其中一个存储区域固定分配给操作系统使用，另一个存储区域分配给用户作业使用。通常，用户作业只占用所分配的一部分，剩下的一部分存储区域实际上浪费掉了。例如，容量为 256KB 的内存中，操作系统占用 32KB，剩下的224KB 全部分配给用户作业，如果用户作业仅需要 64KB，就有160KB 的存储区间被浪费。单一连续分配如图 5-16 所示。

图 5-16　单一连续分配管理

连续存储管理是静态分配方式，只有等到作业结束后才能释放内存，并且同一时刻只能运行一道作业，因而不能使资源得到充分利用。

（2）分区存储管理是为了满足多道程序设计需要的一种最简单的存储管理方式。它将内存划分为若干分区，分区的大小可以相等也可以不等，除操作系统占用一个分区之外，其余的每个分区可以容纳一个用户作业。按照分区数目的变化，可以进一步划分为固定分区分配和动态分区分配。

① 固定分区分配是指将内存的用户区划分成若干大小不等的区域，每个进程占据一个或多个区域，从而实现多道程序设计环境下各并行进程对内存空间的共享。为了便于分配管理，需要建立一张分区表，记录分区号、分区大小、分区起始地址和分区状态信息。当某个用户程序装入内存时需要为它分配存储空间，操作系统根据分区说明表中的信息，找出一个足够大的尚未分配的分区分配给它，然后将该进程调入内存。

图 5-17 将内存划分为 4 个固定分区，并给出了各分区的基本信息。图 5-18 给出了当前3 个进程 A、B、C 所占内存空间的分配情况。由于作业的大小并不一定与某个分区大小相等，因此绝大多数已分配的分区中都有一部分存储空间被浪费，即固定分区内存仍然不能得到充分利用。

② 动态分区分配是指根据程序的实际需要分配内存空间，使分区大小正好满足作业需要。为了实现动态分区，系统中需要配置一张空闲分区表以记录每个空闲分区的情况，包括分区号、分区大小、分区起始地址及分区状态等信息，如图 5-19 所示。

分区号	分区大小	分区起始地址	分区状态
1	8KB	20KB	已分配
2	32KB	28KB	已分配
3	64KB	60KB	已分配
4	132KB	124KB	未分配

图 5-17　固定分区说明表

图 5-18　固定分区内存状态

分区号	分区大小	分区起始地址	分区状态
1	32KB	352KB	空闲
2	…	…	空表目
3	520KB	505KB	空闲
4	…	…	空表目

图 5-19　空闲分区表

为了实现对空闲分区的分配和链接，在每个分区的起始部分设置用于控制分区分布的信息，以及用于链接各分区所用的前向指针，将内存的空闲分区连接起来，构成如图 5-20 所示的空闲分区链。

分配内存时，从分区中按请求的大小划分一块内存空间分配出去，余下的部分留在空闲分区链表中，然后将分配区的首地址返回给调用者。当进程运行完毕释放内存时，系统根据回收区的首地址，从空闲区链表中找到相应的插入点，插入适当的位置。

图 5-20　空闲分区链

分区存储管理虽然克服了连续存储管理的不足，但将作业存放在一片连续的存储区域中会产生内存碎片。如果能将一个作业存放到多个不相邻接的内存区域中，就可以有效解决碎片问题。

（3）分页存储管理是指将一个作业（进程）直接分配到许多互不相邻的分区，因而又称为离散分配方式（discrete allocation method）。根据分配单位不同，可分为 3 种方式：如果离散分配的基本单位是页，则称为页式存储管理；如果离散分配的基本单位是段，则称为段式存储管理；如果离散分配是页和段的组合，则称为段页式存储管理。

① 页式存储管理（page storage management）。把用户程序的地址空间划分成若干固定大小的区域，称为"页"，页面的典型大小为 1KB；相应地，也将物理存储空间分成若干物理块，页和块的大小相等。这样，用户程序的任意一页可以放在内存的任意一块中，实现离散分配。

② 段式存储管理（segmentation storage management）。把用户程序的地址空间分成若干大小不等的段，每个段定义一组相对完整的逻辑信息，在内存中可以不相邻接，以实现离散分配。UNIX 操作系统采用的就是段式存储管理。

③ 段页式存储管理（segment-page storage management）。先把程序的地址空间划分成"段"，再在段中划分成"页"，把物理空间划分成"页"的物理块，段内的页可以存储在不相邻的物理块中。这样既提高了存储器的利用率，又能满足用户要求，是目前广泛使用的一种存储管理方式。

2．内存保护

现代操作系统可实现多道程序管理，在多道程序设计环境下，内存中的许多用户程序或系统程序和数据段可供不同的用户进程共享，因而极大地提高了内存的利用率。为了确保每道程序都只能在自己的内存区中运行，必须建立内存保护机制，这一机制称为内存保护（memory protection）。内存保护的主要任务是绝不允许用户程序访问操作系统的程序和数据，也不允许转移到非共享的其他用户程序中去执行，各进程不能对别的进程的程序和数据段产生干扰和破坏。

3．内存扩充

内存扩充（memory expansion）是指解决内存储器存储容量不足的技术措施——虚拟存储。

它是由操作系统把暂时不用的程序和数据保留在外存中继续执行，然后将内存中暂时不用的数据信息调到外存中去，从而腾出空间存放将要调入内存的数据信息。这种调入和调出，是由操作系统自动完成的，它使用户能够在较小的内存中执行较大的用户程序，从而能够在内存中容纳更多的程序并发执行。虚拟存储技术通常采用分页虚拟存储、分段虚拟存储和段页式虚拟存储。

4．地址映射

一个源程序编译后，通常会形成若干目标程序，经过链接形成可执行程序。这些程序的地址都是从 0 开始的（起始地址），程序中的其他地址都是相对于起始地址计算的，将其称为"逻辑地址"和"相对地址"，而把内存中的一系列存储单元所限定的地址范围称为"内存空间"，其中的地址称为"物理地址"。在多道程序环境下，每道程序不可能都从 0 地址装入内存，这就致使地址空间中的逻辑地址和内存空间中的物理地址不一致。为了使程序能正确运行，必须将地址空间中的逻辑地址转换为内存空间中与之对应的物理地址，这一变换过程称为地址映射（address mapping）或地址重定位。这个变换通常是由硬件和软件相互配合来实现的，并且变换过程较为复杂。

5.3.5　综合实例——计算机的工作过程

现代计算机的基本工作原理仍然是遵循冯·诺依曼的"存储过程控制"理论，根据存放在存储器中的程序，由控制器发出控制命令，指挥各有关部件有条不紊地执行各项操作。

1．存储地址与指令

下面以 y=5+9 且将结果放在累加器中为例，描述计算机的工作过程。为了便于理解，用专用助记符和操作代码来描述 y=5+9 的工作过程。例如，MOV 表示数据传送指令、ADD 表示加法指令、HALT 表示停机指令等。对于一个具体问题，各种计算机都有自己的指令表。处理器计算 y=5+9 的汇编程序，可用以下 3 条语句来实现。

```
MOV  A, 05H      ; 将立即数 05H 送至累加器 A 中
ADD  A, 09H      ; 将立即数 09H 加到累加器 A 中
HALT             ; 停机
```

该汇编语言程序通过汇编（编译）形成由 0 和 1 组成的机器语言程序，并且在编译过程中形成地址空间及其功能操作指令。上述程序的 3 条操作指令及其在 RAM 中的存放位置的对应关系如图 5-21 所示。

机器工作时，把上述经过编译形成的程序由外存调入 RAM 中，并以二进制数的形式按区域连续存放，这种连续存放的单元编号称为存储地址（memory address）。RAM 中存放的内容为操作指令，操作命令和操作数各占一个存储单元（字节），上述三条指令占据 5 个存储单元。假如把它们存放在以 40H 地址开始的 5 个连续单元中，则相应的存储地址为 40H、41H、42H、43H、44H。

存储地址	RAM中内容	指令助记符
40H	0011 1110	MOV A, 05H
41H	0000 0101	
42H	1100 0110	ADD A, 09H
43H	0000 1001	
44H	1111 0100	HALT

图 5-21　RAM 地址与指令的对应关系

2．指令的执行顺序

程序输入计算机后，只要告诉计算机程序的起始地址（这里是 40H），并发出一个启动命令，机器就会执行这段程序，执行的过程是反复进行取出指令和执行指令这两个基本操作。

第一条指令取指阶段的基本操作如图 5-22 所示，其他阶段指令操作按照表 5-3 步骤执行。

图 5-22　第一条指令取指阶段操作

表 5-3　指令的执行步骤

步骤	第一条指令取指阶段	第一条指令执行阶段	第二条指令取指阶段	第二条指令执行阶段
①	PC=40H 送 AR，使 AR=40H	把 PC 内容 41H 送入 AR	把 PC 内容 42H 送入 AR	把 PC 内容 43H 送入 AR
②	PC 内容加 1 变为 41H	PC 自动加 1，变为 42H	PC 自动加 1，变为 43H	PC 自动加 1，变为 44H
③	AR 把地址 40H 通过 AB 送入存储器，经地址译码器译码选中 40H 号单元	AR 把 41H 通过 AB…，选中 41H 号单元	AR 把 42H 通过 AB…，选中 42H 号单元	AR 把 43H 通过 AB…，选中 43H 号单元
④	CPU 发出读命令	CPU 发出读命令	CPU 发出读命令	CPU 发出读命令
⑤	将 40H 号单元内容 3EH 读入 DB	将 41H…05H 读入 DB	将 42H…C6H 读入 DB	将 43H…09H 读入 DB
⑥	读出的内容经过 DB 送入 DR	……经过 DB 送入 DR	……经过 DB 送入 DR	……经过 DB 送入 DR
⑦	DR 把指令操作码送入 IR，经过 ID 和 PLA 发出微操作命令（见图 5-22）	DR 通过 DB 送入 AC，按图 5-22 改变相关值	取指阶段读出指令，与第一条指令取指相同	09H 由 DR 通过 DB 送入 ALU 的另一输入端

第二条指令执行阶段，AC 中内容与 ALU 相加，由 ALU 输出送到 AC 中。至此，第二条指令执行完毕，转入第三条取指阶段。按照上述过程取出第三条指令经过译码后，控制器停止产生控制信号而停机。程序执行完毕，y=5+9 的计算任务就此完成，AC 中存放它的运算结果。

3．虚拟存储的使用

上面介绍了运行一个简单程序时 CPU 与 RAM 的基本工作情况。对于一个大的程序，在程序执行过程中，有可能需要实行请求分页调度和请求分段调度或两者都有，因此在程序执行时一部分程序驻留在内存中，一部分放在硬盘中。例如，10MB 内存可以运行 10 个程序，每个程序占用 3MB，则总共需要占用 30MB。而任一时刻 10 个程序能用的 RAM 空间只有 10MB，还有 20MB 在硬盘上。因此，程序运行时共占有 30MB 的虚拟内存，现代操作系统都采用了虚拟存储技术。

5.4　文件管理系统——"长治久安"的基本思维

5.3.4 节中介绍了操作系统对 RAM（随机存储器）的管理，由于 RAM 的容量有限，且不能长久保存，因而需要将程序和数据以文件形式存放在外存储器上，机器工作时随时将它们调入内存。为了管理外存储器上的文件，操作系统中设置了管理文件的功能模块——文件管理系统，简称为文件系统，它负责管理文件，并为用户提供对文件进行存取、共享及保护的手段，这不仅方便了用户，保证了文件的安全性，还可以有效地提高系统资源利用率，实现对磁盘文件"长治久安"。

5.4.1　文件与文件系统

操作系统对文件管理的实质是对存放文件的磁盘存储空间管理。具体来说，就是当建立一个新的文件时，文件系统要为其分配相应的存储空间；删除一个文件时，要及时收回其所占用的空间。

1. 文件

<u>逻辑上具有完整意义的信息集合称为文件（file），计算机中所有的程序和数据都是以文件的形式进行存放和管理的。</u>文件通常由若干记录组成，而记录是一些相关数据项的集合，其数据项是数据组织中可以命名的最小逻辑单位。例如，一位教师的信息记录由姓名、性别、籍贯、出生日期、学历、职称等数据项组成，而一个单位职工信息记录的集合就组成了一个文件。文件、记录、数据项之间的层次关系如图 5-23 所示。

图 5-23　文件、记录、数据项的关系

在计算机系统中，一个完整的程序或一组完整的数据记录都是一个文件，它是操作系统实行信息管理的基本单位。文件中记录的符号元素不仅可以是文字、公式、表格、插图信息，还可以是视频信息和音频信息等，而承载这些信息的媒介是外存储器（各类磁盘），并将磁盘中的文件称为磁盘文件。

2. 文件系统

文件系统（file system）是操作系统中与文件管理有关的软件和数据的结合，是操作系统中负责存取和管理信息的模块，是对文件的存储空间进行组织和分配，负责文件的存储，并对存入文件进行保护和检索的系统。它用统一的方式管理用户和系统信息的存储、检索、更新、共享和保护，并为用户提供一套高效的文件使用方法，是对文件组织和管理的层次抽象。

文件系统由 3 部分组成：与文件管理有关的软件；被管理的文件；实施管理所需的数据结构，其层次结构如图 5-24 所示。

（1）逻辑文件系统层处理文件及记录的相关操作。例如，允许用户利用磁盘文件名访问文件及文件中的记录，实现对文件及记录的保护，实现目录操作等。

（2）文件组织模块层又称为基本 I/O 管理程序层，完成与磁盘 I/O 有关的工作，包括选择文件所在设备，进行文件逻辑块号到物理块号的转换，对文件空闲存储空间管理，指定 I/O 缓冲区。

图 5-24　文件系统层次结构

（3）基本文件系统层又称为物理 I/O 层，负责处理内存和外存之间的数据块交换，只关心数据块在辅助存储设备和在主存缓冲区中的位置，不需了解所传送数据块的内容或文件结构。

（4）设备驱动程序层又称为基本 I/O 控制层，主要由磁盘驱动程序组成，负责启动设备 I/O 操作及对设备发来的中断信号进行处理。

5.4.2　文件组织与结构

文件组织（file organization）是指根据用户和系统管理的需要，采用不同的存储方式来组织文件。将一个文件存储到外存储器中，涉及文件的逻辑结构和文件的物理结构问题。

1. 文件的逻辑结构

文件的逻辑结构（file logical structure）是从用户观点出发所观察到的文件组织形式，也是用户可以直接处理的数据及其结构，独立于文件的物理特性。文件的逻辑结构通常分为两种形式：流式文件和记录式文件。

（1）流式文件（flow file）指用户对文件内的信息不再划分的、可独立的单位，整个文件以顺序的一串信息组成，如 Word 文件、图片文件等。

（2）记录式文件（record file）指用户对文件内的信息可以按逻辑上独立的含义再划分信息单位，每个单位为一个逻辑记录，每个记录可以独立存取，如班级成绩单文件，其中每个学生的各科成绩就是一条记录。

2. 文件的物理结构

文件的物理结构（file physical structure）是指文件在磁盘上的组织形式，所以又称为文件的存储结构。常用的文件物理结构有顺序文件、链接文件、索引文件和哈希文件。

（1）顺序文件（sequential file）指文件的物理记录按其在文件中的逻辑记录顺序依次存入存储介质而建立的文件组织形式。读顺序文件时从第一个记录开始顺序进行，如图 5-25 所示。

顺序文件的优点是管理简单、存取速度快。但增、删困难，磁盘存储空间的利用率不高，因此只适合长度不变的只读文件。

（2）链接文件（interlinking file）把逻辑文件中的各个逻辑记录任意存放到一些磁盘块中，再用指针将各个块按逻辑记录的顺序（物理块号、链接指针和逻辑块号）连接起来，在文件目录中只记录第一块和最后一块的地址，如图 5-26 所示。

图 5-25　顺序文件存储结构　　　　　　　图 5-26　链接文件存储结构

链接文件的优点是文件长度可以动态增长，容易插入和删除信息快，但只能按块队列中的串联指针顺序搜索，只适合逻辑上连续的文件。因此，链接文件存储结构的应用存在较大的局限。

（3）索引文件（index file）为每个文件建立一个索引表，表中每个栏目索引表中指出文件的逻辑块号与物理块号的对应关系的组织形式，如图 5-27 所示。

索引文件的优点是既可以满足文件动态增长的要求，又能实现随机存取，很适合对信息处理的及时性要求较高的场合，如飞机订票系统。但访问索引的过程降低了存取速度。

（4）哈希文件（Hash file）为了实现文件存储空间的动态分配，利用 Hash 函数将记录关键字转换为相应记录的地址。Hash 函数所求得的并非相应记录的地址，而是指向目录表的指针，该目录表的内容指向相应记录所在物理块，如图 5-28 所示。

图 5-27　索引文件存储结构　　　　　　　图 5-28　哈希文件存储结构

令 Key 为记录关键字，用 A 作为通过 Hash 函数 H 的转换所形成的该记录在目录表中对应表目的位置，则有关系 $A=H$（Key）。在索引文件中，必须将文件的索引保存在磁盘上，在需要处理数据文件时，先把索引导入内存中，搜索索引找到数据记录的地址，然后访问数据文件存取记录。而在哈希文件中，用函数来寻找地址不需要索引和伴随的所有开销，因而它是目前最常用的一种存储结构。

5.4.3　文件目录与目录结构

计算机中最常用的文件载体是硬磁盘。就其存储容量而言，一个磁盘可以存放多个文件。但实际上，如果简单地将文件堆放到磁盘中，不但难以搜索，而且即使有足够的存储空间来存放许多个文件，但允许一个区域存放的文件个数也是有限制的。因此，对磁盘文件管理采用了一种"逐级分化"的计算思维，即建立便于文件存放和查找的文件目录（file directory）及其目录结构（directory structure）。

1. 文件目录

文件是信息的集合，文件与信息的关系形如书本的"节"与节中的符号元素，"节名"便是文件名，节中的文字、公式、表格、插图等信息便是文件的内容。书本是承载符号元素的载体，一本书由"章""节""小节"组成，"章"和"节"的有序排列便构成了该书的目录。

〖提示〗在 Windows 中，文件目录通常被称为文件夹，文件夹名就是目录名。为了便于文件归类存放和查找，通常将磁盘划分为多个"区"（将磁盘划分为 C、D、E、F 等），然后在各个区中建立多个文件目录，每个文件目录（文件夹）中可以存放多个不同名称的文件。

2. 目录结构

DOS 和 Windows 采用分层式的文件系统结构，即树状目录结构（tree directory structure）。目录和文件的隶属关系像一棵倒置的树，树枝称为子目录，树的末梢称为文件，如图 5-29 所示。

图 5-29　树状目录结构

树状目录结构有利于在磁盘上组织、管理文件，并具有明确的层次关系。树状目录结构中包括根目录和子目录，根目录是在磁盘格式化时建立的，也称为系统目录。一个根目录下可以有若干子目录或文件，在每个子目录下又可以再下挂若干子目录（如 D1, D2…）或文件（如 F1, F2…）。

（1）子目录名（subdirectory name）。根目录下的每个目录项既可以是文件名，也可以是另一个目录名，这些目录名称为子目录。它是用专用命令建立起来的，例如，D1、D01、D2、D3都是子目录名。

（2）当前目录（current directory）。为了方便表示或描述树状目录结构中文件所在的位置，把任何时刻当前正在使用的那个目录称为当前目录。例如，机器刚启动时，根目录就是当前目录，在 DOS 状态下的显示标识符为"C:\>"。

（3）目录路径（directory path）。目录路径指搜索文件所经过的子目录名称的顺序，即目录之间的通路（path），用\标识，称为"路径"。例如在根目录下运行 F33 文件，其目录路径为 C:\D1\D2\ D3\F33。在 DOS 中，用目录命令 CD 改变当前目录；在 Windows 中，通过拖曳鼠标改变当前目录。

〖提示〗 在一个目录下只能存放不同名称的文件，而在不同的目录下，可以存放相同名称的文件，例如在目录 D1 和 D2 中，允许存放同名的 F1 文件，这是目录结构的重要意义所在。

3. 文件管理

建立文件目录结构，为文件的管理和使用提供了极大方便。为了便于用户操作、管理和维护，在文件管理（file management）中采用了如下管理措施。

（1）文件分类。为了便于管理和控制，可将文件分为多种类型。如果按用途划分，可分为系统文件、库文件和用户文件；如果按数据形式划分，可分为源文件、目标文件和可执行文件。

（2）文件命名。为了便于操作使用，每个文件必须有唯一的标记，称为文件名。文件名由主文件名和扩展名两部分组成：主文件名可以由多个连续的字符组成，类似一个人的姓名；扩展名用来标识文件的性质（如系统文件、库文件、可执行文件等，类似于标明某人的性别），跟在主文件名之后，主文件名与扩展名之间用"."符号分开。传统（如 DOS）的主文件名可以由1～8 个连续的字符组成，扩展名由 1～3 个连续的字符组成，称为"8.3 命名规则"，其基本格式为

□□□□□□□□.□□□

Windows 7 突破了 DOS 中 8.3 命名规则的限制，其长度可达 255 个字符（包括盘符和路径在内）。命名的原则是便于归类和记忆（望文生义），其字符可以是英文、汉字、数字，但不能用特殊字符。

（3）文件属性。操作系统为不同类型文件定义了独特性质，使每个文件能选取不同的属性。

隐含（hidden）：具有 H 属性的文件列表时不会被显示，这类文件不能被删除、改名和复制。

系统（system）：具有 S 属性的文件为系统文件，这类文件由系统建立，具有 HSRA 属性。

只读（read only）：具有 R 属性的文件只能被读或执行，这类文件不能被删除或被修改。

档案（archive）：具有 A 属性的文件为用户建立的文件，这类文件可以修改但不能执行。

（4）文件操作。为了便于实现文件管理，操作系统提供了许多文件操作功能，如创建文件、复制文件、修改文件、删除文件等。不同的操作系统，具有不同的操作命令及其操作方式。

5.5 总线系统与输入输出系统——"组织与协调"的基本思维

计算机硬件系统由功能不同、性能各异的部件组成。为了使系统中的各功能部件能够"彼此适应、齐头并进"地高效工作，必须有效"组织与协调"，而担负起该工作的就是总线系统和输入输出系统，其研究涉及系统总线、外部设备、CPU、主存储器等部件的相互连接与数据传递，CPU 对外部设备的控制，以及操作系统对输入输出设备的管理等。

5.5.1 总线系统

计算机硬件系统中的主机、输入输出、外存及其他设备，可通过一组导线按照某种连接方式组织起来，构成一个完整的硬件系统。这组导线被称为总线，是各部件之间的数据通道。

1. 总线类型

为了适应各种设备的连接，可采用不同类型的总线。如果按照通信方式划分，总线可分为串行总线（一次传输一个二进制位的数据，如鼠标、键盘、Modem）和并行总线（一次传输多个二进制位的数据，如打印机）。如果按照功能作用划分，总线可分为以下 3 种。

（1）内部总线。内部总线指 CPU 芯片内部、寄存器与寄存器之间、寄存器与算术逻辑单元（ALU）之间的连接总线，因而又称为片内总线，所以从外部是看不见的。

（2）外部总线。外部总线指中、低速输入输出设备、外存储器之间互连的总线，是接口电路与外部设备之间进行信息传送的公共通道，即用来实现计算系统的主机与外部设备之间的互联。

（3）系统总线。系统总线指 CPU、RAM 及各接口之间的连线，是各部件之间进行信息传送的公共通道，是整个计算机系统的"中枢神经"，所有地址、数据、控制信号都是经由这组总线传输的。

2. 总线结构

总线结构（bus structure）就是连接各部件的"组织"形式，是指 CPU 与内存储器、外存储器、接口电路、输入输出设备之间的连接方式。不同类型的计算机具有不同的总线结构，通常分为单总线结构、双总线结构、三总线结构等。这 3 种总线结构可以启发人们如何提高系统性能的思维。

（1）单总线结构。单总线结构是指计算机中的所有部件、设备都连接到这组导线上，图 5-30是最简单的单总线结构形式，在许多单处理器的计算机中都采用这一总线结构形式。

图 5-30　单总线结构

① 地址总线（Address Bus，AB）。CPU 向存储器或接口传送地址信息的单向通路，用来

传送存储单元或输入输出接口的地址信息。地址总线决定了计算机内存空间的范围。

② 数据总线（Data Bus，DB）。CPU 与内存储器或接口传送地址信息的双向通道，用于在 CPU 与内存或输入输出设备之间传送数据。数据总线的宽度用二进制位来衡量，如 32 或 64 位。

③ 控制总线（Control Bus，CB）。CPU 向存储器或接口传送命令或 CPU 接收信息的通道，用来传送控制器的各种控制信号。控制信号可以分为两类：一类是由 CPU 向内存或外设发送的控制信号；另一类是由外设或有关接口向 CPU 送回的信号，包括内存的应答信号。

（2）双总线结构。单总线结构中所有部件都挂在总线上，总线只能分时工作，即某一时间只允许一对部件之间传送数据，故使信息传送受到限制。为此可采用如图 5-31 所示的双总线结构。

双总线结构既具有单总线简单、易于扩充的优点，又可以使 CPU 与主存储器交换信息，从而减轻了系统总线的负担，使系统吞吐量及其速度得到提高。I/O 接口的作用是连接各种外部设备。

（3）三总线结构。三总线结构是在双总线的基础上增加 I/O 总线，是多个外部设备与 I/O 处理器（IOP）通道之间进行数据传送的公共通道，如图 5-32 所示。

图 5-31　双总线结构　　　　　　　　　　　图 5-32　三总线结构

三总线结构减轻了 CPU 对数据输入输出的控制，进一步提高了 CPU 的工作效率。IOP 分担了一部分 CPU 的功能，以实现对外部设备的统一管理以及外设与主存之间的数据传送，从而使整个系统的效率得到提高。

3．总线标准

不同厂家生产的同一功能的外部设备，由于实现方法不同，因而其技术性能会存在一定差异。若要实现各厂家生产的部件可以替换使用，就需要各生产厂家遵守相同的标准——硬件协议和软件协议，主要包括总线工作时钟频率、总线新型号定义、系统总线结构、总线仲裁机构、电气规范、物理规范，以及实施总线协议的驱动管理程序等。总线标准主要是针对微型机制定的。

5.5.2　输入输出设备

输入输出设备是计算机硬件系统的功能部件，通过输入设备（input device），把程序、数据、图形、图像甚至语音等信息送入计算机。经过计算机运算或处理后，由输出设备（output device）输出运算或处理结果。

1．输入设备

输入设备用来向计算机输入各种信息，常用的输入设备有键盘、鼠标、光电笔、触摸屏、扫描器、扫描仪、数码相机、数字化仪、字符阅读器及智能输入设备等。

（1）键盘（keyboard）。键盘是计算机中实现人机交互的主要设备，也是在信息录入过程中实现数码转换的重要设备。键盘由一组排列成矩阵形式的按键开关组成，每按下一个键，相当于接通了相应的开关电路，产生一个相应的字符代码（每个按键的位置码），然后将它转换成

ASCII 码或其他编码送到主机。键盘的按键结构如图 5-33 所示，键盘的按键矩阵开关电路如图 5-34 所示。

图 5-33　键盘按键结构

图 5-34　键盘 4×4 矩阵开关电路

（2）鼠标（mouse）。因其"长相"像一只长尾巴的老鼠而得名，它是随着 Windows 的出现而诞生的一种新型输入设备。鼠标是在软件的支持下，通过快速地移动和控制光标，并通过点击鼠标按钮，完成某些特定的功能（菜单选择或绘图）。鼠标分为光学和机械的两大类。由于光学鼠标没有活动部件，所以可靠性和精度都比较高。机械鼠标价格便宜，但准确性较差，现已淘汰。

（3）光电笔（photoelectric pen）。光电笔是利用光信号来完成信息输入的标准输入设备，能实现选择显示屏幕上的清单，在屏幕上作图、改图、图形放大、移位及旋转等多种功能，因而它既能指定显示屏上图形的位置，又能往计算机里输入新的数据信息。

（4）触摸屏（touch screen）。触摸屏是一种基于光电笔功能和原理的屏幕触摸输入技术，它利用红外线对屏幕进行监测，屏幕上的项目（标题）相当于"伪按键"，用户只要用手指点一下屏幕上的所选项目便完成信息输入。触摸屏已广泛应用在各领域的信息控制、登记、查询等系统中。

（5）扫描器（scanner）。扫描器是用于扫描条形码信息的输入设备。条形码是一种用线条和间隔，按编码规则表示数据的图形标记，并分为一维码和二维码。

一维码是指在水平方向上表示信息的条形码，用来识别商品的基本信息，目前我国推行使用的一维码是 EAN-128 码，如图 5-35 所示。

图 5-35　一维码

二维码是在水平和垂直方向的二维空间存储信息的条形码，目前常用的二维码有 PDF417 码和 QR（Quick Response）码，QR 码如图 5-36 所示。与一维码相比，二维码具有信息容量大、可靠性高、可表示汉字和图像等多种信息、保密防卫性强、扫描反映时间快等特点，因而在许多业务中得到了广泛应用。

图 5-36　二维码

用来获取信息的相关设备还有扫描仪、数码相机、数字化仪、字符阅读器、智能输入设备等，现在智能输入（声音、人脸、指纹、手写等）已广泛应用于信息认证和文字输入。随着计算机科学和人工智能技术的高速发展，输入设备将越来越智能化，越来越适应各类信息输入的需求。

2. 输出设备

输出设备用来输出计算机的信息处理结果，包括数字、文字、表格、图形、图像、语音等。目前常用的输出设备有显示器、打印机、绘图仪等。利用输出设备，可将处理结果呈现给用户。由于计算机对所输入的各类信息已转换成数字信息，所以与输入设备相比，输出设备相对简单些。

5.5.3　输入输出接口

计算机主机是集成电路芯片的组合，而外部设备是由机械和电子结合的装置，所以主机与外部设备之间的数据形式、传送方式、传递速率等方面因存在巨大差异而不能直接相连和信息交换。为了解决这一适配问题，人们采用了输入输出接口（Input/Output interface）技术，简称I/O 接口。

1. 接口功能

接口是对输入输出设备与数据的一种抽象，是主机与外部设备之间的交互界面（interface），是实现各类信息交互的"协调"机制，以解决主机与外部设备之间的信息存在速度、时序、格式、类型等方面的不匹配问题。

（1）速度不匹配：外部设备的工作速度比主机慢得多，而且各种外部设备之间的速度差异很大，有每秒钟能传输几兆位的硬盘驱动器，也有每秒钟只能传输几百个字符的打印机。

（2）时序不匹配：因为外部设备与主机的工作速度不同，所以一般外部设备都有自己的时序控制电路（时钟），以自己规定的速率传输数据，无法与 CPU 的时序取得同步。

（3）信息格式不匹配：不同的外部设备，信息的储存和处理格式不同，既有并行和串行之分，也有二进制位、ASCII 码、BCD 码之分等。

（4）信息类型不匹配：不同的外部设备，其信号类型有可能不同（可能是数字电压，也可能是连续电流或其他电模拟信号），而且信号量的幅值也可能不同。

2. 接口电路

接口电路（interface circuit）用来解决主机与外部设备不匹配的实现问题，尽管不同 I/O 接口的任务有所不同，但基本功能是大致相同的，接口电路由以下 5 个功能部件组成，其组成与实现如图 5-37 所示。

图 5-37　接口电路的组成与实现

（1）设备译码器用来判别主机是否选中该接口及其所连接的外部设备。一个计算机系统往往配置有多台外部设备（键盘、鼠标、显示器、磁盘机、打印机等），这些设备都有各自的设备号（或端口地址），主机根据这些设备号来确定与哪台外部设备交换数据。

（2）控制逻辑电路用来实现主机与外部设备之间的通信控制，包括同步控制、终端控制等。

（3）状态寄存器用来记录外部设备的工作状态。外部设备可分为"空闲""忙""结束"3种状态，这3种状态通过接口中的状态寄存器记录下来，并通知主机，以便及时调整作业进程。

（4）数据缓冲寄存器用来实现数据缓存。在主机与外部设备交换数据时，通常先将数据缓存在该数据缓冲寄存器中，然后输出到外部设备或输入主机中，以免因外部设备运行缓慢而丢失数据。

（5）控制寄存器用来存放主机发来的控制信息。为了实现对外部设备的控制操作，需要用一个寄存器来接收主机发来的控制信号，以免因外部设备运行跟不上主机命令时速而失去控制。

〖提示〗将计算机中二进制代码转换成不同的输出信息，是由输出设备接口编码实现的。微型计算机中输入输出系统的物理连接是通过主板（main board）来实现的，如 CPU、控制芯片组、内存储器、I/O 接口芯片组、时钟等，均插在主板的插座或扩展槽中。

5.5.4　操作系统对 I/O 的管理

现代计算机系统中存在着大量的 I/O 设备，I/O 设备越丰富，计算机的功能越强大。为了方便用户连接和使用各种 I/O 设备，操作系统提供了 I/O 管理功能，包括 I/O 设备管理和 I/O 控制管理。

1. I/O 设备管理

I/O 设备管理（I/O device management）的目的是有效地分配和使用外部设备、协调 CPU 与外部设备之间的时间差异、提高系统总体性能。I/O 设备管理包括设备分配、设备驱动、设备无关性、缓冲区管理和即插即用等。

（1）设备分配。当进程向系统发出 I/O 请求后，由设备分配程序按照一定的策略把所要求的设备分配给该进程。为确保 CPU 与设备之间能进行通信，还应分配给相应的控制器和通道。

（2）设备驱动。为了实现对外部设备的操作控制，各外部设备必须有一个实现 CPU 与通道和外设之间通信的程序，称为设备驱动程序，操作系统通过驱动程序指挥该设备的操作。设备驱动程序直接与硬件设备打交道，告诉系统如何与设备进行通信，完成具体的输入输出任务。计算机的所有外部设备都有专门的命令集，因而需要自己的驱动程序；否则，外部设备无法工作。

（3）设备无关性。为了使用户编写的程序与实际使用的物理设备无关，由操作系统把用户程序中使用的逻辑设备映射到物理设备，以实现逻辑设备与物理设备的对接。

（4）缓冲区管理。由于计算机中 CPU 的速度快，而外设运行速度慢，这不仅降低 CPU 的使用效率，甚至会中断 CPU 的运行。为了解决 CPU 与外设之间速度不匹配的矛盾，常采用存储缓冲技术，实行缓冲区管理，以提高外设与 CPU 之间的并行性，从而提高整个系统性能。

（5）即插即用。当把设备连接到计算机后，操作系统能随即自动检测到新接入的设备并自动安装驱动程序，而不需进行任何配置，故而称为"即插即用"（Plug and Play，PnP）。目前，绝大多数操作系统支持 PnP 技术，如现在计算机上使用 U 盘便是典型的即插即用。

2. I/O 控制管理

I/O 控制管理（I/O control management）是指操作系统对 CPU 与 I/O 之间数据传送的控制方式，要求速度快、开销小、充分发挥硬件资源能力。随着计算机技术的发展，控制方式经历了由低级到高级、由简单到复杂、由集中到分散的发展过程。按发展的先后次序和主机与外设并行工作的程度，可分为如下 4 种方式。

（1）程序查询（program inquiry）方式是指由用户进程来直接控制 RAM 或 CPU 和外部设备之间的数据传送，这也是早期主机与外部设备进行信息交换的最简单的控制方式，如图 5-38所示。

　　例如，当用户进程需要输入数据时，由 CPU 向 I/O 控制器发出一条 I/O 指令启动设备进行输入。在此期间，CPU 通过循环执行测试指令不断地检测设备状态寄存器的值，当显示设备输入完成时，CPU 将数据寄存器中的数据取出，送入 RAM 单元，再启动设备去读下一个数据。相应地，输出数据时，需要发出输出命令并等待输出操作完成。因此，这种控制方式效率低下。

　　（2）程序中断控制（Program Interrupt Control, PIC）方式是指计算机在执行程序的过程中，当出现异常情况或特殊请求时，立即停止现行程序的运行而转向对异常情况或特殊请求的处理，处理结束后返回到程序的间断处，如图 5-39 所示。

图 5-38　程序查询方式　　　　　　　图 5-39　程序中断控制方式

　　例如，当用户进程需要输入数据时，由 CPU 向 I/O 控制器发出 I/O 指令启动设备进行输入。在此期间，CPU 可以去做其他的工作，当设备输入完成时，I/O 控制器向 CPU 发出"中断请求"，"通知"CPU 可以进行输入或输出操作。CPU 接收到该信号后，经中断优先级排队后确信可以响应该中断，便向 I/O 设备发出中断响应信号，并转入执行中断服务程序，实现主机与外设之间的数据交换。输入或输出操作完毕后，CPU 由中断服务程序返回执行原来的主程序。程序中断在信息交换中具有极为重要的作用、地位，在现代计算机系统中，都毫无例外地引入了程序中断控制。

　　（3）直接内存访问（Direct Memory Access，DMA）方式是指在外部设备和 RAM 之间开辟直接的数据交换通路进行数据传送，即在计算机内增设 DMA 控制器，由它直接控制主机与外设之间的数据交换，如图 5-40 所示。与图 5-38 和图 5-39 比较，便可知道三者彼此之间的区别。

　　例如，当用户进程需要输入数据时，CPU 将准备存放输入数据的内存起始地址及要传送的字节数分别送入 DMA 控制器中的内存地址寄存器和传送字节计数器中，并启动输入设备进行数据输入。在此期间，CPU 可以做其他工作。输入设备不断地挪用 CPU 工作周期，将数据寄存器中的数据不断写入 RAM，直到要求传送的数据全部传送完毕。DMA 控制器在传送完成时向 CPU 发送中断信号，CPU 收到中断信号后执行中断处理程序，中断结束后返回被中断程序。

　　（4）I/O 通道控制（I/O channel control）方式也称为 IOP（I/O Processor）通道，是指使用通道来控制 RAM 和外部设备之间的数据传送。由于 IOP 相当于一个功能简单的处理机，又称为处理机方式，它是 DMA 方式的进一步发展，具有存放传输数据的存储器、类似 DMA 的通道程序解释和执行通道指令的控制部件。与 DMA 方式类似，IOP 以 RAM 为中心实现设备与 RAM 直接交换数据，只要 CPU 发出启动指令，指出要求通道执行的操作和使用的 I/O 设备，就可以启动通道，并使该通道从 RAM 中调出相应的通道程序执行，其工作过程如图 5-41 所示。

图 5-40　直接内存访问方式　　　　　　　　图 5-41　I/O 通道控制方式

　　例如，当用户进程需要输入数据时，CPU 发出启动指令指明执行 I/O 操作。在对应通道收到启动指令后，从 RAM 中读出并执行通道程序，控制设备将数据传送到 RAM 中指定的区域。在设备进行输入时，CPU 可以做其他工作。当数据传送结束时，设备控制器向 CPU 发送中断请求，CPU 便随即转去执行中断处理程序，中断结束后返回被中断的程序。

　　与 DMA 方式相比，IOP 方式可以使主机、外设和通道并行工作，而且一个通道可以控制多台不同类型的设备，因而增加了计算机并行工作的程度。但是，IOP 方式的成本更高。

本 章 小 结

　　（1）在解决大型复杂的计算、控制、管理等问题时，需要有具体的系统，例如数值仿真系统、导弹控制系统、信息管理系统等，这些系统的核心是计算系统。如何使计算系统高效可靠地工作，需要从系统科学的观点出发，以计算思维分析系统的结构组成，寻找提高系统性能的思想策略。

　　（2）计算系统是对计算机的抽象，一个完整的计算机系统包括硬件系统和软件系统，硬件是计算机系统的物理支撑，软件是计算机系统的灵魂。它们相互支撑和配合，齐心协力地高效工作。

　　（3）操作系统是软件系统的核心，用来管理和控制计算机系统中的硬件及软件资源。操作系统对计算机的管理包括处理器管理、存储管理、设备管理和文件管理。

　　（4）存储器管理的主要任务是内存分配、内存保护、内存扩充、地址映射 4 个方面。其中，内存扩充与虚拟存储实际上是同一个概念，通过对内存中程序和数据的调度策略，使用户能够在较小的内存中执行较大的用户程序，并且可以在内存中容纳更多的程序并行执行。

　　（5）为了管理外存储器上的文件，操作系统中设置了管理文件的功能模块——文件管理系统。它负责管理文件，为用户提供对文件进行存取、共享及保护的手段，以提高系统资源的利用率。

　　（6）系统总线是计算机中各部件之间的数据通道，也是计算机内部设备与外部设备间的枢纽。由于计算机主机与外部设备之间性能的差异性，因而采用接口技术来解决各类部件不匹配问题。

　　（7）系统总线和接口电路解决的是部件间的数据传输和匹配问题，但如何实现对设备的管理，如何高效利用数据通道充分发挥硬件资源的能力，则是计算机操作系统的重要职能。

习　题　5

一、选择题

1. 计算机硬件系统的五大部件是运算器、控制器、输入设备、输出设备和（　　）。
   A. 存储器　　　　　　B. 接口电路　　　　　C. 外部设备　　　　　D. 指令系统

2. 一个完整的计算机系统分成硬件系统、系统软件、应用软件和（　　）4 个层次。
   A. 软件系统　　　　　B. 程序设计语言　　　C. 操作系统　　　　　D. 指令系统

3. 计算机操作系统具有并发性、共享性、虚拟性和（　　）4 项基本特征。
   A. 同步性　　　　　　B. 可靠性　　　　　　C. 异步性　　　　　　D. 可控性

4. 20 世纪 90 年代以来常用的主流操作系统有 DOS、Windows、UNIX 和（　　）。
   A. 网络操作系统　　　B. 手机操作系统　　　C. 智能操作系统　　　D. Linux

5. 计算机中指令执行的基本流程分为（　　）、取指令、分析指令和执行指令。
   A. PC＋1　　　　　　B. 编写指令　　　　　C. 存储指令　　　　　D. 操作指令

6. 操作系统对 CPU 的管理主要包括进程控制、进程同步、进程通信和（　　）。
   A. 作业管理　　　　　B. 处理机调度　　　　C. 并发控制　　　　　D. 交通控制

7. 目前，微机中常用的外存储器主要有硬盘、光盘、（　　）和移动硬盘。
   A. 软盘　　　　　　　B. 光盘　　　　　　　C. U 盘　　　　　　　D. 磁带

8. 输入输出接口电路用来解决速度、时序、信息格式和（　　）不匹配的问题。
   A. 操作方式　　　　　B. 存储格式　　　　　C. 电器特性　　　　　D. 信息类型

9. 输入输出的控制方式分为（　　）、程序中断、直接内存访问和 I/O 通道控制等方式。
   A. 程序查询　　　　　B. 作业管理　　　　　C. 外存访问　　　　　D. 通道管理

10. 操作系统对文件的管理主要包括存储空间管理、文件目录管理、文件读写管理和（　　）。
    A. 文件操作管理　　　B. 文件安全保护　　　C. 文件删除管理　　　D. 文件建立管理

二、问答题

1. 什么是计算系统？
2. 如何定义计算机硬件与硬件系统？如何定义计算机软件与软件系统？
3. 什么是操作系统？
4. 软件与硬件存在哪些关系？
5. 什么是作业？
6. 什么是进程？
7. 并发与并行有何区别？
8. 什么是存储管理？
9. 什么是输入输出控制？主要有哪些控制方式？
10. 什么是文件和文件系统？

三、讨论题

1. 本章中介绍了 3 种典型的操作系统，为什么要研究多种类型的操作系统？
2. 如果计算机不使用操作系统，你认为计算机的硬件设计应该解决哪些问题？
3. 操作系统对 I/O 的控制管理有 4 种方式，这 4 种控制管理方式各有何优、缺点？

第 6 章　程序设计的基本思维

【问题引出】第 5 章介绍了计算机的结构组成及其工作原理，它是实现问题求解或数据处理的现代化计算工具。然而，计算工具自身不能直接对各种问题实现自动求解，必须把要解决的问题按照求解步骤编成程序，让计算机按照程序步骤有条不紊地自动执行，才能快速准确地得到求解结果。因此可以说，计算机是程序的机器。那么，程序设计与计算思维有何关系？如何设计（开发）高效、可靠的问题求解程序（软件）呢？这就是本章所要学习的内容。

【教学重点】程序设计的问题抽象、语言抽象、方法抽象、过程抽象，以及程序设计语言的基本成分与源程序的翻译方法等。

【教学目标】掌握程序设计的基本思维及其抽象概念；熟悉源程序的翻译方式和编译过程；了解程序开发的软件工程方法；深刻认识和全面了解通过程序设计实现问题求解的计算思维。

6.1　程序设计概念——"问题抽象"的基本思维

人们做任何事情都有一定的方法和步骤，这些方法和步骤就是"程序"，是进行某项活动或过程所规定的途径。程序设计是把客观世界问题的求解过程映射为计算机的一组动作，用计算机能接受的形式符号（程序设计语言）记录设计内容。根据计算机的特点，规划程序设计过程，使其达到科学化和规范化，是程序设计方法学的核心，也是计算思维本质的体现——抽象与自动化。

6.1.1　程序设计与问题求解

程序设计（programming）是给出解决特定问题程序的过程，目的是对特定问题进行求解。其中，体现问题特征的是数据结构，体现问题求解方法的是算法设计。

1. 程序设计定义

在利用计算机解决特定任务的过程中，计算机系统必须按照所设计的程序，执行数据操作。所谓"数据"，是指计算机所处理的对象，包括数据类型、数据的组织形式和数据之间的相互关系，即数据结构；所谓"操作"，是指计算机处理数据的方法和步骤，即算法。1976 年，瑞士著名计算机科学家、Pascal 语言的发明者尼克劳斯·沃斯（Niklaus Wirth）教授提出了一个著名公式：

算法（algorithms）+数据结构（data structures）=程序（programs）

这个公式揭示了计算机科学的两个重要支柱：算法和数据结构的重要性和统一性。算法、数据结构和程序，三者紧密相连，密不可分，既不能离开数据结构去分析问题的算法，也不能脱离算法去研究数据结构，更不能脱离算法和数据结构而孤立地进行程序设计，并有如下定义。

（1）算法是对数据处理准确而完整的具体描述，是由基本运算规则和运算顺序所构成的、完整的解题方法和步骤。

（2）数据结构指相互之间存在一种或多种特定关系的数据元素的集合，是计算机存储、组织数据的方式，反映出数据类型和数据的组织形式。其中，数据的类型体现了数据的取值范围和合法的运算；数据的组织形式体现了相关数据之间的关系。

（3）程序是为计算机完成特定任务，利用算法并结合合适的数据结构而设计的一系列指令的有序集合。程序由程序开发人员根据具体的任务需求使用相应的语言，结合相应的算法和数据结构编制而成。因此，程序是算法和数据结构的组织者，也是"自动化"的代名词。

程序的目的是"自动"加工数据，如何加工则是算法（对数据的操作）和数据结构（描述数据的类型和结构）的问题。在加工过程中，只有明确了问题的算法，才能更好地构造数据，但选择好的算法常常依赖于好的数据结构。事实上，程序就是在数据的某些特定的表示方式和结构的基础上对抽象算法的具体描述。因此，编写一个程序的关键是设计高效算法和合理组织数据。

2．问题求解方法

问题求解是计算思维的核心，反映的是利用计算机技术解决实际问题的思维方法，包括实行问题处理的思想方法，也包括数据处理的计算方法。为了描述思维方法，下面给出 3 个求解实例。

【例 6-1】　设有甲、乙、丙 3 个交通线路站点，三地之间的线路如图 6-1 所示，从甲地到乙地的 A 线为 8km，其间有 3 处红绿灯；从甲地到丙地的 B 线为 5km；从丙地到乙地的 C 线为 4km。那么，如何选择甲地到乙地的最佳路线呢？

图 6-1　三个交通线路站点

【解析】　如果步行，从甲地到乙地，其最佳路线是什么呢？显然，你一定会回答选择走 A 线；若选择走 B→C 线，势必多绕 1km 的路程。如果开车，要求用最短的时间从甲地到乙地，此时是选择 A 线还是选择 B→C 线呢？显然，这时该问题求解的条件（环境）已发生了变化，需要对问题重新考量：如选择 A 线，有 3 处红绿灯；如选择 B→C 线，路程远 1km。

【例 6-2】　输入两个整数并存放到整型变量 a、b 中，要求将 a、b 中的数值变换后输出。

【解析】　在回答这个问题时可能立即想到要求张三与李四交换座位，则双方先起立，然后坐到对方座位上即可。但在程序设计中不能这样交换，如果 $a \leftarrow b$，然后 $b \leftarrow a$，那么原先 a 中的数值会被 b 所覆盖，交换后的结果都是原先 b 的值。因此，需要按照变量赋值的规则考虑解决方案。在此过程中不同的思维方式会形成不同的求解方案，根据题意可列出以下 4 种求解方法。

方法 1：$c=a$，$a=b$，$b=c$。　　　　　　　　　　　（难度系数为 0）

方法 2：$a=a+b$，$b=a-b$，$a=a-b$。　　　　　　　　（难度系数为 1）

方法 3：$a=a-b$，$a=a+2b$，$a=(b-a)/2$，$b=b-a$。　（难度系数为 2）

方法 4：$b=a*b$，$a=b/a$，$b=b/a$。　　　　　　　　　（难度系数为 3）

【例 6-3】　公元前 300 多年有个名为"鬼谷子"的人提出了这样一道算术题："今有物不知其数，三三数之剩二，五五数之剩三，七七数之剩二，问物几何？"其题意是三个三个地数会剩下两个，五个五个地数会剩下三个，七个七个地数会剩下两个，求这些数的最小值。

【解析】　该问题被称为"孙子定理"或"中国剩余定理"（Chinese remainder theorem），属于初等数论中的解同余式。用现在的话说：一个数除以 3 余 2，除以 5 余 3，除以 7 余 2，求这些数的最小值。

【方法一】 从 1 开始，取出一个自然数，判断它分别被 3、5、7 整除后的余数是否为 2、3、2。如果是，则该数就是所求的数，求解结束；否则，用下一个数再试，直到找到这个数为止。这种方法是穷举法，通过编程实行循环求解是极为简单快速的。

【方法二】 先列出除以 3 余 2 的数：2，5，8，11，14，17，20，23，26，…，再列出除以 5 余 3 的数：3，8，13，18，23，28，…，在这两组数中首先出现的公共数是 8，而 3 与 5 的最小公倍数是 15，两个条件合并为一个则为 8+15×整数，可得一串数：8，23，38，…，再列出除以 7 余 2 的数：2，9，16，23，30，…，通过比较，便可得出符合题意的最小数是 23。

上述 3 个例子体现了求解不同问题的思维方法。例 6-1 说明了求解一个实际问题时必须根据具体情况仔细分析；例 6-2 说明了不同的解题方法步骤直接反映了所采用解决问题方案的难易程度；例 6-3 说明了在求解实际问题时往往需要从复杂关系中找出内在关联。事实上，问题求解的方法和步骤体现了一个人的思维方式与思维能力，是一个人逻辑思维能力的真实反映。

6.1.2　程序设计的基本抽象

例 6-1～例 6-3 都是对客观世界的抽象，只有把对客观事物的描述抽象为数据才能运算。程序设计的抽象主要包括过程抽象（process abstraction）、数据抽象（data abstraction）和控制抽象（control abstraction），可视为程序设计的"三要素"。

1. 过程抽象

过程是描述数据形成的方法和步骤，过程抽象的目的是获取数据，数据是过程抽象的结果。例 6-1 中选择甲地到乙地的最佳路线，例 6-2 中将 a、b 中的数值变换后输出，例 6-3 中求出符合题意的最小数，它们是程序设计中的过程抽象，是问题求解过程的第一步。在抽象过程中，通常把现实世界中的实体称为问题空间对象或问题域对象，把计算机中的实体称为解空间对象。为了实现问题求解，必须把问题空间对象转换成便于计算机求解的解空间对象，其映射如图 6-2 所示。

图 6-2　从问题空间到解空间的映射

2. 数据抽象

程序设计中的数据抽象是指一种语言所处理的对象按其属性的不同分为不同的类型。在引入分类的方法后，就可以通过观察和抽象获得数据的一个基本特征——数据类型（data type）。例如，在 C 语言中，float x 意为定义了一个实型数据，其中 x 称为"实型变量"，表示实型数据的"值"；int x 意为定义了一个整型数据，其中 x 称为"整型变量"，表示整型数据的"值"；char x 意为定义了一个字符数据，x 称为"字符变量"，表示字符数据的"值"。不同类型的变量占用不同的存储空间，存储空间是对存储单元内一组二进制代码的抽象。因此，数据抽象能在更高的层次上操纵数据，而每个高层数据运算的实现是在内部隐蔽完成的。

3. 控制抽象

控制抽象同过程抽象和数据抽象一样，是程序设计中的一种抽象形式，用来实现程序按条件执行顺序。控制抽象隐含了程序控制机制，而不必说明它的内部细节。不同的程序语言具有不同的控制方式。例如，在 Basic、Fortran 语言中，常用 IF…THEN…GOTO 语句实现控制结构，而在 C/C++语言中，可用 for、while 等语句实现控制结构。例如：

```
/*用Basic语言实现控制结构*/              /*用C/C++语言实现控制结构*/
   10   i=1                             #include<stdio.h>
   20   x=B(i)+C(i)                     void main()
   30   IF(i>100) THEN GOTO 99          { int i;
   40   i=i+1                               float x;
   50   GOTO 20                             while(i=1; i<=100; i++) x=B(i)+C(i);
   99   x=x/100.0                           x=x/100.0;
   …                                    }
```

实现同样的循环控制，后者是前者循环控制的抽象。while 语句隐含指明了控制转移，不用
GOTO 语句指明，这是语句级的抽象控制。由此说明，不同的程序设计语言具有不同的结构。

〖**提示**〗　程序设计自始至终都是抽象的过程，计算机解题从程序设计到求解的理解都是抽
象的结果。不用机器码编写程序但机器能按照人的旨意求解问题，其根本原因就得益于抽象。

6.2　程序设计语言——"语言抽象"的基本思维

程序设计语言（programming language）是编写计算机程序的语言，是人与计算机进行信息
交换的共同"语言"，因而也被称为计算机语言（computer language）。计算机语言是进行程序设
计和软件开发的工具，无论是程序设计还是软件开发，都要利用计算机语言来实现。

6.2.1　程序设计语言的演化

程序设计语言伴随着计算机硬件的发展和计算机应用的普及而发展。程序设计语言的种类
繁多，并有多种分类方法。如果按照程序设计语言的演化过程划分，可分为"五代"，如图 6-3
所示。

图 6-3　程序设计语言的基本类型

1. 机器语言

<u>用于直接与计算机打交道的、用二进制代码指令表达的计算机编程语言称为机器语言</u>
<u>（machine language）</u>。机器语言是于 20 世纪 40 年代计算机诞生后最早使用的，也是计算机硬件
系统所能识别和执行的唯一语言，被称为第一代语言。

在早期的计算机中，人们直接使用机器语言编写程序。机器语言是在内存中开辟两个区域：
指令区和数据区，前者存放指令，后者存放数据。指令的基本格
式如图 6-4 所示。

操作码	操作数

图 6-4　指令的基本格式

机器语言中的每一条语句是由操作码和操作数组成的二进制
形式的指令代码，CPU 从指令区的第一个地址码开始逐条取出指令并执行，直到所有指令执行
完毕。

【例 6-4】 在 8086/8088 兼容机上，用机器语言完成求 5+9 的程序代码如下：

```
1011 0000  0000 0101      ; 将数据 5 放进累加器中
0010 1100  0000 1001      ; 将累加器中的值与 9 相加,结果仍然放在累加器中
1111 0100                 ; 停机结束
```

由此看出，机器语言是一种按照计算机指令格式书写的程序语言，是对执行运算操作的抽象。机器语言能够直接被计算机识别，具有执行速度快、运行效率高、占存储空间小的优点。但用二进制代码编程，不但修改、调试难度大，而且与机器硬件结构有关，可移植性和可读性差，因而极大地限制了计算机的使用。克服这一缺点的方法是对机器语言进行抽象，使其尽可能地接近自然语言，以便于程序的编写、修改和调试。

2. 汇编语言

为了编写程序的方便和提高机器的使用效率，20 世纪 50 年代初，人们在机器语言的基础上研制产生了汇编语言（assembly language）。汇编语言是用一些约定的文字、符号和数字按规定格式来表示各种不同的指令，再用这些特殊符号表示的指令来编写程序。该语言中的每条语句都有一条相应的机器指令，用助记符代替操作码，用地址符代替地址码。通常把汇编语言称为第二代语言，用来编写控制硬件操作的程序。

【例 6-5】 在 8086/8088 兼容机上，用汇编语言完成求 5+9 的程序代码如下：

```
MOV   AX, 5            ; 将 5 放进 AX 寄存器中
ADD   AX, 9            ; 将 AX 寄存器中的数与 9 相加,结果仍然放在 AX 寄存器中
HLT                   ; 停机结束
```

其中，MOV、ADD、HLT 是操作助记符；AX 是寄存器名；";"后面的内容是语句的注释。

由此看出，汇编语言是符号化的机器语言，所以也被称为符号语言。汇编语言是对机器语言的抽象，具体表现在将机器语言的每条指令符号化。汇编语言程序比机器语言程序易读、易查、易修改，同时保持了机器语言编程质量高、执行速度快、占存储空间小的优点。

机器语言与汇编语言都是面向机器的语言，前者用指令代码编写程序，后者用符号语言编写程序。面向机器的语言称为低级语言，它的使用与具体机型的硬件结构有关，因而不具有通用性和可移植性。当用户使用这类语言编程时，需要花费很多的时间去熟悉硬件系统。

3. 算法语言

为了进一步简化程序设计和降低编程难度，使不熟悉计算机硬件结构的人员能方便地使用计算机，因而在 20 世纪 50 年代中期对汇编语言进行了进一步抽象，使其成为与计算机硬件结构无关的语言，这类语言统称为高级语言（high level language）。由于这类语言中的语句形式与数学的算法表达式极为相似，所以又将它们称为算法语言（algorithmic language），也称为第三代语言。随着程序设计语言的发展，这类语言可以分为面向过程程序设计语言和面向对象程序设计语言。

（1）面向过程程序设计语言（Process-Oriented Programming Language，POPL）：POPL 简称为面向过程语言，如 Basic、Fortran、Pascal、C 语言等，使用这类语言编程时，必须遵循问题求解过程的算法设计。

【例 6-6】 用高级语言 C/C++编写求 5+9 的程序，其功能语句如下：

```
a=5+9;                    /* 将 5+9 的和赋值给结果变量 a */
printf("a=%f\n", a);      /* 打印变量 a 的值 */
```

　　由此看出，高级语言是一种数学表达式语言，是对问题与机器的抽象，编写程序与具体机型无关。与低级语言相比，高级语言具有如下显著特点。

　　① 面向问题。高级语言独立于具体的机器系统，由于程序语句面向问题而不是面向机器，因而高级语言程序具有良好的通用性和可移植性。

　　② 编程方便。高级语言使用与自然语言语法相近的自封闭语法体系，因而编程简单、方便，容易阅读和理解。现在一般情况下不用机器语言或汇编语言编写算法程序，而用高级语言编程。

　　③ 功能性强。高级语言的语句功能强大，一条语句往往相当于多条指令，例如，求 5+9 只用一条语句"a=5+9;"，不仅极大地简化了程序的编制和调试，还使编程效率得到大幅提升。

　　（2）面向对象程序设计语言（Object-Oriented Programming Language，OOPL）：OOPL 简称为面向对象语言，它是在 POPL 基础上加入了支持对象类、封装和继承等特性的语言，有效地解决了 POPL 的安全性、可维护性和可扩展性问题。近年来，面向对象语言发展极为迅速，已成为当前程序设计最常使用的一类语言。目前广泛应用的 OOPL 有 C++、Java、C#等，用来编写科学计算程序和作为系统开发工具语言。

　　① C++语言。进入 20 世纪 80 年代，面向对象程序设计方法在程序设计领域引起了普遍重视，AT&T 贝尔实验室的 Bjarne Stroustrup 在 C 语言的基础上，吸收了 OOPL 的特点，开发了面向对象的程序设计语言 C++。C++语言保留了 C 语言的所有成分，是 C 语言的改进或扩充，是一种全新的语言形式。

　　于 1985 年推出的 C++ 1.0 版包括支持面向对象程序设计的主要机制，如类和对象、单继承、虚函数、公有与私有成员的访问控制、函数重载等。而真正促使 C++语言流行的是在 1989 年推出的 2.0 版本，这个版本扩充了多继承、抽象类、受保护成员的访问控制、运算符重载等特性，更注重功能的完善和安全可靠。于 1993 年推出的 3.0 版本增加了模板、异常处理机制，并允许嵌套定义类，较全面地满足了软件工程对程序设计语言的需求。随后，于 1994 年 1 月提出了 C++语言的 ANSI 标准草案。然而，标准化过程是缓慢的，C++要实现标准化，尚需要时日。

　　② Java 语言。C 语言与 C++语言是功能强大的优秀语言，然而，开发一个具有相同功能的计算机程序，用 C/C++语言的开发周期比用其他语言开发的周期长。为此，人们一直都在寻找一种可以在功能和开发效率之间达到更好平衡的语言。针对这种需求，美国 Sun Microsystem 公司推出了面向对象的 Java 语言。

　　Java 语言是于 1995 年 5 月推出的面向对象程序设计、支持网络计算、适合分布式计算的新型语言。Java 语言将面向对象、平台无关性、稳定与安全性、多线程等特性集于一身，为用户提供了良好的程序设计环境，因而特别适合 Internet 的应用开发。Java 语言可以看作 C++的派生语言，从 C++中继承了大量的语言成分，抛弃了 C++中多余的、容易引起问题的功能（如头文件、编译指令、指针、结构、隐式类型转换、操作符重载等），增加了多线程、异常处理、网络程序设计等方面的支持。因此，掌握了 C++的程序员可以很快学会 Java 语言。Java 语言较好地支持了面向对象程序设计，程序中除了数值、布尔值和字符 3 种基本数据类型，其他数据都是对象。Java 语言仅支持单继承，放弃了语义复杂的多继承，是当时备受欢迎且发展最快的语言。

　　③ C#语言。C#（读作 C sharp）是 Microsoft 公司在 2000 年 6 月发布的一种全新、简单、面向对象的程序设计语言。C#语言吸收了 C/C++、Visual Basic、Delphi、Java 等语言的优点，充分体现了当今最新程序设计技术的功能和精华，开发人员可以使用它来构建在 .NET framework 上运行的各种安全、可靠的应用程序。C#语言起源于 C 语言家族，简化了 C/C++的

诸多复杂性，提供了空的值类型、枚举、委托、匿名方法和直接内存访问，而这些特点是 Java 语言不具备的。C#语言可以让程序员快速建立基于微软网络平台的应用。同时，C#语言提供了大量的开发工具和服务，以帮助程序员开发基于计算和通信的各种应用程序，如 Microsoft Visual Studio 是代码编辑器、编译器、调试器和图形用户界面集成开发环境（Integrated Development Environment，IDE）。因此，C#语言是一种备受用户青睐的语言，在基于网络平台的各种应用程序和数据库应用系统的开发中得到了广泛应用。

〖提示〗 算法语言是描述计算过程的符号系统，算法语言从低级到高级的发展，其核心思想是抽象。抽象层次越低，操作越具体，可移植性越差，掌握起来的难度越大；而抽象层次越高，越远离机器特性，可移植性越好；抽象越接近数学或人类的习惯，越容易掌握和使用。

4．数据查询语言

在使用 Fortran、C 语言等过程性（procedural）语言完成某项数据请求时，用户需要了解数据的存储结构、存储方式等相关情况，并且需要指明机器如何操作。随着数据库管理系统的出现与发展，人们研发出了面向数据库管理的查询语言，其典型代表是结构化查询语言（Structured Query Language，SQL）。SQL 是一种非过程性（non procedural）语言，用户只要提出做什么，而不必指明怎么做，即只要提出查询条件和要求，其查询优化、存取路径、语句操作等均由系统自动完成。SQL 操作简单，功能强大，已成为目前数据库管理的主要语言，也称为第四代语言。例如：

```
SELECT Scode FROM SC
WHERE Score>=80 AND Score <=100;
```

SQL 由各子句组成，例如：SELECT 子句表示查询；FROM 子句指明查询的数据源；WHERE 子句说明选择运算的条件。它们的组合功能是从学生成绩表（SC）中找出 80≤Score≤100 的成绩记录。

5．人工智能语言

人工智能程序需要具有人工智能特性的语言来实现，这种语言与其他语言相比，它要求更加面向问题、面向逻辑，能支持知识表示，能够描述逻辑关系和抽象概念，其处理对象更多的是知识（符号）。于是，人工智能程序设计语言应运而生，如 LISP、Prolog 等，也被称为第五代语言。

（1）LISP 语言是约翰·麦卡锡（John McCarthy）于 1960 年首先提出并开发的列表处理器（List Processor，LISP）语言，主要用于符号计算和表处理，在知识表示、机器学习、智能训练和语音建模等领域占据着主导地位。麦卡锡也因这一研究对人工智能领域的贡献而获得了 1971 年的图灵奖。

（2）Prolog 语言是由英国爱丁堡大学柯瓦斯基（Kowalski）于 1970 年首先提出的以逻辑学为基础的程序设计（logic programming）语言。1972 年，法国马赛大学科迈瑞尔（Colmerauer）及其研究小组实现了世界上的第一个 Prolog 系统，并在欧洲得到进一步发展。特别是日本于 1981 年宣布以 Prolog 语言作为其正在研制的新一代计算机——智能计算机的核心语言，从而使 Prolog 语言举世瞩目，迅速风靡世界。

Prolog 语言是一种描述性语言，在求解问题时，程序员只要描述待解问题中的对象及它们之间关系的一些已知事实（fact）和规则（rule），强调描述对象之间的逻辑关系，不存在形如 C

语言中的 if、when 等控制流程语句，只要告诉计算机做什么，无须告诉怎么做。Prolog 语言以一阶谓词演算（first-order predicate calculus）为基础，并且由事实和规则组成。例如，逻辑学中著名的推导规则：

　　If（A is B）and（B is C），then（A is C）

将此准则应用于下面的事实：

　　事实 1：Socrates is a human→A is B

　　事实 2：A human is mortal→B is C

则可以推导出下面的事实：

　　事实 3：Socrates is mortal→A is C

　　用 Prolog 语言编程就是基于事实规则。例如，关于人类的最初事实可陈述如下：

```
human（John）
mortal（human）
```

　　若用户进行询问

```
? - mortal（John）
```

则程序会响应 yes。

　　由于在 Prolog 程序中一般不需要告诉计算机"怎么做"，而只需告诉它"做什么"，由此易让人联想到关系数据库中的结构化查询语言（SQL）。数据库中数据的查询通常用关系算子（operator）表示，它是一种符号逻辑形式，是非过程性的。逻辑程序设计也是非过程性的，从这个意义上讲，二者具有相似性。简单的信息表可以由 Prolog 结构来描述，而表之间的关系则可以方便而容易地描述为 Prolog 规则，对数据的检索过程交由规则操作完成，Prolog 的目标语句提供了对关系数据库的搜索、查询。因此，逻辑程序设计恰能满足关系数据库管理系统的需求。由于 Prolog 是以逻辑为基础的程序设计语言，因此用它编写的程序自然是逻辑程序。

　　〔提示〕　计算机语言与计算机程序密切相关，但它们有各自的功能特征，主要体现如下。

　　① 计算机语言是进行程序设计的语言工具，是硬件系统全部或部分指令的集合。

　　② 语言与程序的关系形如文字与文章的关系，例如文章是用汉语写的，但文章和汉语是两回事。

　　③ 不同的计算机语言具有不同的功能特征及其适用对象，这是衍生多种语言的原因所在。

　　④ 计算机程序是为实现某个算法，从该语言中选择所需要指令组成的集合，是完成某个特定任务的一组指令系列。

6.2.2　程序设计语言的构成

　　程序设计语言的种类很多，尽管各种高级语言的应用领域、程序功能、程序风格、语法规则、结构形式等不尽相同，但构成程序设计语言的基本要素和基本组成是大致相似的。程序语言中的各成分都是语义符号化的抽象结果，也是构造性方法的具体体现。程序设计语言的构成如图 6-5 所示。

图 6-5　程序设计语言的构成

1．基本符号

基本符号是指程序设计语言中所使用的各类字符。下面给出一个用 C 语言编写的程序实例，以此了解程序设计语言中使用的基本符号。

【例 6-7】 用 C 语言编写程序，利用用户自定义函数实现求组合数 $C_n^m = n!/(m!(n-m)!)$。

```
#include<stdio.h>                //编译预定义语句
void main()
{int factorial (int x);          //函数引用性声明
    int m, n;                    //变量类型说明
    float c, c1, c2, c3;         //变量类型说明
    printf("Please input m, n:");
    scanf("%d, %d", &m, &n);
    c1=factorial(n);             //赋值语句,第 1 次调用 factorial 函数,计算 n 的阶乘
    c2=factorial(m);             //第 2 次调用 factorial 函数,计算 m 的阶乘
    c3=factorial(n-m);           //第 3 次调用 factorial 函数,计算 n-m 的阶乘
    c=c1/(c2*c3);
    printf("c=n!/m!*(n-m)!=%.2f\n", c);
}
int factorial(int x)             //函数定义说明,求 x 的阶乘
    {int i;                      //函数开始
      int f=1;
      for(i=1; i<=x; i=1+1)
      f=f*i;
      return (f);                //返回计算结果
    }                            //函数结束
```

事实上，所有高级语言程序的基本结构和基本符号都与该程序的结构形式和基本符号相似。基本符号（字符集）是一些可以区分的最小符号，是构成语言的基本元素，由 4 种字符组成。

（1）英文字母：包括 A～Z 和 a～z，即 26 个大写英文字母和 26 个小写英文字母。大写英文字母 A～Z 的 ASCII 值为 65～90，小写英文字母 a～z 的 ASCII 值为 97～122。

（2）数字字符：指 0～9 这 10 个阿拉伯数字，对应的 ASCII 值为 48～57。

（3）特殊字符：+，−，*，/，%，=，_，(，)，~，!，@，#，$，`，&等。

（4）转移字符：用来控制打印输出，不同的语言有不同的控制方法。

2．单词

单词是指由程序员定义的标识符，表示符号常量名、变量名、函数名、类型名、文件名等的字符序列。例如，C 语言中的标识符可分为如下 3 类。

（1）关键字：又称为保留字，是具有特定含义的标识符。每个关键字都有固定的含义，例如，int 表示整型数、float 表示实型数、if 表示语句执行条件，它们都是关键字，用户不能改变它的用途。

（2）预定义标识符：为编译系统提供的标识符，具有特定含义，如 C 语言提供的编译预处理命令"#include<stdio.h>"属于预定义标识符。

（3）用户自定义标识符：用户根据自己的需要而定义的标识符，如给变量、常量、函数、文件等对象命名。用户自定义标识符不能与关键字同名，也尽量不要与预定义标识符同名。

3．常量

常量是指在程序的执行过程中其值不能被改变的量。程序中的常量不需要类型说明就可以

直接使用，常量的类型是由常量本身隐含决定的，并且分为数值型常量和字符型常量。

（1）数值型常量：在程序设计中的数值型常量，包括整型常量和浮点型常量两种类型。

① 整型常量即整型常数，如 12、–345、0 等。

② 浮点型常量又称为实型常量，如 3.141256、1.26E5（1.26×10^5）等。

（2）字符型常量：在程序设计中的字符型常量，包括字符常量和字符串常量两种类型。

① 字符常量。由一对单引号括起来的单一字符，如字符'A'.

② 字符串常量。由一对双引号括起来的字符序列，如字符串"Computer"。

4．变量

变量是指在程序的执行过程中其值可以被改变的量，是程序中数据的临时存放场所，代表内存中的一块存储区域。该存储区域的名称就是这个变量名，而该存储区域的内容是变量的值。在程序中变量用来存放初始值、中间结果或最终结果。例如，对变量 f，先赋初值"int f＝1"，然后进行"f＝f＊i"运算。变量通常要先定义后才能使用，如例 6-7 中的 int i、"float c,c1, c2, c3"都是变量类型定义。

5．数据类型

数据类型是程序设计中极为重要的概念，不论是用哪种高级语言进行程序设计，为了确保数值精度和节省存储空间，必须对所有变量进行类型定义，类型定义的含义体现在 4 个方面。

（1）数据类型确定了取值范围。通常使用的数据分为整数型、实数型（也称为浮点型）和字符型等。因而在定义变量时必须确定变量类型，以确保数据的精度。不同的程序设计语言对不同的变量具有不同的字长规定。例如，C 语言中字符型（char）变量的字长为 1 字节；整数型（int）变量的字长为 2 字节；浮点型（float）变量的字长为 4 字节。

（2）数据类型确定了值的操作。不同的数据类型具有不同的操作。例如，整型数有求余（%或 mod）运算，而实型数没有求余运算；1/2 与 1/2.0 的取值结果是不一样的；1+2，1.0+2.0，1+2.0 的处理方式是不同的，1.0+2.0 需要对阶、尾数相加、规格化，而 1+2.0 需要先做类型转换。

（3）数据类型确定了存储空间。一旦定义了变量类型，就意味着为它安排相应的存储空间。例如，整型（int）数据值通常占用 2 字节，字符型（char）数据值占用 1 字节，单精度（float）实型数据值占用 4 字节，双精度（double）实型数据值占用 8 字节等。

（4）数据类型确定了值的存储方式。不同类型的数据在内存中的存储方式是不一样的，就像整型与实型值的存储方式是截然不同的。例如，有一个变量 x 的值为 12，用不同的类型定义其二进制存储方式是完全不同的：

```
int x        整型数据存储: 0000 0000 0000 1100  （2 字节）
float x      实型数据存储: 0100 0001 0100 0000 0000 0000 0000 0000  （4 字节）
```

〖提示〗 设置数据类型，既节省存储空间，也能确保数据精度，并具有以下功能和作用。

（1）有利于程序编译检查。引入数据类型便明确了变量的取值范围和允许进行的基本操作，编译系统只要通过简单的静态类型检查，就可以发现程序中大部分与数据类型有关的错误，有利于程序员编写程序、理解程序和调试程序，也有利于程序的验证，以保证程序的正确性。

（2）有利于数据存储管理。数据在计算机内部存放时，不同类型的数据所占存储单元的个数是不同的。在程序设计中，如果对需要处理的数据事先进行了类型定义，那么，当程序装入计算机系统时，数据按不同的类型分配相应的存储空间，有利于节约计算机系统宝贵的存储空间。

（3）有利于提高运行效率。设置数据类型后，编译时便可对数据类型信息和操作进行检查，有效避免程序在运行时操作越界和类型错误，从而提高程序的整体运行效率。

6. 语句

在程序设计中为了完成某项任务，必须详细描述完成该任务的一系列步骤，每一步的工作都由语句及其表达式来体现，表达式是由一系列运算符及其操作数实行简单运算后的单一结果值。

（1）运算符：程序语言中的运算符通常包括算术运算符（+、−、*、/、%）、关系运算符（<、<=、>、>=、==、!=）、逻辑运算符（!、&&、||）、赋值运算符（=、+=、−=、*=、/=、%=）等。

（2）语句类型：程序语言中一般都定义了表达式语句、赋值语句、复合语句、函数调用语句、流程控制语句等。

① 表达式语句。由运算符构成单一语句，在执行表达式时进行运算，并以";"结束，例如：

```
s=b*b-4*a*c;
```

② 赋值语句。由赋值表达式后跟一个分号（每行一句）或逗号（每行多句）构成。C语言的赋值语句是先计算赋值运算符右边的子表达式的值，然后将此值赋给赋值运算符左边的变量，例如：

```
x=10.0, y=15.0, z=x+y;
```

③ 复合语句。由两条或两条以上的语句组成，在C语言中通常把由一对花括号"{ }"括起来的语句称为复合语句或块语句；在 Pascal 语言中用 begin…end 构成复合语句或块语句。例如：

```
{                          begin
  z=x+y;                     z:=x+y;
  x=sin(z);                  x:=sin(z);
}                          end
```

④ 函数调用语句。是由函数调用表达式后跟一个分号构成，例如：

```
c1=factorial(n);
```

是一个赋值表达式。此时，函数（即子程序）作为表达式的一部分，函数返回值参与表达式运算。

⑤ 流程控制语句。由运算符和表达式构成的各种语句只能按照语句的排列顺序执行，如果要改变程序的执行顺序，就要实行流程控制，必须具有实现流程控制的语句，并且语句越丰富，其结构形式也就越多，因而语言的表达功能也越强。高级语言中的控制结构通常分为顺序结构、选择结构、循环结构。不同的结构由相应的控制语句来实现。例如，C 语言的流程控制语句有9 种：if、switch、while、do…while、for、break、goto、return、continue，以此构成各种复杂结构程序。

7. 函数

程序设计语言中的函数分为两大类：一类是编译系统提供的系统函数，供用户调用；另一类是用户自定义函数，就是在进行程序设计时把一个复杂问题按功能划分为若干简单的功能模块，各功能模块完成不同的计算或数据处理，这种方法称为模块化程序设计。某些功能语句或某个算法写成一个独立的模块程序，以便反复调用，从而简化程序设计，提高程序设计效率。这种模块程序在 Fortran 和 Basic 语言中被称为"子程序"，在 Pascal 语言中被称为"过程"，在

C/C++语言中被称为"自定义函数"。例如，例 6-7 中的"c1=factorial(n);"语句就是自定义函数调用语句，以简化 C_n^m 的求解。

6.2.3　计算机源程序的翻译

用语义符号编制的形如例 6-7 所示程序称为源程序（source program），源程序一方面是面向问题求解步骤的抽象；另一方面是面向机器动作的抽象。由于计算机硬件只能识别用二进制表示的机器语言，用任何其他语言编制的程序计算机均不能直接执行，必须把源程序翻译成用二进制代码 0 和 1 表示的程序才能执行，担当此翻译任务的就是翻译程序（translator）。

1. 翻译方式

翻译程序用来将源程序处理成等价的机器代码程序，所以又把翻译程序称为语言处理程序。根据处理方式不同，语言处理程序分为 3 种方式：解释方式、汇编方式和编译方式。

（1）解释方式（interpreted mode）。解释方式是指通过解释程序（interpreted program）把用高级语言编写的源程序按动态顺序逐句进行检查、分析、解释，并一边解释一边执行，其执行过程如图 6-6 所示。

Basic 语言、Java 语言等都是以这种方式运行的。解释程序是一种简单的翻译程序，不能形成可执行程序，而且运行速度慢。如果源程序有错，则在解释过程中给出程序的错误信息，在纠正错误后继续执行。

（2）汇编方式（assembly mode）。汇编方式是指通过汇编程序（assembly program）把用汇编语言编写的源程序翻译成机器语言程序，该过程称为汇编。因为汇编语言的指令与机器语言的指令基本上是一一对应的，所以汇编过程就是对汇编语言指令逐行进行处理的过程。其处理步骤是先将指令的助记符操作码转换成相应的机器操作码，然后将符号操作数转换成相应的地址码，最后将操作码和操作数构造成机器指令。例如，用汇编语言编写求 y=5+9 的源程序汇编成机器语言的过程如图 6-7 所示。

图 6-6　语言源程序的解释执行　　　　　　　　　图 6-7　汇编语言源程序的汇编过程

（3）编译方式（compiling mode）。编译方式是指通过编译程序（compiling program）把用高级语言编写的源程序翻译成机器语言，或先翻译成汇编语言，然后由汇编程序将其翻译成机器语言，绝大多数高级语言都是这种编译方式。在汇编或编译过程中，首先得到的只是目标程序（object program）。目标程序不能立即装入机器直接执行，因为目标程序中通常包含常用函数（如 sin( )、abs( )等），需要通过连接程序将目标程序与程序库中的标准程序相连才能形成可执行程序。高级语言源程序的编译连接过程如图 6-8 所示。

图 6-8　源程序的编译连接过程

① 程序库（library）。程序库是各种标准程序或函数子程序及一些特殊文件的集合，程序库可分为两大类：系统程序库（system library）和用户程序库（user library）。它们均可被系统程序或用户程序调用。操作系统允许用户建立程序库，以提高不同类型用户的工作效率。

② 连接程序（linker）。也称为装配程序，用来把要执行的程序与库文件或其他已翻译的子程序（能完成一种独立功能的模块）连接在一起，形成机器能执行的程序。具体来说，是把经过编译形成的 OBJ 目标文件与库文件相连，形成 EXE 可执行文件。EXE 可执行文件加载到内存的绝对地址中，因而能使机器直接执行。

〖提示〗 编译方式和解释方式相比，解释方式源程序形成不了可执行文件，运行时不能脱离解释环境；编译方式是一旦形成了可执行文件便可随时调用，再也不需要编译环境，可以把解释方式比作"口译"，把编译方式比作"笔译"。此外，可执行程序的运行速度比解释、执行源程序要快，但人机会话的功能差，而且调试修改也较复杂。

2. 编译过程

同自然语言一样，程序设计语言也是由语法和语义来定义的，语法包括词法规则和语法规则。词法规则规定了如何由语言的基本符号构成词法单位（单词），语法规则规定了如何由单词构成语法单位（语句）；语义规则规定了单词和语句的含义，离开了语义，语言只不过是一堆符号的集合。

不同的高级语言都有相应的编译程序，不同的编译程序都有自己的组织方式，尽管它们的具体结构有所不同，但编译程序所做的工作及其过程是基本相同的。编译程序的功能结构及其编译过程如图 6-9 所示。下面以 C 语言的赋值语句"y=x1+k*x2"为例，说明编译各阶段的主要任务。

图 6-9　编译程序的功能结构及编译过程

（1）词法分析（lexical analysis）。词法分析是整个编译过程的第一步，其主要任务是对源程序中的每一句从左到右逐个字符进行扫描，以识别符号串，如关键字、标识符、运算符、特殊符号等，把作为符号串的源程序改为单词符号串的中间程序。

词法分析是编译的基础，完成词法分析的程序称为词法分析程序。例如，从赋值语句中可以识别出下列标识符及运算符：y，x1，x2，=，+，*，k（常数）。

（2）语法分析（syntax analysis）。语法分析是编译程序的核心部分，其主要任务是根据程序设计语言的语法规则将词法分析产生的单词符号串构成一个语法分析树，以判别它是否为相应程序设计语言中的一个合法程序，如上述赋值语句的语法分析树如图 6-10 所示，其编译表达式的树结构如图 6-11 所示。如果句子合法，则以内部格式把该语句保存起来，否则提示修改错误。

图 6-10 赋值语句的语法分析树

图 6-11 编译表达式的树结构

（3）语义分析（semantic analysis）。语义分析是编译过程的一个逻辑阶段，其主要任务是对结构上正确的源程序进行上下文有关性质的审查，以保障源程序在语义上的正确性。任何一种程序语言都有语法特征和语义特征，前者用来定义语言各语法成分的形式或结构，后者用来规定各种语法成分的含义和功能，即规定它们的属性或在执行时应进行的运算或操作。

（4）中间代码生成（middle code generation）。为了便于优化处理，在语义分析后不直接产生机器语言或汇编语言的目标代码，而是生成一种介于源语言和目标语言之间的中间语言代码，所以称为中间代码。因此，它是向目标代码过渡的一种编码，其主要任务是使编译程序的结构在逻辑上更为简单、明确，并且为实现目标代码的优化打下基础。中间代码不涉及具体机器的操作码和地址码，例如，根据上述赋值语句的语法分析树，可以生成下列中间代码：

```
T1=k;
T2=T1*x2;
T3=x1+T2;
y=T3;
```

（5）中间代码优化（middle code optimization）。对中间代码做全局或局部优化，使最后生成的目标代码程序运行更快，占用存储空间更小。全局优化包括改进循环、减少调用次数和快速获取地址等；局部优化完成冗余操作合并，简化计算。例如，对于上述中间代码可以做如下优化：

```
T1=x2*k;
T3=x1+T1;
```

（6）目标代码生成（object code generation）。目标代码生成是编译的最后一个阶段，其主要任务是由目标代码生成器生成目标机器的目标代码程序，并完成数据分段、选定寄存器等工作，然后生成机器可执行的代码。例如，对于上述优化后的中间代码，可生成下列以汇编语言程序表示的目标代码：

```
MOV   R2, K;          // R2 ← k
MUL   R2, x2;         // R2 ← k*x2
MOV   R1, x1;         // R1 ← x1
ADD   R1, R2;         // R1 ← x1+k*x2
MOV   y, R1;          // y ← x1+k*x2
```

在目标代码生成阶段应着重考虑两个问题：一是如何使生成的目标代码较短；二是如何充分利用计算机寄存器，以便减少目标代码中访问存储单元的次数。这两个方面处理的结果，将直接影响到目标代码的运行速度。

（7）信息表管理。信息表管理是对各类编译信息进行登录、查询和更新，其主要任务是当编译程序接到一份源程序清单时，首先从程序段的说明部分得到一些信息。随着编译的向下推进，又会源源不断地得到各种信息，这些信息可能是常数、变量名、标号、专用名词、函数名、过程名，以及它们的类型、值、内部表示、在程序中的位置、赋值引用情况等。在编译过程中随时都有可能对它们进行查阅、修改、撤销等操作，而所有这些操作都是由信息表管理程序来完成的。

（8）编译出错处理。编译出错处理是对程序中所含有的各种语法、语义错误进行诊断和处理，不论在编译的哪一阶段发现了错误，编译程序均应能诊断出这些错误、报告出错地点和错误性质，还要采取某些措施，把出错的影响限制在尽可能小的范围内，使得其余部分能够继续编译下去。

〖提示〗 不同的高级语言具有不同的编译系统。关于程序编译的基本原理见参考文献[27]。

6.3　程序设计方法——"方法抽象"的基本思维

程序设计是对问题方法的抽象，程序设计方法是建立在程序设计语言基础之上的。在程序设计语言的发展过程中，经历了面向过程程序设计语言和面向对象程序设计语言。相应地，在程序设计方法过程中，经历了面向过程程序设计方法和面向对象程序设计方法，这也是目前最常用的两种程序设计方法。

6.3.1　面向过程程序设计方法

面向过程程序设计（Process Oriented Programming，POP）方法简称为面向过程方法，是最早使用的编程方法。POP 方法可分为流程图程序设计、模块化程序设计、结构化程序设计。POP是一种传统的设计方法，其设计过程是自顶向下、逐步求精的过程，并且任何程序都可由顺序结构、选择结构、循环结构这 3 种基本控制结构构成。

1. 流程图程序设计

流程图程序设计（flow chart programming）是最早使用的方法，其优点是简单、直观。设计者可以直接观察整个系统，了解各部分之间的关系。但是，流程图只能表示出程序的结构，而表示不出数据的组织结构或输入输出模块的结构，因而一般只用于简单问题的程序设计。流程图由表示算法的图形符号组成，每个符号表示算法中指定类型的操作。美国国家标准化协会（American National Standard Institute，ANSI）规定了图形和操作之间的描述方法，如表 6-1 所示。

表 6-1　流程图符号

符　　号	符 号 名 称	功 能 说 明
	终端框	算法开始与结束
	处理框	算法的各种处理操作
	预定处理框	算法调用的子算法
	注解框	算法的说明信息
	判断框	算法的条件转移
	输入输出框	输入输出操作
	流程线	指向另一操作
	引入、引出连接符	表示流程延续

2．模块化程序设计

模块化程序设计（modular programming）是当一个程序十分复杂时，可以将它拆分成一系列较小的子程序（小模块），直到这些子程序易于理解为止。每个子程序是一个独立模块，每个独立模块又可继续划分为更小的子模块。把一个程序分成具有多个明确任务的程序模块，分别进行编写和调试，最后把它们连接在一起，形成一个完成总任务的完整程序。例如，对于求组合数：

$$C_n^m = \frac{n!}{m! \times (n-m)!}$$

求该组合数的关键是计算各阶乘，而 C_n^m 中的 3 个阶乘为 $n!$、$m!$ 和 $(n-m)!$。因此，只要找到求解阶乘的方法，求该组合数的问题就迎刃而解。

模块化方法是对复杂问题"分而治之"原则在软件开发中的具体体现，它将软件开发的复杂性在分解过程中降低。对于复杂的系统，如何分解和设计成独立模块是模块化方法的关键。过程中必须考虑模块的层次抽象和提高模块的独立性问题。

（1）不同层次抽象。用模块化方法解决问题时，可以采用不同层次的抽象方法。在抽象的顶层，可以采用概括的方式描述问题的解（通常用自然语言）；在抽象的中层，可以采用过程化的方式描述（通常用流程图）；在抽象的底层，可以采用直接实现的方式来描述（通常用编程语言）。

（2）模块独立性。模块化、抽象和信息隐蔽概念的直接产物，要求每个模块只有一个所要求的子功能，而且具有单一接口。模块独立性可用两个定量准则来量度：聚合（cohesion）和耦合（coupling）。其中，聚合是模块功能相对强度的量度，是信息隐蔽概念的一种自然延伸，一个聚合度高的模块只能完成软件内的单一任务，与程序中的其他部分作用很小；耦合则是模块之间相对独立性的量度，即对模块间关联程度的量度，模块间联系越多，其耦合性越强，因而其独立性越差。聚合与耦合是相互关联的，聚合程度越高，耦合程度越低，反之亦然。

3．结构化程序设计

结构化程序设计（structured programming）最早是由荷兰计算机科学家埃德斯加·迪杰斯特拉（Edsgar Dijkstra）在 1965 年提出来的，强调从程序结构上研究与改变传统的设计方法，即程序的设计、编写和测试都采用一种规定的组织形式进行。这样可使编制的程序结构清晰，易于阅读、调试和修改，充分显示出结构化程序设计的优点。

20 世纪 70 年代初，Boehm 和 Jacobi 提出并证明了结构化程序定理（structured program theorem）：任何一个算法可以只用顺序结构、分支结构和循环结构这 3 种基本结构来表达。每种结构都只许有一个入口和一个出口，3 种结构的任意组合和嵌套就构成了结构化程序。

（1）顺序结构（sequential structure）。顺序结构是自上而下的结构，如图 6-12 所示，是在虚线框内执行完 A 框内所指定的操作后，依次执行 B 框内所指定的操作和 C 框内所指定的操作。

（2）分支结构（branch structure）。根据给定条件选择执行某个分支语句的结构，因而也称为选择结构。选择结构可分为两种结构形式：一种是如图 6-13 所示的双边结构形式，虚线框内是一个给定条件 P，根据判断给定条件 P 是否成立而选择执行 A 框或 B 框的选择结构；另一种是单边结构形式，如果条件成立时执行 A 框，不成立时，则不执行选择框。

（3）循环结构（for-loop structure）。循环结构又称为重复结构或控制结构。循环结构分为两种：一种是如图 6-14 所示的"当型"循环结构形式，虚线框内是一个给定条件 P，根据判断给定条件 P 是否成立而选择执行 A 框；另一种是如图 6-15 所示的"直到型"循环结构形式，在虚线框内先执行 A 框处理，再判断给定条件 P，当条件不成立时再次执行处理 A 框。

图 6-12　顺序结构　　　图 6-13　分支结构　　图 6-14　"当型"循环结构　图 6-15　"直到型"循环结构

　　面向过程程序设计方法是一种传统方法，其各种结构有一个共同的特点，即自顶向下的程序设计（top-down programming），逐步求精的过程。它的基本思想是先整体后局部、先抽象后具体的原则，把待解决问题的整体看作顶层（第 0 层），然后划分成若干功能相对独立的子问题（第 1 层），每个子问题对应一个子程序（模块）。若往下，每个子问题还可以再设计成若干功能相对独立的子问题（第 2 层、第 3 层）等，直到每个问题意义单一，整个问题可用程序设计语言明确地描述为止。自顶向下的模块化设计流程如图 6-16 所示。

图 6-16　自顶向下的模块化设计流程

　　结构化程序设计使得程序结构清晰、可读性好，在出现问题时，便于查错，易于修改，提高了程序设计的质量。但随着软件规模和复杂性的增长，这种方法越来越不能适应庞大、复杂软件的开发，暴露出许多缺点。结构化程序设计最关键的是数据和代码分离，忽略了数据和操作之间的内在联系。在这种背景下，面向对象程序设计方法应运而生。

6.3.2　面向对象程序设计方法

　　面向对象程序设计（Object Oriented Programming，OOP）方法简称为面向对象方法，是 20 世纪 70 年代末诞生的程序设计方法，其本质是把数据和处理数据的过程当成一个整体对象。一旦在程序中建立了一个对象，便可以在其他程序中使用这个对象，而不必重新编制复杂的代码。对象的重复使用可以大大节省开发时间，能切实提高软件的开发效率。

　　面向对象方法的特点是模拟人类习惯的思维方式，从而使描述问题的问题空间（问题域）与实现解法的解空间（求解域）在结构上尽可能一致。与面向过程方法相比，面向对象方法强调模拟现实世界中的概念而不强调算法，即按照人们习惯的思维方式模拟客观世界。而这一目标的实现得益于面向对象方法所具有的 4 种对象化属性：抽象性、封装性、继承性和多态性。其中，封装性、继承性和多态性是面向对象方法的基本特征，也是构造性方法在面向对象方法中的体现。

1. 抽象性

　　抽象性（abstraction）是对某个系统的简化描述，通过从特定的实例中抽取共同的性质，以形成一般化概念的过程。因此，抽象是人们在理解复杂现象和求解复杂问题中处理复杂性的主要工具。通常，对系统进行抽象的描述称为对它的规范说明，对抽象的解释称为它的实现。

2．封装性

封装性（encapsulation）是把一类对象的状态（用数据表示）和操作（用函数来表示）封闭起来，装在类对象体中，形成一个能动的实体。封装模仿了现实生活中的装配技术，把一类对象的属性和行为封闭起来，对象只能通过已定义好的接口进行访问，并尽可能隐蔽代码的实现细节。例如，一块手表有许多零件，将这些零件装在表体内，用户只需用它查看时间，不需了解其内部构造，手表内部的零件装配由制造厂家进行。这种封装技术有如下好处。

（1）内外隔离：隐藏了表内各零件制作和装配的复杂细节，表内零件不易受到外界的破坏。

（2）使用方便：任何人都可用它查看时间，不需要了解各零件的制造及装配过程。

在面向对象的编程中，要求把属性和服务结合起来定义成一个程序单位，并通过编译系统保证对象的外部不能直接存取对象的属性或调用它的内部服务，这种机制即"封装机制"（encapsulation mechanism）。封装性能保护类中的数据与过程的安全，防止外界干扰和误用。

【例 6-8】　如果把"人"作为类对象，则可以用下面的方式封装。

```
类 人
{
    姓名（属性 1）
    年龄（属性 2）
    性别（属性 3）
    做事（行为 1）
    说话（行为 2）
}
```

封装的目的是使程序代码更加模块化。例如，当一段程序代码有 3 个程序都要用到它时，就可以对该段代码进行封装，其他 3 个程序只需调用封装好的代码即可，即形如子程序调用。

3．继承性

继承性（inheritance）是指新的类继承原有类的全部数据、函数和访问机制，并可以增添新的数据、函数和访问特性。继承是一种信息传送方式，即把信息从程序的一部分传送到另一部分。继承实现了程序代码的重用，如子类从父类继承方法，使得子类具有与父类相同的行为。

【例 6-9】　在没有采用继承方式时，"教师"需要使用下面的方式进行封装。

```
类 教师
{
    姓名（属性 1）
    年龄（属性 2）
    性别（属性 3）
    做事（行为 1）
    说话（行为 2）
    授课（行为 3）
}
```

【例 6-10】　例 6-9 中"教师"的封装与例 6-8 中的"人"的封装是差不多的，只是多了特征行为"授课"。如果采用继承方式，"教师"可以用下面的方式封装。

```
子类 教师 父类 人
{
    授课（行为 3）
}
```

这样，教师继承了"人"的一切属性和行为，还拥有教师的特征行为"授课"。

在面向对象程序设计中，继承性的引用，大大扩充了程序员定义数据类型和建立该类型的操作能力。正是这种继承特性，形成了新类，这个新类也称为子类或派生类，原来的类称为父类或基类，这种产生新类的方法叫作类的派生，也称为类的继承。一个子类还可以派生新的子类，这种派生过程进行多次，形成不同层次的类，底层的子类具有它上面各层父类的全部数据、函数和访问特性，被称为类的纵向继承或单向继承。

一个类可从多个父类中继承，称为类的多重继承。例如，人可以分为工人、农民、学生和教师等，它们都继承了人的特性，还可以细分：学生又可以分为小学生、中学生、大学生和研究生（硕士和博士）；教师又可以分为助教、讲师、副教授和教授。这样形成 3 个层次不同的类，其中研究生既可能是学生又可能是教师，继承了教师和学生的双重特性，故属于多重继承，如图 6-17 所示。

图 6-17　类层次与多重继承

由此可见，继承特性很符合人的思维方式，通过继承，一个对象可以获得另一个对象的属性，并可加入一些属于自己的特性。类继承的作用主要体现在 3 个方面：一是增强了类的共享机制，类的共享范围扩大能显著地减少创建新类与对象的工作量，有效地节约了存储空间；二是实现软件的可重用性，提高软件的可靠性；三是简化系统开发工作，使系统易于扩充并具有良好的开放性。

4．多态性

多态性（polymorphism）是指一个名字有多种功能或相同的界面有多种实现方法。它以封装和继承为基础，在抽象层面上去实施一个统一的行为，到个体层面时，这个统一的行为会因为个体形态特征不同而实施自己的行为特征。多态性的优点在于通过提供一个相同的接口可以通过不同的动作来访问，从而降低了问题的复杂度。多态性允许不同类的对象对同一消息做出响应。

【例 6-11】 "学生"也是"人"的子类，同样继承了人的属性与行为。当然，学生有自己的特征行为，如"听课"。如果采用继承的方式，那么学生子类可以用下面的方式封装。

```
子类 学生 父类 人
{
    听课（行为 4）
}
```

从例 6-10 和例 6-11 可以看出，"人"是多态的，在不同的形态时，"人"的特征行为是不一样的。本例中，"人"同时有两种形态：一种是教师形态；另一种是学生形态，对应的特征行为分别是"授课"和"听课"。

〖提示〗 面向过程程序设计是基于面向结构化过程语言的程序设计，其核心是自顶向下、逐步求精；面向对象程序设计是基于面向对象语言的程序设计，其核心是对象和类，两者都是对问题过程的抽象。面向对象程序设计并没有摒弃结构化程序设计方法，而是在充分吸收结构化程序设计优点的基础上引进了对象、类等新的、强有力的概念，从而开创了程序设计工作的新天地。

6.3.3　程序与软件的关系

程序是解决问题的步骤，软件是各种程序的统称，程序与软件可视为同一事物的两个侧面：程序是相对问题求解方法（算法+数据结构）而言的；软件则是相对硬件而言的，硬件和软件是对计算机系统的抽象。由于软件是通过编译形成的可执行程序，所以人们常把软件称为"程序"。

1．软件的基本元素

软件是由若干数据表、模块以及由模块衔接起来的关联（运行流程）构成的。各种不同的软件都是由多个不同的元素组成的，可将其描述为

$$软件=\{数据(表)\}+\{模块\}+\{模块关联或流程\}$$
$$模块=\{程序类\}+\{程序类（对象）的函数调用\}$$
$$程序类=\{变量或数据结构\}+\{函数\}$$

2．软件的体系结构

软件体系结构（software architecture）是具有一定形式的结构化组件（构件或元素）的集合，通常包括处理组件、数据组件和连接组件。处理组件负责对数据进行加工；数据组件是被加工的信息；连接组件把体系结构不同的部分组合起来，使之成为一个整体。软件体系结构为软件系统提供一个结构（structure）、行为和属性的高级抽象，从一个较高的层次来考虑组成系统的组件、组件之间的连接，以及由组件与组件交互形成的拓扑结构。因此，可以把软件的体系结构描述为

$$体系结构（architecture）=组件（components）+连接件（connectors）+约束（constraints）$$

软件体系结构显示了系统需求和构成系统元素之间的对应关系，提供了一些设计决策的基本原理，反映了软件系统开发中具有重要影响的设计决策，为软件开发设计提供了一个合适的方案。

〖提示〗 architecture 与 structure 均可译为"结构"，但前者是对系统的抽象，包含组件和连接件，通常称为系统结构或体系结构；后者是指组件之间的结构关系或结构框架。

6.4　软件工程方法——"过程抽象"的基本思维

软件工程（software engineering）是研究大规模程序设计的方法、工具和管理的一门工程科学，它应用计算机科学以及数学等理论，以工程化的原则和方法来指导计算机软件开发过程。具体来说，软件工程是用管理学的理论、方法来进行软件生产管理；用工程学的观点来进行费用估算、制定进度和实施方案；用数学方法建立软件可靠性模型以及分析各种算法和性质，其目标是提高软件生产率和软件质量，降低软件成本，因而综合体现了学科形态特征，每一步都是对软件抽象过程的细化。自软件工程概念的提出至今，经历了 50 多年的发展，软件工程已成为一门独立学科。

6.4.1　软件工程概念

软件工程是计算机学科中一个年轻并充满活力的研究领域。20 世纪 60 年代末，为了克服"软件危机"，人们进行了大量的研究，逐渐形成了系统的软件开发理论、技术和方法。

1. 什么是软件危机

"软件危机"（software crisis）是 1968 年 NATO（North Atlantic Treaty Organization，北大西洋公约组织）的计算机科学家在召开的国际学术会议上第一次提出来的，指软件开发和维护过程中所遇到的一系列严重问题。

（1）产生软件危机的原因。早期的软件开发主要采用手工作坊式方式，编制程序完全是一种技巧，主要依赖于开发人员的素质和个人技能，没有可遵循的原理、原则和方法，缺乏有效的管理。因此，不仅开发出来的软件在质量、可靠性、可维护性等方面较差，而且开发的时间、成本等方面无法满足需求，无法进行复杂的、大型软件的开发，造成软件危机。

（2）软件危机的表现。一是难以在规定的时间内完成开发任务；二是软件产品的质量得不到保证；三是所开发的软件不能完全满足用户的要求。通过对软件危机的各种表现的分析可以看出，软件开发和维护过程中存在很多严重问题，一方面与软件本身的特点有关，另一方面与软件开发和维护的方法不正确有关。

2. 软件工程思想

为了缓解和解决软件危机，在 1968 年的 NATO 会议上，弗里兹·鲍尔（Fritz Bauer）首先提出了"软件工程"（software engineering）概念，并定义："软件工程是为了经济地获得能够在实际机器上有效运行的可靠软件而建立和使用的一系列完善的工程化原则"。1983 年，国际电气与电子工程师协会（Institute of Electrical and Electronics Engineers，IEEE）给出的定义为："软件工程是开发、运行、维护和修复软件的系统方法"。其中，"软件"的定义为"软件是计算机程序、方法、规则、相关的文档资料以及在计算机上运行时所必需的数据"。后来尽管又有一些人提出了许多更为完善的定义，但主要思想都是强调在软件开发过程中需要应用工程化原则的重要性。

3. 软件工程要素

20 世纪 80 年代，软件工程思想更为系统和完整，按照工程化的概念、原理、技术和方法来组织和规范软件开发的过程，软件方法、软件工具、软件过程构成了软件工程的三要素。

（1）软件方法（software method）为软件开发提供"如何做"的技术，是完成软件工程项目的手段。软件方法包括多方面的任务，如项目计划和估算、软件系统需求分析、数据结构、系统总体结构设计、算法过程设计、编码、测试和维护等。

（2）软件工具（software tool）为软件方法提供自动或半自动的软件支撑环境。计算机辅助软件工程（Computer-Aided Software Engineering，CASE）将各种软件工具、开发机器和存放开发过程信息的工程数据库组合起来，形成软件开发支撑系统。因此，软件工具是人类在开发软件的活动中智力和体力的扩展和延伸，它自动地支持软件的开发和管理，支持各种软件文档的生成。

（3）软件过程（software process）将软件工程的方法和工具综合起来，以达到合理、及时地进行计算机软件开发的目的。软件过程定义了软件工程的方法使用的顺序、要求交付的文档资料、为保证质量和协调变化所需要的管理及软件开发各阶段完成的任务。

6.4.2　软件生存周期

图 6-18　软件生存周期

"软件生存周期"（software life cycle）概念是 20 世纪 70 年代中期提出的，也称为系统开发生命周期（Systems Development Life Cycle，SDLC），是指从软件的产生直到报废或停止使用的生命周期，犹如一种工业产品从订货开始，经过设计、制造、调试、使用维护，直到该产品最终淘汰且不再生产为止，这就是软件产品的生存周期。

软件生存周期概念的提出使软件开发按阶段性依此进行，该过程分为 3 个阶段：软件规划、软件开发和软件维护，如图 6-18 所示。

软件生存周期按照软件开发的规模和复杂程度，从时间上把软件开发的整个过程进行分解，形成几个独立阶段，并对每个阶段的目标、任务、方法做出规定，而且规定了一套标准文档作为各阶段的开发成果。软件生存周期各阶段的任务及文档如表 6-2 所示。

表 6-2　软件生存周期各阶段的任务及文档

阶段 / 项目		任　　务	文　　档
软件规划阶段	问题定义	确定问题的性质、工程目标以及规模	可作为项目计划书中的一项
	项目计划	进行可行性分析，安排资源分配、进度	可行性分析报告、项目计划书
	需求分析	确定软件的功能、性能、数据、界面等	需求规格说明书
软件开发阶段	软件设计	把用户需求转变为符合成本和质量要求的方案	设计说明书、数据说明书等
	软件编码	用程序语言将软件设计转变为功能程序，即软件实现	遵循编码规范的源程序清单
	软件测试	发现软件中的错误并加以纠正，是保证软件质量的关键	软件测试计划、软件测试报告
维护退役	软件维护	为了改正错误或满足新的需要而修改和完善	记录软件维护过程
	软件退役	终止对软件产品的支持，软件停止使用	记录软件退役的原因、日期

采用软件生存周期来划分软件开发的工程化方法，使得软件开发变得"有章可循"，不仅使每一阶段的任务相对独立，有利于简化整个问题，便于不同人员分工协作，而且其严格而科学的评审制度保证了软件开发的质量，从而大大提高了软件开发的成功率和生产率。

6.4.3　软件开发模型

在软件开发发展过程中，为了从宏观上管理软件的开发和维护，必须对软件的开发过程有总体的认识和描述，即要对软件过程建模。软件开发模型是软件开发的指导思想和全局性框架，它的提出和发展反映了人们对软件过程的某种认知观，体现了人们对软件过程认识的提高和飞跃。软件开发模型是从一个特定角度提出的软件过程的简化描述，是一种开发策略，针对软件工程的各阶段提供了一套模型，使工程的进展达到预期的目的。因此，可定义为"<u>软件开发模型是软件开发全部过程、活动和任务的结构框架</u>"。

软件开发模型能清晰、直观地表达软件开发全过程，明确规定了要完成的主要活动和任务，用来作为软件项目开发工作的基础。其中每个开发模型都代表了一种将本质上无序的活动转换为有序化的步骤，每个模型都具有能够指导实际软件项目的控制及协调的特性。对于不同的软件系统，采用不同的开发方法、使用不同的程序设计语言以及各种不同技能的人员、不同的管理方法和手段等，还应允许采用不同的软件工具和不同的软件工程环境。

20 世纪 60 年代以来，随着软件工程思想逐渐形成与发展，出现了很多软件过程模型与方法，如瀑布模型、螺旋模型等，被称为传统软件过程模型。这些模型的出现很好地解决了当时软件开发过程的各类问题，使软件开发的小作坊式的随意开发变得日益规范。在人们不断改进传统软件过程模型的同时，新的模型和方法不断地涌现，以"敏捷过程"（agile process）、"极限编程"（extreme programming）、"净室软件工程"（cleanroom software engineering）等为代表的过程模型被越来越多地运用到开发工作中。这些模型的提出不断丰富着软件过程理论，也为开发者提供了一个可参考的过程框架。但是，这些新方法或多或少有一定的局限性，这也是激励人们对现有的软件过程及其模型进行持续改进的原动力。下面简要介绍几种常见的软件开发模型。

1. 瀑布模型

瀑布模型（waterfall model）是在 1970 年由 Winston Royce 提出的最早的软件开发模型，将软件开发过程中的各项活动规定为依固定顺序连接的若干阶段工作，形如瀑布流水，最终得到软件系统或软件产品。瀑布模型将开发过程划分成若干既互相区别又彼此联系的阶段，每个阶段的工作都以上一个阶段工作的结果为依据，同时作为下一个阶段的工作前提。瀑布模型的全过程可以归纳为制订计划、需求分析、系统设计、软件编码、软件测试、使用维护 6 个步骤，其流程如图 6-19 所示。

图 6-19　瀑布模型示意图

瀑布模型规定了 6 个工程活动，并规定了自上而下、相互衔接的固定次序，它如同瀑布流水，逐级下落。然而，软件开发实践表明，这 6 项活动之间并非完全是自上而下呈线性图式。

由图 6-19 可知，瀑布模型与图 6-18 所示的软件生存周期过程是完全一致的。50 多年来，瀑布模型广泛流行是由于它在支持开发结构化软件、控制软件开发复杂度、促进软件开发工程化方面起到了显著作用。它为软件开发和维护提供了一种较为有效的管理模式，制订开发计划、进行成本预算、组织开发人员以阶段评审和文档控制为手段，有效地对软件开发过程进行指导，从而对软件质量有一定程度的保证。我国曾在 1988 年依据该开发模型制定并公布了"软件开发规范"国家标准，对软件开发起到了良好的促进作用。

当然，瀑布模型在实践中也暴露出了它的不足和问题，由于是固定的顺序，前期阶段工作中所造成的差错越拖到后期阶段，则造成的损失和影响也越大，为了纠正它而花费的代价也越高。

2. 螺旋模型

螺旋模型（spiral model）是由 TRW 公司的巴利·玻姆（B.Boehm）于 1988 年提出的，它是在瀑布模型的基础上，强调其他模型均忽略了的风险分析。螺旋模型更适合大型软件的开发，对于具有高度风险的大型复杂软件系统的开发是较为实际的方法。螺旋模型沿着螺旋线进行若干次迭代，将开发计划在笛卡儿坐标的 4 个象限上分别表达制订计划、风险分析、实施工程、客户评估 4 个方面的活动。

（1）制定计划：确定软件目标，选定实施方案，明确项目开发的限制条件。

（2）风险分析：分析可选方案，分析识别风险，研究解决化解风险的办法。

（3）实施工程：实施软件产品的开发过程。

（4）客户评估：客户对当前工作结果进行评估，提出改进产品的建议。

螺旋模型是由这 4 个活动组成的迭代模型。沿着螺旋线每转一圈，表示开发出一个更完善的新软件版本。如果开发风险过大，开发机构和客户无法接受，项目有可能就此终止；多数情况下会沿着螺旋线继续下去，自内向外逐步延伸，最终得到满意的软件产品。螺旋模型如图 6-20 所示。

图 6-20　螺旋模型示意图

螺旋模型既适用于面向过程，也适用于面向对象的软件开发方法，同样适用于二者的组合。它是支持大型软件开发并具有广泛应用前景的模型之一。

3. 喷泉模型

喷泉模型（fountain model）是由索莱尔斯（B. H. Sollers）和爱德华兹（J. M. Edwards）于 1990 年提出的一种新开发模型。喷泉一词本身就体现了迭代和无间隙的特性，表明软件开发活动之间没有明显的间隙。无间隙指在各项活动之间无明显边界，例如分析和设计活动之间没有明显的界线。喷泉模型主要用于采用对象技术的软件开发项目。喷泉模型如图 6-21 所示。

由于对象概念的引入，表达分析、设计、实现等活动只用对象类和关系，从而可以较为容易地实现活动的迭代和无间隙，使其开发自然地包括对象的复用。软件的某部分常常重复工作多次，相关对象在每次迭代中随之加入渐进的软件成分。

图 6-21　喷泉模型示意图

4. 智能模型

智能模型（intelligent model）是基于其他模型优点和知识的开发模型，并与专家系统相结合，是知识工程与软件工程在开发模型上结合的产物。因此，智能模型有别于其他开发模型，并可协助软件开发人员完成开发工作。智能模型的基本结构如图 6-22 所示。

智能模型的维护并不在程序一级上进行，而在功能规约一级进行，这样能把问题的复杂性大大降低，从而可以把精力更多集中于具体描述的表达上。具体描述可以使用形式功能规约，也可以使用知识处理语言描述等，因而必须将规则和推理机制应用到开发模型中，所以必须建立知识库，将模型本身、软件工程知识和特定领域的知识分别存入知识库，由此构成某领域的软件开发系统。智能模型应用于规则系统，采用归纳和推理机制，帮助软件人员完成开发工作，并使维护在系统规格说明一级进行。

5．面向对象模型

面向对象模型（Object Oriented Model，OOM）是一个基于"组件（构件）"的对象模型。组件是指一个对象，作为一个逻辑紧密的程序代码包，有良好的接口。基于组件的开发（Component-Based Development，CBD）或基于组件的软件工程（Component-Based Software Engineering，CBSE）是一种软件开发新模型。这种模型是在一定组件模型的支持下，复用组件库中的一个或多个软件组件，通过组合手段高效率、高质量地构造应用软件系统的过程。面向对象模型的结构如图 6-23 所示。

图 6-22　智能模型的基本结构　　　　　　　　图 6-23　面向对象模型的结构

面向对象模型从软件需求开始，通过检索组件库，一方面进行组件开发，另一方面进行需求开发。然后，在进行面向对象分析（Object Oriented Analyse，OOA）的过程中，可以在重用组件库中读取组件，并快速建立起面向对象分析原型（第一次实验性开发的软件）。同理，在进行面向对象设计（Object Oriented Design，OOD）时，在重用组件库中读取组件，快速建立原型。然后，利用生成技术，建成一个目标系统。

由此可见，面向对象模型可以使开发人员有效地进行软件复用，减少重复开发，缩短软件的开发时间，降低软件的开发成本。在面向对象模型中，一个系统可以由重用组件组装而成，甚至通过组装可重用的子系统而创建更大的系统。

6.4.4　软件开发方法

软件开发模型只是建立了开发过程的一个框架，它将软件开发的各阶段划定在框架之内，而软件开发方法是从形式上定义软件开发的实现问题。软件开发是在不断的实践过程中形成的，并在一定程度上受程序设计方法的影响，但软件开发方法绝不仅限于程序设计，包含了更多的软件工程活动，并且贯穿于整个软件工程活动过程。目前，常见的软件开发方法有以下 6 种。

1．结构化方法

结构化方法是 1978 年美国科学家尤顿（Edward Yourdon）和康斯坦丁（L.L. Constantine）提出的软件开发方法，也称为尤顿方法或称为面向数据流的结构化分析和结构化设计

（Single-access single-distribution）。1979 年，汤姆·迪马克（Tom De Marco）对此方法进行了完善，成为 20 世纪 80 年代使用最广泛的软件开发方法。它首先使用结构化分析（Structured Analysis，SA）方法对软件进行需求分析，然后用结构化设计（Structured Design，SD）方法进行总体设计，最后是结构化编程（Structured Program，SP）。结构化方法不仅开发步骤明确，结构化分析、结构化设计、结构化编程相辅相成，一气呵成，而且给出了两类典型的软件结构（变换型和事务型），便于参照，使软件开发的成功率大大提高，从而深受软件开发人员的青睐。

2．面向数据结构方法

面向数据结构方法是结构化方法的变形，注重的是数据结构而不是数据流。结构化方法以分析信息流为主，用数据流图来表示信息流；而面向数据结构方法是以信息对象及其操作为核心进行需求分析，并用数据结构图来表示，是至今仍广泛使用的软件开发方法。

面向数据结构开发的基本思想是从目标系统的输入输出数据结构入手，导出程序的基本框架结构，然后对细节进行设计，得到完整的程序结构图，因而该方法对输入输出数据结构明确的中小型系统特别有效。典型的面向数据结构方法有 Warnier 方法和 Jackson 方法。

（1）Warnier 方法。1974 年法国科学家沃尼（J.D. Warnier）提出的结构化数据系统开发方法（Data Structured Systems Development，DSSD），使用的图形工具为 Warnier 图，在构造程序框架时仅考虑输入数据结构。

（2）Jackson 方法。1975 年英国科学家杰克逊（M.A. Jackson）提出的系统开发方法（Jackson Systems Development，JSD），使用的图形工具是 Jackson 图，在构造程序框架时，不仅考虑输入数据结构，还考虑输出数据结构。

面向数据结构方法开发的重点都在于数据结构，即从目标系统输入输出，通过数据结构的分析导出软件结构。Warnier 方法和 Jackson 方法两者的差别体现在：一是图形工具不同；二是使用的代码不同；三是在构造程序框架时输入输出的数据结构不同。

3．面向问题分析法

面向问题分析法（Problem Analysis Method，PAM）是 20 世纪 80 年代末由日立公司提出的一种软件开发方法。面向问题分析法希望能兼顾 Jackson 方法和自底向上的软件开发方法的优点，而避免它们的缺陷。面向问题分析法的基本思想是考虑到输入输出数据结构，指导系统的分解，在系统分析指导下逐步综合。面向问题分析法的具体步骤是从输入输出数据结构导出基本处理框，分析这些处理框之间的先后关系，按先后关系逐步综合处理框，直到画出整个系统的问题分析图。面向问题分析法本质上是自底向上的方法，但在逐步综合之前进行了有目的的分解，这个目的就是充分考虑系统的输入输出数据结构。由于面向问题分析法在输入输出数据结构与整个系统之间同样存在着鸿沟，因而该方法只适用于中小型问题。

4．面向对象开发方法

随着面向对象编程（OOP）、面向对象设计（OOD）和面向对象分析（OOA）的发展，在 20 世纪 90 年代形成了基于对象建模技术（Object Modeling Technique，OMT）的软件开发方法。这是一种自底向上和自顶向下相结合的方法，以对象建模为基础，不但考虑了输入输出数据结构，而且包含了所有对象的数据结构，所以 OMT 完全实现了 PAM 没有完全实现的目标。由于面向对象体系的构造是从具体到抽象，再从抽象到具体，符合人类的思维规律，因此能更快、更方便地完成软件开发任务。不仅如此，面向对象技术在软件开发 3 个关键环节：需求分析、可维护性和可靠性，以及质量指标上有了实质性的突破，基本解决了在这方面存在的严重问题。

5．可视化开发方法

可视化开发方法是基于可视化程序设计（visual programming）的开发方法。可视化程序设计是在面向对象程序设计基础上的面向 Windows 界面编程，即在程序设计过程中能及时看到程序设计的效果，形成可视化图形界面（Visual Graphic User Interface，VGUI）。具有这种功能的编程语言有 Visual Basic、Visual C++、C#、Delphi、Java、Visual Prolog 等。

〖提示〗 可视化与图形学密切相关，涉及显示图像算法、实体对象的计算机表示、图像处理方法等。可视化技术在多媒体、虚拟现实、人工智能等技术领域中有着重要应用。

6．软件重用和组件连接

软件重用（reuse）又称为软件复用或软件再用，是 1968 年 NATO 软件工程会议上提出的可复用库的思想。1983 年，美国计算机科学家彼得·弗里曼（Peter Freeman）给出了软件重用的定义：“软件重用是在构造新的软件系统的过程中，对已存在的软件人工制品的使用技术”。软件人工制品可以是源代码片段、子系统的设计结构、模块的详细设计、文档和某方面的规范说明等，所以软件重用是利用已有的软件成分来构造新的软件。软件重用可以大大减少软件开发所需的费用和时间，且有利于提高软件的可维护性和可靠性。目前，软件重用沿着如下 3 个方向发展。

（1）基于软件复用库重用。这是一种传统的软件重用技术，这类软件开发方法要求提供软件可重用成分的模式分类和检索，且要解决如何有效地组织、标识、描述和引用这些软件成分。

（2）与面向对象技术结合。面向对象技术中类的聚集、实例对类的成员函数或操作的引用、子类对父类的继承等使软件的可重用性有了较大的提高，而且这种类型的重用容易实现。

（3）组件连接。组件是指将单个应用程序分割成多个独立的部分，组件连接是对数据和方法的封装与重用，是 OOM 的延伸，也是目前发展最快的软件重用方式。最早的组件连接技术（Object Linking and Embedding，OLE）是 Microsoft 公司于 1990 年 11 月在计算机经销商博览会（COMputer DEaler's eXpo，COMDEX）上推出的，并且给出了软件组件（software component）的接口标准。这样，任何人都可以按此标准独立地开发组件和增值组件（组件上添加一些功能构成新的组件），或由若干组件组建集成软件。因此，软件重用技术方法备受欢迎，应用系统的开发人员可以把主要精力放在应用系统本身的研究上，因为他们可以在组件市场上找到所需的大部分组件。

本 章 小 结

（1）利用计算机语言将解决问题的方法、公式、步骤等编写成程序的整个过程称为程序设计。程序设计的任务是用计算机语言把用户提出的任务做出描述并予以实现，包含抽象、理论、设计。

（2）目前，最常使用的程序设计方法是结构化程序设计和面向对象程序设计。其中，结构化程序设计强调的是程序结构的清晰性，面向对象程序设计强调的是运行效率和可维护性。

（3）无论是系统软件还是应用软件，都要通过翻译程序由源代码程序翻译形成机器代码程序，除非使用机器语言编写的程序，其他语言程序一律需要通过编译，即使操作系统软件也不例外。

（4）软件工程是研究大规模程序设计的方法、工具和管理的一门工程科学。随着计算机科学技术的全面发展，软件工程方法将会在大型程序设计和软件开发中发挥越来越重要的作用。

（5）程序设计语言、程序设计方法、软件工程方法全面体现了计算思维本质，是对现实问题抽象的结果，程序设计的目的是实现自动化。

习　题　6

一、选择题

1. 程序设计中的抽象主要包括过程抽象、数据抽象和（　　），可视为程序设计的"三要素"。

    A．控制抽象　　　　B．方法抽象　　　　C．概念抽象　　　　D．问题抽象

2. 面向过程程序设计语言可分为机器语言、汇编语言、高级语言。其中，高级语言具有（　　）、编程方便、功能性强 3 个显著特点。

    A．面向问题　　　　B．高度抽象　　　　C．自动执行　　　　D．编程方便

3. 支持对象类、封装和（　　）特性的语言称为面向对象程序设计语言。

    A．连续性　　　　　B．集成性　　　　　C．继承性　　　　　D．快速性

4. 用高级语言编写的源程序，要转换成等价的可执行程序，必须经过（　　）。

    A．汇编　　　　　　B．编辑　　　　　　C．解释　　　　　　D．编译和连接

5. 计算机能直接执行的程序语言是（　　）。

    A．机器语言　　　　B．自然语言　　　　C．汇编语言　　　　D．高级语言

6. 能将高级语言或汇编语言源程序转换成目标程序的是（　　）。

    A．解释程序　　　　B．汇编程序　　　　C．编译程序　　　　D．连接程序

7. 用（　　）编写的程序不需要通过翻译程序翻译便可以直接执行。

    A．低级语言　　　　B．高级语言　　　　C．机器语言　　　　D．汇编语言

8. 程序设计的任务是利用（　　）把用户提出的任务做出描述并予以实现。

    A．数学方法　　　　B．数据结构　　　　C．计算方法　　　　D．计算机语言

9. 在面向过程程序设计中可分为流程图程序设计、模块化程序设计和（　　）程序设计。

    A．结构化　　　　　B．可视化　　　　　C．现代化　　　　　D．自动化

10. 在面向对象程序设计中有 3 个基本特征，（　　）不属于面向对象程序设计特有的特征。

    A．封装性　　　　　B．抽象性　　　　　C．继承性　　　　　D．多态性

二、问答题

1. 计算机在解决各特定任务中，通常涉及几方面的内容？
2. 程序、算法、数据结构三者之间有何关系？
3. 计算机指令、计算机语言和计算机软件的区别是什么？
4. 高级语言与机器语言有何区别？
5. 解释系统的工作过程是什么？它能否生成目标程序？
6. 编译系统与解释系统的区别是什么？哪一种方式运行更快？
7. 面向对象程序设计的本质是什么？
8. 采用面向对象程序设计的优点是什么？
9. "软件工程"的目标和作用是什么？
10. 软件生存周期可以分为哪几个阶段？

三、讨论题

1. 同一个具体问题由不同的人编写出求解程序，其运行效率和运行结果是否完全一样？
2. 所有软件都是通过编译系统编译形成的，那么编译程序本身是怎样形成的呢？

第7章　算法构建的基本思维

【问题引出】第 6 章介绍了程序设计的基本思维，程序设计的目的是实现问题求解。对初学者而言，程序设计的难点在于语言基本要素和语法规则的掌握，而设计出高水平程序的基础是良好的算法构建。算法是问题求解的灵魂，被公认为计算科学的基石，也是计算思维的具体体现。那么，面对各类问题的求解或数据处理，如何选择适合的算法或策略呢？这就是本章所要学习的内容。

【教学重点】数值数据的描述、计算的复杂性、数值数据的常用算法、非数值数据的数据结构类型及其处理方法、数据元素的查找与排序。

【教学目标】掌握算法的基本概念；了解数值数据的常用描述方法和计算的复杂性概念；熟悉数值数据的常用算法、非数值数据的常见结构及其处理方法、数据元素的查找与排序方法。

7.1　算法——问题求解的核心

计算机科学的宗旨是如何利用计算机来处理复杂问题，这些问题可概括为 3 类：第一类是数值数据求解，是计算机应用研究最早的领域，已对各类数值模型设计形成了许多行之有效的算法，即计算方法，主要用于科学计算；第二类是数据元素的查找和排序，已形成"查找与排序"的有效算法，主要用于情报信息检索；第三类是非数值数据处理，虽然其研究不如前两类成熟，但已构成基本模型，即数据结构，主要用于数据信息管理。无论是哪一类问题，求解的核心都是算法。

7.1.1　算法的基本概念

算法（algorithm）是一种求解问题的思维方式，是对事物本质的数学抽象。具体来说，算法是由基本运算规则和运算顺序构成的、完整的解题方法和步骤，是程序设计的核心。

1．算法的起源

算法的中文名称出自我国西汉末年（公元前 1 世纪）编撰的天文学著作《周髀算经》，其中提出了关于测量太阳高和远的陈子测日法。《周髀算经》是我国最古老的天文学著作，它在数学上的主要成果是介绍了勾股定理（pythagorean theorem）及其在测量上的应用和怎样引用到天文计算。

公元 825 年，一位名叫阿勒·霍瓦里茨米（拉丁文为 al-Khowarizmi）的阿拉伯数学家写了一本著名的教科书 *Persian textbook*（《波斯教科书》），提出了"算法"概念，并且概括了进行算术四则运算的法则。现代"算法"的英文 algorithm 就来源于这位数学家的名字。

算法研究史上最著名的古老算法是用于求两个整数的最大公约数的欧几里得（Euclid）算法。这个算法最早出现在大约公元前 350—公元前 300 年由古希腊数学家欧几里得写成的 *Elements*（《几何原本》）中，它被人们公认为是算法史上的第一个算法，欧几里得算法的原理是重复应用等式

$$\gcd(m, n) = \gcd(n, m \bmod n)$$

其中，$\gcd(m, n)$ 表示求正整数 m，n 的最大公约数；$m \bmod n$ 为 $\bmod(m, n)$，即 m 除以 n 之后的余数。

【例 7-1】用欧几里得算法求 91 和 52 的最大公约数。

【解析】　对于两个已知数 a 和 b（设 $a>b$），用欧几里得算法求最大公约数的计算过程为

$$r_1 = \bmod(a, b) \qquad r_2 = \bmod(b, r_1) \qquad r_3 = \bmod(r_1, r_2)$$

一直计算直到 $\bmod(r_{n-1}, r_n)=0$，这时 r_n 就是 a 和 b 的最大公约数。

该算法是一个典型的循环结构，通过反复迭代执行，直到余数 $r=0$ 时才停止运算，因而又称为辗转相除法。求解过程如下：

```
Step1        mod(91, 52)=39
Step2        mod(52, 39)=13
Step3        mod(39, 13)=0
```

即 13 就是 91 和 52 的最大公约数。

因此定义：算法是为解决特定问题所采取的方法和步骤的描述，是指令的有限序列。算法所处理的对象是为解决特定问题所涉及的相关数据，是逐步（step-by-step）执行某类计算的方法。

2. 算法的特征

算法是求解问题的方法和步骤，并具有完整的规则。著名计算机科学家唐纳德·克努斯（Donald E. Knuth）在所著 *The art of computer programming* 中把算法归纳为以下 5 个显著特征。

（1）确定性（certainty）。又称为唯一性，算法的每个步骤（每条指令）都必须有确切的含义，不能有二义性（ambiguity）。计算机只能根据程序员给它的具体、明确的步骤执行，且同一个步骤不能有多种理解。算法描述中如果出现"好像"之类的似是而非的语法成分，则是非确定的。例如，在进行汉字读音辨认时，汉字"解"在"解放"中读作 jiě，但作为姓氏时读作 xiè，这就是多义性。如果算法中存在多义性，计算机将无法正确执行。

（2）有效性（effectiveness）。又称为可行性，算法中所描述的每个运算和每个操作必须是可以通过有限次基本运算来实现的，即每条指令都必须是切实可行的，都能得出确定的结果。例如，一个数被 0 除就不能满足有效性，即在分式表达式中，要避免出现分母为零的情况。

（3）有穷性（finiteness）。一个算法是有限步骤的描述，因此必须在执行有穷步骤后正常结束。算法中如果出现"死循环"等现象，就不符合算法有穷性的要求。例如，求级数 $2n \times n!$，只有当 n 具有确定的值时才能有唯一的结果。当 n 趋向于无穷大时，则是无终止的计算，这样的计算是没有任何意义的。

（4）有零个或多个输入（input）。要使给出的问题具有确切的解答，必须给算法提供加工的原始数据（初始值）。如果算法本身能够生成数据，则不需要外界数据。

（5）有一个或多个输出（output）。算法实现的目标是经过加工处理后获得结果，此结果只有输出才能为用户所用。因此，算法至少有一个输出，没有输出的算法是没有意义的。

7.1.2　算法的设计要求

在设计一个具体算法时，不仅遵守上述 5 个基本特征，还必须满足以下 4 项基本要求。

1．正确性

正确性（correctness）是指对一切合法的输入，都能在有限次的计算后产生正确的结果。算法的正确是评价一个算法优劣的重要指标，一旦完成对算法的描述，必须证明它是正确的。然而，在实际问题中，不可能检测每个计算步骤的正确性，通常采用测试方法，即选择典型数据进行实际计算。例如，在处理包含条件的问题时，可以选取条件边界处的数据进行输入，以验证程序的正确性。

2．可读性

可读性（readability）是指算法可供人们阅读的容易程度。一个好的算法应便于阅读、理解、编码、修改等。从书写角度来说，结构上要直观、清晰、美观，并在必要的地方加上注释说明。

3．健壮性

健壮性（robustness）是指一个算法对不合理输入数据的反应能力和处理能力。一个算法除了对合法的输入数据能得到正确的结果，还应对非法的或不合乎要求的输入数据做出正确、合理的处理，这就要求程序设计时要充分考虑异常情况（unexpected exceptions）。健壮性体现了思维的缜密性，如果没有对算法进行仔细、认真的考察，特别是极端数据、特殊数据的处理，就很可能使算法失去准确性。

【例 7-2】　根据三角形 3 条边的边长求三角形的面积。

【解析】　如果按照计算公式求解则描述为

Step1：输入三条边的边长 a、b、c；

Step2：计算 $s = (a+b+c)/2$；

Step3：计算 $area = \sqrt{s(s-a)(s-b)(s-c)}$；

Step4：输出 area 的值。

按照上述计算步骤，只要输入三角形的 3 条边长，就能计算并输出该三角形的面积。但是该算法没有考虑到如果输入的 3 个数不能构成一个三角形时，程序应该如何处理呢？显然，该算法虽然正确，但缺乏健壮性，需要在上述算法步骤 Step1 后增加一条判断语句，即可保障其健壮性。

Step2：如果 $a+b>c$ 且 $b+c>a$、$a+c>b$，则执行 Step3，

　　　　否则，输出提示信息"数据输入不合理"并结束程序。

这样，算法考虑了对输入了不合理数据的处理，所以满足了对健壮性的要求。

4．算法的运行效率

算法的运行效率是指程序执行时，所需耗用的时间和所占用的内存空间。耗用的时间和占用的空间越少，则算法的运行效率越高。算法的运行效率是评价算法好坏的重要指标。

7.1.3　算法的复杂性

在解决同一个问题时往往要选用不同的算法，而不同的算法决定着解决问题的复杂程度和性能（程序执行所需的时间和所占用的内存空间）。那么，如何衡量（评价）一个算法的优劣（好坏）呢？下面通过实例来说明选择算法的重要性。

【例 7-3】　计算 n 次多项式

$$f(x) = a_1 x^n + a_2 x^{n-1} + a_3 x^{n-2} + \cdots + a_n x + a_{n+1}$$

【解析】 若采用直接法,计算第 1 项要做 n 次乘法运算,其中求乘幂为($n-1$)次,乘系数再加 1 次。计算第 2 项要做($n-1$)次乘法,第 3 项要做($n-2$)次乘法,……,第 n 项做 1 次乘法,整个算法要计算[$n(n+1)/2$]次乘法以及 n 次加法。若将多项式改写为

$$f(x)=\{[\cdots(a_1x+a_2)x+a_3]x+\cdots+a_n\}x+a_{n+1}$$

则 被 称 为 秦 九 韶 算 法 。 每 层 括 号 中 的 值 均 为 $P_i=P_{i-1}x+a_i$,对 P 值重复计算 $n+1$ 次,共计算乘法与加法各 $n+1$ 次即可。见秦九韶算法描述程序。

```
// 秦九韶算法描述程序
input(n,x);
input(coefficients array a[n+1]);
p=0;
for(i=1; i<=n+1; i++)
 p=p*x+a[i];
 printf(p);
```

比较两种算法,由于做一次乘法运算比做一次加法运算在时间上要长数十倍,如果忽略在加法次数上的差异,直接法的乘法次数与 n^2 成正比,秦九韶算法的乘法次数与 n 成正比,差异极大,它反映了一个算法的效率,即运行该算法时计算机所占用的时间和存储空间。显然,占用的时间和空间越少,则算法的效率越高。因此,一个算法的优劣常用时间复杂度和空间复杂度来衡量。

1.时间复杂度

算法的时间复杂度(time complexity)是指度量时间的复杂性,即算法的时间效率的指标。换言之,时间复杂度是与求解问题的规模、算法输入数据相关的函数,该函数表示算法运行所花费的时间。为了简化问题,通常用算法运行某段代码的次数来代替准确的执行时间,记为 $T(n)$。T 即 Time 的首字母,$T(n)$ 中的 n 表示问题规模的大小,一般指待处理的数据量的大小。

在实际的时间复杂度分析中,经常考虑的是当问题规模趋于无穷大的情形,因此引入符号 O,以此简化时间复杂度 $T(n)$ 与求解问题规模 n 之间的函数关系,简化后的关系是一种数量级关系。这样,算法的时间复杂度记为 $T(n)=O(f(n))$。其中,n 表示问题的规模;$T(n)$ 表示渐进时间复杂度;$f(n)$ 是问题规模 n 的函数;$O(f(n))$ 取的是函数 $f(n)$ 的上界。当且仅当存在正常数 c 和 n_o,对所有的 n($n\geq n_o$),满足 $T(n)\leq c\times f(n)$,此时将 $c\times f(n)$ 记作 $O(f(n))$。

【例 7-4】 求两个 n 阶矩阵相乘的算法描述如下:

```
for(i=1; i<=n;i++)
      for(j=1; j<=n; j++)
      { c[i][j]=0;                            //语句 1
        for(k=0; k<n; k++)
        c[i][j]=c[i][j]+a[i][k]*b[k][j];      // 语句 2
      }
```

要计算上面代码的时间复杂度,其实只需要计算语句 1 和语句 2 的执行次数(频率)。设语句的执行次数为 $f(n)$,语句 1 的执行次数为 n^2,语句 2 的执行次数为 n^3,则有 $f(n)=n^2+n^3$,因为 $n^2+n^3\leq c\times n^3=O(n^3)$,所以上面程序段的时间复杂度为 $O(n^3)$。

如果某个算法的时间复杂度为 $T(n)=n^2+2n$,那么,当求解规模 n 趋于无穷大时,则 $T(n)/n^2\rightarrow 1$,表示算法的时间复杂度与 n^2 成正比,记为 $T(n)=O(f(n))=O(n^2)$。

时间复杂度最好的算法是常数数量级的算法。常数数量级算法的运行时间是一个常数,所消耗的时间不随所处理的数据个数 n 的增大而增长。或者说,常数数量级的算法和所拥有的数据个数 n 无关,表示为 $O(c)$,其中 c 表示任意常数。

2.空间复杂度

算法的空间复杂度(space complexity)是指算法运行的存储空间,是实现算法所需的内存空间的大小。空间复杂度也是与求解问题规模、算法输入数据相关的函数,记为 $S(n)$。S 为英

文单词 Space 的第一个字母，n 代表求解问题的规模，一般指待处理的数据量的大小。空间复杂度主要也是考虑当问题规模趋于无穷大的情形，符号 O 同样被用来表示空间复杂度 $S(n)$ 与求解问题规模 n 之间的数量级关系。例如，$S(n)=O(n^2)$ 表示算法的空间复杂度与 n^2 成正比，记为 $S(n)=O(n^2)$。

空间复杂度的分析方法与时间复杂度的分析是类似的，往往希望算法有常数数量级或多项式数量级的空间复杂度。通常，用算法设置的变量所占内存单元的数量级来定义该算法的空间复杂度。如果一个算法占的内存空间很大，在实际应用时该算法是很难实现的。

【例 7-5】 考察不同变量所占用的存储空间与空间复杂度的对应关系，算法描述如下：

```
int x,y,z;                        // 算法 1
#define N 1000                     // 算法 2
int k,j,a[N], b[2*N];
#define N 100                      // 算法 3
int k,j,a[N][10*N];
```

其中，算法 1 设置 3 个简单变量，占用 3 个内存单元，其空间复杂度为 $O(1)$。算法 2 设置了两个简单变量与两个一维数组，占用（$3n+2$）个内存单元，显然其空间复杂度为 $O(n)$。算法 3 设置了两个简单变量与一个二维数组，占用（$10n^2+2$）个内存单元，显然其空间复杂度为 $O(n^2)$。由此可见，二维或三维数组是空间复杂度高的主要因素之一。在算法设计时要注意尽可能少用高维数组。

7.1.4　算法的描述方法

算法是对解题过程的精确描述，描述算法的方法很多，常用的描述方法有自然语言、图形描述（流程图、N-S 结构图、PAD 结构图）、伪代码、程序设计语言等。

1. 用自然语言描述算法

自然语言是人们日常所使用的语言，如汉语、英语、日语等。用自然语言描述算法是最原始的方法，也是最直观、通俗易懂、为人们所熟悉的方法。

【例 7-6】 用自然语言描述欧几里得算法。

【解析】 欧几里得算法是一个反复迭代执行，直到余数 $r=0$ 时才停止运算，是一个典型的循环结构，用自然语言描述该算法如下。

输入正整数 a、b；输出 a 与 b 的最大公约数（公因子）。

Step1：求余数，以 b 除 a，并令 r 为所得的余数（$0 \leq r < b$）；

Step2：余数 r 为 0 吗？若 $r=0$，算法结束；b 即为答案；

Step3：若 $r \neq 0$，则执行置换 $a \leftarrow b$，$b \leftarrow r$，转 Step1。

由此可以看出，使用自然语言描述算法的优点是使用者不必对工具本身再花精力去学习，写出的算法通俗易懂。其缺点如下。

（1）由于自然语言的歧义性，容易引起某些算法执行步骤的不确定性；

（2）由于自然语言的语句较长，从而导致算法冗长，不便转换成计算机程序；

（3）由于自然语言表示的串行性，使得分支、循环较多时，算法表示不清晰。

2. 用图形描述算法

由于用自然语言描述算法的逻辑结构不是太好，对于稍复杂的算法问题很容易出错，因此常用图形描述算法。目前，用来描述算法的图形有 3 种：流程图（flow chart）、N-S 图和 PAD 图。它们各有优点，而流程图描述算法更适合初学者。

【例 7-7】 从键盘输入 3 个数，找出其中最大的那个数，并用流程图进行算法描述。

【解析】 设任意给定 3 个整数 a、b、c，为了找出其中的最大数，可以先比较出 a 和 b 中较大的数，再用这个较大的数与 c 进行比较，然后将比较大的数作为结果输出即可。若用流程图描述该算法，则如图 7-1 所示。

用流程图描述算法具有直观、清晰、逻辑性好的优点，便于检查、修改和交流。流程图表示的算法既独立于任何特定的计算机，又独立于任何特定的计算机程序设计语言，使得程序设计人员不必熟悉特定的计算机和特定的程序设计语言。

图 7-1 求 3 个数最大值的算法

3. 用伪代码描述算法

用流程图描述算法比较直观易懂，但作图比较麻烦，而且不易修改。为此，人们采取了用伪代码（pseudo code）描述算法的方法。伪代码是一种介于自然语言与高级语言之间的描述方法，常用的伪代码符号如表 7-1 所示。

表 7-1 常用的伪代码符号

运 算 符	符 号 表 示	示 例
赋值符号	←或＝	A←5，A=5
算术运算符号	+、−、×、/、mod（整除取余）	A+B、A−B、A×B、A/B、A mod B
关系运算符号	>、≥、<、≤、=、≠	A>B、A≥B、A<B、A≤B、A=B、A≠B
逻辑运算符号	AND（与）、OR（或）、NOT（非）	NOT（A≥B AND A+B≤A*B OR A>0）
输入和输出	Input、Output 或 Print	Input A、Output B 或 Print B
选择结构	如果 P 成立，则 A；否则 B；If P Then A Else B	If A=B Then Print A Else B
循环结构	While P Do A；Repeat A⋯Until P；Do A⋯While P	Count←1；While（Count<7） Do { }
程序过程	Procedure Name；Procedure Name（参数列表）	Procedure Printing；Procedure Fac（N）

【例 7-8】 用伪代码描述判断某一年是否为闰年的算法。

【解析】 所谓闰年，是指符合下面两个条件之一：能被 4 整除，但不能被 100 整除；能被 4 整除，又能被 400 整除，其逻辑表达式为

```
(year % 4 == 0 && year % 100 != 0) || year % 400 == 0
```

对于条件一，能被 4 整除，写作 year%4==0；不能被 100 整除，写作 year%100 !=0。要求两者同时满足，内部是一个逻辑与的关系，可合并为

```
year % 4 == 0 && year % 100 != 0
```

对于条件二，因为能够被 400 整除一定能被 4 整除，所以第二个条件可以简化为能够被 400 整除，写作 year%400==0。因此，用伪代码描述判断闰年条件的算法如下：

```
input(k)      // k表示当前年份
if((k mod 400=0) AND (k mod 100≠0))
     OR ((k mod =0) AND (k mod 400=0)) then output (闰年)
```

```
    else
        output（不是闰年）
    end if
```

4. 用程序设计语言描述算法

无论是用自然语言或伪代码，还是用流程图所描述的算法，都不能被机器识别，最后必须将它们转换成程序设计语言。因此，用程序设计语言来描述算法是最直接、有效的方法。

【例 7-9】 用 C 语言描述判断某一年是否为闰年的算法程序。

使用计算机程序设计语言描述算法的优点是严谨、清晰、简明、专业性强、能一步到位，即写出的算法能直接由计算机处理，是算法描述的终极形式。例如，判断是否为闰年算法程序 7-1 就是一个完整的 C 语言源程序。用程序语言描述算法有诸多优点，但也存在以下不足：

（1）要求设计者必须熟练掌握程序设计语言和编程技巧；

（2）要求描述计算步骤的细节，从而忽视了算法的本质；

（3）程序设计语言基于串行，算法的逻辑流程难以遵循，逻辑较复杂时问题越显严重。

```c
// 判断是否为闰年算法程序 7-1
#include<stdio.h>
 int main()
 { int year;
     printf("please input year:");
     scanf("%d",&year);
     if((year%4==0&&year%100!=0)||YEAR %400==0)
         printf("%d 是闰年! \n",year);
   else
         printf("%d 不是闰年! \n",year);
 }
```

〖提示〗 各种算法描述方法各有优、缺点，适合问题处理的不同情况和不同阶段。

7.2　数值数据求解——算法策略

算法策略（algorithm policy）是指在问题空间中搜索所有可能的解决问题的方法。其中，算法是面向实现的；策略是面向问题的；问题空间（problem space）是问题解决者对一个问题所达到的全部认识状态，问题的解决过程就是穿越其问题空间搜索一条通往问题目标状态的路径。事实上，大多数问题可以通过多条路径来解决，这个"路径"就是算法策略。数值数据求解的常用算法有穷举算法、回溯算法、递推算法、迭代算法、递归算法、分治算法、贪心算法、动态规划等。

7.2.1　穷举算法

穷举算法（exhaustive algorithm），也称为枚举算法（enumerate algorithm）或强力算法（brute-force algorithm），是针对要解决的问题，列举所有可能的情况，逐个判断哪些条件符合问题所要求的约束条件，从而得到问题的解。因而，穷举算法被视为一种原始而笨拙的算法。

1. 算法思想

（1）确定范围：按照问题要求确定问题解的大致范围并一一列举，遍历所有可能的组合值。

（2）条件约束：判断题解是否符合正解条件，避免解题结果错误。

（3）循环运算：使可能解的范围降至最小，以便提高解题效益。

2．算法特点

（1）算法优点：思路简单，问题的答案是一个有穷的集合，可以一一列举出来。

（2）算法缺点：运算量比较大，解题效率不高。

（3）算法应用：适用于决策类最优化问题，例如求城市间的路径和距离，见 7.2.8 节动态规划。

3．算法实例

【例 7-10】　我国古代数学家张丘建在《算经》一书中提出：鸡翁一，值钱三；鸡母一，值钱五；鸡雏三，值钱一，百钱买百鸡，问翁、母、雏各几何？

【解析】　若公鸡每只 3 元，母鸡每只 5 元，小鸡每 3 只 1 元，求 100 元买 100 只鸡有多少种方案，是穷举算法的典型实例。设公鸡为 x，母鸡为 y，小鸡为 z，可列出其联立方程：

$$\begin{cases} x + y + z = 100 \\ 3x + 5y + z / 3 = 100 \end{cases}$$

两个方程中有 3 个变量，因而是不定式求解，即穷举算法具有多个答案。虽然两个方程式不可能解出 3 个确定的未知数，但利用计算机的高速运算对上述有限集合中 $1 \leqslant x \leqslant 33$，$1 \leqslant y \leqslant 20$，$3 \leqslant z < 100$，$z \bmod 3 = 0$ 的 x、y、z 的各种组合值进行试算，只要结果符合两个表达式的值都为 100，就记录为一种方案，其实现见百钱买百鸡穷举算法程序 7-2。

```
// 百钱买百鸡穷举算法程序 7-2
void main()
{ int x,y,z;
  for(x=1; x<=33; x++)
  for(y=1; y<=20; y++)
    { z=100-x-y;
      if(3*x+5*y+z/3 = 100)
      printf("%d, %d, %d\n", x, y, z);
    }
}
```

7.2.2　回溯算法

回溯算法（back-tracking algorithm）是穷举法和试探法的结合，它将要解决的问题的所有解空间（solution space）分为若干节点，每个节点有若干可供选择的后续节点，然后按某种顺序逐一穷举和试验。若不满足条件，返回到上一层节点，恢复刚才的参数，再试探其他分支。

1．算法思想

回溯法是一种解决问题的方法，而不是一种特殊算法。回溯算法一般按照以下步骤求解。

（1）定义：针对所给问题，定义问题的解空间，至少包含问题的一个最优解；

（2）确定：根据定义，确定易于搜索的解空间结构，使得能用回溯方法搜索整个解空间；

（3）搜索：以深度优先的方式搜索解空间，并且在搜索过程中用剪枝函数避免无效搜索。

2．算法特点

回溯算法本质上是一种穷举法，但它是比穷举"聪明"的搜索技术，有"通用解题法"之称。当一个问题没有显而易见的解法时，可以尝试使用回溯法求解。不过，该算法耗时多，效率低。由于回溯算法是对解空间的深度优先探索，所以在一般情况下可用递归函数来实现回溯算法。

3. 算法实例

【例 7-11】 回溯算法的典型应用是"走迷宫"和"N 皇宫"问题。设有一个如图 7-2 所示的"迷宫",图中的每个空白方块是通道,阴影方块是墙壁,要求寻找一条从入口到出口的简单路径。

【解析】 用计算机求解迷宫问题时,通常用"试探和回溯"的方法,即从入口出发,顺着某一个方向(如往东)向前探索。若能走通,则继续向前;否则沿原路退回后,改换方向(往南、往西、往北)继续探索,直至所有可能的通路都探索到为止;如果所有可能的通路都探索后还是不能走到终点,则说明该迷宫不存在从起点到终点的通道。由此,走迷宫的算法思想可概括如下。

图 7-2　迷宫问题分析

(1)从入口进入迷宫后若当前位置"可通",则纳入"当前路径",并继续朝"下一位置"探索。

(2)若当前位置"不可通",则应朝着"来的方向"退回到"前一通道块",然后朝着另一方向继续探索,从一个走得通的方向继续往前,直到出口。

(3)若该通道块的四周四个方块均"不可通",则应从"当前路径"上删除该通道块。

【例 7-12】 四色问题是计算机学科中的典型问题,可用穷举法或回溯算法分析四色问题。

【解析】 为了便于描述,这里对地图进行简化为如图 7-3 所示。图 7-3 中每个区域代表一个省,区域中的数字表示省的编号,根据"四色问题"题意,要求给每个省涂上红、蓝、黄、白四种颜色之一,并且使用相邻的省份用不同的颜色加以区分。然后,按下列步骤予以求解。

(1)问题抽象。将每个省视为一个点,将省份之间的联系视为一条边,得到如图 7-4 所示的图形。

(2)连接矩阵。根据如图 7-4 所示的各省之间的相邻关系,用数据矩阵表示,用二维数组表示为

$$R[x, y] = \begin{cases} 1 & \text{表示 } x \text{ 省与 } y \text{ 省相邻} \\ 0 & \text{表示 } x \text{ 省与 } y \text{ 省不相邻} \end{cases}$$

其相应矩阵如图 7-5 所示。

图 7-3　省份地图

图 7-4　地图的抽象表示

图 7-5　区域的矩阵表示

(3)填色处理。从编号为 1 的省份开始按四种颜色顺序着色,当第一个省的颜色与相邻省的颜色不同时,就可以确定第一个省的颜色。然后,依次对第二、第三……进行处理,直到所有省份都着上颜色为止。

(4)问题算法。在着色过程中,如果即将填的颜色与相邻省的颜色相同,而且四种颜色都试探过以后均不能满足要求,则需要回溯到上一个点(前一个省),修改上一个点的颜色,然后

再重新试探下一个颜色。用数组 S 表示某个省所涂的颜色，数组 R 表示省之间的关联。检查相邻区域是否着色或所着色是否相同，可用 $S[k]*R[x,k] \neq x$ 表示。

7.2.3　递推算法

递推算法（recurrence algorithm）是根据问题本身的已知条件，利用特定关系得出中间推论，直至得到结果的算法。递推算法本质上属于归纳法，即根据简单、特殊的实例，总结一般性结论。递推算法分为顺推和反推（逆推）两种。顺推是指从已知条件出发，逐步推算出求解结果；反推是指从已知结果出发，用迭代表达式逐步推出问题的开始条件（初始值），它是顺推的逆过程。

1. 算法思想

递推方法是假设问题在某一步某个条件下成立，下一步可根据这一步所得到的关系进行推导，把一个复杂、庞大的计算过程转化为简单过程的多次重复运算。递推算法一般按以下步骤进行。

（1）确定问题数据间的特定关系，并将这种关系规律归纳成简捷的递推关系式 $F_n = g(F_{n-1})$；

（2）确定由已知的基础数据可以递推出后面的数据，并尽量简化变量，以减少变量占用空间。

2. 算法特点

每相邻两项之间的变化有一定规律性，通过后项与前项之间的关系，从初始条件入手，一步步地按递推关系进行递推，直到求出最终结果。

（1）算法优点：思路简单，无论是程序编写还是程序调试，都很方便，而且程序运行效率高。

（2）算法缺点：运算的过程值较多，耗用空间大，适合大、小规模之间的关系。

（3）算法应用：适用于已知本身条件，利用特定关系得出中间推论，直至得到最终结果。

3. 算法实例

【例 7-13】　1202 年意大利数学家斐波那契（Fibonacci）在他的《珠算全书》中提出了一个关于兔子繁殖的问题：如果一对兔子每月能生一对小兔（一雌一雄），每对小兔在它们出生后的第 1 个月又生一对小兔。在不发生死亡的情况下，由一对出生的小兔开始 50 个月后会有多少小兔？

【解析】　分析上述规律，第 1 个月和第 2 个月只有一对兔子，第 3 个月有两对兔子……从第 1 个月开始计算，每月兔子对数依次为 1, 1, 2, 3, 5, 8, 13, 21, 34, 55, 89, 144, 233, …，此数列被称为斐波那契数列（Fibonacci sequence），求此数列第 n 项的值，存在如下递推关系式：

$F(1)=1$　　　　　　$F(4)=F(2)+F(3)=3$

$F(2)=1$　　　　　　　　　　$\vdots$

$F(3)=F(1)+F(2)=2$　　$F(n)=(n-1)+F(n-2)$

根据斐波那契数列公式，直至所求的结果为止。对此，可通过循环控制序列项编号，就可以容易得到所求的项值，其实现见求斐波那契数列算法程序 7-3。

```c
// 求斐波那契数列算法程序 7-3
#include<stdio.h>
void main()
{ int i,k,fn,fn_1=1,fn_2=1,k=2;
  printf("% 12d\n",fn_1,fn_2);
   for(i=3;i<=24;i++);
  { fn= fn_1+fn_2,k=k+1;
    if(k%6==0)
       printf("% 12d\n",fn);
    else
      printf("% 12d",fn);
      fn_2=fn_1, fn_1=fn;
}
```

运行结果：根据程序中给定的 n 值，得出其相应的数据项。

1	1	2	3	5	8
13	21	34	55	89	144
233	377	610	987	1597	2584
...					

7.2.4　迭代算法

迭代算法（iterative algorithm）就是在数的序列中建立起后项与前项之间的关系，通过从一个初始值出发，不断用变量的旧值递推新值的过程。迭代算法包括求精确解和近似解的算法。

1. 算法思想

所谓迭代，就是为了逼近所需目标或结果而重复反馈，每次迭代的结果作为下次迭代的初始值。迭代与递推的区别源于问题的性质，在实际问题中可能遇到以下两种情况。

（1）可以表示成数学上明确的递推公式：

① 求 n 个自然数的和。如 $S_n=1+2+\cdots+n$，可写成递推公式：$S_n=S_{n-1}+n$。

② 求 n 个数的阶乘。如 $f_n=1\times2\times3\times\cdots\times n$，可写成递推（递归）公式：$f_n=n\times f_{n-1}$。

（2）无法直接写出显式递推公式：只能通过"迭代"，并且可分为精确迭代和近似迭代。

① 精确迭代：可得到精确值，如欧几里得算法。

② 近似迭代：只能求近似值，如简单迭代法和牛顿迭代法，常用来求非线性方程的根。

利用迭代算法解决问题的基本步骤是确定迭代变量；建立迭代关系；对迭代过程进行控制。

2. 算法特点

（1）算法优点：对一组指令进行重复执行，每次执行时都从变量的原值中推出它的一个新值。

（2）算法缺点：如果方程无解，算法的近似根序列不会收敛，迭代过程失败；如果方程虽然有解但迭代公式选择不当，或迭代的初始近似根选择不合理，也会导致迭代失败。

（3）算法应用：是递推算法的反推形式，适用于方程求根、方程组求解、矩阵求特征值等。

3. 算法实例

【例 7-14】　猴子吃桃问题：一只猴子第一天摘下若干桃子，当即吃了一半，但还不过瘾，又多吃了 m 个；第二天早上又将剩下的桃子吃掉一半后，又多吃了 m 个；以后每天都是如此，到第十天早上再吃时，见只剩下一个桃子了。求猴子第一天共摘下了多少个桃子？

【解析】　第一天吃去的桃子数是第 2 天桃子数加 m 后的 2 倍，第二天吃去的桃子数是第 3 天桃子数加 m 后的 2 倍……第 k 天吃去的桃子数是第 $k+1$ 天加 m 后的 2 倍。显然，这是一个典型的递推问题。设第 k 天吃去的桃子数为 $t(k)$，则每天与前一天的递推关系为

$$t(k)=2\times(t(k+1)+m) \qquad k=1, 2, \cdots, n-1 \qquad 初始条件\ t(k)=1$$

求猴子第一天共摘下了多少个桃子，实际上就是逆推求出 $t(1)$，其实现见用迭代算法求猴子吃桃问题算法程序 7-4。

```
// 用迭代算法求猴子吃桃问题算法程序 7-4
# include<stdio.h>
void main()
{ int  k, m, n;
  long f[1000];
  printf("请输入n、m: ");                    // n 为哪一天,m 为多吃的桃子数
  scanf("%d%d", &n, &m);
```

```
    t[n]=1;                                    // 确定初始条件
    for(k=n-1; k>=1; k--)                      // 逆推计算 t（1）
    t[k]=2*(t[k+1]+m);
    printf("第1天摘桃 g%ld 个。\n", t[1]);
    for (k=1; k<=n-1; k++)
    { printf("第%d天摘%4ld个桃，", k, t[k]) ;
      printf("吃了%d+%d = %4ld个，", t[k]/2, m, t[k]/2+m);
      printf("还剩%4ld个。\n", t[k]/2-m);
    }
    printf("第%d天早上还剩1个。", n);
}
```

7.2.5　递归算法

递归算法（recursive algorithm）是指在定义算法的过程中，用自身的简单情况来定义自身，直接或间接地调用自身的一种算法。一个直接或间接地调用自身的过程称为递归过程（recursive procedure），一个使用函数自身给出定义的函数称为递归函数（recursive function）。

1. 算法思想

递归是一种强有力的数学工具，可以使问题的描述和求解变得简洁和清晰，它有两种形式。

（1）直接递归：重复一个或一组操作，如累加、累减、累乘、累除等运算就是直接递归，程序设计中的赋值语句"a=a+1;"是累加，把 a+1 的值赋给 a 是递归计算，而不是表达式计算。

（2）间接递归：是指从 $1 \sim n$ 之间所有自然数相乘的结果，阶乘计算就是典型的间接递归，程序用到它自身的前一步或前几步，即

$$n!=n \times (n-1) \times (n-2) \times \cdots 2 \times 1=n \times (n-1) !$$
$$(n-1) ! = (n-1) \times (n-2) \times \cdots 2 \times 1$$

递归算法求解可分为如下 3 个步骤：

① 确定递归公式；

② 确定终结条件；

③ 递归算法的架构是可以调用自身的子程序，定义 $f(0)=0!=1$，$f(1)=1!=1 \times f(0)=1$ 为边界条件，$f(n)=n \times f(n-1)$ 为基本公式，这样的函数称为递归函数。根据阶乘定义可设计出计算 $n!$的递归算法，其实现见求阶乘算法程序 7-5。

2. 算法特点

本质上，递归和递推都是同一种解决问题的思路，都是把问题进行分解，但递推是由小到大的推导，而递归则是由大到小的推导。

（1）算法优点：程序代码简洁、清晰，可读性好。

（2）算法缺点：如果递归层次太深（太多），会导致堆栈溢出，而且递归算法运行效率较低。

```
// 求阶乘算法程序 7-5
int Factorial(int n)
  { long int x;
    if(n==1) x=1;
    else
    x=n* Fact(n-1);
    returen x;
    printf("%d",x);
}
```

（3）算法应用：适用于当问题本身或涉及的数据结构是递归定义的情况，可与分治算法结合。

3. 算法实例

【例 7-15】　第 2 章介绍了世界著名的汉诺塔问题，该问题最适合用递归算法求解。

【解析】　虽然这是一个现实意义上的不可行的时间复杂问题，但在算法理论上是可行的，这个问题可以用递归算法解决它。盘子数 n 为 1、2、3 时，在 a，b，c 柱子上搬移的过程为

n=1：a→c

n=2：a→b, a→c, b→c

n=3：a→c, a→b, c→b, a→c, b→a, b→c, a→c

其实现见用递归算法求汉诺塔问题算法程序 7-6，其中 Hanoi(int n, char a, char b, char c) 为算法子程序。

```
// 用递归算法求汉诺塔问题算法程序 7-6
// 主调函数
 main()
 {
    scanf ("%d",&num) ;
    Hanoi ('A','B','C');      /*调用函数*/
    return 0;
 }
```

```
Hanoi(int n, char a, char b, char c);     //算法子程序
{ if(n==1) printf("a→c");                 //将某柱子最上面的盘子移到另一柱子
  else
    { Hanoi(n-1,a,c,b);                   //将 n-1 个盘子由 a 柱子移到 b 柱子
      printf("a→c") Hanoi;                //输出将一个盘子由 a 柱子移到 c 柱子上
      Hanoi(n-1,b,a,c);                   //将 n-1 个盘子由 b 柱子移到 c 柱子
    }
 }
```

这是一个典型的递归算法——自己调用自己，从递归给定参数出发递归到达边界（n=0）。

7.2.6　分治算法

分治算法（divide and conquer algorithm）是将一个难以直接解决的大问题，划分成一些规模较小的子问题，以便各个击破。因此，分治算法是一种"分而治之"的算法思想策略。

1. 算法思想

由分治算法产生的子问题往往是原问题的较小模式，最终使子问题缩小到容易直接求解，自然导致递归过程的产生，也为使用递归技术提供了方便。分治算法一般按照以下步骤求解。

（1）分解：将要解决的问题划分成若干规模较小的同类问题（子问题）；

（2）求解：当待解决的问题划分得足够小后，用简单的方法求得结果；

（3）合并：按照原问题的要求，将子问题的解逐层合并构成原问题的整体解。

2. 算法特点

"分而治之"策略是很多高效算法的思想基础，由分治算法产生的子问题往往是原问题的较小或最小模式，这既导致了递归过程的产生，也为使用递归技术提供了方便，最终使子问题缩小到很容易直接求出其解。分治算法与递归算法像一对孪生兄弟经常同时应用在算法设计中，并由此产生许多高效算法，如汉诺塔问题、折半查找、快速排序等，都是分治策略运用的典型实例。

3．算法实例

【**例 7-16**】 使用分治法求 n 个数的最大值和最小值。

【**解析**】 使用分治法，可将求解 n 个数的最大值和最小值问题转换成求 $n/2, n/4, \cdots, 2$ 个数中的最大值和最小值问题。例如，数组 a 中存放 8 个元素：12, 66, −25, 36, −12, 96, 10, −8，原问题的规模为 8。若将问题规模缩小一半，可从中间将数组中的元素分成两半，即 {12, 66, −25, 36} 和 {−12, 96, 10, −8}。若继续缩小问题规模，最终每个子问题的规模为 2，子问题分别为 {12, 66}，{−25, 36}，{−12, 96}，{10, −8}。

此时只要比较两个数的大小，便可找出子问题中的最大值 max1、max2、max3、max4 和最小值 min1、min2、min3、min4。然后将子问题 1 和子问题 2 合并，子问题 3 和子问题 4 合并，可求出最大者；比较 min1、min2、min3、min4，分别求出最小者。以此类推，直到求出整个问题的最大值和最小值为止。

〖**提示**〗 求最大(小)值的程序很简单。分治算法常用于数据元素的排序和查找，详见 7.4 节。

7.2.7 贪心算法

贪心算法（greedy algorithm）是把一个复杂问题分解为一系列较为简单的局部最优选择，每一步选择都是对当前解的一个扩展，直到获得问题的完整解。贪心算法的典型应用是求解最优问题（optimization problem），即在满足一定约束条件下，使得目标函数的值达到最大或最小。

1．算法思想

贪心算法的指导思想是将待求的问题分解成若干子问题进行分步求解，并且每一步总是做出当前最好的选择，即得到局部最优解，然后将各个子问题的局部最优解组合成原问题的一个解。由此可见，贪心算法体现了"快刀斩乱麻"的思想，以当前和局部利益最大化为导向的求解策略。

2．算法特点

贪心算法是最接近人类日常思维的一种问题求解方法，例如"背包问题""田忌赛马"等都是典型实例。贪心算法也可用于图论中的最小生成树求解。

3．算法实例

【**例 7-17**】 假设钱柜中有面值为 100 元、50 元、20 元、10 元、5 元、2 元、1 元的货币，需要找给顾客 56 元现金，如何才能使付出货币的数量最少？

【**解析**】 在给顾客找零钱时有多种方案，其原则是在不超过应付款金额的条件下，选择面值较大的货币，尽可能使付出的货币最快地满足支付要求，这就体现了贪心算法思想。方法如下：

（1）50+5+1；

（2）50+2+2+2；

（3）20+20+10+5+1；

显然，此处用 50+5+1 共 3 张货币是最优选择配置，能直接得到最优解的算法是枚举算法。

7.2.8 动态规划

动态规划（dynamic programming）是运筹学的一个分支，它不像数值计算那样求得精确解，而是求解决策过程（decision process）最优化的一种方法，即把一个多阶段决策过程转化为一系列单阶段问题，利用各阶段之间的关系逐个求解，最终解决过程的优化问题，被广泛应用于最优控制。

1. 算法思想

为了解决某一多阶段决策过程的优化问题，而依次做出 n 个决策 $D_1, D_2, \cdots, D_n$；如果这个决策序列是最优的，不论前面决策是怎样的，以后的最优决策取决于由前面决策所确定的当前状态。动态规划一般按照以下步骤求解。

（1）划分：将待求解的问题划分为若干阶段，即若干互相联系的子问题。

（2）推导：按照自底向上的顺序，推导出原问题的解。

（3）记录：记录子问题的解，避免求解过程中重复多次求解同一子问题，提高算法求解效率。

2. 算法特点

（1）算法优点：能够得到全局最优解，可以得到一组最优解，由于动态规划方法反映了动态过程演变的联系和特征，在计算时可以利用实际知识和经验提高求解效率。

（2）算法缺点：一是没有统一的标准模型；二是数值方法求解时需要额外的内存空间。

（3）算法应用：动态规划方法是解决复杂问题的思维方法，在经济管理、生产调度、工程技术和最优控制值等方面得到广泛应用，用动态规划方法求解比用其他方法求解更为方便、有效。

3. 算法实例

【例 7-18】 设有如图 7-6 所示的 10 个城市，智能手机中的导航软件——全球定位系统（Global Positioning System，GPS）如何计算出从出发地到目的地的最佳路径，甚至规划出用时最少和路费最少的路线？

图 7-6　城市之间的路径和距离

【解析】 图 7-6 是描述 10 个城市之间的有向图，节点表示城市，边上的权值表示距离，用动态规划求解从节点 A 到节点 E 的最短路径，从目标状态 E 向左推，将整个求解过程划分为 4 个阶段，每个阶段为 4 个子问题，先求子问题，然后根据子问题求解另外相关问题的解，每个阶段到 E 的最短距离为本阶段子问题的解。各阶段的全程路径和最短距离如表 7-2 所示。

（1）第 1 次输入的节点为 D_1、D_2。计算 E 到 D_1 和 D_2 的距离，E→D_1 的距离是 5，E→D_2 的距离是 2。

（2）第 2 次输入的节点为 C_1、C_2、C_3。C_1→D_1→E 的距离是 3+5，C_1→D_2→E 的距离是 9+2，

此时 $C_1 \rightarrow D_1 \rightarrow E$ 可取，故将其保留到表 7-2 中；$C_2 \rightarrow D_1 \rightarrow E$ 的距离是 6+5，$C_2 \rightarrow D_2 \rightarrow E$ 的距离是 5+2，此时 $C_2 \rightarrow D_2 \rightarrow E$ 可取，保留到表 7-2 中；$C_3 \rightarrow D_2 \rightarrow E$ 的距离是 10+2。

（3）第 3 次输入的节点为 D_1、D_2、D_3。按照步骤（2）的方法，计算出决策路径和距离。

（4）第 4 次输入的节点为 A。按照步骤（2），得出最优决策路径为 $A \rightarrow B_2 \rightarrow C_1 \rightarrow D_1 \rightarrow E$。

表 7-2　用动态规划法计算所有局部最短路径和距离

阶段	节点	子问题解	最短距离	全 程 路 径	阶段	节点	子问题解	最短距离	全 程 路 径
1	D_1	$D_1 \rightarrow E$	5	$D_1 \rightarrow E$	3	B_2	$B_2 \rightarrow C_1$	6+8=14	$B_2 \rightarrow C_1 \rightarrow D_1 \rightarrow E$
1	D_2	$D_2 \rightarrow E$	2	$D_2 \rightarrow E$	3	B_3	$B_3 \rightarrow C_2$	12+7=19	$B_2 \rightarrow C_2 \rightarrow D_2 \rightarrow E$
2	C_1	$C_1 \rightarrow D_1$	3+5=8	$C_1 \rightarrow D_1 \rightarrow E$	4	A	$A \rightarrow B_1$	2+20=22	$A \rightarrow B_1 \rightarrow C_1 \rightarrow D_1 \rightarrow E$
2	C_2	$C_2 \rightarrow D_2$	5+2=7	$C_2 \rightarrow D_2 \rightarrow E$	4	A	$A \rightarrow B_2$	5+14=19	$A \rightarrow B_2 \rightarrow C_1 \rightarrow D_1 \rightarrow E$
2	C_3	$C_3 \rightarrow D_2$	10+2=12	$C_3 \rightarrow D_2 \rightarrow E$	4	A	$A \rightarrow B_3$	1+11=12	$A \rightarrow B_3 \rightarrow C_2 \rightarrow D_2 \rightarrow E$
3	B_1	$B_1 \rightarrow C_1$	12+8=20	$B_1 \rightarrow C_1 \rightarrow D_1 \rightarrow E$					

7.3　非数值数据处理——数据结构

随着计算机的广泛应用，计算机加工处理的对象已由数值数据发展到字符、表格、图形、图像、声音、视频等具有一定结构的非数值数据。对于数值数据的求解通常是在分析问题的基础上，将各量之间的关系抽象成一定的数学模型，再进行编程求解。而非数值数据无法用数学方程来描述，即数据之间的相互关系很难用数学方程式加以描述，只能设计出合适的数据元素表达式，对实际问题的数据元素进行描述和处理才能有效地解决问题。为此，1968 年美国著名计算机科学家唐纳德·克努斯开创了用"数据元素集合"和"数据元素关系集合"来描述非数值数据的数据结构（data structure），并形成计算机学科中的一个分支。

通常，数据元素之间的逻辑关系被称为逻辑结构，数据的逻辑结构在计算机存储空间中的存放形式被称为存储结构或物理结构。

在数据结构的研究中，根据数据结构的元素关系，可将非数值数据分为"一对一关系"（线性表结构、栈结构、队列结构）、"一对多关系"（树结构）和"多对多关系"（图结构）。

7.3.1　线性表结构

线性表结构（linear table structure）是最简单且最常用的数据结构，线性表就是典型的线性结构。线性结构的特点是数据元素之间是一种线性关系，即一对一的关系（联系）。

1. 线性表的定义

线性表是由有限个相同的数据元素所构成的序列，通常记为 $a_1, a_2, \cdots, a_n$。除了第一个元素只有直接后继、最后一个元素只有直接前驱，其余数据元素都有一个直接前驱和一个直接后继。节点与节点之间的关系是一种简单的一对一联系，即线性关系。具有这种特点的数据结构称为线性结构，如图 7-7 所示。

图 7-7　线性结构

学生档案表是一个典型的线性表。利用计算机进行学生成绩管理，便可对表 7-3 中的数据记录实现浏览、查询、插入、删除、修改等操作。

对于表 7-3 这类的问题，如果用若干简单变量来表示，显然难以描述清楚。此外，数据之间的关系也不能用方程式表示。如果把每行看成一个记录并称为一个节点，则表中每个节点只有一个前驱节点（第一个节点除外）和一个后继节点（最后一个节点除外）。节点按学号从小到大排列，并且学号是标识节点唯一性的数据项，即关键项，通常称为关键字。

表 7-3　学生档案表

学 号	姓 名	性 别	出 生 日 期	入 学 成 绩	政 治 面 貌	籍 贯
20200001	张智明	男	2002.10.23	597	团员	北京市
20200002	李小倩	女	2002.08.24	605	党员	武汉市
20200003	赵 凯	男	2003.08.12	612	团员	岳阳市

2．线性表的实现

将一个线性表存储到计算机中可以采用多种不同的方法来实现，通常采用的方法有顺序存储结构（也称为静态存储结构）和链式存储结构（也称为动态存储结构）。

（1）顺序存储结构。在计算机内可以用不同的方式来表示线性表，最简单和最常用的方式是用一组地址连续的存储单元依次存储线性表的元素，一维数组就是以这种方式组织起来的结构。用这种方法存储的线性表称为顺序表（sequential list），这样的结构称为顺序存储结构。

便于线性表处理的有效方法是利用数组来存放数据元素。例如，一副扑克牌中的 13 张红桃，为了能在程序中方便引用每一张红桃，可以建立一个数组变量 Card，其范围是 1～13，即包含 13 个分量：Card[1]，Card[2]，…，Card[13]。数组中每项都有一个下标，其排列如图 7-8 所示。

红桃	红桃	红桃	红桃	红桃	红桃	红桃	红桃	红桃	红桃	红桃	红桃	红桃
A	2	3	4	5	6	7	8	9	10	J	Q	K
[1]	[2]	[3]	[4]	[5]	[6]	[7]	[8]	[9]	[10]	[11]	[12]	[13]

图 7-8　一维数组线性结构

使用数组可以通过数组的下标访问其中的任一项，数组的最大优点就是可以随机存取元素。然而，由于数组的逻辑顺序与存储（物理）顺序对应，当向数组中插入一个元素时，从插入的位置开始其后的所有元素都要向后移。而要删除数组中的一个元素时，其后的所有元素都要向前移动。因此，无论是插入还是删除操作，都要移动大量的元素。由于在定义数组时已指定了数组大小，这就意味着必须为可能要用到的最大数组保留足够的空间，而那些没用到的空间将会造成浪费。

（2）链式存储结构。解决上述问题的方法是使用链接，在每个数据元素中添加一个指向另一个元素的指针。根据这个原理，可以建立一个称为链表的线性表，包含一组数据元素。在数据结构中，这样的数据元素通常被称为"节点"。每个节点中除包含一个数据域，还包含一个指针域，用以存放下一个节点的指针，这样的链表称为单链表，如图 7-9 所示。

图 7-9　单链表的结构

图 7-9 中指针变量 h 存放的是附加头节点的指针，附加头节点用来存放第一个具有数据的节点的指针，而第一个节点的指针域存放第二个节点的指针，以此类推，最后一个节点的指针域要置空（NULL）。在计算机内，指针实际上就是某个存储单元的地址。

使用链表进行元素的插入和删除非常方便，只需调整指针域的值。例如，在如图 7-9 所示的单链表中，在数据值为 C 的节点前插入一个数据值为 E 的新节点的操作如图 7-10 所示。

图 7-10　单链表的插入操作

即用新插入节点的地址 5000 替换数据值为 B 指针域的值 3000，而新节点指针域置数据值为 C 节点的地址 3000，这就将新节点插入了数据值为 C 的节点前面。若要删除一个节点，只需将欲删除节点的前驱节点的指针域的值改为欲删除节点的后继节点的地址即可。例如，删除图 7-10 单链表中数据值为 C 的节点，其操作如图 7-11 所示。

图 7-11　单链表的删除操作

3．线性表的应用

线性表是最简单、最常用的一种数据结构，通常用于对大量数据元素进行随机存取的情况。例如，程序设计中使用的数组和字符串，由学生学籍信息构成的档案表项，用计算机进行学籍管理时对数据表项实现添加、删除、修改、查找、存储等操作，都是线性表的典型应用。若对线性表的这些基本操作加以一定的限制，则形成特殊结构的线性表，即栈结构和队列结构。

7.3.2　栈结构

栈结构（stack structure）是限定仅在表尾进行插入或删除的线性表，其特点是只能在表端进行操作，且按照"先进后出"（first in last out）或"后进先出"（last in first out）的规则进行操作。

1．栈结构的定义

栈（stack）结构是限制线性表中元素的插入和删除只能在线性表的同一端进行"先进后出"的一种特殊线性表。首先存入栈中的元素在栈底（bottom），最后存入栈中的元素在栈顶（top）。栈结构形如子弹夹，其数据动态如图 7-12 所示。

在栈结构中，若元素是以 $a_1, a_2, \cdots, a_n$ 的顺序进栈，则退栈的次序是 a_n, $a_{n-1}, \cdots, a_1$。

图 7-12　栈结构

2．栈结构的实现

栈结构的具体实现取决于栈的存储结构，存储结构不同，其相应的算法描述方法也不同。存储结构通常分为顺序存储和链表存储两种形式。

3．栈结构的应用

栈在日常生活和计算机程序设计中有着许多重要应用。在程序设计中通常用于数据逆序处理的各种场合，如对数据进行首尾元素互换的排序操作、函数嵌套调用时返回地址的存放、编译过程中的语法分析等。在程序设计中，函数嵌套调用和递归调用的实现都包含栈的应用。

7.3.3　队列结构

队列结构（queue structure）是一种特殊的线性结构，反映数据元素之间的关系以及对数据元素的操作。凡是符合先进先出原则的数学模型都可以使用队列结构。

1. 队列结构的定义

队列结构是一种运算受限的线性表，即仅允许在表的一端进行插入，在表的另一端进行删除。这种逻辑结构被称为队列（queue），只允许插入的一端被称为队尾（rear），只允许删除的一端被称为队首（front）。向队列中插入新元素被称为进队或入队，新元素进队后成为新的队尾元素；从队列中删除元素称为离队或出队。元素离队后，其后继元素成为队首元素。因为队列的插入和删除操作分别是在各自的一端进行的，每个元素必然按照进入的次序离队，所以队列是一种"先进先出"（first in first out）数据结构，如图 7-13 所示。

在队列结构中，若依次加入元素 $a_1, a_2, \cdots, a_n$ 后，则退出队列的次序是 $a_1, a_2, \cdots, a_n$。

出队列 ← a_1 a_2 $a_3 \cdots a_i \cdots a_n$ ← 入队列
队首　队尾
图 7-13　对列结构

2. 队列结构的实现

队列结构可以采用顺序存储结构来实现，也可以采用链表存储结构来实现，但后者更为灵活。

（1）顺序存储结构。一般情况下，使用一维数组作为队列的顺序存储空间，再设两个指示器。其中，一个指向队首元素位置的指示器 front，另一个指向队尾元素位置的指示器 rear。

（2）链表存储结构。在一个链表队列中需要设定两个指针（头指针和尾指针），分别指向队列的头部和尾部。为了操作的方便，与线性表一样，给链队列添加一个头节点，并设定头指针指向头节点。因此，空队列的判定条件就成为头指针和尾指针都指向头节点。

3. 队列结构的应用

队列结构用于应用系统中的事件规划，典型的实例是 CPU 资源的竞争问题，如在操作系统中用来解决主机与外部设备之间速度不匹配或多个用户引起的资源竞争问题。在具有多个终端的计算机系统中，多个用户需要使用 CPU 运行自己的程序，它们通过各自的终端向操作系统提出使用 CPU 的请求，操作系统按照每个请求的先后顺序将其排成一个队列，把 CPU 分配给队首的用户使用。当相应的程序运行结束或用完规定的时间片时则令其出队，再把 CPU 分配给新的队首用户，直到所有用户任务处理完毕。这样既满足了每个用户的请求，又使 CPU 能正常运行。

7.3.4　树结构

线性表、栈、队列都是线性结构，其特点是逻辑结构简单，易于查找、插入和删除等操作。然而，这些结构不便于描述数据之间的分支、层次和递归关系，为此引入了树结构（tree structure）。它是一种非常重要的非线性数据结构，该结构因节点之间存在的分支、层次关系非常类似一棵倒立的树而得名。树结构的特点是节点之间具有一对多的联系，例如家族的成员关系是典型的树结构，如图 7-14 所示。

图 7-14　树结构

1．树结构的基本概念

树（tree）是 n（$n \geq 0$）个节点的有限集合 T。当 $n=0$ 时，集合 T 为空，此时树为空树；当 $n>0$ 时，集合 T 非空，此时树为非空树。根（root）节点有且仅有一个，是特定的，其余节点可分为 m（$m \geq 0$）个互不相交的子集 T_1，T_2，$\cdots$，T_m，其中每个子集本身又是一棵树，称为根的子树（subtree）。树结构的定义是递归的，即一棵非空树是由若干子树构成的，而子树又由若干更小的子树构成。

（1）树结构的基本特征：树结构深刻地反映了树的固有特性，即树结构节点的递归特性。

（2）树结构的基本描述：树结构是一种复杂的非线性结构，常用以下元素进行描述。

为了全面、准确地描述树结构，下面以图 7-14 所示树结构为例，描述树结构中常使用的术语。

① 度（degree）。节点拥有的子树数称为该节点的度，一棵树的度是该树中节点的最大度数。

② 叶子（leaf）和分支节点。度为 0 的节点被称为叶子或终端节点，度不为 0 的节点称为分支节点或非终端节点。除根节点之外的分支节点统称为内部节点，根节点又称为开始节点。

③ 祖父（ancestor）和子孙（descendant）。一个节点的祖先是指从树的根到该节点所经分支上的所有节点（包括根节点），一个节点的子树的所有节点都称为该节点的子孙。

④ 双亲（parents）和孩子（child）。树中某个节点的子树之根称为该节点的孩子或儿子，相应地，该节点称为孩子的双亲或父亲。

⑤ 节点的层数（level）。设根的层数为 1，其余节点的层数等于其双亲节点的层数加 1。

⑥ 兄弟（sibling）和表兄弟。同一个双亲的孩子称为兄弟，双亲同一层的节点互为堂/表兄弟。

⑦ 路径（path）。若树中存在节点序列 k_1，k_2，$\cdots$，k_j，使得 k_i 是 k_{i+1} 的双亲（$1 \leq i \leq j$），则该节点序列是从 k_i 到 k_j 的一条路径或通路。若一个节点序列是路径，则在树的树形图表示中，该节点序列"自上而下"地通过路径上的每条边。

⑧ 树的高度（height）。树中节点的最大层数称为树的高度或深度（depth）。

⑨ 有序树（ordered tree）和无序树（unordered tree）。若将树中每个节点的各子树看成从左到右有次序的（即不能互换），则称该树为有序树，否则被称为无序树。

⑩ 森林（forest）。森林是 m（$m \geq 0$）棵互不相交的树的集合，树中的每个节点其子树的集合即为森林；反之，给一个森林加上一个节点，使原森林中各树成为所加节点的子树，便得到一棵树。

2．二叉树和哈夫曼树

树结构分为多种，其中最常用、最重要的树结构是二叉树和哈夫曼树。

（1）二叉树（binary tree）。二叉树是指每个节点的度至多为 2 的有序树，如图 7-15 所示。

二叉树是一种最重要的非线性结构，有两个重要特点：一是非空二叉树只有一个根节点；二是每一节点最多两棵子树，分别称为左子树和右子树。

二叉树有两条基本性质：二叉树的第 k 层上最多有 2^{k-1}（$k \geq 1$）个节点；对于深度为 m 的二叉树最多有 2^{m-1} 个节点。

图 7-15　二叉树

二叉树可用来实现折半查找，7.4.2 节中讨论的折半查找算法是基于数组的折半查找算法，不能用于链表结构，而构建基于二叉树的折半查找算法，可以实现链表结构查找。

（2）哈夫曼树（Huffman tree）。哈夫曼树又称为最优二叉树，是指对于一组带有确定权值的叶节点构造出具有最小带权路径长度（最精简、最高效描述）的二叉树。

哈夫曼树在数据通信与数据压缩领域中有着广泛使用。例如，有一组字符 ABACCAD，该字符串中只包含 4 个不同的字符，因此只需要用两位二进制码来表示每个字符。假设 A、B、C、D 的编码分别为 00、01、10、11，则对应的编码信息为 00010010100011。这种编码就是基于哈夫曼树结构的编码，因而称为哈夫曼码。显然，用哈夫曼码进行信息传输或存储是极为精简和高效的。

3．二叉树的实现

二叉树的实现可以采用顺序存储结构，也可以采用链表存储结构，但主要采用链表存储结构。

（1）顺序存储结构。完全二叉树采用自上而下，每层自左向右的顺序存储；非完全二叉树也按完全二叉树的形式来存储，不过需要增加空节点。

（2）链表存储结构。用顺序存储结构存放一般的二叉树比较浪费存储空间，所以通常采用链表的方式存储。采用链表存储结构时通常树中的每个节点都添加至少两个指针域，分别称为左指针（left）、右指针（right），分别指向该节点的左子树、右子树。二叉树的链表存储结构如图 7-16 所示。

图 7-16　二叉树的链表存储结构

4．二叉树的遍历

遍历（traverse）是指沿着某条搜索路线依次对树中每个节点仅做一次访问。二叉树遍历的实质是将非线性结构的数据线性化的过程，并先遍历左子树，再遍历右子树。访问节点所做的操作依赖于具体应用问题。遍历是二叉树上最重要的运算之一，是二叉树进行其他运算的基础。

5．树结构的应用

树结构在计算机领域中具有广泛应用。例如，在编译系统中，用树来表示源程序的语法结构；在人工智能系统中，用树来描述数据模型；在文件系统中，用树来描述目录结构；在数据库中，用树结构来组织信息和大型列表的搜索，例如数据元素的查找便是树结构的应用实例。

7.3.5　图结构

图结构是一种比线性结构和树结构更为复杂的非线性结构，由于树结构只能表示节点间一对多的关系，为此引入了图结构（graph structure），它能表示多对多的关系。我们知道，数据的逻辑结构可以看成节点的有穷集合以及这个集合上的一个关系，如果对节点相对于关系中的前驱和后继数目加以限制，则线性结构、树结构和图结构具有如下关系。

（1）线性结构：唯一前驱，唯一后继，反映一种一对一的线性关系。

（2）树结构：唯一前驱，多个后继，反映一种一对多的层次关系。

（3）图结构：不限制前驱的个数，也不限制后驱的个数，反映的是一种多对多的网状关系。

图结构主要用来描述各种复杂的数据图，如铁路交通图、通信网络图、城市交通图等。例如，5 个城市之间的通信网络可用图 7-17 表示。这样，一个实际问题就被表达成一种图结构了。

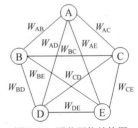

图 7-17　通信网络结构图

1. 图结构定义

在图结构中，每个数据元素称为一个顶点，任意两个顶点之间都可能相关，这种相关性用一条边来表示，顶点之间的邻接关系可以是任意的，把具有这种特点的数据结构称为图形结构，简称为图结构。图结构是由非空的节点集合 $V(G)$ 和描述节点之间关系 $E(G)$ 组成的二元关系组

$$G=< V(G),\ E(G)>$$

其中，$V(G)$ 是结点（node）或称顶点（vertex）的有穷非空集合；$E(G)$ 是 $V(G)$ 中顶点偶对，称为边（edge）的有穷集。$E(G)$ 可以是空集，若 $E(G)$ 为空，则图 G 只有顶点而没有边。

2. 有向图和无向图

（1）无向图。若图 G 中的每条边都是没有方向的，则称 G 为无向图（undirected graph），如图 7-18 表示。无向图中的边均是顶点的无序对，无序对通常用圆括号表示。

（2）有向图。若图 G 中的每条边都是有方向的，则称 G 为有向图（directed graph），如图 7-19 表示。

在有向图中，一条有向边是由两个顶点组成的有序对，有序对通常用尖括号表示。有向边也称为弧（arc），边的始点称为弧尾（tail），终点称为弧头（head）。若用 $<v_i, v_j>$ 表示一条有向边，则 v_i 是边的起点，v_j 是边的终点。因此，$<v_i, v_j>$ 和 $<v_j, v_i>$ 是两条不同的有向边。

3. 图的矩阵表示

图的表示方法很多，可用集合表示、图形表示（无向图和有向图）和矩阵表示。用集合或图形表示不便于计算机处理，而用矩阵表示不仅便于用代数方法研究图的性质，还便于计算机处理，因为矩阵能表示多种存储结构，常用的存储结构有邻接矩阵、关联矩阵等。

（1）邻接矩阵（adjacency matrix）是将图的逻辑结构用一个矩阵来表示各节点之间的邻接关系，即表示节点之间有边或没有边的关联映射关系。

设 图 $G=<V,E>$ 是 一 个 有 n 个 节 点 的 简 单 有 向 图 ， 其 中 $V=\{v_1, v_2, \cdots, v_n\}$ ，$E=\{e_1, e_2, \cdots, e_m\}$ ，φ 为节点与边的关联映射，则有 $n \times m$ 矩阵如下：

$$a_{ij}=\begin{cases} 1, & <v_i, v_j> \in E\ (或\ (v_i, v_j) \in E)，即\ v_i\ 与\ v_j\ 邻接 \\ 0, & <v_i, v_j> \notin E\ (或\ (v_i, v_j) \notin E)，即\ v_i\ 与\ v_j\ 不邻接 \end{cases}$$

称为图 G 的邻接矩阵，记为 $A(G)$。邻接矩阵多用于简单有向图。例如，如图 7-20 所示的简单有向图可以得到如图 7-21 所示的邻接矩阵。

图 7-18 无向图 G_1

图 7-19 有向图 G_2

图 7-20 简单有向图

图 7-21 邻接矩阵

邻接矩阵可以完全描述一个图，即给定一个邻接矩阵就能够确定一个图。无向图中节点的邻接关系和矩阵是对称的；简单无向图邻接矩阵的对角线上的元素全为 0，行元素之和等于相应节点的度数。当给定的图是有向图时，邻接矩阵不一定是对称的，只有两节点间的边均成对出现，邻接矩阵才是对称的。

（2）关联矩阵（incidence matrix）是将图的逻辑结构用矩阵来表示图中各点和每条边之间的对应关系，即表示节点与边的关联映射关系。

设 $G=<V,E>$ 是简单无向图，$V=\{v_1, v_2, \cdots, v_n\}$ ，$E=\{e_1, e_2, \cdots, e_m\}$ ，φ 为节点与边的关联

映射，则有 $n×m$ 矩阵如下：

$$m_{i,j}=\begin{cases} 1, & 节点\ v_i\ 与\ e_j\ 关联 \\ 0, & 节点\ v_i\ 与\ e_j\ 不关联 \end{cases}$$

称为图是 G 的**关联矩阵**，记为 $M(G)$。

关联矩阵通常大多用于简单无向图，对于如图 7-22 所示的简单无向图，$V = \{v_1, v_2, v_3, v_4, v_5\}$，$E = \{e_1, e_2, e_3, e_4, e_5, e_6, e_7\}$，由此可得到如图 7-23 所示的关联矩阵。

图 7-22　简单无向图

图 7-23　关联矩阵

〖**提示**〗 无向图的关联矩阵的每行对应图中的一个节点，每列对应图中的一条边，每列元素之和等于 2，因每条边仅关联两个节点；每行元素之和为相应节点的度数；所有元素之和等于边数的两倍，即所有节点的度数之和；若一行全为 0，则其节点为孤立点。有向图的关联矩阵每列的元素和为 0，任意一行的 1 的个数等于该行所对应的节点的出度，−1 的个数等于所对应的入度；1 与−1 的个数相等且均为图中边的数目。

3．图的应用

图在计算机领域有着广泛的应用，可用来描述数据的非线性结构、计算机网络的拓扑结构，以及图论中的最小生成树问题。常见的交通图、电路图、结构图、流程图等，都具有这种图结构，图结构在自然科学和人文科学等许多领域有着非常广泛的应用。

【**例 7-19**】 将教学计划中多门课程的编排抽象成数据模型，并用图结构来表示其顺序。

【**解析**】 一个教学计划包含许多课程，其中有些课程必须按照教学的先后顺序进行，如计算机科学方向的部分课程及其课程之间的进程关系如图 7-24 所示。在教学计划编排问题中，计算机的操作对象是课程，课程开设的进程可以用图结构来描述，课程之间的顺序关系如图 7-25 所示。

课程编号	课程名称	先修课程
C_1	高等数学	无
C_2	计算机导论	无
C_3	离散数学	C_1
C_4	C 语言程序设计	C_1、C_2
C_5	数据结构	C_3、C_4
C_6	计算机组成原理	C_2、C_4
C_7	数据库原理	C_4、C_5、C_6

图 7-24　计算机科学方向部分课程

图 7-25　课程之间的顺序关系

7.4　数据元素操作——排序和查找

数据元素操作通常是对数组中的元素进行排序和查找，是介于数值数据处理与非数值数据处理的一种特殊形式，是程序设计中极为重要的内容，具有重要的理论研究价值和实际应用价值。

7.4.1　排序算法

排序是指将一组杂乱无章的数据元素按关键字以递增或递减的顺序重新排列，以方便检索。元素排序的处理方式依赖于元素的存储形式：对于顺序存储元素一般移动元素本身；对于链式存储的元素一般通过改变指向元素的指针实现重定位。为了简化排序算法描述，通常采用对元素关键字排序。常用的排序法有冒泡排序（bubble sort）、快速排序（quick sort）、插入排序（insertion sort）、选择排序等，这里介绍前 3 种排序。

1．冒泡排序

冒泡排序是将两个相邻的元素相互比较，如果发现次序不对，则将两个元素的位置进行互换，依次由上往下比较，最终结果是较大（或较小）的元素由下往上浮起，"冒泡排序"因此而得名。

（1）冒泡排序的算法思想。冒泡排序法通过对无序序列中相邻元素关键字的比较和位置交换，使得关键字较小的元素向一头漂移，较大的元素向另一头下沉，犹如冒泡一般，从而使无序序列变成有序序列，具体实现见冒泡排序算法程序 7-7，可分为以下 4 个步骤。

```
// 冒泡排序算法程序 7-7
void BubbleSort (A[ ], n)
{ exchange=TRUE;k=n-1;
  while (exchange)
  { exchange=FALSE;
  { for (i=1;i≤k;i++)
    if (A[i]>A[i+1]
    { A[i]=A[i+1];
      exchange=TRUE;
    }
    k=k-1;
    }
  }
}
```

① 从第一个元素开始，对所有元素从左至右每相邻两个元素进行比较，如果左边的元素的值比右边的大，则交换它们的位置，将数值小的数放在左面，大数放在右面，以此类推。

② 经过第 1 轮比较后，最大值的元素会"沉"到 n 的位置，其他元素则冒泡上移。

③ 指针归位，除最后一个元素外其他元素重复步骤②。

④ 对越来越少的元素重复步骤③，直到没有任何一对元素需要比较，则排序完成。

【例 7-20】 初始列表为{5, 2, 4, 3, 1}，要求排序后按升序排列。

【解析】 将最小的元素排到左端，最大的元素沉到右端，排序的详细过程如图 7-26 所示。

循环状态	指　针	元素冒泡排序过程					说　明
初始状态		5	2	4	3	1	
第 1 轮比较	$j=0$, $i=0$	2	5	4	3	1	2 与 5 交换，i 指针移动
	$j=0$, $i=1$	2	4	5	3	1	4 与 5 交换，i 指针移动
	$j=0$, $i=2$	2	4	3	5	1	3 与 5 交换，i 指针移动
	$j=0$, $i=3$	2	4	3	1	5	1 与 5 交换，5 沉底，其他冒泡上移
第 2 轮比较	$j=1$, $i=0$	2	4	3	1	5	
	$j=1$, $i=1$	2	3	4	1	5	3 与 4 交换，i 指针移动
	$j=1$, $i=2$	2	3	1	4	5	1 与 4 交换，4 沉底，其他冒泡上移
第 3 轮比较	$j=2$, $i=0$	2	3	1	4	5	
	$j=2$, $i=1$	2	1	3	4	5	1 与 3 交换，3 沉底，其他冒泡上移
第 4 轮比较	$j=3$, $i=0$	1	2	3	4	5	1 与 2 交换，冒泡排序完成

图 7-26　冒泡排序过程

（2）冒泡排序的算法分析。冒泡排序是一种最为简单但效率较低的排序方法，在元素规模很小时可以采用，在元素规模较大时，最好选用其他排序方法。冒泡排序的最大优点是不需要占用太多的内存空间，仅需要一个交换时进行元素暂存的临时变量存储空间，因此空间复杂度为 $O(1)$，不浪费内存空间。但是，在最好的情况下，元素列表本来就是有序的，则一趟扫描即可结束，共比较 $(n-1)$ 次，无须交换。在最坏的情况下，元素逆序排列，则一共需要做 $(n-1)$ 次扫描，每次扫描都必须比较 $(n-i)$ 次，因此一共需做 $[n(n-1)/2]$ 次比较和交换，时间复杂度为 $O(n^2)$。

2. 快速排序

快速排序是东尼·霍尔（C. R. A. Hoare，1980 年获图灵奖）提出的一种算法，是对冒泡排序法一种改进，它们都是借助数据元素的"交换"来进行排序的一种方法。由于快速排序效率高，因此广泛应用于各种数据库排序、列表排序、查询排序中。

（1）快速排序的算法思想。快速排序法是在待排序的 n 个元素中取一个基准元素 K（通常取第 1 个元素），采用从两头往中间扫描的办法，利用比较和交换，将基准元素移动到最终位置上，即以元素 K 作为分割标准，将待排序序列划分为左、右两部分，把小于 K 元素的数据元素移到 K 的左边，把大于 K 元素的数据元素移到 K 的右边，而把该元素排在中间。其算法可分为如下 4 个步骤，具体实现见快速排序算法程序 7-8。

① 先从列表中随便取出一个元素作为"基准数"。

② 将大于基准数的元素放到它的右边，小于基准数的元素放到它的左边，相同的数可以放在任一边。退出分区后，基准数处于列表中间位置。

③ 利用递归算法对小于基准数的元素排序，然后对大于基准数的元素排序。

④ 递归结束条件是列表长度小于或等于 1，当列表长度等于 0 或 1 时，排序完成。

【例 7-21】 对列表 {6, 1, 2, 7, 9, 3, 4, 5, 10, 8} 中的 10 个元素进行快速排序。

【解析】 设置基准数 K，把线性表分割为两个子表，称为第一趟排序。然后，对 K 前后的两个子表分别重复上述过程，直到分割的子表的长度为 1 为止。

```
// 快速排序算法程序 7-8
void QuickSort(A[ ], start, end)
{ if (start<end)
  { i=start;j=end;x=A[start];
  while (i<j)
    { while (j>i && A[i]≥x) j=j-1;
    if (i<j) {A[i]=A[j] i=i+1;}
    while (i<j && A[i]≤x) i=i+1;
    if (i<j) {A[j]=A[i];j=j-1;}
    }
  A[i]=x ;
  QuickSort (A[ ], start, j-1);
  QuickSort (A[ ], j+1, end);
  }
}
```

① 初始状态下，以序列左边第一位的 6 为基准数，目标是将 6 移到序列中间的某个位置，并且以 6 为基准数，左边的数小于或等于基准数 6，右边的数都大于或等于基准数 6，如图 7-27① 所示。

② 分别从初始序列的两端开始探测，先从右往左找一个小于 6 的数，再从左往右找一个大于 6 的数，然后交换它们的位置。首先定义两个变量 i 和 j，刚开始的时候让指针 i 指向序列的最左边（即 $i=1$），即指向数字 6；让指针 j 指向序列的最右边（$j=10$），即指向数字 8，如图 7-27② 所示。

③ 因为基准数是最左边的数 6，所以需要让右指针 j 一步一步地向左移动，直到找到一个小于 6 的数 5。左指针继续向右移动，直到找到一个大于 6 的数 7。然后，交换左指针 i 和右指针 j 所指向的元素，将元素 5 和 7 进行交换，到此第一轮循环的第一次交换结束，如图 7-27③ 所示。

④ 右指针 j 继续向左移动（每次必须是右指针 j 先出发），因 4 比基准数 6 要小，满足要求而停下来。左指针 i 继续向右移动，因 9 比基准数 6 要大，满足要求停下来。再次交换元素内容，第一轮循环的第二次交换结束，如图 7-27④所示。

⑤ 右指针 j 继续向左移动，因为 3 比基准数 6 小，满足要求停下来。左指针 i 继续向右移动，左指针 i 和右指针 j 在元素 3 处相遇了（$j=i$），此时"探测"结束，将基准数 6 和元素 3 进行交换，到此第一轮探测结束，如图 7-27⑤所示。

图 7-27 快速排序基本步骤

⑥ 现在基准数 6 正处在第 6 位，左右两边的序列是无序的，按照上述方法处理基准数 6 左边的序列"3, 1, 2, 5, 4"，右边的序列"9, 7, 10, 8"。将这个序列以 3 为基准数进行调整，使得 3 左边的数小于 3，3 右边的数大于 3，如图 7-27⑥所示。

⑦ 第二轮分区查找开始，右指针 j 继续向左移动，发现 2 比基准数 3 小，满足要求即停止。左指针 i 继续向右移动，左指针 i 移到元素 2 时就与右指针相遇了（$j=i$），"探测"结束。将基准数 3 与元素 2 进行交换。此时以基准数 3 为分界线，3 左边的数都小于 3，3 右边的数都大于 3。此时将原来的序列以 3 为分界线拆分成两个序列，左边的序列是"2, 1"，右边的序列是"5, 4"，如图 7-27⑦所示。

⑧ 对于序列"2, 1"以 2 为基准数进行调整，处理完毕的序列为"1, 2"。对于序列"5, 4"以 5 为基准数进行调整，处理完毕的序列为"4, 5"，如图 7-27⑧所示。

⑨ 至此，基准数 6 左边的序列"3, 1, 2, 5, 4"已处理完毕，即已成为"1, 2, 3, 4, 5, 6"。接下来对基准数 6 右边的序列"9, 7, 10, 8"进行处理，此时将 9 作为基准数，如图 7-27⑨所示。

⑩ 对"9, 7, 10, 8"进行处理，直到不可拆分出新的子序列为止，最终将得到序列：1, 2, 3, 4, 5, 6, 7, 8, 9, 10。整个快速排序法的处理过程如图 7-28 所示。

（2）快速排序的算法分析。快速排序算法的效率与原始数据的排列有关，因此属于不稳定的排序方法。在平均状态下，快速排序 n 个元素要做 $O(n\log n)$ 次比较，其时间复杂度为 $O(n\log n)$。在最坏状态下，需要做 $O(n^2)$ 次比较，但这种状态并不常见。事实上，快速排序法明显比其他复杂度为 $O(n\log n)$ 的算法更快，因为它的每次交换都是跳跃式的，内部循环效率很高。

3．插入排序

插入排序是每次将一个待排序元素按其元素值的大小插入前面已经排好序的子表的适当位置，直到全部元素插入完成为止。

（1）插入排序的算法思想。插入排序法非常类似玩扑克牌时的排序方法，当从桌上摸起一张牌后，要与手中已有的牌从左至右逐张进行比较，然后将它插入牌序的正确位置。通常，手中的扑克牌都是按颜色（黑、红、梅、方）及其大小依次排序。其算法可分为如下 8 个步骤，具体实现见插入排序算法程序 7-9。

循环状态	排序元素列表										说　明
初始状态	6	1	2	7	9	3	4	5	10	8	初始系列，以6为基准数
第1轮	3	1	2	5	4	6	9	7	10	8	基准数6归位
第2轮	3	1	2	5	4						以3为基准数
	2	1	3	5	4						基准数3归位
第3轮	2	1									以2为基准数
	1	2									基准数2归位
第4轮	1										只有1位，无须排序
第5轮				5	4						以5为基准数
				4	5						基准数5归位
第6轮				4							只有1位，无须排序
第7轮							9	7	10	8	以9为基准数
							8	7	9	10	基准数9归位
第8轮							8	7			以8为基准数
							7	8			基准数8归位
第9轮							7				只有1位，无须排序
第10轮										10	只有1位，无须排序
循环结束	1	2	3	4	5	6	7	8	9	10	排序完成

图 7-28　快速排序过程

① 设排序列表的长度为 m，定义一个长度为（$m+1$）的数组 $a[n]$、一个临时变量 key。

② 将列表元素依次输入 $a[1]\sim a[n]$ 数组中保留。

③ 将第一个元素 $a[1]$ 复制到左边 $a[0]$ 数组中，并且假设它已经排序好了，无须比较。这时 i 自加 1（i++），进行下一个元素 $a[i]$ 的比较。

④ 将 $a[i]$ 复制到一个名为 key 的临时变量中。

⑤ 向左边扫描已排序的元素序列，比较 key 与 $a[i-1]$、$a[i-2]$ 等元素大小；若 key>$a[i-1]$，则将 key 插入在 $a[i-1]$ 元素之后（即将 key 值复制到 $a[i]$ 单元），$a[i]$ 作为已经排序好的元素；然后 i 自加 1（i++），取右边下一个元素继续进行比较，以此类推。

```
// 插入排序算法程序 7-9
void InsertSort(A[], n)
{ for(i=2;i≤n;i++)
  if(A[i]<A[i-1])
  { x=A[i];j=i-1;
    while(x<A[j] and j≥1)
     { A[j+1]=a[j];j=j-1;}
     A[j+1]=x;
  }
}
```

⑥ 如果在上面的比较中，key<$a[i-1]$，key 则继续与左边的 $a[i-2]$ 进行比较，直到 key 值小于或等于目标元素时停止，或者到左边列表开始处（$a[0]$）停止。

⑦ 如果 $a[i-2]$<key<$a[i-1]$，则将 $a[i-1]$ 元素向右移动，即复制到 $a[i]$ 单元；然后将 key 值插入原来 $a[i-1]$ 元素的位置，即将 key 值复制到 $a[i-1]$ 单元；这时，$a[i]$ 作为已经排序好的元素子序列；然后 i 自加 1，取右边下一个元素继续进行比较，以此类推。

⑧ 重复执行步骤④～步骤⑦，直到列表右边最后一个元素为止。

【例 7-22】 假设元素的初始列表为{5, 2, 4, 3, 1}，要求排序后按升序排列。

【解析】 根据上述算法步骤，插入排序过程如图 7-29 所示。

（2）插入排序的算法分析。插入排序是一种稳定的排序方法，最大优点是算法思想简单，在元素较少时，是比较好的排序方法。插入排序的元素比较次数和元素移动次数与元素的初始排列有关：最好情况下，列表元素已按关键字从小到大有序排列，每次只需要与前面有序元素的最后一个元素比较一次，移动两次元素，总的比较次数为（$n-1$），元素移动次数为 $2(n-1)$，算法复杂度为 $O(n)$；在平均情况下，元素的比较次数和移动次数约为（$n^2/4$），算法复杂度为 $O(n)$；

最坏的情况是列表元素逆序排列，其时间复杂度是 $O(n^2)$。

指　针	元素插入排序过程						说　明
数组	$a[0]$	$a[1]$	$a[2]$	$a[3]$	$a[4]$	$a[5]$	数组 $a[i]$ 作为元素存储单元，key 为临时变量
初始状态		5	2	4	3	1	
$i=1$	5		2	4	3	1	key=5，将 key 左移到 $a[0]$，作为已排序好的元素
$i=2$	2	5		4	3	1	key=2，比较 key<5，5 右移，key 插入 $a[0]$
$i=3$	2	4	5		3	1	key=4，比较 2<key<5，5 右移，key 插入 $a[1]$
$i=4$	2	3	4	5		1	key=3，比较 2<key<4<5，4-5 右移，key 插入 $a[1]$
$i=5$	1	2	3	4	5		key=1，key<2<3<4<5，2-3-4-5 右移，key 插入 $a[0]$

图 7-29　插入排序过程

7.4.2　查找算法

查找又称为搜索，即在一个给定的数据模型（数组）中找出满足指定条件的元素。常见的查找算法有顺序查找（sequential search）、折半查找（binary search）、分块查找、优先查找等，这里介绍最为典型的顺序查找和折半查找。

1. 顺序查找

顺序查找又称为线性查找，它是一种最简单的查找算法，既适用于线性表的顺序存储结构，也适用于线性表的链式存储结构（见 7.3.1 节），这里仅讨论顺序存储结构时查找算法的实现过程。

（1）顺序查找的算法思想。顺序查找是从线性表的一段开始，顺序扫描该线性表。设待查找的数据元素 a_1, a_2, …, a_n 存放在一元数组 $A[1]$, $A[2]$, $A[3]$, …, $A[n]$ 中，用被查找的关键元素（key）与序列元素进行比较。若序列中某元素与关键元素相等，则表明查找成功；若遍历所有元素 $R[n]$ 仍未找到与 key 相等的元素，则表明该序列中没有匹配的数据，查找失败。

【例 7-23】假设一维数组 array[l0]={13, 26, 37, 45, 48, 56, 60, 66, 73, 98}，数组元素是无序的。查找指定的数据 key=66 是否在数组 array 中，并返回其数组下标位置。

【解析】要在该数组 array[10]中查找关键元素 key=66，可以定义遍历变量 i，然后用关键元素 key 与数组 array[10] 中的每个元素依次比较（遍历数组元素），直到找到该元素值为止，具体实现见顺序查找算法程序 7-10。

```
// 顺序查找算法程序 7-10
int Seqsearch(A[], x, n)
  { i=1;
    while (A[i]≠x) i++;
    if(i>n)
      printf()"没有要找的数据");
    else
      return(i)
}
```

（2）顺序查找的算法分析。顺序查找的优点是算法简单，对列表的结构无任何要求，不论是用数组还是用链表来存放元素，也不论元素之间是否按关键字排序，它都适合。其缺点是查找效率低。对于长度为 n 的列表，平均复杂度为 $O(n/2)$，最坏状态下的复杂度为 $O(2)$。

2. 折半查找

折半查找又称为二分查找，是不断将列表进行对半分割，每次用中间元素和查找元素进行比较，如果匹配成功则宣布查找成功，并指出查找元素的位置；否则，继续进行查找；如果查找到最后一个元素仍然没有匹配成功，则宣布查找的元素不在列表中。

（1）折半查找的算法思想。设 $R[low..high]$ 存放 n 个递增有序元素，将线性表中间位置 mid=（low+high）/2 元素的关键字与给定值 k 进行比较，具体实现见折半查找算法程序 7-11。折半查找算法可分为如下 3 个步骤。

① 若 $k=R[mid].key$，则查找成功，$R[mid]$就是所要查找的元素。

② 若 $k<R[mid].key$，当存在关键值为 k 的元素时，那么待查的元素必定在表的前半部分 $R[low..high-1]$，此时再对前面的子表进行折半查找。

③ 若 $k>R[mid].key$，当存在关键值为 k 的元素时，那么待查的元素必定在表的后半部分 $R[low+1..high]$，此时再对后面的子表进行折半查找。

重复上述过程，直到查找成功或子表长度为 0。

【例 7-24】 设列表元素为{12, 13, 14, 35, 36, 37, 58, 59, 60, 66}，查找元素 59。

```
// 折半查找算法程序 7-11
int BinSearch(A[ ], x, n)
{ low=1; high=n;find=FALSE;
  while (low≤high and not find)
   { mid=(low+high)/2;
     if (x<r[mid])  high=mid-1;
       else if (x>r[mid])  low=mid+1;
       else { i=mid;find=TRUE;}
   }
  if (not find)
    printf("没有要找的数据");
  else
    return(i);
}
```

【解析】 在列表中查找一个元素的位置时，如果列表是无序的，则只能用穷举法一个一个地顺序搜索。但如果列表是有序的，就可以用二分查找（折半查找）算法，如图 7-30 所示。

图 7-30　折半查找过程

① 第 1 次折半，计算中位数 mid=(low+high)/2=(1+10)/2=5.5，对中位数 5.5 取整后，将 mid 指针移到第 5 个元素 36；将第 5 个元素的值与需要查找的元素 59 进行比较，由于 36<59，因此查找的元素必然在第 5 个元素之后。

② 第 2 次折半，将 low 指针移到第 5 个元素，计算中位数 mid=(5+10)/2=7.5，对中位数 7.5 取整后，将 mid 指针移到第 7 个元素 58；将第 7 个元素的值与需要查找的元素 59 进行比较，由于 58<59，因此查找的元素在第 7 个元素之后。

③ 第 3 次折半，将 low 指针移到第 7 个元素，计算中位数 mid=(7+10)/2=8.5，整后将 mid 指针移到第 8 个元素 59；将第 8 个元素的值与需要查找的元素 59 进行较，由于 59=59，因此元素匹配成功，位置是列表中的第 8 个元素。

（2）折半查找的算法分析。折半查找是不断将列表进行对半分割，每次用中间元素进行比较。折半查找的优点是比较次数少，查找速度快，平均性能好；缺点是要求待查列表是有序表，因而较适用于不经常变动而查找频繁的有序列表。折半查找算法的平均复杂度为 $O(\log n)$，而顺序查找算法的平均复杂度为 $O(n/2)$。显然，当随着 n 越来越大时，$O(\log n)$的优势就越来越明显。

本 章 小 结

（1）算法是一个有穷规则的结合，规则规定了解决某一特定类型问题的运算序列，或者规定了任务执行或问题求解的一系列步骤。无论采用何种算法，必须有效而且高速。

（2）对于数值数据，实行问题求解的关键是选取合适的算法。程序设计中的常用算法有穷举算法、递推算法、递归算法、迭代算法、分治算法、贪心算法、回溯算法和动态规划等。

（3）对于非数值数据，它不是求问题的数值解，只能采用数据结构的方式来实现对数据的处理，常用方法有线性表结构、栈结构、队列结构、树结构、图结构等。其中，线性表结构、栈结构、队列结构属于线性结构；树结构和图结构属于非线性结构。

（4）数据排序和查找是对数组中的数据元素进行处理，常用的排序方法有冒泡排序、快速排序、插入排序等；常用的查找方法有顺序查找、折半查找等。数组是数据元素的有序集合，在程序设计中占有非常重要的地位，数据排序和查找是数据库技术中的重要内容。

习　题　7

一、选择题

1. 在设计一个具体算法时，必须满足正确性、可读性、健壮性和（　　）四项基本要求。
　　A．高效性　　　　　B．运算精度　　　　　C．运行时间　　　　　D．可计算性

2. 描述算法的常用方法有自然语言描述法、图形描述法、（　　）描述法和程序语言描述法。
　　A．数学　　　　　B．伪代码　　　　　C．顺序　　　　　D．循环

3. 用分治算法求解问题时，一般按照分解、求解和（　　）三个步骤进行。
　　A．运行　　　　　B．结束　　　　　C．合并　　　　　D．返回

4. 用回溯算法求解问题时，一般按照定义、确定和（　　）三个步骤进行。
　　A．运行　　　　　B．结束　　　　　C．循环　　　　　D．搜索

5. 用递归算法求解问题时，一般按照确定递归公式、边界条件和（　　）三个步骤进行。
　　A．还原　　　　　B．分析　　　　　C．设计　　　　　D．结束

6. 用动态规划方法求解问题时，一般按照划分、推导和（　　）三个步骤进行。
　　A．合并　　　　　B．记录　　　　　C．组合　　　　　D．计算

7. 在编程求解一个问题时，其中最为重要的是算法设计，算法是对解题过程的（　　）描述。
　　A．复杂　　　　　B．大概　　　　　C．精确　　　　　D．简单

8. 数据结构是指对非数值数据的处理，包括线性表结构、栈结构、队列结构、树结构和（　　）。
　　A．体系结构　　　　　B．循环结构　　　　　C．网状结构　　　　　D．图结构

9. 常见的查找算法有顺序查找、折半查找、分块查找、（　　）等。
　　A．优先查找　　　　　B．快速查找　　　　　C．网络查找　　　　　D．智能查找

10. 常见的排序算法有冒泡排序、快速排序、插入排序和（　　）等。
　　A．优先排序　　　　　B．选择排序　　　　　C．顺序排序　　　　　D．智能排序

二、问答题

1. 什么是算法？
2. 算法有哪些特征？
3. 算法的复杂性是指什么？

4．在问题求解过程中，算法的描述方法有哪几种？

5．穷举算法的基本思想是什么？

6．迭代算法的基本思想是什么？

7．递归算法的基本思想是什么？

8．分治算法的基本思想是什么？

9．动态规划的基本思想是什么？

10．数据结构、数据查找与数据排序有何区别？

三、讨论题

1．你认为，研究数值数据算法、数据查找与排序、数据结构的意义在哪里？

2．问题求解的算法基础在计算机科学中的作用地位主要体现在哪些方面？

基本技术
——数据共享与前沿技术

本模块从数据库技术、计算机网络技术、计算机前沿技术 3 个方面（3 章）阐述计算机技术的综合应用与能力培养。数据库技术和网络技术能够全面体现计算思维本质（抽象、自动化）和计算机学科形态（抽象、理论、设计）；计算机前沿技术概括了目前计算机新技术应用的 6 个主要方面（人工智能、虚拟现实、移动互联网、物联网、云计算、大数据）。

通过本模块的学习，不仅能全面了解目前计算机新技术应用的基本概况，并且能全面提高对计算思维与学科形态的认知。

第 8 章 数据库技术

【问题引出】 随着计算机科学理论的日臻完善，促进了应用技术的高速发展。数据库技术是研究数据库的结构、存储、设计、管理和使用的一门学科，并成为计算机科学技术中发展最快、应用最广的领域之一。数据库的建设规模、数据库容量的大小和使用频度已成为衡量一个国家信息化程度的重要标志。同时，数据库技术最能反映计算学科的形态（抽象、理论、设计）和计算思维的本质（抽象和自动化）。因此，本章作为实例，从抽象、理论、设计 3 个方面来描述数据库技术。

【教学重点】 数据库技术的概念、关系数据模型与关系数据库——抽象；关系数据的查询、优化与规范化——理论；构建数据库应用系统——设计。

【教学目标】 熟悉关系数据模型、模式和关系数据库管理系统；了解关系数据的查询、优化、规范化的基本方法以及数据库应用系统的设计方法；掌握开发数据库应用系统的方法和步骤。

8.1 数据库技术概述——抽象（Ⅰ）

数据库技术是计算机科学的重要分支，是对数据管理的基本抽象，是现代信息管理技术的核心，主要研究数据的组织、存储、管理和应用，其研究目标是实现数据的高度共享。本节介绍数据库技术中基本而重要的概念，包括数据与信息、数据库、数据库管理系统、数据库系统等。

8.1.1 数据与信息

人类的一切活动都离不开数据和信息。数据与信息两者相互依存，数据是信息的载体，信息是数据的内涵。数据与信息的概念，在数据库技术乃至整个计算科学技术中都是十分重要的。

1. 信息

信息（information）是对客观事物的反映，泛指那些通过各种方式传播的、可被感受的声音、文字、图形、图像、符号等所表征的某一特定事物的消息、情报或知识。具体来说，信息是客观存在的一切事物通过物质载体所发生的消息、情报、数据、指令、信号中所包含的一切可传递和交换的知识内容。信息是一种资源，不仅被人们所利用，而且直接影响人们的行为动作，能为某一特定目的而提供决策依据。因此，信息必须具有以下属性。

（1）事实性。事实性是信息的核心价值，也是信息的第一属性。不符合事实性的信息不仅没有价值，还会产生误导。

（2）时效性。信息具有时效性，实时接收并且与其效用直接关联，过时的信息是没有价值的。

（3）传输性。信息可以通过各种方式进行传输和扩散，信息的传输可以加快资源的扩散。

（4）共享性。信息可以共享，但不存在交换。通常所说的交换信息，实际上是信息共享。

（5）层次性。由于认识、需求和价值判断不同，可分为战略信息、战术信息和作业信息等。

（6）不完全性。在收集数据时，不要求完全，而是要抓住主要的，舍去次要的，这样才能正确地使用信息。信息的不完全性是由客观事物的复杂性和人们认识的局限性所决定的。

2．数据

数据（data）是承载信息的媒体，是描述事物状态特征的符号，是信息定量分析的基本单位。数据是信息的一种符号化的表示方法，它包括两个方面的含义：一是数据的内容是信息；二是数据的表现形式是符号。凡是能被计算机接受，并能被计算机处理的数字、字符、图形、图像、声音、语言等统称为数据。数据具有如下基本特征。

（1）数据具有"型"（type）和"值"（value）之分。数据的型是指数据的类型及其结构，表示数据的内容构成及其对外联系；值是对型的具体赋值。例如，描述一个学生基本信息的型和值如下。

型：学生（学号，姓名，性别，年龄，系别）

值：('20140101', '张莉', '女', '18', '信息工程系')

又如：描述课程的数据可由课程号、课程名、学时数 3 项内容组成，反映了课程的基本信息；而学号、姓名、课程号、课程名、分数 5 项数据，反映了学生数据与课程数据之间的联系。

（2）数据具有数据类型和取值范围约束条件。数据因其描述的对象或属性的不同而具有不同的数据类型。由于数据类型的不同，其表示方式、存储方式以及能进行的运算方式也不同。同理，数据因其描述的对象或属性的不同，具有不同的取值范围。例如，性别的取值范围为{男，女}。

（3）数据可以通过观察、测量和考核等手段获得。通常情况下，通过观察可以获得定性数据。例如，直接观察不同人员时得到的"老年""中年""青年"的定性结论数据，而通过不同仪器设备或考核手段获得的一般是定量数据，如气温的高低，水的流量，地震的强度等。

3．信息与数据的关系

数据是信息的具体表现形式，是描述事物的符号记录，是信息的一种量化表示。由此可见，信息与数据两者相互依存和相互替代，即数据反映信息，信息则依靠数据来表达。在通常的简单描述中，信息代表数据，数据代表信息。

4．数据处理

计算机所处理的信息是数字化信息，即由二进制数码 0 和 1 的各种组合所表示的信息。对数据的收集、存储、整理、分类、排序、检索、统计、加工和传播等一系列活动的总和称为数据处理（data processing）。其中"加工"包括计算、排序、归并、制表、模拟、预测等操作。

由此可见，数据处理是指将数据转换成信息的过程。数据处理的目的是将简单、杂乱、没有规律的数据进行技术处理，使之成为有序的、规则的、综合的、有意义的信息，以适应或满足不同领域对信息的要求和需要。从数据处理的角度看，信息是一种被加工成特定形式的数据。因此，可以把数据与信息之间的关系简单地表示为

信息=数据+数据处理

尽管这个表达式在概念上是抽象的，但却描述了信息、数据和数据处理三者之间的关系。其中，数据是原料，是输入；而信息是产出，是结果。人们对原始数据进行综合推导加工，得出新的数据，结果数据表示新的信息。当两个或两个以上数据处理过程前后相继时，前一过程称为预处理。预处理的输出作为二次数据，成为后面处理过程的输入，此时信息和数据的概念就产生了交叉，表现出相对性。信息、数据和数据处理三者之间的关系如图 8-1 所示。

图 8-1　信息、数据与数据处理三者之间的关系

5．数据管理

对数据的分类、组织、编码、存储、检索、传递和维护称为数据管理（data management）。它是数据处理的中心问题。数据量越大、数据结构越复杂，其管理的难度也越大，要求数据管理的技术也就越高。数据管理及其组织是数据库技术的基础，数据库技术本质上就是数据管理技术。

6．信息系统

当今社会已进入信息时代，信息已经受到社会的广泛重视，被看作社会和科学技术发展的三大支柱（材料、能源、信息）之一。信息系统是指为了某些明确的目的而建立的，由人员、设备、程序和数据集合构成的统一整体。目前，信息系统可以分为以下 3 类。

（1）数据处理系统（Electronic Data Processing，EDP）是指用计算机代替繁杂的手工业务或事务处理工作，其目的是提高数据处理的准确性、及时性，节约人力、提高工作效率。

（2）管理信息系统（Management Information System，MIS）是指由若干子系统构成的一个集成的人机系统，从组织的全局出发，实现数据共享，提供分析、计划、预测、控制等方面的综合信息，其主要目的是发挥系统的综合效益，提高管理水平。

（3）决策支持系统（Decision Support System，DSS）是指为决策过程提供有效的信息和辅助决策手段的人机系统，其主要目的是帮助决策者提高决策的科学性和有效性。

当代信息系统都是基于计算机的高速运算、处理和存储，并通过数据库管理技术来实现的。

8.1.2　数据库

人类认识世界和改造世界的一切活动，都离不开数据信息。要对这些数据信息进行研究，必须具有存放数据信息的物理装置，这个物理装置就是数据库（Data Base，DB），它是数据的集合。

1．数据库的定义

数据库是对数据信息管理的抽象。为了对数据信息进行高效管理，必须将收集到的数据有效地组织并保存起来，这就形成了数据库。由此定义：数据库是为满足对数据管理和应用的需要，按照一定数据模型的组织形式存储在计算机中、能为多个用户所共享的、与应用程序彼此独立的、相互关联的数据集合。

2．数据库的特点

数据是数据库中存储的基本对象，一个适用的、高效的数据库，应该具有以下 5 个基本特点。

（1）数据的共享性。数据库中的数据不是为某一个独立用户需要而建立的，而是为多个用户共享数据提供极大方便，因此必须具有一定的结构，以实行统一管理。数据库不但能灵

活应用数据，而且便于扩充数据，为尽可能多的应用程序提供服务。可见，数据共享是数据库的重要特点之一。

（2）数据的独立性。独立性是指程序文件与数据结构之间相互依赖关系的程度，将程序文件与数据结构彼此分开，这样可以减少一方改变时对另一方的影响，从而增强了数据的独立性。例如，数据结构一旦有变化，不必改变应用程序；而改变应用程序时，不必改变数据结构。

（3）数据的完整性。数据库是在系统管理软件的支撑下工作的，提供对数据定义、建立、检索、修改的操作，并且允许用户并发执行，以保证多个用户使用数据库的安全性和完整性。

（4）减少数据冗余。在文件系统中，数据的组织和存储是面向应用程序的，不同的应用程序会有不同的数据，这不仅使存储空间浪费严重、数据冗余度大，也给修改数据带来很大的困难。在数据库系统中，由于数据的共享性，因此可对数据实现集中存储、共同使用，这样既减少了相同数据的重复存储，又能达到控制甚至消除数据冗余度的目的。

（5）便于使用和维护。数据库系统具有良好的用户界面和非过程化的查询语言，用户可以直接对数据库进行操作，如对数据进行修改、插入、查询等一系列操作，而且操作极为简便。

3．数据库管理

数据库管理是一个按照数据库方式存储、维护并向应用系统提供数据支持的复杂系统。如果将它比作图书管理，则更易理解。数据库管理与图书管理的比较如图 8-2 所示。

图 8-2 数据库管理与图书管理的比较

图书馆是一个存储、管理和负责借阅图书的部门，而不能简单地与书库等同看待，图书馆若要规范化管理并能很好地为读者提供服务。首先，必须按照一定的顺序和规则（物理结构）分别存放图书，列出各类书籍存放的对应关系；其次，建立完善的图书卡，图书卡的内容通常包括书号、书名、作者名、出版社名、出版时间、内容摘要及其他细节；最后，规定图书的借还手续，即读者对图书的访问（查找）、管理员对读者访问的响应过程。数据库管理与图书馆图书管理的共同点是均按照一定的规则存储和访问，不同点是数据库管理的对象是数据，而图书管理包括数据和实物。

8.1.3 数据库管理系统

随着数据库技术的发展，数据库中的数据量越来越大，结构越来越复杂，如何高效地获取、组织、存储和维护数据就变得越来越重要，数据库管理系统（Data Base Management System，

DBMS）是对数据库进行有效操纵和管理的软件系统。

1. DBMS 的基本功能

DBMS 是数据库系统的核心，对数据库进行统一的管理和控制，以保证数据库的安全性和完整性。用户通过 DBMS 访问数据库中的数据，并为用户提供数据的定义功能、操纵功能、查询功能，以及数据库的建立、修改、添加、删除等管理和通信功能。同时，DBMS 提供了直接利用的功能，用户只要向数据库发出查询、检索、统计等操作命令，就能获得所需结果，而不需要了解数据的应用与数据的存放位置和存储结构。正像在图书馆借书一样，读者只要填写借书卡，而无须知道图书在书库中的存放位置。

2. DBMS 的层次结构

DBMS 是一个庞大而复杂的软件系统，位于用户和操作系统之间，并按功能划分为多个程序模块，各模块之间相互联系，共同完成复杂的数据库管理。以关系数据库为例，DBMS 分为应用层、语言处理层、数据存取层和数据存储层，如图 8-3 所示。

图 8-3　DBMS 层次结构

（1）应用层。DBMS 与终端用户和应用程序的界面，主要负责处理各种数据库应用，如使用结构化查询语言（Structure Query Language，SQL）发出的事务请求或应用程序对数据库的请求等。

（2）语言处理层。由数据定义语言（Data Define Language，DDL）编译器、数据操纵语言（Data Manipulation Language，DML）编译器、数据控制语言（Data Control Language，DCL）编译器、查询器等组成，负责完成对各类语句进行词法、语法和语义的分析，生成可执行的代码，并负责进行授权检验、视图转换、完整性检查、查询优化等。

（3）数据存取层。将上层的集合操作转换为对记录的操作，包括扫描、排序、查找、插入、删除、修改等，完成数据的存取、路径的维护以及并发控制等任务。

（4）数据存储层。由文件管理器和缓冲区管理器组成，负责完成数据的页面存储和系统的缓冲区管理等，包括打开和关闭文件、读写页面和缓冲区、页面淘汰、内外存交换以及外层管理等。

〖提示〗上述 4 层体系结构的 DBMS 是以操作系统为基础的，操作系统所提供的功能可以被数据库管理系统调用。因此可以说，DBMS 是对操作系统的一种扩充。

8.1.4　数据库系统

DBMS 仅仅是对数据库进行高效管理的一种软件，而要充分发挥其作用，必须有一个存放数据的硬件系统和对数据信息进行管理与操作的软件系统，这样的系统被称为数据库系统（Data Base System，DBS），数据库系统是由数据库硬件系统和软件系统构成的一个完整系统。

1. 数据库系统的组成结构

数据库系统就是引入数据库技术后的计算机系统，是由有组织地、动态地存储有密切联系的数据结合，并对其进行统一管理的计算机软件和为数据库提供物理支撑的硬件所组成的系统。数据库系统的组成如图 8-4 所示，其对应的层次结构如图 8-5 所示。

（1）硬件支持系统（hardware support system）。建立数据库系统的必要条件是物理支撑。数

図 8-4　数据库系统的基本组成　　　　　　　　図 8-5　数据库系统的层次结构

据库系统对硬件支持系统的要求是需要足够大的内存来存放支持数据库运行的操作系统、数据库管理系统的核心模块、数据库的数据缓冲区、应用程序及用户的工作区域。

（2）软件支持系统（software support system）。它指数据库系统的支持环境，包括计算机操作系统、数据库管理系统、数据库应用系统、应用开发工具、各种通用程序设计语言（也称为宿主语言）编译程序和各种实用程序等。

① 操作系统（Operating System，OS）是软件系统中的底层，与硬件支持系统打交道，支持数据库管理系统对数据库的存取操作。

② 数据库管理系统（DBMS）是介于用户与操作系统之间的系统软件，实行对数据库的操纵和管理，是数据库系统的重要组成部分和核心技术。

③ 应用开发工具（Use Developing Tools，UDT）是开发数据库应用系统所使用的工具，目前最为广泛使用的开发工具语言有 Delphi、Java、Visual C#、Visual Basic 及其开发平台。

④ 数据库应用系统（Database Application System，DAS）是使用数据库语言及其开发工具开发的、满足数据处理要求的应用程序，如财务管理系统、图书管理系统、教学管理系统等。

（3）用户和人员（user and personnel）。在数据库系统中的用户是指终端用户，而人员是指管理、开发、维护、使用和控制数据库的人员，不同人员履行各自不同的职责。

① 系统分析员（system analysts）。按照软件工程思想，进行需求分析和总体设计。

② 数据库设计员（database designer）。根据系统分析员提供的依据，设计数据库的体系结构、存储结构和存取策略，确保数据库使用中的安全性、完整性和一致性。

③ 应用程序员（application programmer）。设计和编写程序代码，实现对数据库的访问。

④ 数据库管理员（data base administrator）。负责数据库的运行、使用、管理和维护。

⑤ 终端用户（end user）。使用数据库语言访问数据库，或通过数据库应用程序操纵数据库。

2．数据库系统的体系结构

数据库系统有着严谨的体系结构。1975 年，美国国家标准协会（ANSI）所属的标准计划和要求委员会（Standards Planning And Requirements Committee，SPARC）为数据库系统建立了三级模式结构，即内模式、概念模式和外模式，三级体系结构之间的关系如图 8-6 所示。

（1）外模式（external schema）又称为关系子模式（sub schema）或用户模式（user's schema），是数据库用户看见的局部数据的逻辑结构和特征的描述，如描述课程的课程号、课程名、课时数、授课教师等。外模式是应用程序与数据库系统之间的接口，是保证数据库安全性的有效措

图 8-6 数据库系统三级模式结构

施之一。

（2）概念模式（conceptual schema）又称为关系模式（relational schema）或逻辑模式（logical schema），是数据库整体逻辑结构的完整描述，包括概念记录模型、记录长度之间的联系、所允许的操作以及数据的完整性、安全性约束等数据控制方面的规定。例如，学生关系模式（学号、姓名、性别、专业代码）。概念模式不涉及物理存储细节和硬件环境，与应用程序和开发工具无关。

（3）内模式（internal schema）又称为物理模式（physical schema）或存储模式（storage schema），是数据库内部数据存储结构的描述，它定义了数据库内部记录类型、索引和文件的组织方式以及数据控制方面的细节。在数据库系统中，外模式可以有多个，而概念模式和内模式只能各有一个。

三级模式与两级映像的数据库体系结构，揭示了数据独立性的重要意义，为开发数据库应用系统打下思想基础。

8.2 数据模型——抽象（Ⅱ）

模型（model）是对现实世界中某个事物特征及行为的抽象和模拟，数据模型（data model）是对数据特征的抽象，是数据库系统中用来提供信息表示和操作手段的形式架构。

8.2.1 数据模型概念

数据模型是对客观世界进行抽象的结果，通常可以分为实物模型、逻辑模型和数学模型。实物模型是对实物外形的模拟和抽象，如飞机模型是抽象了飞机的基本特征——机头、机身、机尾、驾驶室等，可以模拟飞机的起飞、滑翔、降落、刹车等。逻辑模型是对客观事物的某些外观特征或功能特性的模拟与刻画，如飞机、火箭、楼房、桥梁等的设计是对其结构进行抽象，并且用图形来表示。数学模型是揭示客观事物某些本质的、内部的特征，如 $s = \pi r^2$ 描述圆面积 s 与圆的半径 r 之间的数量关系，是一种数学抽象。在数据库技术中，不同的数据模型决定了数据库系统的结构、数据定义语言和数据操纵语言、数据库设计方法、数据库管理系统的设计与实现。例如，实行对关系数据模型进行管理的软件是关系数据库管理系统。

1. 数据模型的定义

用数学结构或标记（如专门的符号、图形等）和术语对现实世界中事物的特征、联系和行为进行抽象与模拟的模型被称为数据模型。因此，数据模型是组织数据的方式，是用于描述数据、数据之间的关系、数据语义和数据约束的概念工具的集合。换句话说，数据模型是一种对客观事物抽象化的表现形式，是用来描述数据的一组概念和定义。

2. 数据抽象过程

计算机信息管理的对象是现实世界中的客观事物，但这些客观事物是无法直接送入计算机的，必须进一步抽象、加工、整理成数据信息。人们把客观存在的事物以数据的形式存储到计算机中，经历了对现实世界中事物特性的认识、概念化到计算机数据库的具体表示的逐级抽象过程，并分为 3 个世界：现实世界→信息世界→数据世界，数据抽象过程与 3 个世界的联系如图 8-7 所示。

图 8-7　数据抽象过程与 3 个世界的联系

（1）现实世界（real world）。现实世界的事物与事物之间存在着某种联系，这种联系是客观存在的，是由事物本身的性质所决定的。例如，图书管理是图书和读者的借阅关系，教务管理是学生、课程、教师、成绩的教学关系。

（2）信息世界（information world）。信息世界是现实世界在人们头脑中的反映，是对客观事物及其联系的一种抽象描述。现实世界中的事物及其联系由人们的感知，经过人们头脑的分析、归纳、抽象，形成信息。对这些信息进行记录、整理、归类和格式化后便构成了信息世界。信息世界是现实世界到数据世界的中间层次，信息世界的信息可以用文字或符号记录下来，然后对其进行整理，并且以数据的形式存储到计算机中，存入计算机中的数据就是将信息世界中的事物数据化的结果。

（3）数据世界（data world）。数据世界也称为计算机世界（computer world）。它所对应的是物理模型表示，是在信息世界基础上致力于在计算机物理结构上的描述从而形成的物理模型。在数据世界中，计算机提供底层服务，由指令系统提供操作使用，由存储设备提供基础数据的存储。

3. 数据模型的分类

在数据库中，通常用数据模型来抽象、表示和处理现实世界中的数据和信息。因此，从建模的原则上讲，数据模型应该满足 3 个要求：一是能比较真实地模拟现实世界；二是容易为人们所理解；三是便于在计算机上实现。但事实上，一种数据模型能够很好地满足这 3 个方面的要求是很困难的，因此在数据库技术中，根据数据抽象的不同级别，将数据模型分为 3 个层次：概念数据模型、逻辑数据模型和物理数据模型，通常简称为概念模型、逻辑模型和物理模型，表示数据处理的 3 个阶段。数据抽象与数据模型的对应关系如图 8-8 所示。

（1）概念数据模型（concept data model），简称为概念模型，是面向数据库用户的现实世界的模型，是现实世界到数据世界的第一层抽象，用来描述现实世界的概念化结构，表达用户

需求所涉及的事物及联系的语义。概念模型主要
用于数据库的描述阶段——概念建模，其设计结
果是实体-联系（E-R）图。E-R 图具有较强的语义
表达能力，能够方便、直观地表达客观对象或抽
象概念，而且描述简单、清晰、易于用户理解，
是数据库设计人员进行数据库设计的有力工具。

（2）逻辑数据模型（logic data model），简称

图 8-8　数据抽象与数据模型的对应关系

为逻辑模型，是用户从数据库所看到的信息模型，是现实世界到数据世界的第二层抽象，将现
实世界的个体抽象成信息世界的实体，用来描述概念模型的整体逻辑结构，表达事物本身及事
物之间的各种联系。逻辑模型主要用于数据库的设计阶段——逻辑建模，其设计结果是 DBMS
所支持的模型。

〖提示〗DBMS 的管理对象是数据库中的数据记录，因而又将逻辑模型称为记录模型。按
记录模型的发展过程，先后有层次数据模型（hierarchical data model）、网状数据模型（network data
model）、关系数据模型（relation data model）等。由于层次数据模型和网状数据模型都有其局
限性，因而现在已经不再使用，目前广泛应用的是关系数据模型，它是一个基于二维表的关系
结构。关系数据模型具有诸多优点，但难以描述图像、声音、超文本等复杂对象，而且基于关
系模型所构建的关系数据库的运行效率不高，因此面向对象模型应运而生。面向对象模型具有
概念模型和逻辑模型的特性，但其建模技术目前尚不够成熟，因而目前未被广泛使用。

（3）物理数据模型（physica data model），简称为物理模型，是用户面向系统的计算机模型，
是现实世界到数据世界的第三层抽象，将信息世界的实体及其联系抽象成便于计算机存储的二
进制格式，用来描述数据在系统内部的表示方式和存取方法，表达存储结构和存取方法之间的
各种关系。物理模型主要用于数据库的实现阶段——物理建模，其设计结果是存储模式。具体
来说，它是在逻辑数据模型结构设计基础上，构建存储结构和存取方法。

4．数据模型转换的实现

为了把现实世界中的具体事务抽象、组织成为某一 DBMS 支持的数据模型，通常先将现实
世界抽象为信息世界，再将信息世界转换为逻辑机器世界，最后将逻辑机器世界映射为物理机
器世界。在这个过程中，从现实世界到信息世界的转换是由数据库设计人员完成的；从概念模
型到逻辑模型的转换是由数据库设计人员（通常借助于数据库设计工具）完成的；从逻辑模型
到物理模型的转换一般是由 DBMS 完成的。其中，概念模型的转换极为重要，起着承上启下的
作用。

目前，广泛使用的数据库是基于关系数据模型的关系数据库，下面围绕关系数据库的设计
所涉及的概念数据模型、关系数据模型结构、关系数据模式、关系数据查询、查询优化等展开
介绍。

8.2.2　概念数据模型

概念数据模型是从现实世界的概念和视图等抽象级别上描述数据的，是数据库设计人员和
用户之间进行交流的语言。概念数据模型的表示方法很多，目前广泛使用的是美籍华人陈平山
（Peter Pingshan Chen）在 1976 年提出的 “实体-联系方法”（Entity-Relationship approach，E-R
方法），简称为 E-R 方法。该方法是用 E-R 图来描述客观世界，并以此建立概念模型的工程方法。

1．E-R 模型要素

E-R 方法是使用图解的方法描述数据库的概念模型，因而也称为 E-R 模型或 E-R 图，通常用实体、实体属性、实体型、实体集、实体联系 5 个要素来描述。

（1）实体（entity）指客观存在并可相互区别的事物，是将要搜集和存储的数据对象，可以是具体的人、事、物，也可以是抽象的概念或联系。例如，一个职工、一个学生、一个部门、一门课程等都是实体。

（2）实体属性（entity attribute）指实体所具有的某一种特性，是实体特征的具体描述，是实体不可缺少的组成部分。一个实体可以由若干属性来刻画。例如，"人"是一个实体，而"姓名""性别""工作单位""特长"等都是人的属性。

（3）实体型（entity type）指具有相同属性的特征和性质，用实体名及其属性名集合来抽象和刻画同类实体。例如，学生（学号，姓名，性别 出生年月，专业，籍贯）就是一个实体型。

（4）实体集（entity set）指同型实体的集合，如全体学生是一个实体集。在这种意义下，实体集与实体型同义。例如，全体学生就可以用上面的学生实体型来表示学生实体集。

（5）实体联系（entity relation）指不同实体集之间的联系。例如，"班级""学生""课程"是 3 个实体，它们之间有着"一个班级有多少学生""一个学生需要修读多少门课程"等联系。多个实体之间的联系可分为以下 3 类。

① 一对一联系（1∶1）。如一个班级只有一个正班长，并且只能够在本班任职。

② 一对多联系（1∶N）。如一个班级可以有多个学生，而一个学生只能属于一个班级。

③ 多对多联系（$N∶M$）。如一个学生可以修读多门课程，而一门课程又有很多学生选修。

2．E-R 模型的表示

E-R 模型一般用图形方式来表示，E-R 图提供了表示实体、属性和联系的图形表示法。

（1）实体：用矩形表示，矩形框内写明实体名。

（2）属性：用椭圆形表示，并且用无向边与其相应的实体相连。

（3）联系：用菱形表示，框内写明联系名，通常与实体相连，而实体与无向边连接，并且在无向边旁边标注上联系的类型。多个实体集之间的联系如图 8-9 所示。

| (a) 1∶1 联系 | (b) 1∶N 联系 | (c) $N∶M$ 联系 | (d) 实体内部 1∶N | (e) 3 个实体 $N∶M$ |

图 8-9 实体集及其之间联系的实例

在描述概念模型时，往往需要选择多个实体，并作出每种实体的 E-R 图及其实体之间的联系。作 E-R 图时应先确定实体集与联系集，将各实体联系起来，然后再分别为每个实体加上实体属性。

【例 8-1】 一个简单的学生选课数据库包含学生、课程和任课教师 3 个实体，其中学生可以选修多门课程，每门课程可以有多个学生选修，一名教师可以讲授多门课程，但一门课程只允许一名教师讲授。那么，学生、课程、教师各实体的属性如下：

学生：<u>学号</u>，姓名，性别，年龄

　　课程：<u>课程号</u> 课程名, 学时数

　　教师：<u>姓名</u>, 性别, 职称

该选课数据库的 E-R 图如图 8-10 所示。

图 8-10　学生选课数据库的 E-R 图

8.2.3　关系数据模型

关系数据模型是在继层次模型和网状模型后发展的一种记录模型，具有严格的数据理论基础，并且表示形式更加符合现实世界中人们的常用习惯。关系数据模型的描述涉及 3 个方面：关系数据模型结构、关系数据模型约束、关系数据模型操作，称为关系数据模型的三要素。

1. 关系数据模型结构

关系数据模型实际上是一个由"二维表框架"组成的集合，每个二维表又可称为关系，所以关系模型是"关系框架"的集合。二维表格关系的相关概念描述如图 8-11 所示。

图 8-11　二维表格关系的相关概念描述

图 8-11 所示的二维表是一张用来描述学生基本信息的关系表，表名可定义为 Student 关系，在关系数据库中称为关系数据表。关系数据表中的各项具有如下定义特性。

（1）关系（relation）。一个关系对应一张二维表，称为关系表，关系表的名称即为关系名。

（2）元组（tuple）。关系数据表中的每行就是关系的一个元素或元组，在关系数据库中元组也常称为记录，用来描述一个具体的客观对象或联系。由此可见，关系是元组的集合。

（3）属性（attribute）。关系数据表中的每一列就是关系的一个属性，也常称为字段。实体具有的某一特性称为实体的属性，表头中的各项称为属性名。由此可见，元组是属性的集合。

（4）属性值（attribute value）。关系数据表中行和列的交会处的元素称为该行对应的元组在该列对应的属性上的取值，简称为属性值，属性值相当于记录中的一个数据项。

（5）值域（domain）。值域指属性的取值范围，通常简称为域，是一组具有相同数据类型值的集合。属性值被限定在某个值域内，如"学号"的值域是字符串的某个子集，性别的值域为（男，女）。

（6）键（key）。键也称为码（code），指实体型中能唯一标识一个实体属性或实体集的关键字。具体来说，就是表中的某个属性或属性组可以唯一标识表中的一行，例如图 8-11 所示的 Student 关系中，学号可以唯一地标识一个学生，因此学号即为 Student 关系的键。

（7）外键（foreign key）。外键指表中的某个属性或属性组，用来描述本关系中的元祖与另一个关系中的元祖之间的联系。因此，外键的取值范围对应于另一个关系的键的取值范围的子集。

2. 关系数据模型约束

关系数据模型约束是对关系数据提出的约束条件，是关系数据模型的一个重要组成部分。关系数据模型中有 4 类完整性约束：域完整性、实体完整性、参照完整性和用户定义完整性。

（1）域完整性（domain integrity）是指向表的某列添加数据时，添加的数据类型必须与该列字段的数据类型、格式、有效的数据长度相匹配。例如，成绩域（score）的取值范围是 0～100，如果某学生成绩输入为 105，则超过了值域，即破坏了域完整性约束规则，如图 8-12 所示。

（2）实体完整性（entity integrity）是指在表中不能存在完全相同的两条或两条以上的记录，而且每条记录都具有一个非空且不重复的主键（关系表中的主要属性）值。例如，在添加一条记录时，该记录已存在，这就破坏了实体完整性约束规则，如图 8-13 所示。

选修关系 SC

Scode	Cname	Score
20201101	计算机科学导论	95
20201102	计算机组成原理	93
20201103	数据库技术及应用	87
20201104	C 语言程序设计	105

图 8-12　域完整性

学生关系 S

Scode	Sname	Sex	Sbirthin
20201101	赵 一	男	12/05/2002
20201102	钱 二	男	02/23/2002
20201103	孙 三	女	11/12/2003
20201101	赵 一	男	12/05/2002

图 8-13　实体完整性

（3）参照完整性（referencing integrity）是指当两个实体之间存在着对应关系时，可能存在着关系与关系间的参照或引用。例如，学生选课信息表所描述的学生必须是学生选课信息表中已有的学生，而不能在学生选课信息表中描述一个原本不存在的学生。一个表中某列的取值受限于另一个表的取值范围约束称为参照完整性。如学生关系 S 中的外键 Pcode 引用了专业关系 P 中的主键 Pcode，S 关系中 Pcode 属性的取值必须是 P 关系主键属性 Pcode 的有效值，两个关系之间属性的引用如图 8-14 所示。

学生关系

Scode	Sname	Sex	Sbirthin	Pcode
20201101	赵 一	男	12/05/2002	1102
20201102	钱 二	男	02/23/2002	1102

参照关系　专业关系

专业关系

Pcode	Pname	Plead
1101	计算机	张 杉
1102	自动化	李 斯

被参照关系

图 8-14　学生关系和专业关系之间的属性引用

（4）用户定义完整性（user-defined integrity）是指用户根据数据库系统应用环境的不同自行设定约束条件。例如"学号"字段中，不允许为非数字符号；"成绩"字段中的取值只能为 0～100，既不能出现负值，也不能出现大于 100 的值；否则，便视为违反约束，如图 8-15 所示。

由此可见，模型约束是确保数据正确性的有效机制，可以避免操作错误，使输入的记录与定义域值保持一致。

选修关系 SC

Scode	Cname	Score
20201101	计算机科学导论	95
20201102	计算机组成原理	93
20201103	数据库技术及应用	87
202010 y	C 语言程序设计	−89

图 8-15　用户定义完整性

3. 关系数据模型操作

关系数据模型操作建立在关系的基础上，并且与关系数据约束紧密相连，是施加于数据模型中数据的运算及其规则，用于描述系统的动态特性，反映事物的行为特征。为此，在关系数据模型中必须定义操作的含义、符号、规则以及实现操作的语言（数据定义、数据操纵和数据控制）。关系数据模型操作包括数据查询、数据更新和数据修改。

（1）数据查询（data query）：对数据库进行各种检索，通常简称为关系查询，包括一个关系内的查询和多个关系的查询。关系数据查询的基本单位是元组分量，查询的前提是关系中的检索或者定位。关系数据查询是通过查询语言实现的，最典型的是结构化查询语言（SQL）。

（2）数据更新（data change）：也被称为数据操纵（data manipulate），是指更新数据库内容，包括数据删除、数据插入和数据修改等基本操作。

（3）数据修改（data update）：指修改数据记录，在一个关系中修改指定的元组和属性值，数据修改可分解为两个更基本的操作：先删除需要修改的元组，再插入修改后的元组。

8.2.4　关系数据模式

关系数据模型表的表头（框架）称为关系数据模式（relation data schema），它是对数据库逻辑结构的完整描述。

1．关系数据模式定义

【定义 8-1】　关系数据模式（简称为关系模式）是对关系的结构及其特征的抽象描述。一个关系的完整模式可表示为

$$R(U, D, \text{DOM}, F)$$

这是一个五元组的关系模式。其中，R 为关系模式名；U 为组成关系的属性名集合；D 为 U 中属性数据域集合；DOM 为属性到域的映射集合；F 为属性间数据依赖关系集合，用来限定组成该关系的各元组必须满足的完整性约束条件，体现关系的元组语义（各属性值之间的"关联性"）。

由于 D 和 DOM 对模式设计关系不大，因而五元组关系模式可简记为三元组 $R(U,F)$；如果属性间不存在数据依赖关系 F，则可将关系模式简记为二元组 $R(U)$ 或 $R(A_1, A_2, \cdots, A_n)$。其中，$A_1, A_2, \cdots, A_n$ 为关系 R 的所有属性名。例如，教学管理系统中的学生关系模式可描述为

<u>学生(学号, 姓名, 性别, 出生日期, 专业代码, 班级, 系部)</u>

该模式的一个具体取值就是学生信息表中的记录。

〖提示〗 关系模式具有值和型的概念，例如一个二维表由表头和表体两部分组成，如果把表体看作关系，那么表中的每个数据行对应关系的一个元组，是值的概念，而表头对应于关系的框架结构，是型的概念。关系数据库是关系模式的集合，因而也有型和值之分。关系数据库的型就是关系数据库模式，是对关系数据库结构形式的描述；关系数据库的值是关系模式在某一时刻对应的关系集合，被称为关系数据库实例（instance）。

2．关系数据模式导航图

关系之间的 $M:1$（或 $1:1$）联系或一个关系内部的 $M:1$（或 $1:1$）联系通过有向连线表示，并含有主键和外键依赖的数据模式图被称为**关系数据模式导航图**或模式图（**schema diagram**）。关系数据模式导航图可以清晰地描述一个关系数据库中各关系模式之间的有机联系。

【例 8-2】 在教学管理数据库 JXGL 中有学生、班级、课程、成绩 4 个关系，要求通过关系数据模式导航图来描述关系数据库模式、各关系模式与关系键之间的关系。

【解析】 对 JXGL 数据库中的学生、班级、课程、成绩 4 个关系，关系主键的属性集用下

画线表示，关系的外键属性用斜体表示。外键用来实现两个关系之间的 *M*:1（或 1:1）联系或一个关系内部的 *M*:1（或 1:1）联系，则 JXGL 数据库中各关系模式之间的关联关系如图 8-16 所示。

图 8-16　学生成绩管理关系数据库模式导航图

（1）Student 关系：Student 与 Class 两者之间存在 *N*:1 的"归属"联系，即一个班由多个学生组成，但一个学生只能属于某个班。Student 关系与 Class 关系通过外键 Classcode 实现联系。

（2）Class 关系：Class 是 Student 的组织属性，在数据建模时，Student 关系与 Class 关系共存。

（3）Score 关系：Score 是某一学生在某一学期选修了某门课程的记录，因此其主键为{Scode，Ccode，Term}。这一限定是一个学生在同一个学期不可能（也不允许）修读一门课程多次。

（4）Course 关系：Course 与 Student 两者之间存在 *N*:*M* 的"选修"联系，即一个学生可以选修多门课程，而一门课程可供多个学生选修，这种 *N*:*M* 联系通过一个"选课"关系 Score 来反映。Course 内部存在一门课程最多只需定义一门直接先修课程，并且多门课程可以指定同一门课程为直接先修课程的 *N*:1"先修要求"联系。对此，可通过 Course 的外键 Priorcourse 来实现。

〖提示〗关系是关系模式在某一时刻的状态或内容，实际工作中通常把关系模式和关系统称为关系。关系模型和关系模式的建立为关系数据操作提供了极大方便和理论支撑。

3．关系数据查询语言

实现关系数据模型操作的是关系数据查询语言（relational data query language）。它根据用户的需要以一种可读的方式从数据库中提取所需数据，为用户提供一个结果集。关系数据库抽象层次上的关系查询语言可以分为 3 类：关系代数语言、关系演算语言、具有关系代数和关系演算双重特点的语言，如图 8-17 所示。

图 8-17　关系数据查询语言的分类

其中，关系代数语言是用代数方式表达的关系查询语言，关系演算语言是用逻辑方式表达的关系查询语言，SQL 是介于关系代数语言和关系演算语言之间、具有双重特点的结构化查询语言。关系代数语言、关系演算语言和 SQL 构成一个完整的关系数据库查询语言体系，它们都是基于 8.3 节介绍的理论基础。

8.3　关系数据库——理论

关系数据库之所以能得到迅速发展，是因为它具有坚实的理论基础，包括关系代数运算、关系演算、关系数据的查询优化、关系模式的函数依赖、关系模式分解、关系模式规范化等。也正是由于关系数据库具有坚实的理论支撑，才使得它具有良好的可靠性而得到广泛应用。

8.3.1　关系代数查询运算

在关系代数中，不但运算对象是关系，而且运算结果也是关系。关系代数通过对关系的运算来表达查询，每个运算都以一个或多个关系作为它的运算对象，并生成另一个关系作为运算结果，运算对象、运算符、运算结果是所有运算的三大要素。

关系代数运算分为传统集合运算和专门关系运算。传统集合运算包括并、交、差、广义笛卡儿积；专门关系运算包括选择、投影、连接、除。关系运算类型如表 8-1 所示。

表 8-1　关系运算类型

传统集合运算				专门关系运算			
并	交	差	广义笛卡儿积	选择	投影	连接	除
∪	∩	−	×	δ	Π	∞	÷

1. 传统集合运算

传统集合运算就是将一个二元关系看成元组的集合运算，包括并、差、交、广义笛卡儿积 4 种运算，并且要求参加运算的关系必须是相容的关系。4 种运算通常采用维恩图（Venn diagram）表示。维恩图是在集合论数学分支中，在不太严格的意义下用以表示集合的一种草图，用于展示在不同的事物集合之间的数学或逻辑联系。4 种运算的维恩图如图 8-8 所示。

（a）$R \cup S$ 运算　　（b）$R-S$ 运算　　（c）$R \cap S$ 运算　　（d）$R \times S$ 运算

图 8-18　传统集合运算的维恩图表示

（1）并（union）运算：是将两个相容的关系 R 和 S 中的所有元素合并，构成一个新的关系。

【定义 8-2】设关系 R 和关系 S 都有相同的目 n（即两个关系都有 n 个属性），且相应的属性取自同一个域，则关系 R 与关系 S 的并由属于 R 或属于 S 的元组组成，其结果仍为 n 目关系，记为 $R \cup S = \{t \mid t \in R \vee t \in S\}$。

其中，∪ 为二目运算，从"行"上取值，其作用是在一个关系中插入一个数据集合，自动去掉相同的元组，即在并的结果关系中，相同的元组只保留一个；等式右边大括号中的 t 是一个元组变量，表示结果集合由元组 t 构成；"|"右边是对 t 的约束条件，或者说是对 t 的解释。

〖提示〗 以下其他运算的定义方式与此类似。

【例 8-3】 两个结构完全相同的学生表 R 和 S 分别存放两个班的学生信息，若将学生表 R 的记录追加到表 S 中，则需使用并运算 $R \cup S$，其运算关系如图 8-19 所示。

（2）差（difference）运算：是将两个相容的关系 R 和 S，使其属于 R 但不属于 S 的元组构成一个新的关系。

【定义 8-3】 设关系 R 和关系 S 都有 n 个相同的属性，且相应的属性取自同一个域，则关系 R 与关系 S 的差由属于 R 而不属于 S 的所有元组组成，其结果关系仍为 n 目关系，记为 $R - S = \{t \mid t \in R \wedge t \notin S\}$。

图 8-19　$R \cup S$ 运算

【例 8-4】 有两个结构完全相同的学生表 R 和学生表 S，R 是选修数据库课程的学生集合，S 是选修 C#课程的学生集合，若查询选修了数据库但没有选 C#的学生，则需要使用差运算 R-S，其运算关系如图 8-20 所示。

（3）交（intersection）运算：是将两个相容的关系 R 和 S，使其属于 R 也属于 S 的元组构成一个新的关系。

【定义 8-4】 设关系 R 和关系 S 具有 n 个相同的属性，且相应的属性取自同一个域，则关系 R 与关系 S 的交由既属于 R 又属于 S 的元组组成，其结果关系仍为 n 目关系，记为 $R \cap S = \{t \mid t \in R \wedge t \in S\}$。

图 8-20　R-S 运算

【例 8-5】 有两个结构完全相同的学生表 R 和表 S，R 是选修了数据库课程的学生集合，S 是选修了 C#课程的学生集合，若查询选修了数据库和 C# 的学生，则需要使用交运算 $R \cap S$，其运算关系如图 8-21 所示。

（4）广义笛卡儿积（extended Cartesian product）：对关系数据库的查询会涉及多个关系，如查询某个同学选修各门课程成绩就涉及学生关系和选修关系，如何将这两个并不兼容的关系合并在一起呢？广义笛卡儿积就是用来合并两个关系的基本运算，是指关系的乘法运算。

图 8-21　$R \cap S$ 运算

【定义 8-5】 设 R 为 m 元关系，S 为 n 元关系，则 R 与 S 的广义笛卡儿积 $R \times S$ 是 $m+n$ 元关系，其中的每个元组的前 m 个分量是 R 的一个元组，后 n 个分量是 S 的一个元组。若 R 有 K_1 个元组，S 有 K_2 个元组，则 $R \times S$ 有 $K_1 \times K_2$ 个元组，即广义笛卡儿积为

$$R \times S = \{(a_1, a_2, \cdots, a_m, b_1, b_2, \cdots, b_n) \mid (a_1, a_2, \cdots, a_m) \in R \wedge (b_1, b_2, \cdots, b_n) \in S\}$$

【例 8-6】 利用表 R 和表 S 所示数据做广义笛卡儿积，其结果如图 8-22 所示。

2．专门关系运算

关系运算是针对关系数据进行的操作运算，由于传统的集合运算只是从行的角度进行运算，因此不能实现关系数据库灵活多样的查询操作。为此，E.F. Codd 又定义了一组专门的关系运算，包括选择、投影、连接和除 4 种运算。

（1）选择（selection）运算：又称为限制（restriction）运算，是指从关系中选取满足给定条

表 R

教师号	姓 名	系 部
T1101	张 叁	计算机
T1102	李 肆	自动化

表 S

教师号	姓 名	职 称
T1101	张 叁	教 授
T1102	李 肆	副教授

表 R 与 S 笛卡儿积

教师号	姓 名	系 部	教师号	姓 名	职 称
T1101	张 叁	计算机	T1101	张 叁	教 授
T1101	张 叁	计算机	T1102	李 肆	副教授
T1102	李 肆	自动化	T1101	张 叁	教 授
T1102	李 肆	自动化	T1102	李 肆	副教授

图 8-22 广义笛卡儿积运算

件的元组构成一个新关系。换句话说，选择运算是根据给定的条件对关系进行水平分解。

【定义 8-6】 在关系 R 中选择满足条件的元组组成一个新的关系，这个关系是关系 R 的一个**子集**。如果选择条件用 F 表示，则选择运算可记为

$$\delta_F(R) = \{t \mid t \in R \wedge F(t) = "真"\}$$

其中，δ 是选择运算符；R 是关系部；F 是限定选择条件。F 可以递归定义如下。

① F 是一个逻辑表达式，取值为"真"或"假"。

② F 由逻辑运算符 $\wedge$（and）、$\vee$（or）、$\neg$（not）连接各种算术表达式组成。

③ 算术表达式的基本形式为 $x\,\theta\,y$，$\theta = \{>,\geqslant,<,\leqslant,=,\neq\}$。$x$、$y$ 可以是属性名、常量或简单函数。

【例 8-7】 若从学生信息表 R 中选出性别为"女"的学生，则可以得到女生的学生信息表 S。选择运算结果如图 8-23 所示。

表 R

学 号	姓 名	性别	出生日期
20161101	赵 一	男	12/05/1998
20161102	钱 二	男	02/23/1999
20161103	孙 三	女	11/12/1998
20161201	李 四	男	01/12/1999
20161202	周 五	女	09/12/1998

表 S

学 号	姓 名	性别	出生日期
20161103	孙 三	女	11/12/1998
20161202	周 五	女	09/12/1998

图 8-23 选择运算

（2）投影（projection）运算：是指从一个关系中选取所需的列构成一个新的关系，具体来说，就是对一个关系做垂直分解，消去关系中的某些列，删除重复元组，并重新排列次序。

【定义 8-7】 设关系 R 为 r 目关系，其元组变量为 $(t_1, t_2, \cdots, t_r)$，且关系 R 在其分量 A_{j_1}，A_{j_2}，$\cdots$，A_{j_k} 上的投影是一个 k 目关系，并定义为

$$\Pi_{j_1, j_2, \cdots, j_k}(R) = \{t \mid t = (t_{j_1}, t_{j_2}, \cdots, t_{j_k}) \wedge (A_{j_1}, A_{j_2}, \cdots, A_{j_k}) \in R\}$$

其中，Π 为投影运算符。投影运算按照 $j_1, j_2, \cdots, j_k$ 的顺序（或按照 A_{j_1}，A_{j_2}，$\cdots$，A_{j_k} 属性名序列），从关系表中取出列序号为 $j_1, j_2, \cdots, j_k$（或按照属性名序列）的 k 列，并除去结果中的重复元组，构成一个以 $j_1, j_2, \cdots, j_k$ 为顺序（或以 A_{j_1}，A_{j_2}，$\cdots$，A_{j_k} 为属性名序列）的 k 目关系。

【例 8-8】 从学生信息表 R 中抽出学号、姓名列，得到学生的花名册表 S。投影运算结果如图 8-24 所示。

（3）连接（join）运算：由于广义笛卡儿积会产生大量的无效元组，为了能实现关系的有效合并，元组之间应按照一定的条件进行组合，这就是连接运算。连接运算是把两个关系中的元

表 R

学 号	姓 名	性别	出生日期	专业代码	班　级
20161101	赵 一	男	12/05/1998	S1101	201611
20161102	钱 二	男	12/23/1999	S1101	201611
20161103	孙 三	女	11/12/1998	S1102	201611
20161201	李 四	男	01/12/1999	S1102	201612

表 S

学 号	姓 名
20161101	赵 一
20161102	钱 二
20161103	孙 三
20161201	李 四

图 8-24　投影运算

组按条件连接起来，形成一个新的关系。连接运算是笛卡儿积、选择和投影操作的组合。连接运算有多种类型，常用的有条件连接（condition join）、等值连接（equivalence join）、自然连接（natural join）。因为篇幅限制，下面仅列举等值连接和自然连接两个连接实例。

【例 8-9】　因某种情况，将原来的两个学习小组 R 和 S 合成为一个学习组 W。其连接条件是表 R.组=表 S.组。等值连接结果如图 8-25 所示。

表 R

小组	学生
一组	赵一
一组	钱二
二组	孙三
二组	李四

表 R. 小组＝表 S. 小组

表 S

小组	班主任
一组	刘老师
二组	黄老师

表 W

小组	学生	班主任
一组	赵一	刘老师
一组	钱二	刘老师
二组	孙三	黄老师
二组	李四	黄老师

图 8-25　等值连接运算

【例 8-10】　设有两个表，把两个属性名相同的表进行等值连接，对于每对相同的属性在结果中只保留一个。自然连接结果如图 8-26 所示。

表 R

教师号	姓 名	职 称
T1101	张叁	教授
T1102	李肆	副教授
T1103	王伍	讲师

表 S

教师号	姓 名	系 部
T1101	张叁	计算机
T1102	李肆	计算机
T1103	王伍	外语

表 W

教师号	姓 名	职 称	系 部
T1101	张叁	教授	计算机
T1102	李肆	副教授	计算机
T1103	王伍	讲师	外语

图 8-26　自然连接运算

（4）除（division）运算：也称为商（quotient）运算，是基于选择、投影、连接的、从关系的行方向和列方向进行的运算。例如，若查询选修了某些课程的学生，并且这些课程只是具有给定特征的一组不能明确列举出来的课程，所以仅用选择操作是远远不够的。因为选择条件无法明确指出具体的课程，这时就需要用除运算。除运算在表达某种特殊类型的查询时是非常有效的。

【定义 8-8】　给定关系 R（X, Y）和 S（Y, Z），其中 X、Y、Z 为属性组，R 中的 Y 与 S 中的 Y 可以有不同的属性名，但必须是出自相同的域集。R 与 S 的**除运算**得到一个新的关系 P（X），P 是 R 中满足下列条件的元组在 X 属性列上的投影，元组在 X 上分量值 x 的像集 Y，包含 S 在 Y 上投影的集合，记作：

$$R \div Y = \{t_r[X] \mid t_r \in R \wedge \Pi_y(S) \in Y_x\}$$

其中，Y_x 为 x 在 R 中的像集，$x = t_r[X]$。

【例 8-11】　设有学生选修课程关系表 SC 和课程表 C，试找出选修了全部课程的学生的学号。对于这类问题可用除运算解决，即 $SC \div C$，结果如图 8-27 所示。

图 8-27　除运算

〖提示〗 关系数据的查询不仅可以用关系代数表达式表示，还可以用数理逻辑中的一阶谓词来表示，这就是关系演算（relational calculus）。关系演算与关系代数的区别是，关系演算用谓词公式表示查询条件，只要指出"做什么"，而"怎样做"由系统解决，因而是一种高度非过程化语言；而用关系代数查询时，用户必须指出运算方法和步骤（由连接、并和投影等集合操作符告诉系统运算顺序），因而不是完全非过程化查询语言。由于关系演算是把谓词演算（predicate calculus）推广到关系运算中而构成的，因此关系代数和关系演算是可以相互替代的。

关系演算中使用两种谓词变量，谓词为元组变量的演算被称为元组关系演算，谓词为域变量的演算被称为域关系演算。关系演算使用元组关系演算语言和域关系演算语言。

8.3.2　关系数据查询优化

关系代数语言和关系演算语言都是形式化查询语言，由于一个查询请求通常可用不同的表达式来表示，那么系统应该选择哪一种表达式和采取什么样的操作顺序，才能达到既省时间又省空间，而且效率较高呢？这就是关系数据查询优化（query optimization）要研究的问题。

查询优化是从查询的多个执行策略中进行合理选择的过程，在关系数据库系统中具有非常重要的作用地位，是影响关系数据库管理系统整体性能的关键因素。关系数据库系统和非过程式的 SQL 之所以能取得巨大成功，其关键是查询优化技术的应用。

1. 问题的提出

在关系运算中，决定运算效率的因素有两个方面：其一，做笛卡儿积和连接运算是最耗时间的。若关系 R 有 m 个元组、关系 S 有 n 个元组，那么 $R×S$ 有 $m×n$ 个元组。当关系很大时，R 和 S 本身就占很大的外存空间，由于内存容量是有限的，只能把 R 和 S 的一部分元组读进内存，如何有效地执行笛卡儿积操作，才会耗费较小的时间和空间呢？其二，对于同一个查询要求，通常对应多个不同形式但相互等价的关系代数表达式，对不同代数表达式在执行查询操作时所付出的开销通常有很大的差别。那么，如何选择合适的代数表达式及如何执行笛卡儿积操作呢？这就是查询优化的策略问题。

【例 8-12】 查询选修了课程 C1 的全体学生的姓名：

```
SELECT Student.Sname
FROM Student, SC
WHERE Student.Scode=SC.Scode AND SC.Ccode='C1'
```

【解析】 数据库管理系统有多种等价的关系代数表达式来完成这一查询。一般地，在 SQL 语句转换为关系代数表达式的过程中，SELECT 语句对应投影运算，FROM 语句对应笛卡儿积运算，WHERE 语句对应选择运算。

为了说明查询优化问题，现在进行如下假设：
- Student 包含 1000 个元组，SC 包含 1000 个选课元组，C1 包含 50 个选修课程元组。

- 磁盘中每个物理块能存放 10 个 Student 元组或 100 个 SC 元组。
- 内存一次可以存放 5 块 Student 元组、1 块 SC 元组和若干连接结果元组。
- 读写一块磁盘的速度为 20 块/秒。
- 为了问题简化，所有内存操作所花的时间忽略不计。

2. 问题解决方案

对于本例，可以使用如下 3 种形式的关系代数表达式：

$$Q_1 = \Pi_{\text{Scode}}(\delta_{S.\text{Scode}=SC.\text{Ccode} \wedge SC.\text{Ccode}='C1'}(\text{Student} \times \text{SC}))$$
$$Q_2 = \Pi_{\text{Sname}}(\delta_{SC.\text{Ccode}='C1'}(\text{Student} \infty \text{SC}))$$
$$Q_3 = \Pi_{\text{Sname}}(\text{Student} \infty \delta_{SC.\text{Ccode}='C1'}(\text{SC}))$$

事实上，还可以写出多种等价的关系代数表达式，但仅对这 3 种表达式进行分析就足以说明，对于同一个问题，因不同的表达式采用不同的查询策略所存在的效率差别。

3. 涉及的基本问题

数据查询是数据库技术中必备且极为重要的操作，关系数据查询优化涉及的基本问题有关系代数表达式的等价变换、查询优化策略、查询优化算法等。数据查询是数据库原理中的重要内容，基于模糊数学基础的模糊查询是近年来人工智能查询的重要内容。有兴趣的读者，可查阅数据库原理教材，如参考文献[6]、[23]和[24]。

8.3.3　关系模式的规范化

在设计一个数据库应用系统时，如何根据数据模型来构造一个合适的关系模式集，以减少数据库中的数据冗余以及由此带来的各种操作异常现象，这就是关系模式的规范化问题。

1. 问题的提出

在关系数据库中，关系模型包括一组关系模式，各关系是相互关联的，而不是完全独立的。如何设计一个适合的关系模式，既提高系统的运行效率，减少数据冗余，又方便快捷，是数据库系统设计成败的关键。那么，什么样的关系模式才是好的关系模式？

【例 8-13】　设计一个教学信息管理的关系数据库，采用单一关系模式设计为 $R(U)$。其中，U 由属性 Sno（学号）、Sname（学生名）、Cno（课程号）、Cname（课程名）、Grade（成绩）、Credit（学分）、Dname（系名）、Mname（系主任）组成的 SCD 属性集合模式为

SCD(Sno, Sname, Cno, Cname, Grade, Credit, Dname, Mname)

在对该选课关系模式进行插入、删除、修改等操作时，会存在以下 4 个方面的问题。

（1）插入异常（insertion anomalies）指由于主键中元素的属性值不能取空值，使应该插入关系的数据而不能插入。例如，如果某学生还没有选课，则课程号为空，根据实体完整性规则——主属性不能为空，因而无法插入主属性为空值的学生信息。

（2）删除异常（deletion anomalies）指把不应该删除的数据从关系中删除了。例如，在选课关系模式中，当某学生的总学分已满时，需要删除这名学生的某选修课，由于主属性不能为空，因此在做删除操作时不仅删除了课程信息的整个元组，还删除了这名学生的整个基本信息。显然，这是一种不合理的删除现象。

（3）更改异常（update anomalies）指对相关数据没有全部被修改而出现不一致性的问题。例如，一个学生转系，对应的所有元组都必须修改；否则，若有一个地方未改，就会造成数据

的不一致性。

（4）数据冗余（data redundancy）也称为存储冗余（storage redundancy），指同一个数据被重复存储多次。例如某学生选修多门课程，学生信息会重复出现多次。同理，多个学生选修同一门课程，则该门课程及授课的教师信息也会重复出现多次，因而造成数据冗余。数据冗余不仅浪费存储空间，还会引起数据修改的潜在不一致性，因而成为影响系统性能的重要问题之一。

2. 问题解决方案

例 8-13 不是一个"好"的关系模式，之所以产生上述问题，是由于模式中某些属性之间存在依赖关系，如学号决定姓名、课程号决定课程名、学号和课程号决定考生成绩。如果将选课关系模式分解为以下 3 个关系模式：

```
学生（Sno,Sname）
课程（Cno,Cname,Credit）
选修（Sno,Cno,Grade）
```

就不会发生操作异常和数据冗余问题了，这才是一组"好"的关系模式集。

3. 涉及的基本问题

关系模式规范化主要研究如何把一个"不好"的关系模式分解为一组"好"的关系模式集。关系模式规范化涉及的理论知识有函数依赖、关系模式分解、关系模式范式、多值依赖与连接依赖等。这些都是数据库原理中的理论基础，涉及的数学知识主要有集合论。有兴趣的读者可查阅数据库原理教材，如参考文献[6]、[23]和[24]。

8.3.4 关系数据的一致性

前面的讨论都没有考虑不同用户操作之间的内在联系，而在现实应用中，数据库多用户并发操作之间往往具有一定的语义和关联性，并且这种关联性直接影响到数据库一致性问题。

一个数据文件或记录可被多个进程所共享，只要求读该文件的进程称为"读进程"，其他进程则称为"写进程"。在计算机科学中，"读进程""写进程"也称为"读者-写者"问题，它是指允许多个读进程同时读一个共享对象，读操作不会使数据文件混乱，但不允许一个写进程与其他读进程或写进程同时访问共享对象，这种访问会引起混乱。

1. 问题的提出

读者-写者（reader-writer problem）问题是保证一个写进程必须与其他进程互斥地访问共享对象的同步问题，这类问题在日常工作和生活中会时常遇到。例如数据库系统中既存在单用户串行操作，也存在多用户并发操作，而且只有完成整个作业流程才会得出正确的数据结果，否则会导致逻辑上的错误，破坏数据的完整性和一致性。下面是关系数据库中单用户串行操作和多用户并发操作导致完整性与一致性问题的两个典型实例。

【例 8-14】 银行转账业务中，设账户 A 和账户 B 分别有 1000 元和 2000 元，从账户 A 转账 100 元到账户 B，则可将其过程概括如下。

（1）从账户 A 中减去 100 元，1000-100，账户 A 中还剩 900 元；

（2）向账户 B 中加入 100 元，2000+100，账户 B 中则有 2100 元。

为了便于分析和讲解，可将上述转账过程用如下程序进行描述：

```
Read（A）;          /* 将账户 A 的信息从数据库中读到一个内存缓冲区中 */
A=A-100;           /* 在缓冲区中修改从账户 A 转出的金额数 */
```

```
Write（A）；        /* 将修改后的结果从缓冲区写入数据库，完成 A-100 的更新操作 */
Read（B）；         /* 将账户 B 的信息从数据库中读到一个内存缓冲区中 */
B=B+100；          /* 在缓冲区中修改向账户 B 转入的金额数 */
Write(B)           /* 将修改后的结果从缓冲区写入数据库，完成 B+100 的更新操作 */
```

若在 Write(A)操作完成后，还未完成 Write(B)操作，此时系统突然出现问题（突然断电、硬件故障或软件错误）导致系统中断，则会导致 Write(B)没有完成存储，其结果是账户 A 已只剩下 900 元，而账户 B 仍为 2000 元。这一故障使系统销毁了 100 元，从而使数据库 A 和 B 的总和出现了不一致，A+B≠3000，而仅有 2900。

对于这种单用户串行操作，系统突然中断会导致数据库中的数据的不一致性；而对于多个用户共享同一资源的系统，除了系统突然中断，还存在异地并发访问操作所出现的问题。

【例 8-15】 飞机订票数据库管理系统是一个面向多个售票网点的系统，设有如下活动序列。

（1）T1 售票点查询出 2016 年 8 月 8 日上午 9:15 时 1575 次航班的剩余机票为 10，设 $A=10$。

（2）T1 售票点卖出一张机票后，$A=A-1$，此时 A 仅剩下 9，把 A 写回数据库。

（3）T2 售票点查询出 2016 年 8 月 8 日上午 9:15 时 1575 次航班的剩余机票也为 10，$A=10$。

（4）T2 售票点也卖出一张机票，$A=A-1$，此时 A 也剩下 9，把 A 写回数据库。

事实上，在某一时刻同时卖出了 2 张机票，因为异地同时操作，数据库中只减少了 1 张机票，这就使得数据显示与真实数据相互矛盾，但使用数据库的用户不知道发生的这些情况。

2．问题解决方案

为了解决上述问题，引入了事务（transaction）概念。完成一个应用处理的最小单元称为事务，例 8-14 的执行行为被称为串行执行（serial execution），例 8-15 的执行行为称为并行执行（parallel execution）。在事务管理中，用户有关联的操作被当作一个逻辑工作单元看待，要么都执行，要么都不执行，确保同时发生的行为与数据的有效性不发生冲突。而且，这些数据必须同时能被其他用户看到，才能保证数据库中数据的完整性和一致性。

3．涉及的基本问题

一致性问题也为并发控制问题，它是计算机科学中的经典问题之一。关系数据的一致性涉及的理论知识有事务管理、并发访问控制、封锁机制、数据库恢复技术等。有兴趣的读者可查阅数据库原理教材，如参考文献[6]、[23]和[24]。

8.4　构建数据库应用系统——设计

数据库应用系统（Data Base Application System，DBAS）是指由系统开发人员利用数据库系统资源开发出来的、面向某一类实际应用的应用软件系统，其开发过程被称为数据库设计（data base designed）。学习数据库技术的目的，就是能够根据用户要求，设计一个数据库应用系统。

目前，广泛使用的是关系数据库。关系数据库应用系统设计是以关系模式规范化理论为基础，根据用户需求（信息要求和处理要求）进行概念结构、逻辑结构、物理结构的设计。设计的目标是建立一个既能反映现实世界信息，满足用户工作要求，又能在一定的软、硬件条件下实现，而且工作高效的应用系统。而设计的结果是一个应用软件，开发应用软件很大程度上依赖软件工程学的软件开发思想，即按照工程化的概念、原理、技术和方法来组织和规范软件开发。

8.4.1　数据库应用系统设计要求

数据库设计是否合理的一个重要指标是数据能否高度共享、能否消除不必要的数据冗余、避免数据异常、防止数据不一致性。具体来说，一个成功的数据库应用系统应满足以下基本要求。

1．良好的共享性

建立数据库的目的是实现数据资源共享。因此，在设计数据库应用系统时，必须把各部门、各方面常用的数据项全部抽取到位，能为每个用户提供执行其业务职能所要求的数据准确视图。同时，必须有并发共享的功能，考虑多个不同用户同时存取同一个数据的可能性。此外，不仅要为现有的用户提供共享，还要为开发新的应用留有余地，使数据库应用系统具有良好的扩展性。

2．数据冗余最小

数据的重复采集和存储将降低数据库的效率，要求数据冗余最小。例如，在一个单位数据库中，可能多个管理职能部门都用得到职工号、姓名、性别、职务（称）、工资等，若重复采集势必造成大量的数据重复（冗余）。因此，这样的公用数据必须统一规划，以减小冗余。

3．数据的一致性要求

数据的一致性是数据库重要的设计指标，否则会产生错误。引起不一致性的根源往往是数据冗余。若数据在数据库中只存储一次，则不可能发生不一致性。虽然冗余难免，但它是受控的，所以数据库在更新、存储数据时必须保证所有的副本同时更新，以保证数据的一致性要求。

4．实施统一的管理控制

数据库对数据进行集中、统一、有效的管理控制，是保证数据库正常运行的根本保证。所以必须组成一个称为数据库管理（Data Base Administration，DBA）的机构，由它根据统一的标准更新、交换数据，设置管理权限，进行正常的管理控制。

5．数据独立

数据独立就是数据说明和使用数据的程序分离，即数据说明或应用程序对数据的修改不引起对方的修改。数据库系统提供了两层数据独立。其一，不同的用户对同样的数据可以使用不同的视图。例如，人事部门在调资前事先从数据库中把每个职工的工资结构调出来，根据标准进行数据修改，此时只在人事部门自己这个视图范围内更改，而没有宣布最后执行新工资标准前，数据库中的工资还是原来的标准，此时若其他部门要调用工资的信息，还是原来的。这种独立称为数据的逻辑独立性。其二，可改变数据的存储结构或存取方式，以适应变化的需求，而无须修改现有的应用程序。这种独立称为数据的物理独立性。

6．减少应用程序开发与维护的代价

设计的数据库必须具有良好的易操作性、可移植性、可维护性等，这是在数据库建设中必须充分考虑的问题。

7．安全、保密和完整性要求

数据库系统的建立必须保障数据信息的安全性、完整性和一致性，既要防止不正确操作导致数据信息错误，更要避免因为受到外界因素影响而破坏数据库。

8．良好的用户界面和易于操作性

在设计时，除了设计好例行程序进行常规的数据处理，还要允许用户对数据库执行某些功能而根本不需要编写任何程序，努力实现操作的简单化与便捷化。

8.4.2　数据库应用系统设计过程

数据库应用系统设计必须把数据库的设计和用户对数据库中数据处理的设计紧密结合起来。数据库设计遵循软件工程的方法，按照软件生存周期划分为系统需求分析→概念结构设计→逻辑结构设计→物理结构设计→数据库实施→运行和维护 6 个阶段，从规划、分析、设计、实现、维护直到被新的系统所取代而停止使用的整个过程称为数据库系统的生命周期。在这个过程中，按照规范化设计方法将数据库应用系统设计分解成若干目标独立的阶段，从而使整个应用系统的设计变得有章可循。这里，以教学信息管理（JXGL）为例，介绍数据库应用系统设计过程，其设计流程如图 8-28 所示。

图 8-28　数据库设计流程

1. 系统需求分析

需求分析是对组织的工作现状和用户需求进行调查、分析，明确用户的信息需求和系统功能，提出拟建系统的逻辑方案。这里的重点是对建立数据库的必要性及可行性进行分析和研究，确定数据库在整个数据库应用系统中的地位，确定出各数据库之间的关系。例如，对于 JXGL，在进行需求分析时涉及以下几方面。

（1）涉及的部门。与 JXGL 有密切关系的部门如下。

① 学生处。录入新生的信息、处理毕业生的信息、产生各种各样的学生统计表。

② 教务处。每学期要制订教学执行计划、给教师排课、产生课程表、统计学生选课记录、录入学生成绩、产生学生成绩单和补考通知单等。

③ 教学系部。经常查询教师授课、学生选课、开设课程、考试成绩等情况。

（2）涉及的功能模块。根据功能需求设计 JXGL 的功能模块，形成模块逻辑结构框图。较为完善的 JXGL 至少应提供如图 8-29 所示的功能模块。

图 8-29　JXGL 功能模块的组成

本系统由 5 个子系统组成，各子系统中包含多个不同的功能模块。其中，新生入学信息子系统是新生入学报到时录入的基本信息，由招生部门提供，为整个系统所共享。

（3）制作系统全局数据流图。数据流图（Data Flow Diagram，DFD）是软件工程中专门描绘信息在系统中流动和处理过程的图形化工具，系统全局 DFD 用来表明应用系统的范围以及和周围环境的数据交换关系，可以自上而下、逐层地画出 DFD。对于如图 8-29 所示的教学管理系统，按照 DFD 的绘图规则，形成如图 8-30 所示的全局 DFD。

图 8-30　JXGL 数据流示意图

（4）系统局部数据流图。全局 DFD 从整体上描述了系统的数据流向和加工处理过程，反映的是系统必须完成的逻辑功能，是一种功能模型。一个复杂的系统要清楚地描述系统数据的流向和加工处理的每个细节，仅用一张全局 DFD 是难以完成的，需要在全局 DFD 的基础上进一步细化，即按照问题的层次结构进行逐步分解。例如，学生信息管理的局部数据流如图 8-31 所示。

图 8-31　学生信息管理的局部数据流

（5）数据字典（Data Dictionary，DD）。它是结构化设计方法的另一个工具，用来对系统中的各类数据进行详尽的描述。DFD 只描述了系统的"分解"，如系统由哪几部分构成及各部分之间的联系，并没有对各个数据流、加工及数据存储进行详细说明。使用 DD 可以定义 DFD 中各个成分的具体含义,它以一种准确、无歧义性的说明方式,为系统的分析、设计及维护提供有关元素一致的定义和描述。DD 和 DFD 共同构成系统逻辑模型,是"需求说明书"的主要组成部分。

【例 8-16】　在教学信息管理系统中,学生的学号就是一个数据项,它的数据描述如下:

```
数据项名:学号
含义说明:能够标识学生的一个代号
别    名:学生编号
类    型:字符型 CHAR(8)
长    度:8
取值范围:00000000~99999999
存取含义:前 4 位代表年级,后 4 位代表该学生的顺序号
```

2. 概念结构设计

概念结构设计的目标是将需求分析阶段得到的用户需求抽象为反映现实世界信息需求的数据库概念结构(概念模式),描述概念模式的有效工具是实体-联系(E-R)图。概念结构设计包括 3 个步骤:设计局部 E-R 图、集成局部 E-R 图为全局 E-R 图、优化全局 E-R 图。

(1)设计局部 E-R 图。局部 E-R 模式的设计过程通常可按以下步骤进行。

① 明确局部应用范围。根据需求说明书中的数据流图和数据字典,在多层数据流图中选择一个适当层次的数据流图作为 E-R 图的出发点,并让数据流图中的每一部分都对应一个局部应用。

② 确定实体和属性。实体和属性之间并不存在截然的界限,在一种应用环境中某一事物可能作为"属性"出现,而在另一种应用环境中可能作为"实体"出现。

③ 确定实体之间的联系,产生局部 E-R 模型。如果存在联系,就要确定其联系类型。

【例 8-17】　学生选课系统的数据实体应当有学生、教师、课程及成绩,而且三者之间的关系为学生选修课程、教师讲授课程。其中,学生的属性包括学号、姓名、性别、年龄,教师的属性包括姓名、性别、年龄、职称,课程的属性包括课程号、课程名、学时、学分,成绩的属性包括课程、学号、分数。它们之间的关系用如图 8-32 所示的 E-R 图表示。

图 8-32　学生选课系统 E-R 图

(2)集成局部 E-R 图为全局 E-R 图。由于各个局部应用面向的问题不同,把局部 E-R 图集成为全局 E-R 图时,需要将具有相同实体的两个 E-R 图以该相同实体为基准进行集成。如果还存在两个或两个以上的相同实体,则再次按前面的方法集成,直到不存在相同的实体为止,以此生成初步的 E-R 图。

（3）优化全局 E-R 图。从概念模型（E-R 图）转换为关系模型得到的结果并不是唯一的，为了提高数据库应用系统的性能，需要对所得到的关系模型进行适当修改（调整关系模型的结构），这个过程被称为关系模型优化。

〖提示〗 关系数据库概念设计中的设计局部 E-R 图、集成局部 E-R 图、全局 E-R 图、优化全局 E-R 图的过程及其基本策略详见参考文献[6]。

3．逻辑结构设计

概念结构设计的结果是得到一个与计算机软、硬件的具体性能无关的全局概念模式。逻辑结构设计的目标是把概念结构设计阶段的 E-R 图转换成与具体的 DBMS 支持的数据模型相一致的逻辑结构。逻辑结构设计包括两个步骤：将 E-R 图转换为关系模型，然后对关系模式进行优化。

【例 8-18】 根据概念模型转换成关系模型的转换规则，可把如图 8-32 所示的 E-R 图转换成如下关系模型，其中关系的码（主键）用下画线标示。

```
学生情况表={学号,姓名,年龄,性别}
教师授课表={姓名,年龄,性别,职称}
课程表={课程号,课程名,学时,学分}
学生选课表={学号,课程号,分数}
```

然后进行模式优化，将一个复杂关系模式通过优化，形成多个简单模式，从而解决插入异常、删除异常、修改异常、数据冗余等问题。优化局部和全局 E-R 图就是在此基础上进行的。

逻辑结构设计得到的关系数据模型就可以转换成符合具体的、能被计算机接受的关系数据库管理系统模型。

4．物理结构设计

数据库在实际物理设备上的存储结构和存取方法称为数据库的物理结构，物理结构设计的目标是在选定数据库管理系统上建立起逻辑结构设计确立的数据库的结构，物理结构设计依赖于给定的硬件环境和数据库产品。为了实现数据存储，必须收集和存储数据对象，并对这些数据的存储结构进行设计，确定选课数据库中应包括该校所有教师、学生、课程、成绩等要存储的数据对象。例如，课程基本信息表 CourseInfor 代码如下：

```
CREATE TABLE CourseInfor              // 课程信息表
{
    Cid varchar (8) Notnull,          // 课程编号
    Cname varchar (20) Notnull,       // 课程名称
    Period varchar (4),               // 讲授学时
    Credit numeric (4,1),             // 课程学分
    Constraint cidkey PRIMARY KEY (Cid)
}
```

5．数据库实施

数据库实施就是根据逻辑设计和物理设计的结果，通过关系数据库管理系统来建立数据库应用系统。具体来说，数据库实施主要包括以下 3 项工作。

（1）建立数据库结构。这是指以逻辑设计和物理设计的结果为依据，用 SQL 中的数据库结构定义语言（DDL）书写源程序，通过调试执行源程序后，就完成了数据库结构的建立。

（2）测试系统性能。这是指载入实验数据并测试系统性能指标，实验数据可以是部分实际数据，也可以是模拟数据。实验数据应尽可能覆盖各种可能的实际情况，并考虑到特殊和极端情况。

（3）运行应用程序。这是指载入全部实际数据并试运行应用程序，通过运行应用程序，检验本系统是否符合设计要求；否则，需要检查程序和修改程序设计，或检查数据库和修改数据库设计。

数据库实施需要反复验证，在程序设计中，一定要考虑程序的健壮性和数据操作的约束机制。

6. 运行与维护

数据库经过试运行后就可以投入实际运行了，但由于应用环境在不断变化，对数据库设计进行评价、调整、修改等维护工作是一个长期的任务，也是设计工作的继续和提高。在数据库运行阶段，对数据库经常性的维护工作主要由数据库管理员完成，主要工作包括数据库的转储和恢复、数据库的安全性和完整性控制、数据库性能的监督和分析、数据库的重组织与重构造等。

由此可见，数据库应用系统设计涉及数据库技术的各个方面，是数据库理论与实际应用的综合。在理论方面，重点是关系模式的优化。在实践方面，不同的应用系统具有不同的具体要求。例如，设计一个高校学生选课子系统，其功能是学生根据开课清单选课，系统根据教学计划检查应修的必修课自动选择，检查是否存在未选取必修课的学生，如果存在，则要求重选。学生不仅可以按照选修课选课规则选择选修课（如从 4 组选修课中选取 3 门），还可以查询各门课程的成绩、学分及平均成绩，输出学生的个人课表和选课（交费）清单。

〖提示〗 数据库技术的应用极其广泛，学生在校学习期间就能开发出熟悉作业流程的数据库应用系统，例如学籍管理系统、图书借阅管理系统、学生档案管理系统、人事管理系统等。

本 章 小 结

（1）数据库技术是计算机技术最典型的应用，并且最能反映计算机学科的 3 个形态，因此本章按照抽象、理论和设计 3 个形态，并结合计算思维展开了讨论。

（2）随着数据库技术应用的深入，数据库应用系统已成为现代信息技术的重要组成部分，是现代计算机信息管理以及应用系统的基础和核心。

（3）数据库管理系统基于数据模型，目前广泛使用的是关系数据模型，因而常见的数据库管理系统是关系型的数据库管理系统，它由一组相关联的数据集合和一组用以访问这些数据的程序组成。数据库管理系统的基本目标是为用户提供一个方便、高效地存取数据的环境。

（4）数据库系统是一个由硬件和软件构成的系统，主要用来管理大量数据、控制多用户访问、定义数据管理构架、执行数据库操作等。数据库系统的主要应用是实现数据信息管理。

（5）数据库应用系统是指由系统开发人员利用数据库系统资源开发出来的、面向某一类实际应用的应用软件系统，其开发过程被称为数据库应用系统设计。

（6）数据库技术与网络通信技术、人工智能技术、多媒体技术等相互结合和渗透，是新一代数据库技术的显著特征。数据库技术随着信息技术发展而发展，目前，数据库朝着分布式数据库、面向对象数据库、知识数据库、数据挖掘、Web 数据库和大数据等方向发展。

习　题　8

一、选择题

1．在数据管理技术发展中，文件系统与数据库系统的重要区别是数据库具有（　　）。

　　A．数据可共享　　　B．数据不共享　　　C．特定数据模型　　　D．数据管理方式

2．DBMS 对数据库中的数据进行查询、插入、修改和删除操作，这类功能称为（　　）。

　　A．数据定义功能　　B．数据管理功能　　C．数据控制功能　　　D．数据操纵功能

3．数据库的概念模型主要用来描述（　　）。

　　A．具体计算机　　　B．E-R 图　　　　　C．信息世界　　　　　D．现实世界

4．设同一仓库存放多种商品，同一商品只能放在同一仓库，仓库与商品是（　　）。

　　A．一对一关系　　　B．一对多关系　　　C．多对一关系　　　　D．多对多关系

5．关系数据模型使用统一的（　　）结构，表示实体与实体之间的联系。

　　A．数　　　　　　　B．网络　　　　　　C．图　　　　　　　　D．二维表

6．在 E-R 图中，用来表示实体的图形是（　　）。

　　A．矩形　　　　　　B．椭圆形　　　　　C．菱形　　　　　　　D．三角形

7．用二维表来表示实体及实体之间联系的数据模型是（　　）。

　　A．关系模型　　　　B．网状模型　　　　C．层次模型　　　　　D．链表模型

8．数据库设计的根本目标是要解决（　　）问题。

　　A．数据共享　　　　B．数据安全　　　　C．大量数据存储　　　D．简化数据维护

9．在数据库系统的三级模式结构中，用来描述数据库整体逻辑结构的是（　　）。

　　A．外模式　　　　　B．内模式　　　　　C．存储模式　　　　　D．概念模式

10．在关系数据库中，元组在主关键字各属性上的值不能为空，这是（　　）约束的要求。

　　A．实体完整性　　　B．参照完整性　　　C．数据完整性　　　　D．用户定义完整性

二、问答题

1．什么是信息？什么是数据？两者之间有何关系？

2．图书馆与图书仓库有何区别？

3．数据库管理系统主要完成什么功能？

4．什么是概念模型？

5．关系模型是什么结构？

6．关系模型有哪些特点？

7．关系与关系模式之间有何关联和区别？

8．数据库设计的要求是什么？

9．数据库系统的体系结构是指什么？

10．数据库系统由哪些部分组成？

三、讨论题

1．你认为，目前广泛使用的关系数据是否还存在哪些不足？

2．你认为，数据库技术的发展与哪些学科的研究进展有关？

第 9 章　计算机网络技术

【问题引出】计算机网络是计算机技术和通信技术相结合的产物，它不仅使计算机的体系结构发生了巨大变革，还改变了人们的生活和工作方式，已成为数字化、网络化和信息化的时代特征。本章按照学科形态的 3 个方面来介绍计算机网络及其信息安全技术。

【教学重点】计算机网络的基本类型、体系结构——抽象；网络信息传输、数据编码、分组交换——理论；网络结构组成与 Internet 应用——设计；计算机信息安全技术——理论与设计。

【教学目标】了解计算机网络的发展过程、网络的基本类型、网络数据传输；熟悉网络的结构组成、网络互联、因特网的基本应用和信息安全技术；掌握网络通信协议和层次模型等概念。

9.1　计算机网络概述——抽象

计算机网络是基于信息传播和信息处理的综合技术，也是当今信息时代的主要特征。它不仅呈现计算学科的 3 个形态（抽象、理论、设计），也体现出计算思维的本质（抽象和自动化）。在计算机网络技术中，"抽象"不仅是诸多重要概念的集合，更是构建一个计算机网络最重要的一环。

9.1.1　网络的基本概念

1. 计算机网络的定义

计算机网络（computer network）是指把分布在不同地点，并具有独立功能的多个计算机系统通过通信设备和线路连接起来，在功能完善的网络软件和协议的管理下，以实现网络中资源共享和交换为目标的系统。其中，资源共享是指网络系统中的计算机用户能享受网络内其他计算机系统中的全部或部分资源。显然，该定义是对一个复杂系统结构组成的抽象，并包括理论和设计。

2. 计算机网络的形成

计算机网络从 20 世纪 60 年代开始发展至今，经历了从简单到复杂、从单机到多机、由终端与计算机之间的通信演变到计算机与计算机之间的直接通信，经历了 4 个阶段。

（1）远程联机阶段。20 世纪 50 年代，那时的计算机网络是由一台大型计算机充当主机（host），与若干台远程终端（terminal）通过通信线路连接起来，构成面向终端的"计算机网络"。

（2）互联网络阶段。20 世纪 60 年代中期，英国国家物理实验室（National Physics Laboratory，NPL）的戴维斯（Davies）提出了分组（packer）的概念。1969 年，美国国防部高级研究计划局（Advanced Research Projects Agency，ARPA）研制了分组交换网（Packet Switching Network，PSN），将分布在不同地区的多台计算机主机用通信线路连接起来，彼此交换数据、传递信息，形成了真正意义上的计算机网络。PSN 的核心技术是分组交换技术，它为 Internet 的形成奠定了基础。

（3）标准化网络阶段。从 20 世纪 70 年代开始，计算机网络采用直接通信方式。1972 年后，国际上各种以太网、局域网、城域网、广域网等迅速发展，计算机生产商纷纷发展各自的计算机网络系统。由于网络系统是非常复杂的系统，计算机之间相互通信涉及许多复杂的技术规范问题，因此随之而来的是计算机网络体系与网络协议的国际标准化问题。

（4）网络互联与高速网络。进入 20 世纪 90 年代，计算机技术、通信技术和建立在互联网络技术基础上的计算机网络技术得到了迅猛的发展。特别是 1993 年美国宣布建立国家信息基础设施（National Information Infrastructure，NII）后，全世界许多国家纷纷制定和建立本国的 NII，从而极大推动了计算机网络技术的发展，使计算机网络进入了一个崭新的阶段，即"信息高速公路"。互联网络（Internetwork）和高速计算机网络也称为第四代计算机网络。

3．计算机网络的功能

计算机网络最大的优点是最大限度地为用户提供信息共享及信息的快速传递，网络的功能可概括为 5 个方面：资源共享（resource-sharing）、网络通信（network communication）、分布式处理（distributed disposal）、集中管理（centralized management）、均衡负荷（balancing load）。其中最重要的功能是资源共享和网络通信，它突破了地理位置的局限性，使网络资源得到充分利用，可实现大量用户的多媒体信息传输，包括音频、动画、视频图像、电子邮件和超文本网页等。

9.1.2　网络的基本类型

计算机网络有多种分类方法，可按网络的覆盖范围分类、按传输介质分类、按通信信道分类、按传输技术分类等。如果按照网络的传输介质及其覆盖范围分类，可分为有线网（cable network）和无线网（wireless network）。

1．有线网

有线网是指网络与网络之间以及网络与用户之间的信息传递是通过有线传输介质来实现的。根据网络连接的地理范围，可将有线网络分成为局域网、城域网、广域网和接入网。

（1）局域网（Local Area Network，LAN）是局部地区网络的简称，其作用范围是几百米到十几千米，所以一个企业或一个大学内部都可组建局域网，即企业网或校园网。局域网通常由计算机、服务器、防火墙设备、交换机、集线器、打印机等设备组成。

（2）城域网（Metropolitan Area Network，MAN）是网络规模局限在一座城市范围内，覆盖的地理范围从几十千米至数百千米。城域网是局域网的延伸，用于局域网之间的连接。城域网的传输介质和布线结构涉及的范围比较广，如在一个城市范围内各部门的计算机进行联网。

（3）广域网（Wide Area Network，WAN）又称为远程网，覆盖的地理范围从数百千米到数千千米，甚至上万千米。广域网用在一个地区、行业甚至在全国范围内组网，达到资源共享的目的。例如，国家邮电、公安、银行、交通、航空、教学科研等部门组建的网络都属于广域网范畴。广域网一般使用远程通信线路，如载波线路、微波线路、卫星通信线路或专门铺设的光缆线路等。

（4）接入网（Access Network，AN）是近年来由于用户对高速上网的需求而出现的一种连接技术，用于局域网（校园网）和城域网之间的连接。

广域网、城域网、接入网和局域网都是具体的物理网络，其连接关系如图 9-1 所示。

图 9-1　广域网、城域网、接入网和局域网的连接

2. 无线网

随着计算机通信和网络技术的高速发展，无线通信及其无线网络已成为当今人们关注的热点。无线网可以构成一个覆盖全球的网络，人们在任何地点都可以接入网络，获取各种信息资源，利用个人数字助理（Personal Digital Assistant，PDA）、笔记本电脑、手机等，即可在网络上进行信息交互和各种商务活动。无线网与有线网的最大区别是传输介质的不同，无线网利用电磁波在空中传播信息。为了区分不同的信号，采用不同的频率进行信息传输。与有线网相似，无线网通常也按网络的覆盖范围分类。

（1）无线个域网（Wireless Personal Area Network，WPAN）是指在个人工作区域内，利用无线技术把所使用的电子设备（如手机、数码照相机、扫描仪、打印机等）与计算机连接起来，构成一个个人办公网络，通信范围通常为 10～100m。无线个域网的实现基于下面 3 种联网技术。

（2）无线局域网（Wireless Local Area Network，WLAN）是一种基于 IEEE 802.11 协议的无线局域网技术。其中，IEEE 802.11b 运行于 2.4GHz 频段，可以提供 11Mbps 数据传输速率；IEEE 802.11a 和 IEEE 802.11g 分别运行于 5GHz 频段和 2.4GHz 频段，可以提供 54Mbps 数据传输速率；IEEE 802.11n 协议为双频工作模式（2.4GHz 和 5GHz 两个工作频段），保障与 IEEE 802.11a/b/g 标准的兼容，可以提供 108Mbps 数据传输速率。

（3）无线城域网（Wireless Metro Area Network，WMAN）是以 IEEE 802.16 标准为基础，可以覆盖城市或郊区等较大范围的无线网络，目前比较成熟的标准有 IEEE 802.16d 和 IEEE 802.16e。IEEE 802.16d 标准在 50km 范围内的最高数据传输速率可达 70Mbps。IEEE 802.16e 标准可以支持移动终端设备在 120km 范围内以 70Mbps 数据传输速率接入。

（4）无线广域网（Wireless Wide Area Network，WWAN）是移动电话和数据业务使用的数字移动通信网络，可以覆盖相当广泛的范围甚至全球，一般由电信运营商进行维护。目前，数字移动通信网络主要采用全球移动通信系统（Global System for Mobile communications，GSM）和无线通信码分多址（Code Division Multiple Access，CDMA）技术，分别称为 2 代和 2.5 代移动通信系统，它们只能提供最快 100kbps（千比特率，数字信号传输速率，每秒传送多少个千位的信息）。

〖提示〗 实现有线网和无线网连接的线路被称为网络传输介质（媒介），它是实现数据信息传输的载体。目前，网络中常用的传输介质有双绞线、光纤、微波、卫星、红外线等。双绞线用于局域网连接，光纤用于有线网连接，微波、卫星、红外线用于无线网连接。对于传输介质的详细内容这里不予讨论，后续计算机网络课程中会有详细介绍。

9.1.3　OSI/RM 体系结构

计算机网络是由计算机及其互连设备通过通信线路连接起来的复杂系统，由于计算机的机型、连接方式、通信方式等各不相同，这就给网络中各节点间的连接和通信带来了很多的不便。为了实现计算机之间的通信，需要把每个计算机互联的功能划分成定义明确的层次，并且规定同层次进程通信的协议及相邻层之间的接口及服务。同层进程间的通信协议以及相邻层接口间的协议统称为网络体系结构，它是通信协议、网络分层及其服务的抽象集合。

国际标准化组织（International Standard Organization，ISO）采用三级抽象，即体系结构、服务定义和协议规则说明，它是一种开放系统互连参考模型（Reference Model of Open Systems Interconnection，OSI/RM）。体系结构部分定义 OSI/RM 的层次结构、各层关系及各层可能的服务；服务定义部分详细说明了各层所提供的功能；协议规则部分的各种协议精确定义了每层在通信中发送控制信息及解释信息的过程。

1．网络协议

计算机网络是由多个互连的节点组成的，各节点之间需要不断地交换数据和控制信息。要做到有条不紊地交换数据，每个节点必须遵守一些事先约定好的规则，规则明确地规定了所交换数据的格式和时序。把为网络数据交换而制定的规则、约定和标准统称为网络协议（network protocol），它是两个实体间完成通信或服务必须遵循的规则和约定。网络协议通常分为对等层间的对话协议和相邻层间的接口协议，主要由以下三要素组成。

（1）语法（syntax）。语法规定了如何进行通信，即对通信双方采用的数据格式、编码等进行定义。例如，报文中内容的组织形式、内容的顺序、形式等。可见，语法定义的是如何写。

（2）语义（semantics）。语义规定了用于协调双方动作的信息及其含义，是发出的命令请求、完成的动作和返回的响应组成的集合，即对发出的请求、执行的动作以及对方的应答做出解释。例如，报文由哪些部分组成？哪些部分用于控制数据？哪些部分是真正的通信内容？这些都是协议的语义问题。可见，语义定义的是写什么。

（3）时序（timing）。时序规定了事件实现顺序的详细说明，即确定通信状态的变化和过程，如通信双方的应答关系、是采用同步传输还是异步传输等。可见，时序定义的是先后顺序。

2．OSI/RM 模型

为了促进多个厂家的国际合作、网络体系结构标准化，1977 年，ISO 成立了 SC16 委员会，在研究、吸取了各计算机厂商网络体系标准化经验的基础上，制定了 OSI/RM，采用分而治之的思想，将整个网络按照功能分为 7 层，要求在两个通信实体（系统 A 和系统 B）必须遵循这7 层结构，如图 9-2 所示。

（1）物理层（physical layer）：利用传输介质为通信网络节点之间建立、维护和释放物理连接，实现比特流的透明传输，进而为数据链路层提供数据传输服务，即连接通信媒体实现数据传输。

（2）数据链路层（data link layer）：在物理层所提供服务的基础上，数据链路层在通信的实体间建立数据链路连接，传输以帧（frame）为单位的数据包，并进行差错检测和流量控制，形成无差错数据链路。

（3）网络层（network layer）：为分组（packet）交换网络上的主机提供通信服务，为以分组为单位的数据包通过子网选择适当的路由，解决多节点传送时的路由选择、拥塞控制和网络互联等。

图 9-2　OSI/RM 的结构

（4）传输层（transport layer）：向用户提供端到端（end-to-end）的数据传输服务，解决对上层屏蔽下层的数据传输问题。

（5）会话层（session layer）：负责维护通信中两个节点之间的会话连接的建立、维护和断开，实现应用进程之间的通信控制，管理数据的交换。

（6）表示层（presentation layer）：用于处理在两个通信系统中交换信息的表示方式，主要包括不同数据格式的变换、数据的加密与解密、数据压缩与解压等。

（7）应用层（application layer）：直接为最终用户提供各种应用服务，包括用户使用的协议。

分层处理是人们处理复杂问题的抽象方法。OSI/RM 层与层之间的联系是通过各层之间的接口来进行的，上层通过接口向下层提出服务请求，而下层通过接口向上层提供服务，实现上层的意图。两个用户计算机通过网络进行通信时，除了物理层，其余各对应层之间均不存在直接的通信关系，而是通过各对应层的协议进行通信。在实际中，当两个通信实体通过一个通信子网进行通信时，必然会经过一些中间节点。一般来说，通信子网的节点只涉及低 3 层的结构。

〖提示〗 不同层次抽象出来的外在属性是不同的，低层抽象一般体现出高层抽象的属性，但不能代表高层抽象；高层抽象蕴含了底层抽象的主要属性，但不能代表低层抽象的全部属性。

9.1.4　TCP/IP 体系结构

美国国防部高级研究计划署（ARPA）从 20 世纪 60 年代开始致力于研究不同类型计算机网络之间的互连问题，并成功开发出了著名的传输控制协议/网际协议（Transmission Control Protocol/Internet Protocol1，TCP/IP）。TCP/IP 协议可以实现异型网的互联（interconnection）与互通（intercommunication）。

TCP/IP 由 TCP 和 IP 这两个主要协议而得名，Internet 上所有网络和主机之间进行交流所使用的共同"语言"，是 Internet 上使用的一组完整的标准网络连接协议。通常所说的 TCP/IP 协议实际上包含了大量的协议和应用，且由多个独立定义的协议组合在一起。因此更确切地说，应该称其为 TCP/IP 协议集。

1. TCP/IP 协议

TCP/IP 协议之所以能迅速发展起来，不仅因为它是美国军方指定使用的协议，更重要的是因为它恰恰适应了世界范围内数据通信的需要。TCP/IP 协议具有以下特点。

（1）开放的协议标准：可以免费使用，并且独立于特定的计算机硬件与操作系统。

（2）独立于特定的网络硬件：可以运行在局域网、广域网，更适合互联网。

（3）统一的网络地址分配方案：整个 TCP/IP 设备在全网中具有唯一的 IP 地址。

（4）标准化的高层协议：可以提供多种可靠的用户服务。

2．TCP/IP 模型

在如何用分层模型来描述 TCP/IP 的问题上目前争论很多，但共同的观点是 TCP/IP 参考模型可以分为 4 层：应用层、传输层、互联层、网络接口层。TCP/IP 的层次结构与 OSI/RM 层次结构的对应关系如图 9-3 所示，TCP/IP 各层的功能作用如下。

（1）应用层（application layer）。对应 OSI/RM 的高 3 层（应用层、表示层、会话层），与 OSI/RM 中的高 3 层的任务相同，主要功能是为用户提供网络服务，如文件传输协议（File Transfer Protocol，FTP）、远程登录（telnet）、域名服务（Domain Name Service，DNS）和简单网络管理协议（Simple Network Management Protocol，SNMP）等。用户通过应用程序编程接口（Application Programming Interface，API）调用应用程序来

图 9-3　OSI 模型与 TCP/IP 模型对应

使用 Internet 提供的多种服务。应用程序负责收发数据，并选择传输层提供的服务类型，然后按传输层要求的格式递交。

（2）传输层（transport layer）。对应 OSI/RM 的第 4 层，主要功能是提供可靠的数据流传输服务，确保端到端应用进程之间无差错地通信，常称为端到端通信。因此，TCP/IP 参考模型的传输层与 OSI/RM 参考模型的传输层功能是相似的。

（3）互联层（interconnection layer）。互联层也称为网际层（internet layer）或 IP 层，对应 OSI/RM 的网络层，主要功能是负责异构网或同构网的计算机进程之间的通信，将传输层的分组封装为数据报（datagram）格式进行传输，每个数据报必须包含目的地址和源地址。在 Internet 中，路由器是网间互联的关键设备，路由选择算法是网络层（包括互联子层）的主要研究对象。

（4）网络接口层（network interface layer）。网络接口层也称为网络访问层，是 TCP/IP 协议栈的底层，对应 OSI/RM 参考模型的物理层和数据链路层，主要功能是负责与物理网络的连接。网络接口包含各种设备驱动程序，也可以是一个具有下 3 层协议的通信子网，支持现有各种网络的接入标准。

〖提示〗TCP/IP 模型与 OSI/RM 参考模型有很多相似之处，都是基于独立的协议栈的概念，而且各层的功能大体相似，但在模型设计、层间调用关系、可靠性要求等方面是不同的。两者的最大区别在于 OSI/RM 是理论参考模型，而 TCP/IP 是实际应用模型。

9.2　网络数据传输——理论

在网络上传递的信息包括数值数据、符号、文字、音频、音乐、图形、图像、视频等。为了高效、可靠地传递各种信息，必须研究数据在传输介质上的传输问题，包括数据通信、数据传输方式、多路复用传输、数据调制编码、数据分组交换等，这些都是网络数据传输的理论基础。

9.2.1　网络数据通信

计算机网络中的数据通信（data communication）是指在计算机之间、计算机与终端以及终端与终端之间传送字符、数字、语音、图像的过程，涉及如下概念及其理论。

1．数据类型

在网络通信线路中传输的数据信息，根据数据性质，可分为模拟数据和数字数据两种。

（1）模拟数据（analog data）指在时间和幅值取值上都是连续的，其电平随时间连续变化，如声音、语音、视频和动画片等。

（2）数字数据（digital data）指在时间上是离散的，在幅值上是经过量化的，一般是由二进制代码 0、1 所组成的数字序列。

2．信号类型

信号是数据的具体物理表现形式，具有确定的物理描述，并且通常分为模拟信号和数字信号。

（1）模拟信号（analog signal）是一种连续变化的电脉冲序列，如电话语音信号、电视信号等，是随时间变化的函数曲线。模拟信号的优点是适于远距离传输；缺点是容易产生失真。

（2）数字信号（digital signal）是一种离散的、不连续的电信号，通常用“高”和“低”电平的脉冲序列组成的编码来表示数据。数字信号的优点是不易产生失真；缺点是不适于远距离传输，所以在远距离通信时，需要将其转为模拟信号。

〖提示〗　无论是模拟信号还是数字信号，都是信息的具体表现形式，信息是该数据的内容或解释。数据与信息之间的关系是数据反映信息，而信息则依靠数据来表达。

3．数据通信系统

数据通信是在不同计算机之间传送表示字母、数字、符号的二进制代码 0、1 比特序列的过程，数据通信系统就是这个过程的物理实现，并且由发送设备、传输信道和接收设备三部分组成。数据通信系统如图 9-4 所示。

图 9-4　数字通信系统基本组成

产生和发送信息的一端称为信源；接收信息的一端称为信宿；把信源传送到信宿的通信线路称为信道；把信道能传输信息的最大能力称为信道容量（channel capacity）。信道容量和信道带宽成正比，信道带宽越宽，容量越大，传输效率越高。信道容量的计算有两条著名的定理。

奈奎斯特（Nyquist）定理　1942 年，奈奎斯特证明，任何一个信号如果通过带宽为 W（Hz）的理想低通滤波器，若每秒取样 $2W$ 次，即可完整地重现该滤波过后的信号。在理想条件下（无噪声有限带宽 W 的信道），其最大的数据传输速率 C（信道容量）为

$$C = 2W\log_2 N$$

其中，N 为离散性信号或电平的个数。

香农（Shannon）定理　1948 年，香农在奈奎斯特定理基础上进而给出了在有噪声的环境中，信道容量将与信噪功率比有关。信道容量与信道带宽之间的关系为

$$C = W\log_2(1 + S/N)$$

其中，N 为噪声功率；S 为信号功率。信道传输的信息多少完全由信道带宽所决定。此时，信道中的每秒所传输的最大比特数由奈奎斯特定理决定为

$$R_{max} = 2W\log_2 L$$

其中，R_{max} 为最大功率；W 为信道带宽；L 为信道上传输的信号可取的离散值的个数。

9.2.2　数据传输方式

计算机网络中的数据传输方式分为串行传输与并行传输方式，同步传输与异步传输方式。

1. 串行传输与并行传输

（1）串行传输（serial transmission）是指数据以串行方式在一条信道上传输，在计算机中通常用 8 位二进制代码表示一个字符。在数据通信中，可以按如图 9-5 所示的方式，将待传输的每个字符的二进制代码按由低位到高位的顺序依次传输，称为串行传输。由于计算机内部都采用并行传输，因此数据在发送前，要将计算机中的字符进行并/串变换，而在接收后，要通过串/并变换，还原成计算机的字符结构，才能实现串行通信。

（2）并行传输（parallel transmission）是指数据以成组的方式在多个并行信道上传输。数据通信中将表示一个字符的 8 位二进制代码同时通过 8 条并行的通信信道发送出去，每次发送一个字符代码，这种工作方式称为并行传输，如图 9-6 所示。

图 9-5　串行传输方式　　　　　　　　　　　图 9-6　并行传输方式

显然，串行传输只需要在收发双方之间建立一条通信信道，因而费用低，但速度慢；并行传输需要在收发双方之间建立并行的多条通信信道，因而费用高，但速度快。

2. 同步传输与异步传输

在数据通信系统中，整个计算机通信系统能否正确、有效地工作，在相当程度上依赖是否能很好地实现同步。当发送端与接收端采用串行通信时，通信双方交换数据，必须高度协调，彼此间传输数据的速率、每位持续时间和间隔必须相同；否则，收发之间会产生误差，导致传输的数据出错。因此，收发之间的同步是数据传输中的关键技术之一。目前，串行通信的传输按通信约定的格式分为两种，即同步传输和异步传输。

（1）同步传输（synchronous transmission）。数据通信系统中通常使用的同步技术分为两类，一类是位同步，另一类是字符同步。

① 位同步（bit synchronous）。数据通信的双方如果是两台计算机，其时钟频率即使标称值都相同（均为 166MHz），也会存在一定频率误差。因此，在数据通信过程中，首先要解决收发双方的时钟频率的一致性问题。解决的基本方法是要求接收端根据发送端发送数据的起止时间和时钟频率，来校正自己的时间基准与时钟频率。

② 字符同步（character synchronous）。保证收发双方正确传输字符的过程称为字符同步。

字符同步传输将字符以组为单位传送，在每组字符前加上一个用于同步控制的同步字符 SYN，数据结束后加上后同步信号，接收端根据 SYN 与后同步信号确定数据字符的起始与终止。所加前、后同步信号与所传输的数据信息构成一个完整的同步传输方式下的数据单位，称为数据帧，简称帧。帧是数据链路层的数据传输单位，同步传输方式如图 9-7 所示。

图 9-7　同步传输方式

（2）异步传输（asynchronous transmission）。为了实现字符同步，每个字符的第一位前加 1 位起始位（逻辑 1），字符的最后一位后加 1 位或 2 位终止位（逻辑 0），如图 9-8 所示。

图 9-8　异步传输方式

异步传输的特点是每个字符作为一个独立的整体进行发送，字符之间的时间间隔可以是任意的，因而实现比较容易。但每传输一个字符都需要多使用 2～3 位，所以只适合低速通信。

9.2.3　多路复用传输

在通信工程中，通信线路架设的费用相当高昂，而在通信网络中传输介质的传输容量通常都超过了单一信道传输的通信量。为了提高线路的利用率，必须研究在一条物理线路上建立多条通信信道的技术，使多路数据信号共同使用一条电路进行传输，这就是载波通信中的多路复用（multiplexing）传输技术，即在一条线路上实行多路通信，从而使通信线路得到高效利用。多路复用传输的基本原理如图 9-9 所示。

图 9-9　多路复用传输的基本原理

多路复用调制把来自多个输入线路的信号组合、调制成一个复合信号，并将此信号送至高速通信线路。对方多路复用解调将复合信号通过解调还原各路信号，然后送往各个用户端。连接两端多路复用设备（多路复用器）的传输媒体可以是具有频率带宽很宽的光纤电缆、地面微波、卫星设施等，不同的传输媒体具有不同的带宽。多路复用可分为频分多路复用、时分多路复用、波分多路复用和码分多路复用等基本形式，这里简要介绍频分多路复用技术。

频分多路复用（Frequency Division Multiplexing，FDM）引用了载波通信中频分复用的概念，把传输媒体信道的可用频带进行分割，分成多个互不交叠的频段，每路信号以不同的载波频率进行调制，而且各载波频率是完全独立的，即各路信号所占用的频带不相互重叠，相邻信号之间用"警戒频带"隔离，以防多路信号之间的相互干扰。那么，各频带就能独立地传输一路信号。在载波电话系统中，每路需要 300～3400Hz 的带宽，双绞线电缆的可用带宽是 100kHz。因此，在同一根双绞线电缆上采用频分多路复用技术可传输多达 24 路电话。如果以 6 路为例，频分多路复用传输的基本工作原理如图 9-10 所示。

设单个信道带宽为 B_m，警戒信道带宽为 B_g，那么每个信道实际占有带宽 B_m+B_g，由 N 个

信道组成的频分多路复用系统所占用的总带宽为

$$N \times B_m + N \times B_g$$

图 9-10　频分多路复用传输的基本工作原理

频分多路复用技术的实质是将一个区域的多个用户信息通过多路复用器进行组合汇集，调制成一路复合信息，然后通过一条高容量的物理线路传送到接收设备；接收设备通过多路复用器将复用信息解调还原为多路信息分发到多个用户。这样就可以用一对多路复用器、一条通信线路来代替多套发送、接收设备与多条通信线路。

频分多路复用技术主要用于电话和电视（CAble Tele Vision，CATV）系统。一根 CATV 电缆的带宽约是 500MHz，可传输 80 个频道的电视节目。每个频道 6MHz 的带宽中进一步分为声音子通道、视频子通道、彩色子通道，并留有警戒频带。ITU 对 FDM 的信道群体系规定了标准，一个基群信道包含 12 路音频信道，5 个基群构成一个超群，5 个超群构成一个主群。

9.2.4　数据调制编码

计算机中的数据是用二进制 0、1 序列表示的，在物理上是用低电平和高电平来呈现的。由于在线路上传输的数据有模拟数据和数字数据，因此数据传输的通信信道有模拟信道与数字信道之分。为了便于不同数据在不同的信道中传输（适应不同的传输特性），在数据送入信道前必须对其进行调制和编码，即把一种数据特性转为另一种数据特性，然后进行数据编码。数据调制编码分为 4 种形式：数字-模拟调制编码、模拟-模拟调制编码、模拟-数字调制编码、数字-数字调制编码。实现调制和编码的设备称为"调制解调器"，在计算机网络中通常称为"猫"。调制和编码的信息转换形式如图 9-11 所示。它们分别用于不同状态环境下的信息转换，这里简要介绍模拟-数字调制编码和数字-数字调制编码。

图 9-11　数据调制与编码

1. 模拟-数字调制编码

模拟-数字调制编码是把模拟数据转换为数字信号的编码方法。由于数字信号传输失真小、误码率低、数据传输速率高、便于计算机存储，因此将模拟数据数字化已成为必然趋势。

模拟-数字调制编码的最常用方法是脉冲编码调制（Pulse Code Modulation，PCM），其典型应用是语音数字化。在计算机网络中，若将语音与计算机产生的数字、文字、图形、图像等同时传输，就必须将语音模拟数据数字化。PCM 的工作过程包括 3 个步骤：采样、量化与编码，如图 9-12 所示。

图 9-12　PCM 脉冲编码调制过程

（1）采样（sampling）。采样是模拟信号数字化的第一步。模拟信号是连续变化的信号，采样是在间隔的时间内将模拟信号的电平幅度值取出来作为样本，让其表示原来的信号。采样频率 f 应为

$$f \geqslant 2B \quad 或 \quad f = 1/T \geqslant 2f_{max}$$

其中，B 为通信信道带宽；T 为采样周期；f_{max} 为信道允许通过的信号的最高频率。

研究结果表明，如果以大于或等于通信信道带宽 2 倍的速率定时对信号进行采样，其样本可以包含足以重构原模拟信号的所有信息。目前，实际应用中一般采用 8000 次/秒的采样频率，每个采样信号被称为脉冲振幅调制（Pulse Amplitude Modulation，PAM）。

（2）量化（quantizing）。量化是将采样样本幅度按量化级决定取值的过程。经量化后的样本幅度为离散的量化级值，已不是连续值。量化的目的是为每个 PAM 信号设定一个信号值。量化之前要规定将信号分为若干量化级，如可分为 8 级、16 级或更多，这要根据精度要求决定；同时，规定好每一级对应的幅度范围。若量化范围为 0～127，则每个采样用 7 位二进制（2^7=128）来表示，量化速率需要 56000bps（8000×7）；若量化的范围为 0～255，则每个采样用 8 位二进制（2^8=256）来表示，量化速率需要 64000bps（8000×8）。

（3）编码（encoding）。码是用相应位数的二进制代码表示量化后的采样样本的量级。为了精确地还原成原来的模拟信号，量化值编码在传输数字信号至数模转换器时，其速率必须与采样时一样。经过转换后，信号才会与原来的模拟信号波形接近。

【例 9-1】　声音的带宽为 4000Hz，采用频率为 8000 次/秒，用 8 位二进制编码，则信道的数据传输速率为

$$8×8000 = 64000bps = 64kbps$$

2. 数字-数字调制编码

利用数字通信信道直接传输数字数据信号的方法称为数字信号的基带传输。数字信号在进行基带传输前，需要进行数字编码。数字信号的数字编码就是把数字信号用物理信号的波形表示，用高低电平的不同组合来表示二进制。常用的编码方式主要有 3 种：不归零编码、曼彻斯特编码和差分曼彻斯特编码，如图 9-13 所示。

图 9-13　数字数据信号的编码

（1）不归零编码（non-return to zero）：一种全宽码，即信号波形在一个码元全部时间内发出或不发出电流，每个码元占用全部码元的宽度。

（2）曼彻斯特编码（Manchester encoding）：目前应用最广泛的编码方法之一。其编码规则

是每位的周期 T 分为前 $T/2$ 与后 $T/2$ 两部分；前 $T/2$ 传输该位的反码，后 $T/2$ 传输该位的原码。

（3）差分曼彻斯特编码（differential Manchester encoding）：对曼彻斯特编码的改进，都是将时钟和数据包含在信号中，在传输代码信息的同时将时钟同步信号一起传输到对方，所以都属于自同步编码，其数据传输速率只有调制速率的 1/2。

9.2.5　数据分组交换

在网络通信中，数据通过网络节点的某种转发方式，实现从一个端系统到另一个端系统的数据传输技术称为数据交换技术。数据交换方式可分为电路交换、报文交换和分组交换。

计算机网络采用分组交换（packet switching），也称为报文分组交换或包交换，分组的目的是便于信息的传递。例如，从某出版社订购了 2000 本书，为了便于邮递，可将这 2000 本书分为 50 个包装（邮局的每个包装箱只能装 40 本书），如果把每个包装箱看成一个分组，并在每个包装箱上写上地址后寄出，那么每个包装箱可以经过不同的路径邮寄到你的手中。

网络上的数据传输与此相似。当通信子网接收主机 A 发来的数据（报文）太大，不便于网络传输时，则被分成一个个大小相等的数据段（如每个数据段为 1024b），每个数据段便构成了一个分组（packet），然后由路由器选择传输路径。假如将报文分为 3 个分组 P_1、P_2、P_3，路由器 C_A 根据通信子网当前的通路情况及通信量情况，将分组 P_1、P_2、P_3 沿不同的网络路径发送出去，接收端路由器 C_D 将收到的分组重新组装成报文，如图 9-14 所示。

图 9-14　数据报方式交换过程

为了便于接收和恢复，每个数据段的前面加了一个首部（header），每个数据段也被顺序编号。其中，首部包含目的地址、源地址、校验码等重要信息。这相当于将每个数据组装在一个特定的 IP 信封中，可以沿相同或不同的路径传递。当接收方收到所有的分组后，再按分组的编号从小到大将各分组组装起来，将数据复原。

〖提示〗　为了确保信息传输可靠无误，通常采用差错控制编码，对传输的信息进行校验。数据传输校验方法见《计算机科学与计算思维导论学习辅导》第 9 章关联知识中的"奇偶校验码"和"差错纠正码"。

9.3　网络结构组成——设计（Ⅰ）

如同计算机系统、数据库系统一样，一个完整的网络系统由硬件系统（网络设备）和软件系统（网络操作系统）组成，并且具有一定的结构和组成方式。本节讨论网络硬件系统的拓扑结构、逻辑结构和互连设备。不同的拓扑结构、逻辑结构、互连设备及其协议组成不同的网络系统。

9.3.1　网络的拓扑结构

拓扑学是几何学的一个分支。拓扑学首先把实体抽象成与其大小、形状无关的点，将连接实体的线路抽象成线，进而研究点、线、面之间的关系，即拓扑结构（topology structure）。

在计算机网络中，服务器、工作站等网络单元被抽象为"点"，电缆、双绞线等传输介质被抽象为"线"。从拓扑学的观点看计算机网络系统，就形成了由"点"和"线"组成的几何图形，从而抽象出网络系统的几何结构。因此，计算机网络的拓扑结构是指计算机网络中的通信线路和节点相互连接的几何排列方法和模式。拓扑结构影响着整个网络的设计、功能、可靠性和通信费用等方面，是决定局域网性能优劣的重要因素之一。计算机网络中的拓扑结构可以概括为以下 5 种。

1．总线型结构

总线型结构（bus-network structure）是指所有节点共享一条数据通道，一个节点发出的信息可以被网络上的多个节点接收。总线型结构采用一根传输总线，所有节点通过硬件接口连接在这根传输总线上，网络中的多个处理机、存储器和外围设备等共享同一通路，因而总线成了数据交换的唯一公共通路，如图 9-15 所示。

总线型结构的优点：结构简单、灵活、容易布线、可靠性高、容易扩充、不需要中央控制器、数据通道的利用率高、一个站点发送的信号其他站点都可接收，而且某个站点自身的故障一般不会影响整个网络，所以目前相当多的网络产品都采用总线型结构。

总线型结构的缺点：一是总线上的数据传输很容易成为整个系统的瓶颈，其次是故障诊断和故障排除都很困难，而且总线故障会导致整个系统的崩溃。总线上同时连接了多个节点，但在任一时刻只允许一个节点使用总线进行数据传输，其他节点只能处于接收或等待状态，因此效率低。

2．星状结构

星状结构（Star-network structure）是以服务器为中心，连接若干外围节点的辐射式互连结构，如图 9-16 所示。

图 9-15　总线型结构

图 9-16　星状结构

星状结构的优点：结构简单，容易在网络中增加新的站点，容易实现数据的安全性和优先级控制、网络监控，外围节点的故障对系统的正常运行没有影响。

星状结构的缺点：由于各外围节点之间的互相通信必须通过中央节点，因此中央节点出现故障会使整个网络不能正常工作。

3．树状结构

树状结构（tree-network structure）是星状结构的扩展，是分层次结构，具有根节点和分支节点，如图 9-17 所示。

在树状结构中，所有节点形成了一个层次化的结构，树中的各节点都为计算机。一般地，层次结构不宜过多，以免转接开销过大，使高层节点的负荷过重。

树状结构的优点：与星状结构相比，树状结构的通信线路总长度短、成本低、易于推广、适用于分级管理和控制系统，现代 Internet 基本上采用这种结构。

树状结构的缺点：结构对根节点的依赖性太大，当根节点出现故障时，全网不能正常工作，因此要求根节点和各层的分支节点具有较高的可靠性。

4．环状结构

环状结构（ring-network structure）是 IBM 公司推出的 IBM token ring 网络结构，将网络节点连接成闭合环路，其特点是符合 TCP/IP 协议和 IEEE 802.5 标准。在环状结构中，所有节点通过点到点通信线路连接成闭合环路，数据将沿一个方向逐节点传输，因此每个节点的地位和作用是相同的，并且每个节点都能获得执行控制权。该结构的显著特点是每个节点用户都与两个相邻的节点用户相连，因而具有上游节点和下游节点之称。用户 N 是用户 $N+1$ 的上游节点用户，$N+1$ 是 N 的下游节点用户。如果 $N+1$ 节点需将数据发送到 N 节点，则几乎要绕环一周才能到达 N 节点，如图 9-18 所示。

图 9-17　树状结构　　　　　图 9-18　环状结构

环状结构的优点：能连接各种计算机设备（从大型机到微型机），采用的电缆长度短，可采用光纤传输介质，并且控制软件简单、实时性强等。

环状结构的缺点：环路中的每个节点与连接节点之间的通信线路都会成为网络可靠性的屏障，网络的故障检测困难，网络中任何一个节点或线路的故障都会引起整个系统的中断；对于网络节点的加入、退出、环路的维护和管理都比较复杂。

5．网状拓扑结构

网状拓扑结构（netlink-network structure）中的所有节点之间的连接是任意的，目前实际存在与使用的广域网基本上采用网状拓扑结构，如图 9-19 所示。

图 9-19　网状拓扑结构

网状拓扑结构的优点：任意连接、互不影响、可靠性高、容错能力强，适合复杂拓扑结构。

网状拓扑结构的缺点：结构复杂、必须采用路由选择算法和流量控制、不易维护和管理。

〖提示〗 在局域网中，由于使用的中央设备不同，其物理拓扑结构（各设备之间使用传输介质的物理连接关系）和逻辑拓扑结构（设备之间的逻辑链路连接关系）也将不同。例如，使用集线器连接所有计算机时，其结构只能是一种具有星状物理连接的总线型结构，而只有使用交换机时才是真正的星状结构。选择拓扑结构的依据：一是简易性，要求易于安装和扩展；二是可靠性，易于故障诊断和隔离；三是适应性，适应软件、硬件的更新，并考虑对网络运行速度的影响。

9.3.2　网络的逻辑结构

计算机网络要完成数据处理与数据通信两大任务，因此可从逻辑功能上把数据处理和通信功能分开，将数据处理部分称为资源子网，而将通信功能部分称为通信子网（communication subnet）。在 Internet 中，用户计算机需要通过校园网、企业网或 Internet 服务提供商连入地区主干网，然后通过国家间的高速主干网形成一种由路由器互连的大型、层次结构的互连网络，如图 9-20 所示。

图 9-20　现代计算机网络的逻辑结构

1．通信子网

通信子网提供网络中的通信服务，是计算机网络的内层。通信子网的主要任务是将各种计算机互连起来，完成数据传输、交换和通信处理。就局域网而言，通信子网由网卡、缆线、集线器、中继器、网桥、路由器、交换机等设备和相关软件组成；就广域网而言，通信子网由一些专用的通信处理机节点交换机及其运行的软件、集中器等设备和连接这些节点的通信链路组成。目前，我国正在积极研究利用普通输电线、移动电话通信系统、电视网络等作为 Internet 的通信子网。

2．资源子网

资源子网（resources subnet）提供网络中的功能服务，是计算机网络的外层，由计算机系统、终端、终端控制器、连网外设、各种软件资源与信息资源组成。资源子网的主要任务是负责全网的数据处理业务，向网络用户提供各种网络资源和网络服务。资源子网拥有所有的共享资源及所有数据。

3. 以太网

以太网（ethernet）是资源子网的典型实例，是基于总线型结构的广播式网络，是现有局域网标准中最早标准化的局域网，也是目前最成熟、最成功、应用最广泛的一种局域网技术。基于载波监听多路访问/冲突检测（Carrier Sense Multiple Access/Collision Detect，CSMA/CD）方法、采用 IEEE 802.3 协议标准、运行在 10Mbps 速率的局域网称为传统以太网，数据传输速率在 100Mbps 以上的局域网称为高速以太网。今天的以太网已发展到千兆以太网（gigabit ethernet）、万兆以太网乃至更快的以太网。近年来，千兆以太网的数据传输速率为 1000Mbps，可以适应用户带宽的需求。

9.3.3　计算机网络互连

网络互连不仅要把多个网络用物理线路连接起来，更重要的是使它们能够透明地通信，使用户无法察觉不同网络之间的差异。网络互连实质上是网络协议之间的转换，网络协议都是分层的，不同网络使用的协议在不同协议层次上存在差别。OSI/RM 共 7 层，各种网络协议的功能不同，分属于不同的层次。不同功能层次的网络互连时，涉及的互连设备必然不同。从互连的层次上讲，通常有物理层互连、数据链路层互连、网络层互连和网络高层互连。不同层次的互连都有各自的互连特点及其互连设备。一般来说，网络采用的协议差别越大，进行互连的层次就越高，互连设备的实现也就越复杂。网络各层与相应设备的对应关系如图 9-21 所示。

图 9-21　互联设备及其连接

1. 网关

网关（gateway）也称为网间连接器、协议转换器，是工作在 OSI/RM 参考模型高 3 层（会话层、表示层和应用层）的软件、硬件。网关的硬件用来提供不同网络的接口，软件则实现不同网络协议之间的转换。例如，一个校园网的内部局域网常常需要通过安全网关对 Internet 进行访问。

网关的主要作用是实现不同网络传输协议的翻译和转换工作，因此又被称为网间协议转换器。网关的重要功能是完成网络层上的某种协议之间的转换，将不同网络的协议进行转换，即把一种网络协议变成另一种网络协议，把一种数据格式变成另一种数据格式，把一种传输速率变成另一种传输速率，以求两者的统一。网关好比是语言翻译，能进行两种语言的翻译。

2. 路由器

路由器（router），又称为选径器，工作在网络层上，用于将两个或多个逻辑上相互独立的网络互连。路由与交换的主要区别在于：交换发生在数据链路层，路由发生在网络层。

路由器连接的物理网络可以是同构网络，也可以是异构网络，多协议路由器能支持多种不同的网络协议，能够容易地实现 LAN-LAN、LAN-WAN、WAN-WAN 和 LAN-WAN-LAN 的多种网络连接形式。目前，路由器已经成为建设企业网或校园网中使用最为广泛的一种互连设备，也是局域网接入 Internet 的首选设备之一。Internet 就是使用路由器加专线技术将分布在各地的数千万个计算机网络互连的。

3. 网桥

网桥（bridge），又称为桥接器，是工作在数据链路层的中继设备，其主要作用是将两个或多个在数据链路层以上具有相同或兼容协议的局域网互连为一个逻辑网，使一个局域网上的用户可以透明地访问另一个局域网上的资源。同时，通过对网络上的数据帧进行筛选来实现网络分段，网桥将一个大的局域网分成若干网段，使网段间的通信量小于每个网段内部的通信量，以减少整个局域网中的信息流量，从而在某种程度上解决了信道拥挤的问题。因此，网桥不但可以扩展网络的距离或范围，而且可以提高网络系统的安全和保密性能。网桥不仅具有增强信号传输的功能，还具有信息收集、过滤、传输和数据链路层协议帧格式变换的功能。

4. 交换机

交换机（switch），也称为交换式集线器（switching hub），是专门为计算机之间能够相互通信且独享带宽而设计的一种包交换设备。从工作原理上，交换机与网桥一样，都工作在网络层。但从工作特性来讲，交换机提供全双工通信、流量控制和网络管理功能，并且可以直接替换网络中的集线器。交换机的最大特点是可以将一个局域网划分成多个端口，每个端口可以构成一个网段，扮演着一个网桥的角色，而且每个连接到交换机的设备都可以享用自己的专用带宽。目前，交换机已取代传统集线器在网络连接中的霸主地位。

5. 中继器

中继器（repeater）又称为转发器，是工作在物理层上的一种最简单的局域网设备，用来实现网络物理层网段之间的互连。由于传输介质存在电阻、电容和电感，当信号在介质中传输时，信号强度会逐渐减弱，信号波形也会发生畸变。中继器的功能就是将因传输而衰减和畸变的信号进行放大、整形和转发，以延长信号的传输距离。中继器的结构非常简单，只是物理层的信号增强，以便传输到另一个网段，而各网络段属于同一网络，各网段上的工作站可以共享某一网段上的文件服务器。

6. 集线器

集线器（hub）是局域网中重要的部件之一，其实质是一个多端口的中继器。中继器通常带有两个端口，用于连接一对同轴电缆，而随着双绞线以太网的出现，中继器被做成具有多个端口的装置，用于星形网络中，被称为集线器。因此，集线器有时也被称为中继集线器或多端口集线器，有些文献上也将中继器和集线器统称为中继器。因此，与中继器一样，集线器也是工作在物理层的设备。集线器具有放大和整形功能、检测冲突功能、端口扩展功能、数据转发功能、介质互连功能。

7. 网络接口卡

网络接口卡（network interface card），也称为网络接口适配器（network interface adapter），简称为网卡。它是插在计算机总线插槽内或某个外部接口上的扩展卡，是计算机联网必不可少而且极为重要的基本设备。

网卡的主要功能是充当计算机和网络缆线之间的物理接口,将计算机连接到网络中,完成物理层连接,并负责将计算机的数字信号转换成电信号或光信号在媒体中传输,实现介质访问控制(Medium Access Control,MAC)、循环冗余编码(Cyclic Redundancy Code,CRC)校验、曼彻斯特编码与解码、收发器与冲突检测功能。网卡还负责与网络操作系统配合工作,将要发送的数据转换为网络上其他设备能够识别的格式,通过介质传输,或从网络介质接收信息,并经过一系列信息处理,转换成网络程序能够识别的格式,提交给网络操作系统。

9.4　Internet 应用——设计(Ⅱ)

Internet 是起源于美国的、全世界最大的互联网络,是对全世界各地方已有的各种网络资源进行整合,组成一个横贯全球的庞大的互联网,被称为网络的网络。当初,组建该网的目的是便于研究部门和大学的研究人员及其学者探讨学术问题,因此有科研教育网(或国际学术网)之称。进入 20 世纪 90 年代,Internet 面向社会开放,人们不仅利用它进行学术研究,还越来越多地利用它开展商务活动。今天,Internet 不仅成为各行各业获取和发布信息的工具,还成为人们工作、学习、娱乐中不可缺少的一部分,并且正在改变人类的生产、工作、生活甚至思维方式。

9.4.1　Internet 的 IP 地址

1. IP 地址的概念

在日常生活中,通信双方借助于彼此的地址和邮政编码进行信件的传递。Internet 中的计算机通信与此相类似,网络中的每台计算机都有一个网络地址(相当于人们的通信地址),发送方在要传输的信息上写上接收方计算机的网络地址,信息才能通过网络传递到接收方。在 Internet 上,每台主机、终端、服务器和路由器都有自己的 IP 地址,这个 IP 地址是全球唯一的,用于标识该机在网络中的位置。由于目前使用的 IP 协议的版本为 4.0,所以又称为 IPv4,它规定每个 IP 地址用 32 个二进制位表示(占 4 字节)。例如:

第一台计算机的地址编号为	00000000 00000000 00000000 00000000
第二台计算机的地址编号为	00000000 00000000 00000000 00000001
⋮	⋮
最后一台计算机的地址编号为	11111111　11111111 11111111　11111111

则有 2^{32}=4 294 967 296 个地址编号,这表明因特网中最多可有 4 294 967 296 台计算机。

然而,要记住每台计算机的 32 位二进制数据编号是很困难的。为了便于书写和记忆,人们通常用 4 个十进制数来表示 IP 地址,分为 4 段,段与段之间用"."分隔,每段对应 8 个二进制位。因此,每段能表达的十进制数是 0～255。例如,32 位二进制数

11111111 11111111 11111111 00000111

就表示为　　　　　　　　　　　255.　　　255.　　　255.　　　7

其转换规则是将每个字节转换为十进制数据,因为 8 位二进制数最大为 255,所以 IP 地址中每个段的十进制数不超过 255。这个数据并不是很大,过不了几年就会用完,为此设计了 IPv6,它采用 128 位二进制数表示 IP 地址,这是个很大的数据(2^{128}),足够用许多年。

2．IP 地址的分类

在 Internet 中，根据网络地址和主机地址，常将 IP 地址分为 A、B、C、D、E 五类。A 类地址主要用于大型（主干）网络，其特点是网络数量少，但拥有的主机数量多。B 类地址主要用于中等规模（区域）网络，其特点是网络数量和主机数量大致相同。C 类地址主要用于小型局域网络，其特点是网络数量多，但拥有的主机数量少。D 类地址通常常用于已知地址的多点传送或者组的寻址。E 类地址为将来使用保留的实验地址，目前尚未开放。

常用的 A、B、C 三类 IP 地址的起始编号和主机数如表 9-1 所示。

表 9-1　A、B、C 三类 IP 地址

IP 类型	最大网络数	最小网络号	最大网络号	最多主机数
A	127（2^7-1）	1	127	$2^{24}-2=16777214$
B	16384（2^{14}）	128.0	191.255	$2^{16}-2=65534$
C	2097152（2^{21}）	192.0.0	223.255.255	$2^8-2=254$

Internet 最高一级的维护机构为网络信息中心，负责分配最高级的 IP 地址。它授权给下一级申请成为 Internet 网点的网络管理中心，每个网点组成一个自治系统。信息中心只给申请成为新网点的组织分配 IP 地址的网络号，主机地址则由申请的组织自己来分配和管理。自治域系统负责自己内部网络的拓扑结构、地址建立与刷新，这种分层管理的方法能有效地防止 IP 地址冲突。

9.4.2　Internet 的域名系统

IP 地址虽然解决了 Internet 上统一地址的问题，并用十进制数来表示各段的二进制数。但是这串用数字符号表示的 IP 地址非常难以记忆。因此，在 Internet 上采用了一套"名称-IP"的转换方案，即名称和 IP 地址对应的域名系统，而用来完成这一转换工作的计算机被称为域名服务器。

1．域名地址

DNS 使用与主机位置、作用、行业有关的一组字符来表示 IP 地址，这组字符类似英文缩写或汉语拼音，这个符号化了的 IP 地址被称为"域名地址"，简称为"域名"，并由各段（子域）组成。例如，搜狐的域名为 www.shou.com，所对应的 IP 地址为 61.135.150.74。显然，域名地址既容易理解，又方便记忆。

2．域名结构

Internet 的域名系统和 IP 地址一样，采用层次结构，每层由域或标号组成。最高层域名（顶级域名）由因特网协会（Internet Society）的授权机构负责管理。设置主机域名时必须符合以下规则。

（1）域名的各段之间以"."分隔。从左向右看，"."右边的域总是左边的域的上一层，只要上层域的所有下层域名字不重复，那么网上的所有主机的域名就不会重复。

（2）域名最右边的域为一级（顶级）域，如果该级是地理位置，则通常是国家（或地区）代码，如 cn 表示中国，如表 9-2 所示。如果该级中没有位置代码，就默认在美国。常用的机构顶级域名有 7 个，如表 9-3 所示。

表 9-2　国家或地区（部分）顶级域名

国家或地区	代　　码	国家或地区	代　　码	国家或地区	代　　码
中国	cn	英国	uk	加拿大	ca
日本	jp	法国	fr	俄罗斯	ru
韩国	kr	新加坡	sg	澳大利亚	au
丹麦	de	巴西	br	意大利	it

表 9-3　常用的机构顶级域名

代　　码	域 名 类 型	代　　码	域 名 类 型
com	商业组织	mil	军事部门
edu	教育机构	net	网络支持中心
gov	政府部门	org	各种非营利组织
int	国际组织	—	—

因为美国是 Internet 的发源地，所以美国的主机其第一级域名一般直接说明其主机性质，而不是国家（或地区）代码。如果用户看到某主机的第一级域名为 com、edu、gov 等，一般可以判断这台主机置于美国。其他国家（或地区）的第一级域名一般是其代码。

（3）第二级是"组织名"。由于美国没有地理位置，这一级就是顶级，对其他国家（或地区）来说是第二级。第三级是"本地名"即省区，第四级是"主机名"，即单位名。

（4）域名不区分大小写字母。一个完整的域名不超过 255 个字符，其子域级数不予限制。

3．域名分配

域名的层次结构给域名的管理带来了方便，每部分授权给某机构管理，授权机构可以将其所管辖的名字空间进一步划分，授权给若干子机构管理，形成树状结构，如图 9-22 所示。

在中国，一级域名为 cn，二级域名有教育（edu）、电信网（net）、团体（org）、政府（gov）、商业（com）等。中国的各省份，采用其拼音缩写，如 bj 代表北京、sh 代表上海、hn 代表湖南等。例如，长沙的 E-mail 主机域名为 pub.cs.hn.net，其中 cs 表示长沙，pub 是主机名。

4．DNS 服务

用户使用域名访问 Internet 上的主机时，需要通过提供域名服务的域名服务器将域名解析（转换）成对应的 IP 地址。当用户输入域名时，计算机的网络应用程序自动把请求传递到域名服务器，域名服务器从域名数据库中查询出此域名对应的 IP 地址并将其返回发出请求的计算机，计算机通过 IP 地址和目标主机进行通信，如图 9-23 所示。

图 9-22　域名结构　　　　　图 9-23　DNS 服务器把域名解析为 IP 地址

Internet 上有许多域名服务器，负责各自层次的域名解析任务。当主域名服务器的名字数据库中查询不到请求的域名时，会把请求转发到另一个域名服务器，直到查询到目标主机。如果所有域名服务器均查不到所请求的域名，则返回错误信息。

9.4.3　Internet 提供的服务

随着计算机网络的普及，其应用范围越来越广，服务方式越来越多。目前，Internet 提供的信息服务种类繁多，其服务方式可分为基本服务方式和扩充服务方式两类。基本服务方式包括万维网、电子邮件、远程登录和文件传输；扩充服务方式包括多媒体网络、流媒体技术、网络视频等。

1. WWW 服务

WWW（World Wide Web）称为环球信息网或万维网，简称为 Web 或 3W，是 1989 年设在瑞士日内瓦的欧洲粒子物理研究中心（CERN）发明的一种 Internet 信息浏览技术，其初衷是让世界范围内的物理学家能够同时共享科学数据。1991 年研制出了第一个浏览器，1994 年建立了世界上的第一个网站。经过多年的发展，WWW 已成为集文本、图像、声音和视频等多媒体信息于一体的信息服务系统。WWW 本质上是一种客户机/服务器（client/server）方式工作的，其服务方式如图 9-24 所示。

WWW 服务的实质是将查询的文档发送给客户计算机，以便在 Web 客户机浏览器中显示出来。Web 上的每一个页都拥有一个独立的地址，即统一资源定位器（Uniform Resource Locations，URL），以便查找所需页面。浏览器向统一命名的数据服务对象的网络服务器——WWW 服务器（Web 服务器）发送请求，而 WWW 服务器采用标准格式编码的响应来回复请求。

WWW 把分布在世界各地的信息点（网页）链接起来，构成一个庞大的、没有形状的信息网络。WWW 允许信息分布式存储，使用超文本方式建立这些信息的联系，用统一的方案描述每个信息点的位置，使得信息查询非常方便，信息的存储和插入非常自由。WWW 的应用已进入电子商务、远程教育、远程医疗、休闲娱乐与信息服务等领域，是 Internet 中的重要组成部分。

2. 电子邮件服务

电子邮件（Electronic mail，E-mail）服务是目前 Internet 使用最频繁、应用最广泛的一种服务，而且多数 Internet 用户对 Internet 的了解，都是从接发 E-mail 开始的。E-mail 之所以受到广大用户的青睐，是因为与传统通信方式相比，E-mail 能为 Internet 用户提供一种方便、快捷、高效、廉价、多元、可靠的现代化通信服务。身处在世界不同国家、地区的人们通过 E-mail 可在最短的时间内，花最少的钱取得联系，相互收发信件和传递信息。电子邮件服务的工作原理如图 9-25 所示。

图 9-24　WWW 服务工作方式

图 9-25　电子邮件服务的工作原理

3. 文件传输服务

文件传输服务是 Internet 上二进制文件的标准传输协议（File Transfer Protocol，FTP）应用程序提供的服务，所以又称为 FTP 服务，是广大用户获得 Internet 资源的重要方法之一，也是 Internet 中最早提供的服务项目之一。FTP 提供了在 Internet 上任意两台计算机之间相互传输文件的机制，不仅允许在不同主机和不同操作系统之间传输文件，还允许含有不同的文件结构和字符集。FTP 服务与其他 Internet 服务类型相似，也是采用 C/S 工作模式。FTP 服务器是指提供 FTP 的计算机，负责管理一个大的文件仓库；FTP 客户机是指用户的本地计算机，使每个联网的计算机都拥有一个容量巨大的备份文件库，这是单机无法比拟的。文件从 FTP 客户机传输到 FTP 服务器的过程被称为上传，文件从 FTP 服务器传输到 FTP 客户机的过程被称为下载，如图 9-26 所示。

图 9-26　文件传输工作过程示意图

4．远程登录服务

远程登录（telnet）是指在网络通信协议 Telnet 的支持下，用户本地的计算机通过 Internet 连接到某台远程计算机上，使自己的计算机暂时成为远程计算机的一个仿真终端，享用远程主机资源。通过远程登录，用户可以通过 Internet 访问任何一个远程计算机上的资源，并且可以在本地计算机上对远程计算机进行允许的操作。

5．新闻与公告类服务

Internet 的魅力不仅表现在能为用户提供丰富的信息资源，还表现在能与分布在世界各地的网络用户进行通信，并针对某个话题展开讨论。在 Internet 上讨论的话题涉及工作与生活的各个方面。用户既可以发表自己的意见，也可以领略别人的见解。新闻与公告类服务包括网络新闻组（usenet）、电子公告牌（Bulltin Board System，BBS）、现场实时对话（Internet Relay Chat，IRC，也称为 Internet 闲谈）、即时通信（Instant Messenger，IM）等。其中，即时通信是 Internet 上的一项全新应用，使得上网的用户把信息告知网络上的其他网友同时也能方便地获取其他网友的上网通知，并且能相互之间发送信息、传送文件、语音交谈甚至是通过视频进行交流。更重要的是，这种信息交流是即时的，这些服务涉及网络多媒体和流媒体技术。

9.5　信息安全技术——设计（Ⅲ）

计算机网络的广泛应用促进了社会的进步和繁荣，并为人类社会创造了巨大的财富。但是，由于计算机及其网络自身的脆弱性、人为的恶意攻击和破坏，也给人类带来了不可估量的损失。因此，计算机信息安全（computer information security）问题已成为重要的研究课题。

计算机信息安全是一门涉及计算机科学、网络技术、通信技术、密码技术、应用数学、数论、信息论等学科的综合性学科。信息安全的目标是保证信息的机密性、完整性和可用性。为保障信息安全，要求有信息源认证、访问控制等技术措施。目前，计算机信息安全技术主要包括防病毒技术、防黑客技术、防火墙技术、信息加密技术、数字认证技术等。

9.5.1　防病毒技术

计算机病毒（computer virus）概念最早由美国计算机专家 F.Cohen 博士提出。1987 年在计算机系统中发现世界上第一例计算机病毒——Brain，立即引起了全世界的注意。据国外统计，计算机病毒以每周 10 种的速度递增，直接威胁着计算机应用的安全性和可靠性，已成为现代高新技术的一大“公害”，1992 年被评为计算机世界的十大新闻之一。特别是随着计算机网络的普及应用，计算机病毒造成的危害更大，以致人们对此心存畏惧。因此，计算机病毒的防护已成为当前计算机用户关心的重大问题。增强安全意识，掌握计算机病毒防范技术已迫在眉睫。

1．病毒的定义

什么是计算机病毒？目前还没有一个令大家普遍接受的定义，但根据生物界（在医学上）对病毒的概念，即病毒的主要特征是传染性和危害性，所以目前对计算机病毒的定义一般是围绕着这两个特征来加以叙述的。著名计算机专家 Neil Shapiro 认为：计算机病毒是一种自身繁殖的程序，它能感染系统文件，并把自身传播到其他磁盘。

1994 年 2 月 18 日，我国正式颁布实施的《中华人民共和国计算机信息系统安全保护条例》第 28 条中明确提出：“计算机病毒是指编制或者在计算机程序中插入的破坏计算机功能或数据，影响计算机使用并能够自我复制的一组计算机指令或者程序代码。”

2．病毒的表现

计算机病毒与医学上的病毒不同，它不是天然存在的，而是人为制造的，即针对计算机软、硬件固有的缺陷，对计算机系统进行破坏的程序。正确、全面认识计算机病毒的表现，有助于反病毒技术的研究。根据计算机病毒的来源、定义、表现形式和破坏行为进行分析，可以抽象出病毒所具有的基本特点和特征。计算机病毒的主要特征是传染性、潜伏性、隐蔽性、激活性、破坏性；计算机病毒的主要特点是感染方式多，传播速度快、破坏性强、消除难度大。

3．病毒的类型

计算机病毒的种类繁多，现在计算机大多已联网，常见的网络病毒可以归纳为以下 5 种。

（1）网络病毒（Internet worm）。最典型的网络病毒是由欧美地区兴起的专攻网络的 GPI（Get Password I）病毒，是“耶路撒冷”病毒的变种，是专门突破 Novell 网络系统安全的病毒。

（2）电子邮件病毒（E-mail virus）。由于电子邮件的广泛使用，E-mail 已成为病毒传播的主要途径之一。有病毒的通常不是邮件本身，而是其附件，例如扩展名为 EXE 的可执行文件，或者是 Word、Excel 等可携带宏程序的文档。

（3）网页病毒（Web virus）。主要指 Java 及 ActiveX 病毒，大部分保存在网页中，所以网页也会感染病毒。对这种类型的病毒而言，当用户浏览含有病毒程序的网页时，并不会受到感染，但如果用户将网页存储到磁盘中，使用浏览器浏览这些网页时就有可能受到感染。

（4）网络蠕虫程序（network worms program）。通过扫描网络中计算机漏洞，并感染存在该漏洞的计算机，它是一种通过间接方式复制自身的非感染型病毒，具有极强的破坏力，可以在一分钟内感染网络中所有存在该漏洞的计算机。

（5）特洛伊木马程序（Trojan horse program）。它指伪装成合法软件的非感染型病毒，驻留在计算机里，随着计算机的启动而启动。它的工作方式通常是在某一端口进行侦听，试图窃取用户名和密码的登录窗口或试图从 Internet 服务器提供商盗窃用户的注册信息和账号信息。

4．病毒的防治

不论何种病毒，轻则对计算机系统的运行带来这样或那样的干扰，重则破坏或影响系统的正常运行，特别是通过网络传播的病毒，能在很短的时间内使整个计算机网络处于瘫痪状态，从而造成巨大的损失。因此，预防病毒的入侵、阻止病毒的传播和及时地清除病毒是一项非常重要的工作。自从计算机病毒的出现，人们不断地研制各种预防、检测和清除病毒的工具软件，我国研制的这类工具软件有瑞星杀毒软件、金山毒霸、360 安全卫士等。

〚提示〛 杀毒软件是针对不同病毒特征而研制的，现有杀毒软件对新的病毒往往显得无能为力。因此，最为有效的手段是提高安全意识，尽量不要随意使用（拷贝）来源不明的各类软件。

9.5.2　防黑客技术

提起计算机"黑客"，人们总是感到神秘莫测。"黑客"是英文 hacker 的音译，意思是"干了一件漂亮的事"。防黑客技术是当今计算机网络安全技术中一个十分重要的内容。

1．黑客的定义

黑客起源于 20 世纪 50 年代麻省理工学院的实验室中，最初是指热心于计算机技术、水平高超的计算机专家，通常是程序设计人员。黑客非常精通计算机软/硬件知识、对操作系统和编程语言有深刻的认识，善于探索计算机操作系统的奥秘，发现系统的漏洞所在。他们崇尚自由，反对信息垄断，倡导信息共享，公开他们的发现并与其他人共享。他们遵从的信念是，计算机是大众的工具，信息属于每个人、源代码应当共享，编码是艺术、计算机是有生命的。

2．黑客的分类

今天，人们常常把"黑客"与"计算机病毒制造者"画等号。其实不然，黑客也有好坏之分。一类黑客是协助人们研究系统安全性，出于改进的愿望，在微观层次上考察系统，发现软件漏洞和逻辑缺陷，编程检查软件的完整性和远程机器的安全体系，而没有任何破坏系统和数据的企图。这类黑客是计算机网络的"捍卫者"。

另一类黑客是专门窥探他人隐私、任意篡改数据、进行网上诈骗活动的，他们是计算机网络的"入侵者"。这类入侵者怀着不良企图闯入远程计算机系统甚至破坏远程计算机系统完整性，利用获得的非法访问权侵入政府、企业或他人的计算机系统，破坏重要数据。因此，入侵者的行为是恶意的、违法的。

由于有些黑客既是"捍卫者"，也是"入侵者"，因而在大多数人的眼里黑客就是入侵者，他们已成为人们眼中"计算机网络捣乱分子和网络犯罪分子"的代名词。当然，通常所讨论的黑客都是指的"入侵者"而不是"捍卫者"。

9.5.3　防火墙技术

防火墙（firewall）源于古时候人们常在寓所之间砌起一道砖墙，一旦火灾发生，是能够防止火势蔓延到别的寓所的一项安全措施。在信息时代，一个网络连接到 Internet 上，内部网络用户便可以与外部网络用户进行交互。同时，内部网络也很容易遭到外部网络的病毒传播和黑客攻击。

1．防火墙的定义

为了防止病毒传播和黑客攻击，可以在该网络与 Internet 之间插入一个中介系统，竖起一道安全屏障，这道屏障的作用是阻断来自外部通过网络对本网络的威胁和入侵，提供扼守本网络的安全和审计的唯一关卡，与古时候的防火砖墙有类似之处，因此，人们把这个屏障称为"防火墙"。防火墙的逻辑结构如图 9-27 所示。

图 9-27　防火墙的逻辑结构

由此可见，**防火墙是一种用来加强网络之间访问控制的特殊网络互连设备，如路由器、网关等**。防火墙对两个或多个网络之间传输的数据包和链接方式按照一定的安全策略进行检查，以此决定网络之间的通信是否被允许。防火墙能有效地控制内部网络与外部网络之间的访问及数据传送，从而达到保护内部网络的信息不受外部非授权用户的访问和过滤不良信息的目的。

2．防火墙的分类

目前，根据防火墙在 OSI/RM 中的逻辑位置和网络中的物理位置及其所具备的功能，可以分为如下两大类。

（1）基本型防火墙：包括包过滤路由器和应用级防火墙。

（2）复合防火墙：将两种基本防火墙结合使用，主要包括屏蔽主机防火墙和屏蔽子网防火墙。

3．防火墙的基本结构

构建防火墙系统的目的是最大程度地保护 Intranet（企业网）的安全，防火墙的主要作用就是对网络进行保护以防止其他网络的影响。不同类型的防火墙具有不同的特点，将它们正确地组合使用，便形成了目前流行的、基于分组过滤的防火墙体系结构。

（1）双宿主机网关（dual homed gateway）。双宿主机网关是用一台装有两个网络适配器的双宿主机做防火墙，这两个适配器中一个是网卡，与内网相连，另一个根据与 Internet 的连接方式，可以是网卡、调制解调器或 ISDN 卡等。其结构如图 9-28 所示。

图 9-28　双宿主机网关

双宿主机是用两个网络适配器分别连接两个网络，因而又称为堡垒主机（bastion host）。堡垒主机上运行防火墙软件，可以转发应用程序，提供服务等。堡垒主机是一个具有两个网络界面的主机，每一个网络界面与它所对应的网络进行通信。它既能作为服务器接收外来请求，又能作为客户转发请求。如果认为信息是安全的，那么代理就会将信息转发到相应的主机上，用户只能够使用代理服务器支持的服务。因此，这种防火墙有效地隐藏了连接源的信息，防止 Internet 用户窥视 Intranet 内部信息。在业务进行时，堡垒主机监控全过程并完成详细的日志（log）和审计（audit），这就大大地提高了网络的安全性。但是，双宿主机网关有一个致命弱点：一旦入侵者攻入堡垒主机并使其具有路由功能，则外网用户均可自由访问内网。

（2）屏蔽主机网关（screened host gateway）。屏蔽主机网关分为单宿堡垒主机和双宿堡垒主机两种类型，两种结构都易于实现，而且很安全。

① 单宿堡垒主机。其连接方式如图 9-29 所示。在此方式下，一个包过滤路由器连接外部网络，同时一个单宿堡垒主机安装在内部网络上。

② 双宿堡垒主机。其连接方式如图 9-30 所示。与单宿堡垒主机的区别是双宿堡垒主机有

两块网卡，一块连接内部网络，一块连接路由器。

图 9-29　单宿堡垒主机防火墙

图 9-30　双宿堡垒主机防火墙

　　（3）屏蔽子网（screened subnet gateway）。屏蔽子网在内部网络与外部网络之间建立一个起隔离作用的子网。该子网通过两个包过滤路由器分别与内部网络和外部网络连接，并且均可访问屏蔽子网，虽然不能直接通信，但可以根据需要在屏蔽子网中安装堡垒主机，为内部网络和外部网络之间的互访提供代理服务。向外部网络公开的服务器如 WWW、FTP、E-mail 等，可安装在屏蔽子网内。这样，无论是外部用户还是内部用户都可以访问。屏蔽子网的结构如图 9-31所示。

图 9-31　屏蔽子网防火墙

　　屏蔽子网是最为安全的一种防火墙体系结构，这种结构的特点是内部网络和外部网络均可以访问屏蔽子网。它具有屏蔽主机防火墙的所有优点，并且比之更加优越，安全性能高，具有很强的抗攻击能力。但这种结构需要的设备多、造价高、不易配置，且增加了堡垒机转发数据的复杂性。同时，网络的访问速度也要减慢，其费用明显高于以上几种防火墙。

9.5.4　信息加密技术

　　信息加密（encryption）是一种传统的密码技术，也是数据处理系统和通信系统中的一个重要研究课题。随着计算机网络和通信技术的发展，密码技术得到了前所未有的重视和迅速发展，已从一门古老而深奥的密码学发展成为计算机密码学。信息加密是研究计算机信息加密、解密及其变换的新兴科学，是数学、通信、网络和计算机的交叉学科，涉及物理方法、存取数据管理和控制、数据加密等数据安全技术，是实现数据保密与安全的有效方法，是信息安全技术中的重要内容。

1. 古典加密方法

　　古典加密方法，也称为传统加密方法，加密的历史可以追溯到文字通信的开始。常用的古典加密方法有代换密码、转换密码、二进制运算等。

　　（1）代换密码（substitution cipher）。代换密码是用一个或一组字符代换另一个或另一组字符，以起到伪装掩饰的作用。代换密码有单字符加密方法和多字符加密方法两种。

　　① 单字符加密方法。单字符加密方法是用一个（组）字母代替另一个（组）字母，古老的凯撒密码术就是如此。它把 A 变成 E，B 变成 F，C 变为 G，D 变为 H，即将明文的字母移位若干字母而形成密文。单字母加密方法有移位映射法、倒映射法、步长映射法等，如图 9-32 所示。

图 9-32　单字母加密

在单字母加密方法中，最典型的是罗马人凯撒发明的凯撒密码（Caesar Cipher）法。

【例 9-2】用凯撒密码法对英文单词 computer 进行加密。

将单词 computer 中的每个字符由与之对应的后一个字符替代,就变换成了字符串 dpnqvufs。computer 的含义是"计算机"，但字符串 dpnqvufs 的含义就很难理解了，从而起到了加密作用。

② 多字符加密方法。单字符加密方法的优点是实现简单，缺点是容易破译。多字符加密方法是对不同位置的字符采用不同的替换方式。

【例 9-3】采用（+1，−1，+2）的替换方式对 computer 加密。

将单词 computer 中的第 1 个字符右移 1 位，第 2 个字符左移 1 位，第 3 个字符右移 2 位，第 4 个字符又是右移 1 位；如此进行，完成明文中所有字符的替换。替换的结果为 dnoqtvfq。

（2）转换密码（convert password）。转换密码不是隐藏字符信息，而是重新安排字母的次序，以实现加密。

【例 9-4】设明文（原文）为

it can allow students to get close up views

对该明文实行加密，其方法可按以下 3 个步骤进行。

① 设定密钥为 GERMAN，并对密钥按字母表顺序由小到大编号，即

G	E	R	M	A	N
3	2	6	4	1	5

② 根据密码长度，将原文按顺序排列形成明文长度与密钥长度相同的明文格式，如图 9-33 所示。

③ 将密钥中的各字母及其编号与明文各列相对应，并按照密钥字母编号由小到大排序，把明文以此顺序按列重新排列，便是所形成的密文，如图 9-34 所示。

i	t	c	a	n	a
l	l	o	w	s	t
u	d	e	n	t	s
t	o	g	e	t	c
l	o	s	e	u	p
v	i	e	w	s	

图 9-33　明文格式

G	E	R	M	A	N
3	2	6	4	1	5
i	t	c	a	n	a
l	l	o	w	s	t
u	d	e	n	t	s
t	o	g	e	t	c
l	o	s	e	u	p
v	i	e	w	s	

图 9-34　密文表示

加密结果为

nsttustdooiilutlvawneewatscpcoegse

（3）二进制运算。利用二进制的逻辑运算 AND、OR、NOT、XOR 的运算特性进行加密。其中，异或运算对加密来说有一个很好的特性：一个数和另一个数进行两次异或运算，其结果又变回这个数本身，即

A XOR B XOR B=A

【例 9-5】 采用异或运算，对英文单词 computer 进行加密。

异或运算首先以 ASCII 形式把每个英文字符转换成二进制，然后选定一个 8 位二进制数 00001100 作为加密密码（也称为密钥），把每个明文字符的 ASCII 值分别与密钥进行异或运算（加密），即实行如下变换：明文字符→明文 ASCII 值→密文 ASCII 值→密文字符。

接收方用相同的密钥进行一次异或运算（解密），还原成明文。

古典加密方法简单，具有较高的可靠性，有的已沿用了数千年。直到现在，有些方法在某些场合还在应用。但这些方法很容易破密，如果借助计算机，就更容易了。图灵是破译密码的高手。在第二次世界大战期间，图灵在英国外交部的一个下属机构工作，他使用自己研制的译码机破译了德国军队的不少情报，为盟军战胜德国法西斯立了大功，被授予帝国勋章。

2．现代加密方法

现代密码学家研究的加密方法是在古典加密方法的基础上，采用越来越复杂的算法和较短的密码簿或密钥达到尽可能高的保密性。在现代加密方法中，常用的加密算法有 DEA 加密算法、IDEA 加密算法、RSA 加密算法、HASH 加密算法和量子加密系统等。根据使用的密钥方式不同，加密体制分为两类：对称式密码和非对称式密码。

（1）对称式密码（symmetric cryptosystem）指收发双方使用相同密钥的密码体制，传统加密方法都属于此类，采用数据加密算法（Data Encryption Algorithm，DEA），对称式密码的加密过程如图 9-35 所示。

对称式密码是 IBM 公司为保护产品的机密而研制的一种现代通用加密方法，后被美国国家标准局和国家安全局选为数据加密标准（Data Encryption Standard，DES），1981 年被采纳为 ANSI 标准，自动取款机（Automated Teller Machine，ATM）就是典例。

（2）非对称式密码（asymmetric cryptosystem）指收发双方使用不同密钥的密码，现代加密方式都属于此类。它相当于用两把密钥对付一把锁，开锁的不能关锁，关锁的不能开锁，非对称式密码的加密过程如图 9-36 所示。

图 9-35　对称式密码的加密过程

图 9-36　非对称式密码的加密过程

最具代表性的非对称加密算法是由 R.L. Rivest、A.Shamir 和 L.M. Adleman 三位教授于 1978 年在美国麻省理工学院研发出来的 RSA，他们获得了 2002 年度图灵奖。

RSA 使用很大的质数来构造密钥对与公钥发给所有的信息发送方，密钥由接收方保管，用来解密发送方用公钥加密后发送来的密文。RSA 的优点是密钥空间大，难以破译。RSA 的缺点是速度慢，如果 RSA 和 DES 结合使用，则正好弥补各自的缺点，即 DES 用于明文加密，RSA 用于 DES 密钥的加密。

（3）量子加密系统（quantum encryption system）。DES 及其类似算法要求加密和解密的密钥是相同的，因此密钥必须保密。量子加密系统是加密技术的新突破，它的原理是两个用户各自产生一个私有的随机数字字符串，第一个用户向第二个用户的接收装置发送代表数字字符串的单个量子序列（光脉冲），接收装置从两个字符串中取出相匹配的二进制值就可以组成密钥。

9.5.5　数字认证技术

数字认证是随着网络技术的广泛应用而形成的一种认证技术，既可用于对用户身份进行确认和鉴别，也可对信息的真实可靠性进行确认和鉴别，以防止冒充、抵赖、伪造、篡改等问题。数字认证技术涉及数字签名（digital signature）、数字时间戳（digital time stamp）、数字证书（digital certificate）和认证中心（Certificate Authority，CA）等，其中常用的是"数字签名"。

1．数字签名

数字签名是指通信双方在网上交换信息采用公开密钥法来防止伪造和欺骗的一种身份签证。在日常工作和生活中，人们对书信或文件的验收是根据亲笔签名或盖章来证实接收者的真实身份。在书面文件上签名有两个作用：一是因为自己的签名难以否认，从而确定了文件已签署这一事实；二是因为签名不易伪冒，从而确定了文件是真实的这一事实。但是，在计算机网络中传输的报文又如何签名盖章呢？这就是数字签名所要解决的问题。

2．数字时间戳

在交易文件的书面合同中，文件签署的日期和签名都是十分重要的。在电子交易中，同样需要对交易文件的日期和时间信息采取安全措施，数字时间戳就是为电子文件发表的时间提供安全保护和证明的。数字时间戳是由第三方提供的一种可信时间标记服务，通过该服务获得的数字时间戳数据来证明在某一时刻数据已经存在。数字时间戳是网上安全服务项目，由专门机构提供。

3．数字证书

数字证书从某个功能上来说很像是密码，是用来证实用户身份或对网络资源访问的权限等可出示的一个凭证。尤其是在电子商务中，如果交易双方出示了各自的数字证书，并用它们进行交易操作，那么双方都可不必为对方身份的真实性担心了。数字证书也可用于电子邮件、电子资金转移等方面。数字证书的内容格式是由 CCIT TX.509 国际标准规定的，必须包含的信息内容有证书的版本号、签名算法、数字证书的序列号、颁发数字证书的单位、证书拥有者的姓名、颁发数字证书单位的数字签名、证书拥有者的公开密钥、公开密钥的有效期等。

4．认证中心

在电子交易中，无论是数字时间戳服务还是凭证的发放，都不是靠交易的双方自己来完成的，那么公正性何在呢？因此，需要有一个具有权威性和公正性的第三方来完成。认证中心就是承担网上安全电子交易认证服务的，是签发数字证书并能确认用户身份的服务机构。认证中心的主要任务是受理数字凭证的申请，签发数字证书及对数字证书进行管理。

认证中心对外提供服务的窗口称为业务受理点，如果某些客户没有计算机设备，可以到业务受理点由工作人员实行录入和登记。业务受理点也可以担任用户证书发放的审核部门，审核用户提交的资料，决定是否为用户发放证书。办理 CA 认证包括接受用户证书的受理者（RS）、证书发放的审核部门（RA）、证书作废记录表（CRL）等。

CA 认证体系的层次结构如图 9-37 所示，上一级 CA 负责下一级 CA 数字认证书的申请，签发及管理工作。

图 9-37　CA 认证体系的层次结构

本 章 小 结

（1）计算机网络是计算机技术与通信技术高度发展、紧密结合的产物，网络技术的进步正在对当前信息产业的发展产生重要的影响。

（2）Internet 是由各种不同类型和规模、独立运行与管理的计算机网络组成的全球范围的计算机网络，由于其资源共享，使人们可以跨越时间和空间的限制，快速地获取各种信息。

（3）实现网络通信的关键是 TCP/IP 协议，IP 地址能唯一地确定 Internet 上每台计算机与每个用户的位置。在遵循相同协议的前提下，世界各地的人和组织进行相互通信，利用 Internet 信息资源和各种服务。对于用户来说，Internet 地址有两种表示形式：IP 地址和域名。

（4）Internet 是世界范围的信息资源宝库，所提供的主要服务包括信息浏览与搜索、文件的下载与上传、语音与图像通信、电子邮件的接收与发送、电子公告牌的使用等。

（5）随着计算机网络的广泛应用，计算机信息安全技术成为一个重要的研究课题。目前常用的计算机信息安全技术有反病毒技术、反黑客技术、防火墙技术、密码技术、数字认证技术等。

习 题 9

一、选择题

1．计算机网络的应用越来越普遍，它的最大好处在于（　　　）。
　　A．节省人力物力　　B．扩大存储容量　　C．实现资源共享　　D．实现信息交互
2．因特网是全球公认的（　　　）。
　　A．局域网　　　　　B．城域网　　　　　C．广域网　　　　　　D．互联网
3．因特网上的每台正式入网的计算机用户都有一个唯一的（　　　）。
　　A．E-mail　　　　　B．协议　　　　　　C．TCP/IP　　　　　　D．IP 地址
4．Internet 上每台主机都分配有一个 32 位的地址，每个地址都由两部分组成，即（　　　）。
　　A．网络号和地区号　　　　　　　　　B．网络号和主机号
　　C．国家号和网络号　　　　　　　　　D．国家和地区号
5．Internet 使用的基本网络协议是（　　　）。

A．IPX/SPX　　　　B．TCP/IP　　　　C．NetBEUI　　　　D．OSI

6．启动互联网上某一地址时，浏览器首先显示的那个文档称为（　　）。

A．主页　　　　　　B．域名　　　　　　C．站点　　　　　　D．网点

7．电子邮件地址由两部分组成，用@隔开，其中@前为（　　）。

A．用户名　　　　　B．机器名　　　　　C．本机域名　　　　D．密码

8．表示统一资源定位器的是（　　）。

A．HTTP　　　　　B．WWW　　　　　C．URL　　　　　　D．HTML

9．Internet 上的搜索引擎是（　　）。

A．应用软件　　　　B．系统软件　　　　C．网络终端　　　　D．WWW 服务器

10．在浏览网页时，若超链接以文字方式表示，则文字通常会带有（　　）。

A．括号　　　　　　B．下画线　　　　　C．引号　　　　　　D．方框

二、问答题

1．什么是因特网？

2．什么是网络体系结构？

3．什么是网络协议？

4．浏览器/服务器模式有哪些主要特点？

5．简述 WWW 的工作方式。

6．电子邮件应用程序的主要功能是什么？

7．域名结构有什么特点？

8．什么是防火墙技术？

9．目前流行的、基于分组过滤的防火墙体系结构有哪些类型？

10．什么是数字认证技术？

三、讨论题

1．你认为计算机网络发展的趋势是什么？计算机网络发展的关键技术是什么？

2．你认为电话通信与网络通信有何区别？既然有了无线网络，为什么还用有线网络？

3．你认为有了杀毒软件和防火墙技术能否确保网络用户不再受病毒影响和黑客入侵？

第 10 章　计算机前沿技术

【问题引出】随着信息社会的高速发展和人们对计算机应用需求的不断提高，需要不断研发新技术。目前，人工智能、虚拟现实、移动互联网、物联网、云计算、大数据等前沿技术的应用已渗透到各个领域，从而加速了信息社会的发展进程，便利了人际交互，也极大地提高了工作效率。本章仍按学科形态（抽象、理论、设计）方式介绍计算机新技术的"概念""技术""应用"。

【教学重点】人工智能、虚拟现实、移动互联网、物联网、云计算、大数据等技术特征和应用。

【教学目标】熟悉计算机新技术中，人工智能、虚拟现实、物联网、移动互联网、云计算、大数据等新技术的基本结构与组成；掌握这些新技术的基本概念；了解这些新技术的关键技术及其在相关领域中的基本应用。

10.1　人工智能技术

人工智能技术形成于 20 世纪 50 年代，它的研究、发展及其应用与计算机科学技术密切相关，因而成为计算机科学技术领域中的研究热点，并且一直备受世界关注。特别是在当今新信息时代，许多学科的研究和发展都涉及人工智能技术，例如智能管理、卫星导航、导弹跟踪、模型识别、人机对话等都基于人工智能技术的支撑。正因为如此，人工智能技术被提到国家发展战略的高度。

10.1.1　人工智能的基本概念

实现人工智能是人类自古以来的渴望和梦想，人类一直设法用机器来代替人的部分体力劳动，并用机器来延伸和扩展人类的某些智能行为。据史书《列子·汤问》记载，在我国西周时期（公元前 1066—公元前 771 年），周穆王曾经路遇一个名叫偃师的巧匠，他献给周穆王一个歌舞"机器人"，这个"机器人"会走路、会唱歌、会跳舞，使周穆王误以为是一个真人。这一记载标志着人类对人工智能持久而狂热的追求。人们把基于冯·诺依曼结构的电子数字计算机称为"电脑"，反映了人们对人工智能的期盼和渴望。

1. 冯·诺依曼结构计算机的局限性

自 20 世纪 40 年代以来，基于程序存储控制原理和二值逻辑的冯·诺依曼结构的计算机在串行符号处理方面获得了巨大的成功，凭借芯片集成度的不断提高和并行技术开发，以简单的逻辑运算为基础开发出了处理复杂运算的高精度和高速度，已成为当今信息时代人类社会各领域越来越离不开的工具。然而，冯·诺依曼结构的计算机并非适合一切问题，因为它存在如下致命弱点。

（1）在计算机硬件方面。冯·诺依曼结构的计算机最突出的特征是"控制驱动、共享数据、串行执行"，即指令的执行顺序和发生时机由指令控制器控制，指令指针指向哪一条指令时才能执行哪条指令；存储器的速度远低于 CPU，且每次只能访问一个单元，从而使 CPU 与共享存储器间的信息通路成为影响系统性能的"瓶颈"。不管 CPU 和主存的吞吐能力有多高，也不管主存的容量有多大，在 CPU 与主存之间只有一条且每次只能交换一个字的狭窄数据通道。美国计算机科学家约翰·巴克斯（John Backus）在 1977 年接受 ACM 图灵奖时的学术报告中，把这个狭窄的数据通道称为"冯·诺依曼瓶颈"，即使采用并行处理技术，只不过是基于冯·诺依曼体系的计算机系统性能的改进，随着器件的物理性能接近极限，这些改进所花费的代价会越来越高。

（2）在适应性方面。冯·诺依曼结构的计算机只适合求解确定性的、可以程序化的问题，这是由它的"程序存储控制"体系原理决定的，只能解释事先所存储的程序，只要针对问题的性质提出相应的算法并编制有效的计算程序，即可对问题进行求解。实践证明，冯·诺依曼结构计算机在高精度计算和一些可编程问题的求解以及过程模拟、过程控制等方面已经取得了巨大的成功，而对于那些找不到有效算法问题，如在人工智能、模糊识别、动力学过程模拟等方面，就碰到了有限时间和空间的障碍，对于人脑所具有的直觉感知、创造性思维、联想功能等更是无能为力。

（3）在软件开发方面。随着计算机应用的广泛与深入，软件的规模和复杂度越来越大，软件系统的开发成本、可靠性、可维护性、性能却越来越难以控制，人们把这种现象称为"软件危机"。解决"软件危机"的出路除了从改进软件的开发方法方面寻找出路，还可以从尽量减少人的干预入手，即把人工智能技术与软件工程结合起来，逐步实现程序设计自动化。

为了在以上 3 方面谋求突破性的进展，20 世纪 70 年代末开始了智能计算机的研究工作。为了能解决非确定性的问题，必须让机器具有人一样的智能，即开发人工智能。

2．人工智能的定义

人工智能（Artificial Intelligence，AI）就是通过某种机器（或系统）来实现"智能"行为，也指研究这样的智能系统是否能够实现以及如何实现的科学领域。由于人工智能是用人的大脑研究与大脑自身相关的问题，这在逻辑上似乎是一个悖论，从数学上看则是一个复杂的递归过程。但事实上，人们在研究大脑的过程中，大脑本身一直是在不断变化和发展的，一旦大脑的某个层面被研究得较清楚时，脑功能可能又发展了，原来的状态可能又改变了，与原来赖以研究的对象已经不再相同。由此可见，人工智能研究是一种螺旋式的研究，也是一种循序渐进的研究，其成果在各种实际问题中得到应用，并且随着研究的深入，应用领域也越来越宽。

到目前为止，对人工智能还没有一个确切的定义。人工智能从功能上至少应具有感知能力、记忆能力、思维能力、学习能力、自适应能力和行为能力。这些能力涉及计算机科学、控制论、信息论、生理学、神经生理学、语言学、哲学等多门学科。因此可以说：人工智能是研究、设计和应用智能机器或智能系统来模拟人类智能活动的能力，以延伸人类智能的科学，因而人工智能也称为机器智能（Machine Intelligence，MI）。目前，机器智能主要指通过普通计算机来实现的智能。

3．人工智能的三种观点

随着人工智能研究的展开，围绕人工智能的基本理论和方法等问题，形成了不同的学术观点，主要有符号主义、联接主义和行为主义三大学派，三种学派的研究对象和内容的侧重点各有不同。

（1）符号主义（symbolicism）是基于物理符号系统假设和有限合理性原理的人工智能学派。

符号主义认为，人工智能起源于数理逻辑，人的智能表现为认知，而认知的基本元素是符号（system），认知的过程就是符号操作过程，因此可以用计算机的符号操作来模拟人的智能行为。并且认为，人工智能的核心问题是知识表示、知识推理和知识运用。知识可以用符号表示，也可以用符号进行推理，因而有可能建立起基于知识的人工智能和机器智能的统一理论体系。

（2）联接主义（connectionism）是基于神经网络及其联接机制与学习算法的人工智能学派。

联接主义认为，人工智能源于仿生学，特别是对人脑模型的研究，所以该学派侧重于研究人的识别过程，模拟与机器感知的方法和技术，主要探讨视觉、听觉等感知神经系统活动机理和文字、图像、声音识别问题，从神经元开始进而研究神经网络模型，因而该学派开辟了人工智能的又一条发展道路。

（3）行为主义（actionism）是基于控制论和"感知—动作"型控制系统的人工智能学派。

行为主义认为，人工智能起源于控制论，提出智能取决于感知和行为，智能行为只能在现实世界中与周围环境交互作用而表现出来，而不是表示和推理，人工智能的研究方法应采用行为模拟方法，从而提出智能行为的"感知—动作"模式。因此，行为主义学派侧重于研究人和动物的智能行为特性模拟、智能控制的方法和技术。

4．人工智能的发展

正是由于不同的学术观点，不仅引起了人们对人工智能的高度关注和重视，而且不断涌现出新思想、新观念、新理论、新技术等，并不断取得研究进展，极大地加速了人工智能的发展进程，从而使人工智能成为一门新兴学科。由于人工智能是在计算机科学、控制论、信息论、神经心理学、哲学、语言学等多种学科研究的基础上发展起来的，因此又被看作一门综合性的边缘学科。

人工智能是当前科学技术发展中的一门前沿学科，有人把人工智能与空间技术、原子能技术一起誉为20世纪的三大科学技术成就，并且把它称为继工业革命后的又一次信息革命。如果说，冯·诺依曼结构计算机是把人类从繁重的体力劳动中解放出来，那么人工智能则是延伸人脑的功能，实现脑力劳动的自动化。

10.1.2　人工智能的关键技术

人工智能研究与实践已涉及本身的理论（知识表示、获取、存储、推理及应用），智能系统构造工具，机器学习，定理证明，模式识别，通用问题求解，专家系统等领域，可以把人工智能研究涉及的主要关键技术概括为以下5个方面。

1．模式识别

模式识别（pattern recognition）是研究如何使机器具有感知能力，主要研究视觉模式和听觉模式的识别，如识别物体、地形、图像、字体、照片、工程图纸或其他视觉信息中的物体和形状等。对于人类来说，模式识别非常容易，但是对于计算机来说却十分困难。由于大量无关数据的存在、物体的某一部分被其他物体所遮挡、模糊的边缘、光源和阴影的变化、物体移动时图像的变化等众多复杂因素的干扰，因此模式识别程序需要强大的记忆和处理能力。模式识别在日常生活和军事上都有广泛的用途，人们用模糊数学模式、人工神经网络模式的识别方法逐渐取代传统的统计模式和结构模式的识别方法。目前，模式识别已成功应用于手写字符识别、汽车牌照识别、指纹识别等方面。随着应用范围的不断扩大和计算机科学的不断进步，基于人工神经网络的模式识别技术将得到更大、更快的发展，量子计算技术的应用将有力促进模式识别技术的进展。

2．语音识别

语音识别（voice recognition）主要研究各种语音信号的分类识别。语音识别技术利用话筒和各种传感器接收外界信息，并把它转换成电信号，通过计算机，将这些电信号进行各种变换和预处理，从中抽取有意义的特征，得到输入信号模式，然后与已有的标准模式进行比较，完成对输入信息的分类识别。

3．语言理解

目前，人们使用计算机时大都用计算机的高级语言编制程序来告诉计算机"做什么"和"怎样做"。如果能让计算机"听懂""看懂"人类自身的语言（如汉语、英语等），不但使更多的人可以方便地使用计算机，而且极大地提高使用计算机的效率。而这一功能的实现则依赖于自然语言理解的研究。自然语言理解是语言学、逻辑学、心理学、生理学、计算机科学等相关学科综合形成的一门交叉学科，并且必须建立在人工智能的基础之上才能实现。

4．机器学习

要使计算机具有知识，要么将知识表示为计算机可以接收的方式输入计算机，要么使计算机本身具有获得知识的能力，并在实践中不断总结、完善，这种方式称为机器学习（machine learning）。机器学习的研究主要在以下 3 个方面进行：一是研究人类学习的机理、人脑思维的过程；二是研究机器学习的方法；三是建立针对具体任务的学习系统。机器学习的研究是建立在信息科学、脑科学、人工神经网络学、逻辑学、模糊数学等学科基础之上的。

5．智能行为

智能行为（intelligent behaviour）与人的行为能力相对应，智能行为主要是指计算机的表达能力，即"说""写""画"等。对于智能机器人，它还应具有人的四肢功能，即能走路、能取物、能操作等。目前，智能行为主要包括智能检索与调度、智能控制和机器人，而机器博弈可看作智能行为的一个实例。

〔提示〕人工智能的神经网络见《计算机科学与计算思维导论学习辅导》，它所涉及的数学理论见参考文献[25]和[26]。

10.1.3　人工智能的技术应用

人工智能研究的目标是使机器能够胜任通常需要人类智能才能完成的复杂工作，其短期目标是研究在现有计算机上进行智能行为模拟，使现有计算机能够表现某些智能行为，因此可把人工智能理解为计算机科学的一个分支；其远期目标是探究人类智能和机器智能的基本原理，研究用自动机（automata）模拟人类的思维过程和智能行为。这个远期目标已远远超出计算机科学研究的范畴，几乎涉及自然科学和社会科学的所有学科，从而使人工智能出现了欣欣向荣的景象。随着计算机科学技术的高速发展，人工智能的应用已渗透到许多领域，主要体现在以下 5 个方面。

1．智能机器人

人工智能是控制论、计算机科学、心理学等多学科综合的产物，是计算机应用研究最前沿的学科领域，也是探索计算机模拟人的感觉和思维规律的科学。各类智能机器人（intelligent robot）的大量出现，是人工智能研究取得重大进展的主要标志之一。

2. 智能控制

智能控制（intelligent control）是用计算机模拟人类智能的一个重要研究领域，是一类无须（或需要尽可能少的）人的干预就能够独立地驱动智能机器实现其目标的自动控制。智能控制的核心在高层控制，即组织级控制，其任务在于对实际环境或过程进行组织，即决策和规划，以实现广义问题求解。已经提出的用以构造智能控制系统的理论和技术有分级递阶控制理论、分级控制器设计的熵方法、智能逐级增高而精度逐级降低原理、专家控制系统、学习控制系统和基于神经网络的控制系统等。

3. 智能专家系统

智能专家系统（intelligent expert system）通常简称为专家系统，是嵌入人类专家知识、模拟人类专家对问题求解程的计算机程序系统。专家系统通过推理与判断来求解问题，是人工智能研究中开展最早、成效最多的领域，广泛应用于医疗诊断、地质勘探、石油化工、航空航天等领域，产生了良好的社会效益与经济效益。

专家系统目前尚无公认的定义，但研究者比较认可的粗略定义是，<u>专家系统是一个智能的计算机程序，运用知识和推理步骤来解决只有专家才能解决的复杂问题，任何解题能力达到了同领域人类专家水平的计算机程序都可以称为专家系统</u>。可见，专家系统是在特定领域中以人类专家水平求解困难问题的计算机程序或系统。换句话说，系统中必须具有某个领域专家大量的知识和经验，运用这些知识和推理步骤解决那些只有专家才能解决的复杂问题。

专家系统是目前人工智能应用中最成熟的一个领域，可解决的问题包括解释、预测、诊断、设计、规划、监视、修理、指导、控制等。现在高性能专家系统具有"自学习"能力，并从学术研究开始进入实际应用研究。一般专家系统的逻辑结构如图 10-1 所示。

（1）知识获取。专家系统是依靠人类专家已有的知识建立起来的知识系统，因此，专家系统知识库是否优越的关键，也是专家系统设计的"瓶颈"问题，通过知识获取，可以扩充和修改知识库中的知识。至今，已经有了一些知识获取的方法，包括对客观世界进行观测、分析、总结获取知识，对人类专家（领域专家）进行访问、调查获取知

图 10-1　一般专家系统的逻辑结构

识以及进行理论分析和演绎来获取知识。在自动知识获取方面，以机器学习、数据挖掘等领域为代表提供了许多获取知识的技术和方法。

（2）知识库。专家系统的问题求解过程是通过知识库中的知识来模拟专家的思维方式的，因此知识库是专家系统质量是否优越的关键所在，即知识库中知识的质量和数量决定着专家系统的质量水平。一般来说，专家系统中的知识库与专家系统程序是相互独立的，用户可以通过改变、完善知识库中的知识内容来提高专家系统的性能。

（3）推理机。推理机是针对待求解问题的条件或已知信息，反复匹配知识库中的知识，不断获得新的结论，最终得到问题求解结果。智能系统中的推理机是由程序实现的，如同专家解决问题的思维方式，知识库就是通过推理机来实现其价值的。在专家系统中主要使用的是不确定推理。不确定性表现在证据、规则和推理 3 个方面，需要对专家系统中事实与规则给出不确

定性描述，并以此建立不确定性的计算方法。因此要对不确定性知识的处理，需要解决不确定知识的表示问题、不确定信息的计算问题以及不定性表示和计算的语义解释问题。

（4）综合数据库。管理推理机使用的原始数据、基本事实、推理的中间结果和最后结果。

（5）解释器。用于对知识表示解释，即根据用户的提问，对结论、求解与推理过程说明。

（6）人机交互界面。人机交互界面是计算机与人之间通信和对话的接口，已成为计算机科学中的一个研究领域。事实上，人机交互界面是任何复杂系统中的重要组成部分。专家系统中的人机交互界面已发展成为具有视线跟踪、语音识别、手势输入、感觉反馈等具有多种感知能力的交互装置。

由此看出，专家系统实际上是一个以推理机为中心的推理系统，最典型的是医学专家系统。它是人工智能与专家系统理论和技术在医学领域中的重要应用，具有极大的科研价值和应用价值，可以帮助医生解决复杂的医学问题，作为医生诊断、治疗的辅助工具。在医疗诊断专家系统中，知识库存储专家的经验及医学知识；数据库存放患者的症状、化验结果等基本信息；推理机根据数据库中信息，利用知识库中的知识，按一定的控制策略求解问题。专家系统为患者诊治疾病实际上是一次推理过程，即从患者的症状及化验结果等初始信息出发，利用知识库中的知识及一定的控制策略，对病情做出诊断，并开具医疗处方。目前，医学专家系统通过在其医学影像方面的重要应用正拓展到其他医学领域，并不断完善和发展。

随着人工智能整体水平的提高，专家系统也获得快速发展，正在研发的新一代专家系统有分布式专家系统和协同式专家系统等。研制开发专家系统的关键是如何获取、表示及运用人类专家的知识，所以知识获取、知识表示及知识推理是专家系统研究的热点。

4．智能电子技术

人工智能在电子技术领域的应用可谓由来已久，随着计算机及其网络技术的高速发展，为传统技术的改进和变更提供了技术支撑。近年来，我国的人工智能技术在模式识别、图像识别、语音识别等方面已取得突破性的进展，例如城市大脑（交通导航、交通指挥），智能机器人，人脸识别等方面的研究已进入使用阶段，手机上的二维码、手写输入、无人驾驶汽车等是最典型的实例。

5．智能管理系统

由于人工智能在技术研究中不断取得新进展，因而使得人工智能在管理系统中获得广泛应用。例如，信息查询、情报搜索、身份识别、交通运输、交通导航、资源管理、调度管理等，无论是管理方式、管理质量、管理效率、可靠度、准确度，还是自动化程度和智能化程度，都是传统管理系统无法比拟的，并且很多方面是传统管理系统无法实现的。

10.2　虚拟现实技术

虚拟现实技术是计算机软/硬件技术、传感技术、仿真技术、机器人技术、人工智能及心理学等高速发展和高度集成的结晶，是多媒体技术发展的更高境界，也是近年来十分活跃的研究领域。虚拟现实技术具有极为重要的社会价值和经济价值，特别是在军事领域具有极其广泛的应用前景。

10.2.1　虚拟现实的基本概念

虚拟现实（Virtual Reality，VR），也称为虚拟环境（virtual environments）、同步环境（synthetic environments）、人造空间（cyberspace）、人工现实（artificial reality）、模拟器技术（simulator technology）或称灵镜（magic mirror）。事实上，它们表达的均是同一个概念：虚拟现实技术是采用计算机技术生成的一个逼真的视觉、听觉、触觉及嗅觉等的感觉世界，用户可以用人的自然技能对这个生成的虚拟实体进行交互考察。

1．虚拟现实技术的形成

虚拟现实是在计算机图形学、计算机仿真技术、人机接口技术、多媒体技术，以及传感技术的基础上发展起来的一门交叉技术。虽然与该技术相关的研究早在20世纪60年代就已开始，但直到20世纪80年代末至90年代初，才开始作为一门比较完整的体系，受到人们的关注和重视。具体来说，虚拟现实技术的形成经历了如下发展阶段。

（1）初期阶段。20世纪40年代，为了减少培训飞行员的时间和经费，美国开始了飞行模拟舱的设计。随着计算机图形技术的发展，教练员能坐在屏幕前，观察飞机的一系列动作。1965年，美国国防部高级研究计划署（ARPA）发表的一篇论文中，提出了使计算机屏幕成为人们观察客观世界的窗口的设想。1968年，出现了世界上第一个头盔显示器，它能显示具有简单几何形状的线框图，并能将线框图叠加在真实环境之上。1971年，开始把能模拟力量和触觉的力反馈装置加入该系统中，当用户与计算机所创建的物体发生碰撞时，用户会感到某种"震感"并能作出相应反应。

（2）发展阶段。1982年，出现了带有6个自由度的跟踪定位的头盔显示器（Helmet Display，HMD）。1984年出现了三维立体HMD，称为虚拟可视化环境显示器（Virtual Visualization Environment Display，VIVED）。1985年，研制出数据手套（data glove），能够用来测量每个手指关节的弯曲程度。1986年，美国航天太空总署（National Aeronautics and Space Administration，NASA）集成了一个虚拟环境，用户可以用手势和说话与系统进行初步交流。1988年，研制成功一种商业化的适用头盔显示器。

进入20世纪90年代后，虚拟现实技术开始应用于各个领域。其中，最为典型的是用虚拟现实技术成功设计波音777。波音777飞机由300万个零件组成，这些零件的设计以及飞机的整体设计是在一个由数百台工作站组成的虚拟环境上完成。

这一时期，我国在虚拟现实技术方面不断取得研究成果。例如，北京航空航天大学研究了虚拟环境中物体物理特性的表示与处理，实现了分布式虚拟环境网络设计，提供虚拟现实演示环境和用于飞行员训练的虚拟现实系统；浙江大学CADF&CG国家重点实验室开发出了一套桌面型虚拟建筑环境实时漫游系统，实现了立体视觉，并且研制出一种新的虚拟环境中快速漫游的算法和一种递进网络的快速生成系统；哈尔滨工业大学成功解决了虚拟人高级行为中的特定人、人脸图像的合成、唇动的合成等技术问题；清华大学着重对虚拟现实和临场感知等方面的研究，在球面屏幕显示和图像随动、克服立体图闪烁的措施和深度感实验等方面取得了丰硕成果。

2．虚拟现实技术的特征

虚拟现实起源于可视化，反映了人机关系的演化过程，是一种多维信息的人机界面。G. Burde在Electro'93国际会议上发表的 *Virtual Reality Systems and Application* 中提出了"虚拟现实技术三角形"，简洁地说明了虚拟现实系统的基本特征，即所谓的 I³（Immersion- Interaction-Imagination，沉浸—交互—构想），如图 10-2 所示。

（1）沉浸性。沉浸性是指用户感到作为主角存在虚拟环境中的真实程度。理想的虚拟环境应达到用户难以分辨真假的程度。虚拟实体是用计算机来生成的一个逼真的实体。所谓"逼真"，就是要达到三维视觉，甚至包括三维的听觉、触感、嗅觉等，足以成为"迷惑"人类视觉的虚幻的世界，以至能全方位地浸没在这个虚幻的世界中，而感觉不到身体所处的外部环境。

图 10-2　虚拟现实系统的基本特征

（2）交互性。交互性是指用户对虚拟环境内物体的可操作程度和从环境得到反馈的自然程度（包括实时性）。例如，用户可以用手直接抓起虚拟环境中的物体，这时手有握着东西的感觉并能感觉出物体的重量，视场中被抓的物体随着手的移动而移动。

（3）构想性。虚拟现实不仅是一个媒体、一个高级用户界面，还是为解决工程、医学、军事等方面的问题而由开发者设计出来的应用软件，以详尽的形式反映了设计者的思想，其功能远比那些呆板的图纸生动、强大得多，所以国外有些学者称虚拟现实为放大人们心灵的工具。过去用户只能以定量计算为主的结果加深对对象的认识，虚拟现实则可以通过定量和定性两者的综合得到感性和理性的认识，从而得到启发、深化概念并萌发新意。

（4）自主性（autonomy）。自主性是指虚拟环境中物体依据物体定律动作的程度。例如，当受到力的推动时，物体会向力的方向移动、翻滚或从桌面落到地面等。

（5）多感知性（multi-sensory）。多感知性是指除了计算机技术所具有的视觉感知外，还有听觉感知、触觉感知、嗅觉感知、力觉感知、运动感知等，理想的虚拟现实技术应该有人所具有的一切感知功能，但目前的虚拟现实技术所具有的感知功能仅限于视觉、听觉、力觉、触觉、运动等几种。

〖提示〗　虚拟现实环境可以通过一些三维传感设备来完成交互动作，用户可以通过三维交互设备，直接控制虚拟世界中的对象。用户可以通过人的自然技能（人的头部转动、眼动、手势或其他的身体动作）与这个环境交互。

3. 虚拟现实系统的基本构成

根据虚拟现实的定义及其基本特征可知，虚拟现实是一个十分复杂的系统，涉及的技术包括诸如图形图像处理、语音处理与音响、模式识别、人工智能、智能接口、传感器、实时分布系统、数据库、并行处理、系统建模与仿真、系统集成、跟踪定位等。为了实现这些基本特征，虚拟现实系统可由 8 个基本模块组成，按照虚拟现实感受方式的不同，可以分为如下 4 类。如图 10-3 所示。

图 10-3　典型的虚拟现实系统原理图

（1）"可穿戴的"虚拟现实系统。通过头盔显示器（head-mount display）、吊臂、数据手套（data glove）、数据衣服直接从传感器得到虚拟现实环境中的输入、输出数据，可以获得上佳的临场感。利用动感增强感受，可以在虚拟现实环境中自由走动，做各种动作。

（2）桌面虚拟现实系统。利用立体眼睛、3D 控制器使监视器作为交互的窗口，这种系统价格相对便宜、组成比较灵活、容易实现，并可以通过虚拟现实模型语言（Virtual Reality Model Language，VRML）联网，可用于科学数据及金融数据可视化场合。

（3）投影虚拟现实系统。利用投影生成的大范围虚拟环境，可以多人参与，促进协同工作，在培训、建筑设计评价、艺术、教育中使用。

（4）网络虚拟现实。网络虚拟现实又称为分布式虚拟环境（distributed virtual environment），是一种基于网络连接的虚拟现实系统，提供了一种可以共享的虚拟空间，使地理上分散的用户在同一时间里合作完成某一项工作，网络虚拟现实技术可以广泛地用于工程、培训、娱乐等领域。

4．虚拟现实与相关技术的区别

虚拟现实技术与多媒体技术、计算机仿真技术和人工智能技术有着密切关系，但也有着本质上的区别。

（1）与多媒体技术的区别。一般认为，1984 年美国 Apple 公司提出位图概念就标示着多媒体技术的诞生。当时 Apple 公司正在研究 Macintosh 计算机，为了增强图形处理功能，改善人机交互界面，使用了位图（bitmap）、窗口（window）、图标（icon）等技术，改善后的图形用户界面（GUI）受到普遍欢迎，从而使多媒体技术得到迅速发展。1985 年，美国 Commodoro 公司推出了世界上第一台多媒体系统。该系统以其功能完备的视听处理能力、大量丰富的实用工具以及性能优良的硬件，特别是将多媒体技术与计算机技术相结合，从而使人们看到了多媒体技术的未来。

计算机多媒体技术是利用计算机的综合组织、处理和操作多媒体（如视频、音频、图形、图像、文字等）信息的技术。因此，计算机多媒体技术是虚拟现实技术的基础，虚拟现实技术是计算机多媒体技术发展的更高境界。

虽然多媒体技术和虚拟现实技术密不可分，但在感知范围上远不如虚拟现实广泛，多媒体技术不强调沉浸性、交互性、构想性，并且不包括触觉、力觉等感知。此外，多媒体所处理的对象主要是二维的，因而在存在感和交互性方面，与虚拟现实有着本质的区别。

（2）与人工智能的区别。虚拟现实虽然与人工智能密切相关，但虚拟现实技术仅是利用人工智能领域的某些研究成果和多媒体技术结合，充分利用计算机的高速运算，综合处理声音、文字、图形、图像、动画等信息，用交互式弥补计算机智能在文字识别和输入、语音识别和输入、自然语言的理解和机器翻译、图形的识别和理解、机器人视觉和计算机视觉等方面的不足。由此可见，人工智能技术仅仅是增强了对多媒体技术的处理功能，为虚拟现实技术创造了良好的技术支撑。

虚拟现实技术用来模拟真实系统。因此，除了多媒体技术和人工智能技术之外，还包括信息的同步技术、模型标定技术、传感技术、数据转换技术、识别和合成技术等。

（3）与仿真技术的区别。计算机仿真技术基于相似原理，利用计算机程序模拟实际系统进行科学实验的技术。从模拟系统环境的特点看，计算机仿真技术与虚拟现实技术有一定的相似性，但在感知方面，计算机仿真技术研究的重点是对被仿真系统构造的数学模型及其仿真结果的精度和可信度问题，不包括沉浸性、交互性、构想性和多感知问题，基本上将用户视为"旁观者"。

10.2.2　虚拟现实的关键技术

虚拟现实技术基于多媒体技术，虚拟现实的实现涉及很多方面。就应用研究来讲，它所涉及的关键技术主要有以下 5 个方面。

1．动态环境建模技术

虚拟环境的建立是虚拟现实技术的核心内容，而动态环境建模的目的是获取实际环境的三维数据，并根据应用的需要，利用获取的三维数据建立相应的虚拟环境模型。三维数据的获取可以采用 CAD 技术，而更多的环境需要采用非接触式的视觉建模技术，两者的有机结合可以有效地提高数据获取的效率。

2．实时三维图形生成技术

三维图形的生成技术已经较为成熟，其关键是如何实现"实时"生成。为了达到实时的目的，至少要保证图形的刷新率不低于 15 帧/秒，最好是高于 30 帧/秒。在不降低图形质量和复杂度的前提下，如何提高刷新频率将是该技术的研究内容。

3．立体显示和传感器技术

虚拟现实的交互能力依赖于立体显示和传感器技术的发展，而现有的虚拟现实还远远不能满足系统的需要。在立体显示方面，头盔三位立体显示器的重量太大、分辨率低、时延大、行动不便（有线）、跟踪精度低、视场不够宽、眼睛容易疲劳等，因此需要开发新的三维显示技术。在传感技术方面，数据手套、数据衣等都有时延大、分辨率低、作用范围小、使用不便等缺点，虚拟现实设备的跟踪精度和跟踪范围有待进一步提高。

4．系统集成技术

由于虚拟现实中包括大量的感知信息和模型，因此系统的集成技术起着至关重要的作用，包括信息的同步技术、模型的标定技术、数据转换技术、数据管理模型技术、识别技术、合成技术等。正是由于虚拟系统集成了这些技术，才能获得良好的虚拟现实的效果。

5．应用系统开发工具

虚拟现实应用的关键是寻找合适的场合和对象，即如何发挥想象力和创造力。选择适当的应用对象可以大幅度地提高生产效率、减轻劳动强度、提高产品开发质量。因此，必须研究虚拟现实的开发工具，如虚拟现实系统开发平台、分布式虚拟现实技术等。

10.2.3　虚拟现实的技术应用

虚拟现实技术是一门新兴的计算机应用技术，近年来虚拟现实研究取得了极大进展。目前，虚拟现实技术的应用主要体现在以下 6 个方面。

1．娱乐游戏

虚拟现实技术在娱乐业有着极其广泛的应用，也是虚拟现实最早的应用领域之一。丰富的感觉能力与 3D 显示环境使得虚拟现实成为理想的视频游戏工具。第一个大规模的虚拟现实娱乐系统 Battle Tech，将每个"座舱"仿真器联网进行组之间的对抗，三维逼真视景、游戏杆、油门、刹车和受到打击时的晃动，能给用户很强的感官刺激。由于在娱乐方面对虚拟的真实感要求不是太高，因此虚拟现实在该方面发展最为迅猛。在家庭娱乐方面，虚拟现实显示出了很好的前景。

2. 军事演练

军事领域是虚拟现实技术最早研究和应用的领域。例如,美国国防部高级研究计划局(ARPA)自20世纪80年代起一直致力于研究称为SIMNET的虚拟战场系统,以提供坦克协同训练。该系统可连接200多台模拟器,可模拟零重力环境,以代替现在非标准的水下训练宇航员的方法。从1994年开始,联合开展了战争综合演练场STOW的研究,形成了一个包括海、陆、空多兵种,3700个仿真实体参与,地域范围覆盖(500km×750km)的军事演练环境。

我国由北京航空航天大学联合浙江大学、中国人民解放军国防科技大学、中国人民解放军陆军装甲兵学院、中国人民解放军信息工程大学测绘学院、中国科学院软件研究所等单位联合开发的分布式虚拟环境基础信息平台(Distributed Virtual Environment Network,DVENET)是在国家"863计划"支持下开发的基于分布式虚拟战场环境,将分布在不同地域的若干真实仿真器和虚拟仿真器联合在一起,进行异地协同与对抗战术的仿真演练。

3. 设计与制造

虚拟设计是指在一个由数据手套、语音设备、头盔显示器、三维鼠标等虚拟现实设备组成的虚拟环境下开展设计工作。虚拟设计可以比现有的设计系统更为智能与友好,设计效率高得多。

虚拟制造有两个研究主攻方向:一个是应用虚拟现实环境支持制造过程;另一个是对产品的可制造性进行评估。例如,波音777飞机的设计全部采用了虚拟制造技术。

4. 模拟教学

将虚拟现实技术应用于模拟教学是多方面的,并具有广泛前景,主要体现在以下几方面。

(1)理论教学。在解释一些有关分子结构或复杂系统(如量子物理)的抽象概念时,虚拟现实是非常有力的工具,Lofin等在1993年建立了一个"虚拟的物体实验室",用于解释某些物理概念,如位置与速度、力量与位移等。再如,Motorola电话装配训练系统在虚拟现实空间里重建了电话装配线,据反映,用这套虚拟现实系统训练的效果比用真实的装配线训练效果还好。

(2)实验教学。在虚拟实验室里,虚拟的实验仪器看起来像真实的一样完美,功能相同。学生通过它上远程实验课,有更方便、更好的效果。世界各地的科学家可通过虚拟实验室形成科研协作,共享网络数据和尖端仪器设备,更好地交换信息和协作。当虚拟实验室和真实的仪器设备建立起联系时,可以通过操作虚拟实验室中的仪器来操纵真实的仪器设备。

(3)实践教学。虚拟现实技术在医学方面的应用具有十分重要的现实意义。在虚拟环境中,可以建立虚拟的人体模型,借助于跟踪球、HMD、感觉手套,学生更易了解人体内部器官的结构,这比采用传统教科书的教学方式要有效得多。

5. 外科学

虚拟现实技术在外科学中具有广泛应用。例如,医疗手术训练的虚拟现实系统用CT或MRI数据在计算机中重构人体或某一器官的几何模型,并赋予一定的物理特征(如密度、韧度、组织比例等),并通过机械手或数据手套等高精度的交互工具在计算机中模拟手术过程,以达到训练和研究目的。又如,在远距离遥控外科手术、复杂手术的计划安排,手术过程的信息指导,手术后果预测及改善残疾人生活状况乃至新型药物的研制等方面,虚拟现实技术都有十分重要的意义。

6．艺术与娱乐

作为传输显示信息的媒体，虚拟现实在未来艺术领域所具有的潜在应用能力不可低估。虚拟现实具有的临场参与感与交互能力可以将静态的艺术（如油画、雕刻等）转换为动态的形式，使观赏者能更好地欣赏作者的思想艺术。另外，虚拟现实技术可以提高艺术表现能力。例如，一个虚拟的音乐家可以演奏各种各样的乐器，出行不便或远在外地的人可以在他生活的居室中去虚拟的音乐厅欣赏音乐会。虚拟现实技术还可以在虚拟空间里恢复已经被损毁的历史上曾经存在过的文化遗迹（虚拟博物馆）。例如，韩国被毁的皇宫、意大利被毁的大教堂都已经用这种方法在计算机的虚拟空间里恢复，我国的圆明园遗址也在用这项技术进行恢复，人们从而可以通过计算机看到它的原貌。

10.3　移动互联网技术

互联网络及其通信技术高速发展，已从有线网络通信发展到移动无线网络通信，而且实现了从模拟网向数字网的转换，进行语音、数据、视频等多媒体信息的传输。由互联网和移动通信网结合形成的网络称为移动互联网（Mobile Internet，MI）。

10.3.1　移动互联网的基本概念

移动互联网是在互联网的基础上，将智能移动终端与无线网络相结合的一种新兴互联网络。具体来说，移动互联网是将移动通信和互联网二者结合起来成为一体，是互联网的技术、平台、商业模式和应用与移动通信技术结合并实践的活动的总称。为广大用户提供不受地域限制的多功能、全方位即时通信服务，为人们的生活和工作带来便利。

1．移动互联网的起源

2008 年 6 月 10 日是一个移动互联网发展史上具有特殊意义的纪念日。Apple 公司当时的首席执行官史蒂夫·乔布斯（Steve Jobs）向全球发布了新一代的智能手机 iPhone 3G，从此开创了移动互联网蓬勃发展的新时代。随后，移动互联网以"摧枯拉朽之势"席卷全球。移动通信终端与互联网相结合成为一体，用户使用手机、个人数字助理或其他无线终端设备，通过第 2 代（Second Generation，2G）、第 3 代（3rd Generation，3G）移动通信或无线局域网（Wireless Local Area Networks，WLAN）等高速率的移动网络，在移动状态下（如在地铁或公交车上等）随时、随地访问 Internet，以获取信息，使用商务、娱乐等各种网络服务。

2．移动互联网的特点

移动互联网虽然基于 Internet，但具有以下鲜明特点，从而使移动网络得到迅速发展。

（1）便捷性（convenience）。移动互联网的基础网络是一张立体的网络，是由通用分组无线服务（General Packet Radio Service，GPRS）、全球移动通信系统（Global System for Mobile communications，GSM）、增强型数据速率 GSM 演进（Enhanced Data rate for GSM Evolution，EDGE）、3G/4G 和 WLAN 或无线互连（Wireless Fidelity，Wi-Fi）构成的无缝覆盖的网络，使得移动终端具有通过上述任何形式方便接通网络的特性。

（2）便携性（portability）。移动互联网的基本载体是移动终端，这些移动终端不仅是智能手机、平板计算机，还可能是智能眼镜、手表、服装、饰品等物品。

（3）即时性（instantaneity）。可以随时随地接收和处理互联网的各类信息，因而不存在任何重要信息和时效信息被错过的问题。

（4）定向性（directionality）。移动互联网基于位置的服务（Location Based Service，LBS），不仅能够定位移动终端所在的位置，还可以根据移动终端的趋向性，确定下一步可能去往的位置，使得相关服务具有可靠的定位性和定向性。

（5）精准性（accuracy）。移动互联网中的每个电话号码精确地指向了明确的个体，因而能为用户提供精准的个性化服务。

（6）感触性（affectability）。智能手机终端不仅体现在终端屏幕的感触层面，更重要的是体现在照相、摄像、二维码扫描，以及重力感应、磁场感应、移动感应、温度感应、湿度感应甚至人体心电感应、血压感应、脉搏感应等方面，具有无所不及的感触功能。

10.3.2　移动互联网的关键技术

移动互联网是在 Internet 基础上发展起来的，就"移动互联"来讲，所涉及的关键技术是移动互联网通信技术和移动互联网终端技术。

1．移动互联网的通信技术

移动互联网与通信技术密切相关，移动终端设备接入移动互联网最常用的媒介网络是移动通信网络和中短距离无线网络（如无线互联网、蓝牙网络），而各种通信标准与协议是构建移动通信网络和中短距离无线网络的基础。

（1）移动通信网络技术是移动网络的技术基础，随着蜂窝小区的迅速发展，用户彻底摆脱了终端设备的束缚，实现了完整的个人移动性、可靠的传输手段和接入方式。

4G 技术可以集成多种不同模式的无线通信，能够满足几乎所有用户对于在线服务的要求。4G 被称为宽带接入和分布式网络，具有非对称 2Mbps 的数据传输能力，可对全速移动用户提供高质量影像服务，可实现二维图像的高质量传输，包括宽带无线固定接入、宽带无线局域网、移动宽带系统和互操作的广播网络（基于地面和卫星系统），是集多种无线技术和无线局域网为一体的综合系统，也是宽带接入系统使其宽带无线局域网能与宽带综合业务数字网和无线局域网兼容，实现宽带多媒体通信，形成综合宽频通信网络（Integrated Broadband Communication Network，IBCN），还能提供定位定时、数据采集、远程控制等功能。

（2）中短距离无线通信技术是实现移动终端互联的技术，包括蓝牙技术和无线局域网技术。

蓝牙（blue tooth）技术是由 Agere、爱立信、IBM、Intel、微软、摩托罗拉、诺基亚、东芝等公司于 1998 年 5 月共同提出的近距离无线数字通信的技术标准，是一种支持设备短距离通信（一般在 10m 内）的无线电技术。蓝牙技术能够实现移动电话、PDA、相关外部设备之间的信息交换，能够有效地简化移动通信终端设备之间的通信以及中端设备与网络之间的通信。

无线局域网技术是计算机网络与无线通信技术相结合的产物，包括 WLAN 和 Wi-Fi。其中，WLAN 利用无线多址信道来支持计算机之间的通信，并为通信的移动化、个性化和多媒体应用提供可能；Wi-Fi 是一种可以将个人计算机、手持设备（如 PDA、手机）等终端以无线方式互相连接的技术，改善基于 IEEE 802.11 标准的无线网络产品之间的互通性。

2．移动互联网终端设备

移动互联网终端是指通过无线通信技术接入互联网的终端设备，如智能手机、平板计算机等，其主要功能就是移动上网、其中智能手机成为目前最普及和应用最广的移动互联设备，既可以做到方便无线网络接入，又小巧，便携性强。智能手机是基于移动互联网技术的终端设备，是通信业和计算机工业相融合的产物，因此越来越多的人称呼这类移动通信产品为个人通信终端。

移动终端技术主要包括终端制造技术、终端硬件技术和终端软件技术 3 类。终端制造技术是集成了机械工程、自动化、信息、电子技术等形成的技术、设备和系统的统称；终端硬件技术是实现移动互联网信息输入、信息输出、信息存储与处理等技术的统称，一般分为处理器芯片技术、人机交互技术等；终端软件技术是指通过用户与硬件间的接口界面与移动终端进行数据或信息交换的技术统称，一般分为移动操作系统、移动中间件及移动应用程序等技术。

10.3.3　移动互联网的技术应用

移动通信网与互联网相结合而形成的移动互联网，使得人们可以使用智能手机（Intelligence Phone，IP）、个人数码助手、平板计算机（Tablet Personal Computer，TPC）等移动智能终端更加方便地利用互联网提供的多项服务。特别是智能手机的普及使移动互联网逐渐渗透到人们生活、工作的各个方面。目前，移动互联网的应用主要体现在以下 9 个方面。

1．移动通信

移动通信（mobile communication），也称为即时通信，是一种即时发送和接收互联网信息的服务，使用互联网即时传递文字、文件、语音和视频信息，因而受到用户的欢迎和青睐。随着智能手机的普及和国内移动通信网络环境的改善，新一代移动 IM 快速涌入市场。通过无线联网技术（Wi-Fi），人们可以用语音或视频与好友聊天，并可随时发送图片。中国移动、中国联通和中国电信三大移动通信运营商开发的手机即时通信软件可以实现跨运营商、跨操作系统平台的多媒体信息即时传送。

2．移动阅读

移动阅读（mobile reading）是指利用移动智能终端来阅读小说、电子书、报纸、期刊等的应用。移动阅读不同于传统的纸质阅读和计算机上的电子阅读，由于移动智能终端可以方便用户随时随地浏览，使得移动阅读已成为移动音乐之后最具潜力的增值业务，移动阅读市场甚至具有比移动音乐更大的发展空间。通过智能手机随时随地阅读网络新闻和各类信息，已成为人们不可或缺的生活所需。

3．移动视听

移动视听（mobile audio-visual）是指利用移动终端在线观看视频、收听音乐及广播等影音应用。传统移动视听一般运用在 MP3、MP4、MP5 等设备上，而移动互联网中的移动视听是将多媒体设备和移动通信设备融合，不再单纯依赖一种功能应用而存在。移动视听作为一种新兴的娱乐形式，个性化的视听内容更受青睐。移动视听通过内容点播、观众点评等形式能够提供个性化服务，因而成为移动互联网的一个亮点。另外，移动视听最大的好处就是可以随时随地收看、收听。

4．移动搜索

移动搜索（mobile search）是指以移动设备为终端，对传统互联网进行搜索，从而实现高速、准确地获取信息资源。随着移动互联网内容的充实，人们查找信息的难度不断加大，内容搜索需求也会随之增加。因此，与传统互联网搜索相比，移动搜索的技术要求更高。移动搜索引擎需要实现多样化的搜索服务,智能搜索、语义关联、语音识别等技术要融合到移动搜索技术中。

5. 移动社区

移动社区(mobile community)是指以移动设备为终端和载体的社交网络服务。通过移动社区,把相关用户连接起来,从而形成具有某一特点的网络群体,如亲友网络群、同学网络群、战友网络群等。

6. 移动商务

移动商务(mobile commerce)是指通过移动通信网络进行数据传输,并且利用移动信息终端参与各种商业经营活动的一种新型电子商务模式,是新技术条件与新市场环境下的电子商务形态,也是电子商务的分支。移动商务是移动互联网的转折点,因为它突破了仅仅用于娱乐的限制,开始向企业用户渗透。随着移动互联网的发展和成熟,企业用户越来越多地利用移动互联网开展商务活动,包括移动办公和移动电子商务等,围绕这些业务的应用日益丰富。

7. 移动服务

移动服务(mobile service)也称为位置服务,是通过电信移动运营商的无线通信网络或外部定位方式获取移动终端用户的位置信息,在地理信息系统的支持下,为用户提供多项服务,如急救服务、交通导航、查找旅馆等,几乎覆盖了生活中的所有方面。特别是交通导航,即使要去一个完全陌生的地方,利用导航系统,司机就能准确无误地到达目的地。

8. 移动支付

移动支付(mobile payment)是指允许用户使用其移动终端(通常是手机)对所消费的商品或服务进行账务支付的一种操作方式,包括手机话费查询和纳税、银行卡余额查询、银行卡账户信息的变动通知、公共事业费缴纳、彩票投注等。同时,利用二维码技术,在线订票、电子折扣券、礼品券等增值服务都可以实现。我们相信,手机将集成公交卡、银行卡等功能,为搭乘交通工具和购物带来方便,移动支付会是最有创新活力和最具市场潜力的应用领域。

9. 移动游戏

移动游戏(mobile game)是指在手机上进行的一种网络在线电子游戏。手机游戏分为在线移动游戏和非网络在线移动游戏,随着人们对移动互联网接受程度的提高,手机游戏已成为移动互联网最热门的应用之一。随着移动互联网的发展和智能手机功能越来越多、越来越强大,手机游戏已发展到可以与掌上游戏机媲美、具有很强的娱乐性和交互性的复杂形态。

〖提示〗 计算机网络通信技术的高速发展推动着移动互联网的同步发展。随着 5G 产品的推出,移动互联网不仅为工作提供极大的便利,也会使人们的生活质量得到进一步提升。

10.4　物联网技术

信息技术的高速发展使得互联网的应用不断拓展,物联网(Internet of Things,IoT)便是新一代信息技术的重要组成部分,也是信息化时代的重要发展阶段,已成为目前全球研究的热点问题。物联网联合了众多对人类发展有益的技术,为人类提供多种多样的服务,因而使得世界各国把物联网的发展提到了国家战略高度,被称为继计算机、互联网之后,世界信息产业的第三次浪潮。

10.4.1　物联网的基本概念

物联网是基于互联网、传统电信网等信息承载体，让所有能行使独立功能的普通物体实现互联互通的网络。具体来说，物联网是指通过信息感知设备，按约定的协议，将任何物体与网络相连接，物体通过信息传播媒介进行信息交换和通信，以实现智能化识别、定位、跟踪、监管等功能。

1．物联网的起源

物联网的实践可以追溯到 1990 年施乐公司的网络可乐贩售机（networked coke machine）。1991 年，美国麻省理工学院的 Kevin Ashton 教授首次提出了"物联网"的概念。1995 年，比尔·盖茨在《未来之路》一书中也提及物联网，但未引起广泛重视。1999 年，美国麻省理工学院建立了"自动识别中心"（auto-ID），提出了"万物皆可通过网络互连"，阐明了物联网的基本含义。早期的物联网是依托射频识别（Radio Frequency Identification，RFID）技术的物流网络，随着技术应用的发展，物联网的内涵已经发生了较大变化。

2003 年，美国《技术评论》提出传感网络技术将是未来改变人们生活的十大技术之首。2004 年，日本总务省（MIC）提出了 u-Japan 计划，力求实现人与人、物与物、人与物之间的连接，希望将日本建设成一个随时、随地，任何物体、任何人均可连接的泛在网络社会。2005 年 11 月 17 日，在信息社会世界峰会上，国际电信联盟（International Telecommunication Union，ITU）发布了《ITU 互联网报告 2005：物联网》，正式提出并引用了物联网的概念。ITU 报告指出，无所不在的"物联网"通信时代即将来临，世界上所有的物体（从轮胎到牙刷、从房屋到纸巾）都可以通过物联网主动进行信息交换。2009 年 1 月 28 日，IBM 首次提出了"智能地球"（intelligent earth），由此掀起了全球对物联网的关注浪潮。该战略认为，物联网产业下一阶段的任务是把感应器嵌入和装备到各种物体中，并且广泛连接，形成所谓"物联网"，然后与现有的互联网整合，实现人类社会与物体系统的整合。

2．物联网的定义

目前对物联网没有一个统一的标准定义，1999 年对物联网的定义为将物品通过射频识别信息、传感设备与互联网连接起来，实现物品的智能化识别和管理。该定义体现了物联网的 3 个主要本质：一是互联网特征，物联网的核心和基础仍然是互联网，需要联网的物品一定要能够实现互联互通；二是识别与通信特征，即纳入物联网的"物"一定要具备自动识别（如 RFID）与物物通信（Machine to Machine，M2M）的功能；三是智能化特征，即网络系统应具有自动化、自我反馈与智能控制的特点。物联网中的"物"至少要满足 7 个方面的条件：①要有相应信息的接收器；②要有数据传输通路；③要有一定的存储功能；④要有专门的应用程序；⑤要有数据发送器；⑥要遵循物联网的通信协议；⑦在网络中有被识别的唯一编号等。

事实上，物联网就是物-物相连的互联网，包括两层意思：一是物联网的核心和基础仍然是互联网，是在互联网基础上延伸和扩展的网络；二是用户端延伸和扩展到了物品与物品之间进行信息交换和通信。

3．物联网的体系结构

物联网利用局部网络或互联网等通信技术，把传感器、控制器、机器、人员和物体通过新的方式联在一起，形成人与物、物与物相连，实现信息化、远程管理控制和智能化的网络。物联网的体系结构包括应用层、网络层和感知层，其体系结构如图 10-4 所示。

图 10-4　物联网的体系结构

（1）应用层（application layer）是物联网的最外层，利用各种智能计算技术对海量的数据和信息进行分析和处理，提升对物质世界、经济社会各种活动和变化的洞察力，对物体实现智能化的决策和控制。

（2）网络层（network layer）是物联网的"神经中枢"，包括通信网络、互联网、网络管理中心、信息处理中心等，实行信息传输和处理，通过对每件物品的识别和通信，将已数字化的虚拟事件连入网络，将物体的信息实时、准确地传输与交互。

（3）感知层（perception layer）是物联网的"皮肤"和"五官"，利用各种传感设备，随时随地全面感知各种物体的信息（包括各类物理量、标识、音频、视频数据），实时采集、获取、记录数据。它是物联网的智能终端，也是神经末梢。

通过感知层、网络层和应用层的相互作用，物联网实现了物体世界与人类应用需求的连通，实现真正意义上的人与物、物与物互连。

4. 物联网的特征

物联网是互联网的延伸和应用拓展，包括互联网及互联网上所有的资源，兼容互联网所有的应用，但物联网中的所有设备、资源及通信都是个性化和私有化的。因此，应用创新是物联网发展的核心，以用户体验为核心的创新是物联网发展的灵魂。物联网作为新一代信息技术的重要组成部分有如下 3 个特征。

（1）全面感知（overall perception）。物联网上部署了多种类型传感器，每个传感器都是一个信息源，不同类别的传感器所捕获的信息内容和信息格式不同。传感器获得的数据具有实时性，按一定的频率，周期性地采集环境信息，不断更新数据。

（2）可靠传递（reliable delivery）。物联网技术的重要基础和核心仍旧是互联网，通过各种有线和无线网络与互联网融合，将物体的信息实时、准确地传递出去。

（3）智能处理（intelligent processing）。物联网不仅提供了传感器的连接，其本身也具有智能处理的能力，能够对物体实施智能控制。物联网将传感器和智能处理相结合，利用云计算、模式识别等技术，拓展应用领域。

10.4.2　物联网的关键技术

物联网是在互联网的基础上发展起来的，因而其核心仍然是互联网。物联网将传感器和智能处理相结合，利用云计算、模式识别等各种智能技术，扩充其应用领域。因此，物联网研究所涉及的关键技术主要有以下 4 个方面。

1．射频识别技术

射频识别是一种非接触式的自动识别技术，可通过无线电信号识别特定目标并读写相关数据，无须识别系统与特定目标之间建立机械或光学接触。RFID 由标签、阅读器和天线 3 部分组成。

（1）标签（label）：由耦合元件及芯片组成，具有存储和计算功能，可附着或植入手机、护照、身份证、人体、动物、物品、票据中，每个标签具有唯一的电子编码。

（2）天线（aerial）：系统接收天线接收到从电子标签发送来的载波信号，经天线调节器传送到阅读器，阅读器对接收的信号进行解调和解码，然后送到后台主系统进行相关处理。

（3）阅读器（reader）：通过发射天线发送一定频率的射频信号，当电子标签进入发射天线工作区域时产生感应电流。它获得能量被激活，并将自身编码等信息通过卡内置发送天线发送出去。

射频识别技术是物联网中的关键技术，所面临的亟待研究解决的问题主要有以下 3 个方面。

（1）数据安全（data security）：由于任何实体都可以读取标签，因此不法分子可将自己伪装成合法标签，或通过拒绝服务攻击，从而对标签的数据安全造成威胁。

（2）隐私（privacy）：将标签 ID 与用户身份关联，会侵犯个人隐私。与隐私相关的安全问题主要包括信息泄露和信息追踪。

（3）复制（copy）：约翰·霍普金斯大学和 RAS 实验室研究人员指出，RFID 标签中存在的一个严重安全缺陷是可以被复制。

2．传感器技术

传感器（sensor）是机器感知物质世界的"感觉器官"，用来感知信息采集点的环境参数，包括热、力、光、电、声、位移等信号，为物联网系统的处理、传输、分析和反馈提供最原始的信息。传感器通常由敏感元件和转换元件组成，随着电子技术的不断进步，传统的传感器正逐步实现微型化、智能化、信息化、网络化。同时，正经历着一个从传统传感器到智能传感器再到嵌入式 Web 传感器不断发展的过程。

3．网络通信技术

在物联网机器→机器、人→机器、机器→人的信息传输中，涉及的通信技术主要有有线（DSL、PON 等）和无线（CDMA、GPRS、IEEE 802.11a/b/g WLAN 等）。物联网特别重视无线传感网技术，并分为近距离通信和广域网络通信。近距离通信的核心技术以 IEEE 802.15.4 规范为准；广域网通信的核心技术是 IP 互联网、3G/4G/5G 移动通信、卫星通信和以 IPv6 为核心的下一代互联网技术。

4．智能嵌入技术

物联网的目的是让所有的物品都具有计算机的智能，这就需要嵌入式技术的支持，它综合了计算机软/硬件、传感器、集成电路、电子应用等技术。智能嵌入技术将计算机作为一个信息处理部件嵌入应用系统中，并且将软件固化集成到硬件系统中，实现硬件系统与软件系统一体化。

10.4.3　物联网的技术应用

物联网的用途极为广泛，遍及智能交通、货物流通、智能消防、环境监测、路灯管控、健康、水系检测、食品溯源、情报搜索等众多领域。目前，物联网的应用主要体现在以下 5 个方面。

1．智能城市

智能城市（intelligent city）是指对城市实行数字化管理和城市安全的统一监控。前者是通过"数字城市"的概念，利用地理信息系统（Geographic Information System，GIS）、全球定位系统（Global Positioning System，GPS）、北斗定位系统（Beidou Positioning System,BPS）、遥感系统（Remote Sensing System，RSS）等关键技术，深入开发和应用空间信息资源，建设服务于城市规划、人口和资源管理、经济社会持续发展的信息系统；后者是基于宽带互联网的实时远程监控、传输、存储、管理，将分散、独立的图像采集点进行联网，实现对城市安全的统一监控、统一存储和统一管理。

2．智能物流

智能物流（intelligent logistics）是将物联网技术应用在物流配送系统中，帮助实现物品跟踪与信息共享，提高物流企业的运行效率，实现可视化供应链管理，提升物流信息化程度。智能物流打造了集信息展现、电子商务、物流配载、金融质押等功能为一体的物流园区综合信息服务平台，并以功能集成、效能综合为主要开发理念，以电子商务、网上交易为主要交易形式，提供高标准、高品质的服务。

3．智能交通

智能交通（intelligent transportation）是指以互联网、物联网等信息技术为基础，通过感知化、互联化、智能化的方式，形成以交通信息网络完善、运输装备智能、运输效率和服务水平高为主要特征的现代交通发展新模式。智能交通涉及的行业非常广泛，涵盖城市公交、出租车、长途客运、物流货运以及金融、保险、公安、环卫等其他政企行业客户车队管理需求。

智能交通是移动互联网和物联网在交通系统领域的典型应用，通过无线视频监控平台利用车载设备的无线视频监控和 GPS 定位功能，对各类车辆运行状态进行实时监控。例如，车联网（Internet of vehicles）以车内网、车际网和车载移动互联网为基础，按照约定的通信协议和数据交互标准，在车–X（X 为车、路、行人及互联网等）之间进行无线通信和信息交换的大系统网络，是能够实现智能化交通管理、智能动态信息服务和车辆智能化控制的一体化网络平台。

4．智能环保

智能环保（intelligent environmental protection）是指通过对实施地表水水质的自动监测，可以实现水质的实时连续监测和远程监控，及时掌握主要流域重点断面水体的水质状况，预警预报重大或流域性水质污染事故，解决跨行政区域的水污染事故纠纷，监督总量控制制度落实情况。

5．智能医疗

智能医疗（intelligent medical treatment）是指利用物联网、大数据、人工智能、机器学习等技术，充分挖掘医疗大数据（如影像数据、体外诊断数据和病理生理数据）中具有医疗价值的信息，支持临床的智能诊断、辅助治疗和健康状态评估。例如，利用高精度传感器，经过智能计算处理提取出有医疗价值的信号，对人体健康状况进行提前感知和预判；利用多模态影像数据获取、融合和关联分析，提供全面、准确的诊断依据，实现精准治疗和辅助干预等。此外，通过物联网可以将各类药品的基本信息以及销售信息都存于电子标签中，当出现问题时，可以追溯全过程。在公共卫生方面，通过射频识别技术建立医疗卫生的监督和追溯体系，可以实现检疫检验过程中病源追踪的功能，并能对病菌携带者进行管理，为患者提供安全的医疗卫生服务。

10.5　云计算技术

随着计算机网络应用技术研究的深入，互联网技术在极大拓展个人计算机用途的同时，也在逐渐取代其"个人计算应用核心"的位置。对于包括软件、硬件、服务和计算节点、存储节点等在内的计算资源，将由大众化、个人化、多点（终端）化的分布式应用不断向互联网聚合，计算将由"端"走向"云"，最终全部聚合到云中，成为纯"云"计算的时代。

10.5.1　云计算的基本概念

云计算（cloud computing）不是指某项具体的技术或标准，而是一个概念，这个概念起源于 2006 年 3 月亚马逊公司（Amazon）推出的弹性计算云（Elastic Compute Cloud，EC^2）服务。

1．云计算的起源

2006 年 8 月 9 日，Google 公司首席执行官埃里克·施密特（Eric Schmidt）在搜索引擎大会（SES San Jose 2006）首次提出"云计算"概念。随后，Google 公司的工程师克里斯托弗·比西利亚在 Google 101 项目中把云计算称为"云端计算"，因而均用 cloud computing 描述。2007 年 10 月，Google 与 IBM 公司开始在美国校园推广云计算计划。2008 年被称为云计算元年，几乎所有的主流 IT 厂商开始关注云计算。随后，各种产品和服务都以云命名，如云计算、云存储、云软件、云安全、云备份等。这些新的服务在使用方式、用户体验、商业模式等方面都有创新。2008 年 2 月 1 日，IBM 公司宣布将在中国无锡太湖新城科教产业园为中国的软件公司建立全球第一个云计算中心（cloud computing center）。

2．云计算的定义

目前，云计算没有一个确切的定义。狭义上，云计算是指 IT 基础设施的交付和使用模式，即通过网络以按需、易扩展的方式获得所需资源；广义上，云计算是指服务的交付和使用模式，即通过网络以按需、易扩展的方式获得所需服务，这种服务可以是 IT 和软件、互联网相关的，也可以是其他服务。因此可以将其概括为，将网络中分布的计算、存储、服务设备、网络软件等资源集中起来，将资源以虚拟化的方式为用户提供方便快捷的服务，而提供资源的网络被称为"云"。"云"中的资源可随时拓展和获取，并按使用付费。

3．云计算部署模型

云计算是一种基于互联网的计算方式，是分布式计算的一种，云计算部署模型涉及以下概念。

（1）公用云（public cloud）。通过网络及第三方服务供应者开放给客户使用，"公用"并不代表"公费"，或许代表免费或相当廉价。同时，公用云并不表示用户数据可供随意查看，公用云供应者通常会对用户实施使用访问控制机制，公用云作为解决方案，既有弹性，又具备成本效益。

（2）私有云（private cloud）。具备许多公用云环境的优点，如弹性、适合提供服务，两者的差别在于，私有云服务中，数据与程序皆在组织内管理，不会受到网络带宽、安全疑虑、法规限制影响。此外，私有云服务让供应者及用户更能掌控云基础架构，改善安全与弹性，因为用户与网络都受到特殊限制。

（3）社区云（community cloud）。由众多利益相仿的组织掌控及使用，如特定安全要求、共同宗旨等。社区成员共同使用云数据及应用程序。

（4）混合云（hybrid cloud）。混合云结合公用云和私有云。在混合云中，用户通常将非企业关键信息外包，并在公用云上处理，但同时掌控企业关键服务及数据。

4．云计算服务模式

云计算是一种基于 Internet 的超级计算模式，在远程数据中心，几万台服务器和网络设备连接在一起，各种计算资源共同组成了若干庞大的数据中心。在云计算模式中，用户通过终端接入网络，向"云"接受请求后组织资源，通过网络为用户提供服务。这种服务使得用户终端的功能大大简化，富足的计算与处理过程都将转移到用户终端背后的"云"去完成。

云计算主要包括 3 种服务模式：软件即服务（Software as a Service，SaaS）、平台即服务（Platform as a Service，PaaS）和架构即服务（Infrastructure as a Service，IaaS），如图 10-5 所示。

（1）软件即服务（SaaS）。SaaS 为普通客户提供应用服务，客户只要接上网络，就能直接使用在云端上运行的应用，访问服务软件及数据，而无须顾虑类似安装一类的烦琐事情，并且免去了初期高昂的硬件投入。在 SaaS 中，服务提供者维护基础设施和平台维持服务运作，使得企业能够借由外包硬件、软件维护及支持服务给服务提供者来降低 IT 营运费用。由于应用程序是集中提供的，因此无须用户手动更新或安装新的软件。

图 10-5　云计算的服务模式

SaaS 主要面向普通用户，提供的功能包括随时随地访问、支持公开协议、安全保障、多住户机制。SaaS 的主要产品包括 Salesforce Sales Cloud、Google Apps、阿里巴巴的互联软件平台等。

（2）平台即服务（PaaS）。PaaS 是为客户提供一个开发平台服务，用户可以在包括 SDK、文档、测试环境等在内的开发平台上方便地编写应用程序，无须为服务器、操作系统、网络基础架构、存储等资源的管理操心，所有的烦琐工作都由 PaaS 提供商负责处理，其整合效率极高。

PaaS 主要面向开发人员，提供的功能包括友好的开发环境、丰富的支持服务、自动的资源调度、精细的管理和监控等。PaaS 的主要产品包括 Google App Engine、Force.com、Heroku 和 Windows Azure Platform 等。

（3）架构即服务（IaaS）。IaaS 是为用户提供虚拟机或其他资源作为服务，用户可以从供应商那里获得所需的虚拟机、云存储等资源来装载相关的应用，这些基础设施的各项管理工作由 IaaS 提供商来处理。IaaS 主要面向系统管理员，提供的功能包括资源抽象、资源监控、负载管理、资源部署、安全管理、计费管理等。

这 3 种服务模式使得云计算具有超大规模、虚拟化、通用性、扩展性、廉价性、按需服务、高可靠性等特点。

10.5.2　云计算的关键技术

云计算是 21 世纪发展起来的基于计算机网络的服务技术,其核心思想是将大量用网络连接的计算资源统一管理和调度,构成一个计算资源池向用户提供按需服务。因此,云计算研究所涉及的关键技术主要有以下 5 个方面。

1. 虚拟化技术

虚拟化技术在计算机中目前主要应用在 CPU、操作系统、服务器等方面,是提高服务效率的最佳解决方案。虚拟化技术呈现给用户的是一个与物体资源有相同功能和接口的虚拟资源,可能建立在一个实际的物体资源上,也可能跨多个物体资源,用户不需要了解底层的物体细节。云计算可以在不同的应用程序之间虚拟化和共享资源,将计算能力、数据等作为服务放置在云中,原有的独立服务器放置在云中,利用虚拟化对外提供统一、简单的访问方式。

2. 分布存储技术

云计算以互联网为基础,为保证高可用性、高可靠性和经济性,云计算采用分布式存储方式在线存储,并采用数据冗余存储的方式来保证存储数据的可靠性,并且具有高吞吐率和高传输率的特点,用户无须考虑存储容量、数据存储位置、安全性、可靠性等问题。目前,各厂商多采用 Google 文件系统(Google File System,GFS)或分布式文件系统(Hadoop Distribute File System,HDFS)。

3. 并行编程模式

为了使用户能轻松地享受云计算带来的服务,云计算提供了分布式的计算模式和编程模式,让用户能利用该编程模式编写简单的程序来实现特定目的。目前,云计算中广泛使用类似 Map-Reduce 的编程模式。Map-Reduce 是一种编程模式和任务调度模式,主要用于数据集的并行运算和并行任务的调度处理,用户只需要编写 Map 函数和 Reduce 函数即可实现分布式并行计算。

4. 数据管理技术

云计算系统对大数据集进行处理分析,向用户提供高效的服务,所以数据管理技术必须能够高效地管理大数据集,如何在规模巨大的数据中找到特定数据便是云计算数据管理技术必须解决的问题。为了保证海量数据存储和分析性能,云计算系统的数据管理往往采用列存储的数据管理模式,将表按列划分后存储,如 Google 的 Big Table 数据管理技术。

5. 平台管理技术

云计算资源规模庞大,必须提供强大的计算能力,而这种计算能力仅仅靠单一的服务器无法完成,所以云计算系统的服务器数量可能会高达十万台,并跨越几个位于不同地点的数据中心,同时包含成百上千种应用。如果系统需要人为整合、分配和管理,那么不能满足云计算的要求。因此必须采用自动、智能化管理,消除人工部署和干预,允许系统自己智能地响应应用的要求。云计算系统管理技术是云计算的"大脑",通过自动化、智能化的手段,实现系统的运营与管理,使大量的服务器协同工作,方便地进行业务部署和开通,快速发现和恢复系统故障等管理工作。

10.5.3　云计算的技术应用

云计算虽然诞生的时间不长，但却发展很快。由于它具有诸多优点，特别是随着我国科学技术的全面发展和"一带一路"不断拓展，使得其应用不断地向各领域延伸。目前，云计算的应用主要体现在以下 5 个方面。

1. 金融与能源领域

金融、能源企业一直是国内信息化建设的领军性行业用户，许多行业内企业信息化建设已经进入"IT 资源整合集成"阶段。其中，最为关键的技术就是需要利用"云计算"模式，搭建 IaaS，IaaS 是一切服务的基础设施。IaaS 物体集成平台是对各类服务器基础设施应用进行集成，形成能够高度复用与统一管理的 IT 资源池，对外提供统一硬件资源服务，同时在信息系统整合方面，需要建立 PaaS，实现各异构系统间的互连互通。因此，云计算模式将成为金融、能源等大型企业信息化整合的"关键武器"，各类用户和消费者可以从完善的计算机基础设施中获得需要的优质服务。

2. 电子政务领域

随着云计算应用的普及，中国各级政府机构高度重视并积极开展"公共服务平台"的建设，努力打造"公共服务型政府"的形象。为此，需要通过云计算技术来构建高效运营的技术平台，其中包括利用虚拟化技术建立公共平台服务器集群，利用 PaaS 技术构建公共服务系统等方面，进而实现公共服务平台内部可靠、稳定的运行，提高平台不间断服务能力。例如，我国防疫健康信息码就是依托国家政务服务平台统一身份认证系统、统一电子证照系统，利用汇集的卫生健康、公共信息、交通运输、海关、移民管理、铁路等方面数据，为公众提供本人防疫健康信息查询服务。查询信息包括是否为新冠肺炎确诊或疑似患者、是否为同行密切接触人员、入境同乘人员等。

3. 教育科研领域

云计算的广泛应用将为高校与科研单位提供实效化的研发平台。云计算将在我国高校与科研领域得到广泛的应用普及，各大高校将根据自身研究领域与技术需求建立云计算平台，并对原来各直属研究所的服务器与存储资源加以有机整合，提供高效可复用的云计算平台，为科研与教学工作提供强大的计算机资源，进而大大提高研发工作效率。

4. 医药医疗领域

医药、医疗机构是关系国民生计的部门，医药企业与医疗单位是国内信息化水平较高的行业用户，医药企业与医疗单位的信息化是信息社会的必然结果。以"云信息平台"为核心的信息化集中应用模式应运而生，逐步取代各系统分散为主体的应用模式，进而提高医药企业的内部信息共享能力与医疗信息公共平台的整体服务能力，远程专家会诊就是其中的典型事例。

5. 制造业领域

随着"后金融危机时代"的到来，制造企业的竞争将日趋激烈，企业在不断进行产品创新、管理改进的同时，也在大力开展内部供应链优化与外部供应链整合工作，进而降低运营成本、缩短产品研发生产周期，未来云计算将在制造企业供应链信息化建设方面得到广泛应用，特别是通过对各类业务系统的有机整合，形成企业云供应链信息平台，加速企业内部"研发—采购—生产—库存—销售"信息一体化进程，进而提升制造企业竞争实力。

〖提示〗 云计算作为一种新的计算模式，可以促进物联网的实现，主要表现在两方面：首先，云计算是实现物联网的核心，构建物联网的射频识别技术、传感器技术、网络通信技术这三大基石都需要云计算的动态管理来实现，运用云计算模式，使物联网中数以兆计的各类物品的实时动态管理、智能分析成为可能；其次，云计算能够促进物联网与互联网的智能融合，能够实现"更透彻的感知，更全面的互连互通，更深入的智能化"。此外，云计算与大数据技术紧密相连。

10.6　大数据技术

随着互联网、物联网、云计算等新技术及其服务的涌现，人类社会的数据规模和种类正以前所未有的速度不断地增长和累积，大数据时代已经到来，大数据（big data）技术应运而生。

10.6.1　大数据的基本概念

大数据是一个抽象的概念，是继移动交互网、物联网、云计算之后 IT 产业又一次颠覆性的技术革命，对国家治理模式、企业决策、组织管理以及个人生活和工作方式等都将产生巨大影响。

1．大数据的起源

大数据概念最初是由美国思科、威睿、甲骨文、IBM 等公司倡议发展起来的。大约从 2009 年开始，大数据成为互联网信息技术行业的流行词汇，即需要新处理模式才能具有更强的决策力、洞察力和流程优化能力的海量、高增长率和多样化的信息资产。大数据这一术语最早期的引用可追溯到 Apache 的开源项目 Nutch。当时，大数据用来描述为更新网络搜索索引需要同时进行批量处理或分析的大量数据集。随着谷歌 Map Reduce 和 Google File System 的发布，大数据不仅用来描述大量的数据，还涵盖了处理数据的速度。

2．大数据的定义

大数据也称为巨量资料（bigdata，megadata），从字面上看意为数据规模的庞大，但仅数量上的庞大无法看出大数据这一概念与以往的"海量数据"（massive data）和"超大规模数据"（very large data）等概念之间有何区别。从技术上讲，大数据是指以一种前所未有的方式，通过对海量数据进行分析，获得有巨大价值的产品和服务。目前，对于大数据尚未有一个公认的定义，不同的定义基本是从大数据的特征出发，通过这些特征的阐述和归纳试图给出其定义。这里引用 Gartner（美国一家从事 IT 研究与顾问咨询的公司）给出的定义：大数据是需要新处理模式才能具有更强的决策力、洞察发现力和流程优化能力的海量、高增长率和多样化的信息资产。

大数据通常指至少达到 10 TB 规模的数据量，且 bigdata＝{S1, S2, S3}。其中，S1 代表结构化数据集（具有数据结构描述信息的数据）；S2 代表非结构化数据集（不使用固定结构来实现的数据，如图形、图像、音频、视频信息等）；S3 代表半结构化数据集（处于结构化数据和非结构化数据之间的数据，如超文本网络页面内所包含的图片、链接甚至音乐、程序等非文字元素），{S1, S2, S3}所占的存储空间达 PB 数量级（1 YB=2^{10} ZB=2^{20} EB=2^{30} PB = 2^{40} TB = 2^{50} GB）。

3．大数据的特征

大数据是一个体量巨大、数据类型多的数据集，不仅表示数据规模的庞大，还反映数据的模态类型、真实性、传递速度、潜在价值等状况，可以用"5V＋1C"来概括大数据具有的特征。

（1）规模性（Volume）。规模性是大数据的基本属性，通过各种智能设备产生大量的数据，PB 级别可谓是常态，一些客户每天处理的数据都在几十到几百 GB 左右，大型互联网企业每天的数据量接近 TB 级别，大数据一般指 10 TB 规模以上的数据量。通常把具有相当规模的数据称为"海量"。

（2）多样性（Variety）。随着各种传感器、智能设备、社交网络的广泛应用，数据类型变得更加复杂，不仅包括传统的关系数据类型，还包括以网页、视频、音频、E-mail、文档等形式存在的未加工的、半结构化的和非结构化的数据，并且它们的处理和分析方式区别很大。

（3）快速性（Velocity）。大数据要求快速处理，因为有些数据存在时效性。如电商的数据，假如今天数据的分析结果要等到明天才能得到，那么电商很难做类似补货这样的决策，从而失去了分析的意义，这就要求处理数据的速度必须非常快速，以适应新的需求。

（4）真实性（Veracity）。随着各种新的数据源的加入，数据的数量、速度和种类的飞速增长，还必须确保数据库中数据的质量，即数据真实有效，没有或极少有误。

（5）价值性（Value）。大数据的数据量呈指数增长的同时，隐藏在海量数据中的有用信息却没有按相应比例增长，反而极大提升了提取有用信息的难度。例如，连续的若干小时的视频中，有用的可能仅仅一两秒。所以准确来说，大数据还具有价值密度低的特性。

（6）复杂性（Complexity）。虽然传统的商务智能（BI）已经很复杂了，但是由于前面 5 个特性的存在，使得针对大数据的处理和分析更艰巨，并且基于关系数据库的 BI 开始有点不合时宜了。通常需要根据不同的业务场景，采取不同的处理方式和工具。

4．大数据与数据库的区别

根据以上特征可知，大数据是一个极其庞大而复杂的数据集，以致无法用传统的数据处理方式对其进行获取、管理、分析、传递等操作，需要新的处理模式才能具有更强的洞察力和决策力。

对数据库研究和从业人员而言，从数据库（DB）到大数据（BD）的转变可以用"池塘捕鱼"到"大海捕鱼"作类比。"池塘捕鱼"代表着传统数据库时代的数据管理方式，而"大海捕鱼"则是大数据时代的数据管理方式，这些差异主要体现在以下 4 个方面。

（1）数据规模。数据库和大数据最明显的区别就是规模。数据库规模相对较小，即便是先前认为比较大的数据库，如超大数据库（Very Large Data Base，VLDB），与大数据相比，其数据量相差很远。数据库的处理对象一般以 MB 为基本单位，而大数据的处理对象则是以 GB、TB、PB 为基本处理单位。

（2）数据类型。传统数据库数据种类单一，往往仅有一种或少数几种，并且这些数据以结构化数据为主。而大数据的种类是数以亿计，这些数据包括结构化、半结构化以及非结构化的数据，更为重要的是半结构化和非结构化数据所占的份额越来越大。

（3）数据模式。传统数据库是先有模式然后才会产生数据，而大数据很多情况下难以预先确定模式，模式只有在数据出现之后才能确定，并且其模式随着数据量的增长处于不断的演变中。

（4）处理对象。传统数据库的处理对象是数据，而大数据的处理对象除了数据以外，还能通过这些数据去预测其他数据出现的可能性，即把收集到的数据作为一种资源来辅助解决其他诸多领域的问题。

10.6.2　大数据的关键技术

大数据是从各种类型的数据中快速获得有价值信息的技术，并已成为大数据采集、存储、处理和呈现的有力武器。因此，大数据研究所涉及的关键技术主要有以下 5 个方面。

1．大数据采集技术

数据采集是指通过 RFID 数据、传感器数据、社交网络交互数据及移动互联网数据等方式获得的各种类型的结构化、半结构化（或弱结构化）、非结构化的海量数据，是大数据知识服务模型的根本。因此，数据采集要重点突破分布式高速、高可靠数据获取或采集，高速数据全映像等大数据收集，高速数据解析、转换与装载等大数据整合技术。

2．大数据预处理技术

大数据预处理技术是指完成对已接收数据的辨析、抽取、清洗等操作。其中，辨析是对获取的数据进行分辨和分析数据的结构及其类型；抽取是对这些复杂的数据转化为单一的或者便于处理的构型，以达到快速分析处理的目的；清洗是对那些不是很有价值、不是我们所关心的内容、完全错误的干扰项进行清理，通过数据过滤"去噪"，从而提取出有效数据。

3．大数据存储与管理技术

大数据存储与管理技术是指用存储器把采集到的数据存储起来，建立相应的数据库，并进行管理和调用，因而需要解决大数据的可存储、可表示、可处理、可靠性、有效传输等技术问题；开发可靠的分布式文件系统，高效优化存储，计算融入存储，消除数据冗余；突破分布式非关系大数据管理与处理技术，异构数据的融合技术，数据组织技术，大数据索引技术，大数据移动、备份、复制等技术；研究大数据建模技术、开发新型数据库技术、开发大数据可视化技术等。

4．大数据分析与挖掘技术

大数据分析与挖掘技术是指改进已有数据挖掘和机器学习技术，开发数据网络挖掘、特异群组挖掘、图挖掘等新型数据挖掘技术；突破基于对象的数据连接、相似性连接等大数据融合技术，突破用户兴趣分析、网络行为分析、情感语义分析等面向领域的大数据挖掘技术。

数据挖掘是指从大量的、不完全的、有噪声的、模糊的和随机的实际应用数据中，提取隐含在其中的、人们事先不知道的但是潜在有用的信息和知识的过程。数据挖掘涉及的技术方法很多，根据挖掘任务，可以分为预测模型发现、数据总结、聚类、关联规则发现、序列模式发现、依赖关系或依赖模型发现、异常和趋势发现；根据挖掘对象，可以分为关系数据库、面向对象数据库、空间数据库、时态数据库、文本数据源、多媒体数据库、异质数据库、遗产数据库；根据挖掘方法，可以分为机器学习方法、统计方法、神经网络方法和数据库方法。

5．大数据涉及的支撑技术

大数据技术能将隐藏于海量数据中的信息和知识挖掘出来，为人类社会经济活动提供依据，从而提高各领域的运行效率和社会经济的集约化程度。目前，大数据技术主要应用于三大领域：商业智能、政府决策、公共服务。因此其所涉及的支撑技术有商业智能技术，政府决策技术，电信数据信息处理与挖掘技术，电网数据信息处理与挖掘技术，气象信息分析技术，环境监测技术，警务云应用系统（道路监控、视频监控、网络监控、智能交通、反电信诈骗、指挥调度等公安信息系统），大规模基因序列分析比对技术，Web 信息挖掘技术，多媒体数据并行化处理技术，影视制作渲染技术及其他各种行业的云计算和海量数据处理应用技术等。

10.6.3　大数据的技术应用

大数据技术随着计算机网络技术、数据库技术和云计算技术的发展而发展，现代信息技术的高速发展，使得大数据具有广阔的应用前景。目前，大数据的技术应用主要体现在以下 4 个方面。

1．商业智能

商业智能是较早的大数据应用，可以在多方面提升企业的生产效率和竞争力。例如，在市场方面，利用大数据关联分析，更准确了解消费者的使用行为，挖掘新的商业模式；在销售规划方面，利用大数据对比分析，优化商品定价；在运营方面，利用大数据分析优化人员配置，提高运营效率等。在金融领域，大数据分析也在快速发展，如招商银行通过数据分析识别信用卡用户高频活动场所，并通过与这些场所商家开展"多倍积分""积分店面兑换"等活动吸引优质用户，实现共赢。电子商务领域的大数据应用更为典型。

2．智慧城市

物联网不仅是大数据的重要来源，也是大数据应用的重要市场。例如，智慧城市（smart city）是一个典型的基于物联网技术的大数据应用热点。通过整个城市中大量传感器获得交通、物流、医疗、家居、园林、气候、空气质量等海量数据，并采取相应的大数据分析技术，将分析结果应用到整个城市的数字规划、数字城管、食品安全、环境监控、政务公开等。

3．社交网络服务

社交网络服务（social network service）是一种在信息网络上由社会个体集合及个体之间的连接关系构成的社会结构，其数据主要来源于即时消息、在线社交、微博和共享信息四大类应用。目前，在线社交网络大数据的应用包括网络舆情分析、网络情报搜集与分析、社会化营销、政府决策支持、在线教育等。在线社交网络大数据分析是从网络结构、群体互动和信息传播 3 个维度通过基于数学、社会学、管理学等学科的融合理论和方法，为理解人类社会中存在的各种关系提供的一种可计算的分析方法。例如，我国国家统计局和第七次全国人口普查领导小组办公室公布了至 2021 年年末人口普查的数据信息：全国人口 14.13 亿人，其中，出生人口 1062 万人，死亡人口 1014 万人，自然增长率是 0.34‰；城镇常住人口达到 9.14 亿人；乡村常住人口仍有将近 5 亿人，常住人口城镇化率为 64.72%等。

4．智能电网

智能电网（smart grid）是指将现代信息技术融入传统能源网络而构成的新电网，可以根据用户的用电习惯等信息优化电能的生产、供给和消耗，是大数据在电力系统上的应用。例如，通过对智能电网中的数据进行分析，可以知道哪些地区的用电负荷和停电频率过高，甚至可以预测哪些线路可能发生故障，这些分析结果有助于电网的规划、升级、改造、维护等工作。

本 章 小 结

（1）人工智能的发展不仅与计算机科学技术密切相关，而且还涉及信息论、控制论、自动化、仿生学、生物学、心理学、数理逻辑、语言学、医学、哲学等多门学科。现在人工智能已作为一个研究领域，并与各研究领域互相渗透和融合，从而有力促进人工智能研究的发展与应用。

（2）虚拟现实技术是在多媒体技术的基础上发展起来的，是多媒体技术的最高境界，它在虚拟产品设计、虚拟军事演练、虚拟模拟教学等方面已获得良好的社会效益和经济效益。

（3）移动互联网是以移动通信为核心的一种新兴计算模式，是互联网与移动通信互相融合的新兴市场，目前呈现出互联网产品移动化强于移动产品互联化的趋势。移动互联网的出现，为当今信息时代人们的生活和工作带来了极大的便利和快捷，其中最为典型的应用实例是手机支付。

（4）物联网被视为继个人计算机、互联网与移动通信网之后的信息产业新方向，它将用户端延伸和扩展到了任何物品，让物体拥有"智慧"，从而实现人与物、物与物之间的沟通。

（5）云计算是分布式计算技术的一种，通过网络将庞大的数据计算处理程序自动拆分成无数个较小的子程序，再交由多个服务器所组成的庞大系统经搜寻、计算分析后将处理结果回传给用户。

（6）大数据是随着数据库技术的飞速发展和应用需求形成的数据管理技术，不仅数据规模大，而且具有数据形式多样性、非结构化的特征。大数据的意义在于利用数据分析，能够总结经验、发现规律、预测趋势，以辅助决策。

习　题　10

一、选择题

1. 目前，人工智能的关键技术可以概括为模式识别、语音识别、语言理解、机器学习和（　　）5 个方面。

　　A. 语言识别　　　　B. 符号识别　　　　C. 机器推理　　　　D. 智能行为

2. 人工智能从它的形成到发展，经历了 3 个阶段：（　　）、形成期和发展期。

　　A. 探索期　　　　　B. 孕育期　　　　　C. 推理过程　　　　D. 推理特点

3. 所谓专家系统，实际上就是一个基于专门领域知识来求解特定问题的（　　）系统。

　　A. 人工智能　　　　B. 专家知识　　　　C. 计算机程序　　　D. 知识推理

4. 虚拟现实技术有三大特征，下列选项中，（　　）不包括在内。

　　A. 沉浸性　　　　　B. 交互性　　　　　C. 构想性　　　　　D. 快速性

5. 移动互联网已实现从模拟网向数字网的转换，并能传输语音、数据、视频等（　　）。

　　A. 多媒体信息　　　B. 网络信息　　　　C. 模拟信息　　　　D. 通信信息

6. 物联网将物品通过射频识别信息、传感设备与（　　）连接，以实现物品智能化识别和管理。

　　A. 因特网　　　　　B. 互联网　　　　　C. 交换机　　　　　D. 集线器

7. 物联网的核心和基础仍然是互联网，物联网的体系结构包括应用层、网络层和（　　）。

　　A. 物体层　　　　　B. 协议层　　　　　C. 感知层　　　　　D. 链路层

8. 云计算是将网络中分布的计算、存储、服务设备、（　　）等资源集中起来，将资源以虚拟化的方式为用户提供方便快捷的服务。

　　A. 网络设备　　　　B. 服务器　　　　　C. 操作系统　　　　D. 网络软件

9．云计算系统管理技术是云计算的"大脑"，通过自动化、智能化的手段实现系统的（　　）。

    A．运营与管理　　　　B．连接与实现　　　C．高速运算　　　　D．数据交换

10．目前，典型的大数据应用主要包括商业智能、智慧城市和（　　）三大领域。

    A．决策支持　　　　　B．社交网络服务　　C．政府决策　　　　D．公共服务

二、问答题

1．什么是人工智能？

2．人工智能的关键技术是什么？

3．什么是虚拟现实技术？

4．虚拟现实技术是基于哪种应用技术发展起来的？

5．什么是移动互联网？其关键技术是什么？

6．什么是物联网？它与互联网有何区别？

7．什么是云计算？

8．目前，云计算的主要应用领域有哪些？

9．什么是大数据技术？目前的主要应用领域有哪些？

10．大数据的关键技术有哪些？

三、讨论题

1．你认为人工智能与人类自身智能的区别主要体现在哪些方面？

2．移动互联网、物联网、云计算、大数据这些新技术共同的技术基础是什么？

参 考 文 献

[1] 李云峰，李婷. 计算机导论[M]. 2 版. 北京：电子工业出版社，2009.

[2] 李云峰，李婷. 计算机科学导论[M]. 3 版. 北京：中国水利水电出版社，2014.

[3] 李云峰，李婷. 大学计算机应用基础[M]. 2 版. 北京：中国水利水电出版社，2014.

[4] 李云峰，李婷. 计算机网络基础教程[M]. 北京：中国水利水电出版社，2009.

[5] 李云峰，李婷. C/C++程序设计[M]. 北京：中国水利水电出版社，2012.

[6] 李云峰，李婷. 数据库技术及应用开发[M]. 北京：中国水利水电出版社，2014.

[7] 李云峰，陈际达. 虚拟现实、多媒体与系统仿真[J]. 中南工业大学学报（自然科学版），2002，33(2)：205-208.

[8] 李云峰. 秦九韶算法在 CACSD 中的应用[J]. 计算机技术与自动化，2000，19(4)：43.

[9] 王丽芳，张静，李富萍，等. 计算机科学导论[M]. 北京：清华大学出版社，2012.

[10] 唐良荣，唐建湘，范丰仙，等. 计算机导论——计算思维和应用技术[M]. 北京：清华大学出版社，2015.

[11] 战德臣，聂兰顺，等. 大学计算机——计算思维导论[M]. 北京：电子工业出版社，2014.

[12] 王志强，毛睿，张艳，等. 计算思维导论[M]. 北京：高等教育出版社，2012.

[13] 郭艳华，马海燕. 计算机与计算思维导论[M]. 北京：电子工业出版社，2014.

[14] 唐培和，徐奕奕，王日凤. 计算思维导论[M]. 桂林：广西师范大学出版社，2012.

[15] 杨丽凤. 大学计算机基础与计算思维[M]. 北京：人民邮电出版社，2015.

[16] 袁方，王兵，李继民. 计算机导论[M]. 2 版. 北京：清华大学出版社，2009.

[17] 董荣胜. 计算机科学导论——思想与方法[M]. 北京：高等教育出版社，2007.

[18] BROOKSHEAR J G.计算机科学概论[M]. 俞嘉惠，方存正，译. 8 版. 北京：机械工业出版社，2005.

[19] FOROUZAN B A.计算机科学导论[M]. 刘艺，段立，钟维亚，等译. 北京：机械工业出版社，2004.

[20] 杨克昌，严权峰. 算法设计与分析实用教程[M]. 北京：中国水利水电出版社，2013.

[21] 蒋立源，康慕宁. 编译原理[M]. 西安：西北工业大学出版社，2000.

[22] 李芳，刘晓春，李晓莉. 操作系统原理与实力分析[M]. 北京：清华大学出版社，2008.

[23] 万常选，廖国琼，吴京彗，等. 数据库系统原理与设计[M]. 2 版. 北京：清华大学出版社，2012.

[24] 杨冬青，李红燕，唐世渭. 数据库系统概念[M]. 北京：机械工业出版社，2019.

[25] 刘白林. 人工智能与专家系统[M]. 西安：西安交通大学出版社，2012.

[26] 蔡自兴，徐光祐. 人工智能及其应用[M]. 北京：清华大学出版社，2004.

[27] 教育部高等学校计算机科学与技术教学指导委员会. 高等学校计算机科学与技术专业核心课程教学实施方案[M]. 北京：高等教育出版社，2009.

[28] 中国高等院校计算机基础教育改革课题研究组. 中国高等院校计算机基础教育课程体 2014[M]. 北京：清华大学出版社，2014.

图书资源支持

感谢您一直以来对清华版图书的支持和爱护。为了配合本书的使用,本书提供配套的资源,有需求的读者请扫描下方的"书圈"微信公众号二维码,在图书专区下载,也可以拨打电话或发送电子邮件咨询。

如果您在使用本书的过程中遇到了什么问题,或者有相关图书出版计划,也请您发邮件告诉我们,以便我们更好地为您服务。

我们的联系方式:

地　　址:北京市海淀区双清路学研大厦 A 座 714

邮　　编:100084

电　　话:010-83470236　010-83470237

客服邮箱:2301891038@qq.com

QQ:2301891038(请写明您的单位和姓名)

资源下载:关注公众号"书圈"下载配套资源。

资源下载、样书申请

书　圈

图书案例

清华计算机学堂

观看课程直播